B I.8

Hilfsmittel für die Arbeit
mit Normen des Bauwesens
DIN 1045
Beton und Stahlbeton

VOGEL und PARTNER
Ingenieurbüro für Baustatik
Leopoldstr. 1, Tel. 07 21 / 2 02 36
Postfach 6569, 7500 Karlsruhe 1

Hilfsmittel für die Arbeit mit Normen des Bauwesens

DIN 4227 Teil 1

Spannbeton
Ausgabe Juli 1988

Änderungen gegenüber der Ausgabe Dez. 1979
Norminhalt nach Stichworten aufbereitet.

M. Flach
1988. 196 S. C5. Brosch. 78,— DM
ISBN 3-410-**12245**-1

Die direkte Gegenüberstellung „alte Norm" — „neue Norm"
☐ hilft Textänderungen schnell und zuverlässig zu erfassen,
☐ erleichtert die Einarbeitung in die Neuausgabe der Norm.

In Vorbereitung:
DIN 1045, Ausg. Juli 1988, **Stichworte**
Norminhalt nach Stichworten aufbereitet

Stichworte und Querverweise ermöglichen einen problemlosen inhaltlichen Einstieg.

Ernst & Sohn
Hohenzollerndamm 170 · 1000 Berlin 31
Tel. (0 30) 86 00 03-19

Beuth Verlag GmbH
Postf. 11 45 · 1000 Berlin 30
Tel. (0 30) 26 01-260

Hilfsmittel für die Arbeit mit Normen des Bauwesens

DIN 1045
Beton und Stahlbeton
Ausgabe Juli 1988

Änderungen
gegenüber der Ausgabe Dezember 1978

1. Auflage

Herausgegeben und bearbeitet von Peter Funk
im Auftrage des DIN Deutsches Institut für Normung e.V.

Beuth Verlag GmbH · Berlin · Köln

Ernst & Sohn · Berlin

CIP-Titelaufnahme der Deutschen Bibliothek

DIN 1045:
Beton u. Stahlbeton / hrsg. u. bearb. von Peter Funk im Auftr. d. DIN
Dt. Inst. für Normung e.V. –
1. Aufl., Ausg. Juli 1988, Änderungen gegenüber d. Ausg. Dezember 1979. –
Köln; Berlin: Beuth;
Berlin: Ernst, 1988

    (Hilfsmittel für die Arbeit mit Normen des Bauwesens)
    ISBN 3-410-12242-7 (Beuth) brosch.
    ISBN 3-433-01127-3 (Ernst) brosch.

NE: Funk, Peter [Bearb.]

Teil 1. Bauteile aus Normalbeton mit beschränkter und voller Vorspannung. –
1. Aufl., Ausg. Juli 1988. – 1988
Enth.: Teil 1. Änderungen gegenüber der Ausgabe Dezember 1979.
       Teil 2. Stichworte, Norminhalt nach Stichworten aufbereitet
ISBN 3-410-12245-1 (Beuth) brosch.
ISBN 3-433-01132-X (Ernst) brosch.

Titelaufnahme nach RAK entspricht DIN 1505. ISBN nach DIN 1462. Schriftspiegel nach DIN 1504. Übernahme der CIP-Kurztitelaufnahme auf Schriftumskarten durch Kopieren oder Nachdrucken frei.
DK 666.97/.98 : 624.92.012.4 : 691.32
196 Seiten C5, brosch.
ISSN 0934-9499

**Maßgebend für das Anwenden jeder DIN-Norm
ist deren Originalfassung mit dem neuesten Ausgabedatum.**

**Vergewissern Sie sich bitte im aktuellen DIN-Katalog
mit neuestem Ergänzungsheft oder fragen Sie: (030) 2601-600.**

© DIN Deutsches Institut für Normung e.V.
1988
Das Werk einschließlich aller seiner Teile ist urheberrechtlich geschützt. Jede Verwertung außerhalb der engen Grenzen des Urheberrechtsgesetzes ist ohne Zustimmung des Verlages unzulässig und strafbar. Das gilt insbesondere für Vervielfältigungen, Übersetzungen, Mikroverfilmungen und die Einspeicherung und Verarbeitung in elektronischen Systemen.
Printed in Germany. Druck: Mercedes-Druck GmbH, Berlin (West)

Vorwort

Mit diesem Buch wird der Fachöffentlichkeit der zweite Band einer neuen Reihe „Hilfsmittel für die Arbeit mit Normen des Bauwesens" zur Verfügung gestellt, die im Auftrage des DIN Deutsches Institut für Normung e.V. herausgegeben wird.

Die Normen des DIN haben vielfältige Aufgaben und sind aus dem Wirtschaftsleben nicht mehr wegzudenken. Sie geben nicht nur den Stand der Technik wieder, sondern sie bilden insbesondere durch die Art ihres Zustandekommens einen Maßstab für einwandfreies technisches Verhalten.

DIN-Normen des Bauwesens werden oft von den obersten Bauaufsichtsbehörden bauaufsichtlich eingeführt und sind von allen denen, die verantwortlich am Baugeschehen beteiligt sind, zu beachten. Sie müssen hohen Ansprüchen an Inhalt und Form genügen und den Anforderungen eines jeden einzelnen Benutzers gerecht werden.

Bei der Vielzahl der DIN-Normen, deren Beachtung im Baugeschehen notwendig ist, bedarf es eines erheblichen Zeitaufwandes, sich eine genaue Kenntnis des Normeninhaltes anzueignen, sich in Folgeausgaben einzuarbeiten und dabei alle Änderungen schnell und zuverlässig so zu erfassen, daß die Einführung einer Folgeausgabe problemlos geschehen kann. Die Reihe „Hilfsmittel für die Arbeit mit Normen des Bauwesens" soll diesem Zwecke dienen und helfen, eine Lücke zu schließen, wobei für die verschiedenen Normen in zwangloser Reihe je nach Bedarf auch verschiedene Arten von „Hilfsmitteln" veröffentlicht werden sollen.

Mit den „Änderungen" sollen insbesondere die Leser angesprochen werden, die mit einer Norm schon vertraut sind und mit ihr arbeiten. Erscheint eine Folgeausgabe dieser Norm, ist dieser Nutzerkreis häufig verunsichert, denn es dauert eine gewisse Zeit und bedarf einer sorgfältigen Einarbeitung, bis sich alle Änderungen in das Bewußtsein eingeprägt haben. Diesen Prozeß der Einarbeitung zu unterstützen bzw. zu vereinfachen, ist die wesentliche Aufgabe der „Änderungen".

Wie groß die Wirkung einer vermeintlich nur kleinen Änderung, z.B. des Wortes „muß" in „soll" sein kann, ist dem Fachmann wohl geläufig, aber diese in einem Text von vielen Seiten ohne Hilfen zu finden, gleicht oft dem Suchen der berühmten Stecknadel im Heuhaufen. Es ist also sinnvoll, Änderungen nur einmal sorgfältig zu erfassen und in geeigneter Form darzustellen, so daß diese mühevolle Arbeit dem einzelnen erspart bleibt.

Je nach dem Umfang der Änderungen bei der Überarbeitung einer Norm wird auch der Zeitaufwand unterschiedlich groß sein, innerhalb dessen die Folgeausgabe in Fleisch und Blut übergegangen ist. Aber selbst wenn dies geschehen ist, tauchen im Laufe der Zeit Fragen auf, wie etwas z.B. in der vorangegangenen Ausgabe der Norm geregelt war. Auch dann ist dieses Buch eine schnelle Hilfe. So ist diese Reihe eine Ergänzung der Originalfassung der DIN-Normen; beide sind für die tägliche verantwortungsvolle Arbeit unentbehrlich.

Der Herausgeber hofft, daß mit dieser Aufbereitung der Norm DIN 1045 die Umstellungszeit im Interesse der Sicherheit und der Wirtschaftlichkeit so kurz wie möglich gehalten werden kann.

Berlin, im August 1988 P. Funk

Hinweise für die Benutzung

Auf den folgenden Seiten wird die Norm

DIN 1045 „Beton und Stahlbeton; Berechnung und Ausführung"

in der Ausgabe Juli 1988 der jetzt ungültigen Norm DIN 1045, Ausgabe Dezember 1978, absatzweise gegenübergestellt, wobei Änderungen entsprechend gekennzeichnet sind, so daß diese leicht zu erkennen sind.

- die alte − überholte − Ausgabe ist jeweils in der linken Spalte oder Seite, die neue − gültige − Ausgabe ist jeweils in der rechten Spalte oder Seite abgedruckt und über jeder Spalte oder Seite als solche gekennzeichnet.

- Eine durchgehende Unterstreichung bedeutet eine Änderung; größere Änderungen sind links durch einen senkrechten Strich gekennzeichnet.

- Ist etwas aus der alten Ausgabe in der neuen entfallen, so sind die betreffenden Stellen in der alten Ausgabe gestrichelt gekennzeichnet.

- Ist etwas in der neuen Ausgabe gegenüber der alten neu hinzugekommen, so sind die betreffenden Stellen in der neuen Ausgabe strichpunktiert gekennzeichnet.

- Bei Textumstellungen wurde die Reihenfolge der neuen Ausgabe beibehalten und − wenn notwendig − bei der alten Ausgabe geändert. Eine seitliche Wellenlinie kennzeichnet diese Textumstellung.

Zusammengehörige Teile der beiden Ausgaben beginnen jeweils in gleicher Höhe in der benachbarten Spalte bzw. Seite, abgesehen von geringfügigen Ausnahmen, wo dies aus drucktechnischen Gründen (Seitenumbruch) nicht möglich war, jedoch zu keinen Verwechslungen führen kann.

Inhaltsübersicht

Seite

DIN 1045, Ausgaben Dezember 1978 und Juli 1988 und ausführliches Inhaltsverzeichnis hierzu 2
Fehlerberichtigungen zu DIN 1045, Ausgabe Juli 1988 188

DK 624.92.012.4 : 691.32   Dezember 1978

Beton und Stahlbeton
Bemessung und Ausführung

DIN 1045

Reinforced concrete structures; design and construction

Béton et béton armé; dimensionnement et réalisation

In die vorliegende Norm wurden gegenüber der Ausgabe Januar 1972 folgende Änderungen eingearbeitet:
Abschnitte 1 bis 17 und 19 bis 25
- Einarbeitung der ab 1.1.1978 gesetzlich vorgeschriebenen Einheiten aufgrund des „Gesetzes über Einheiten im Meßwesen" vom 2. Juli 1969;
- Einarbeitung der in DIN 1080 Teil 1 „Begriffe, Formelzeichen und Einheiten im Bauingenieurwesen; Grundlagen" getroffenen Festlegungen;
- Einarbeitung der „Ergänzenden Bestimmungen zu DIN 1045 (Ausgabe Januar 1972)"; veröffentlicht im April 1975;
Abschnitt 18 „Bewehrungsrichtlinien"
- völlige Neubearbeitung.

Diese Norm wurde im Fachbereich VII Beton und Stahlbeton/Deutscher Ausschuß für Stahlbeton des NABau ausgearbeitet. Sie ist den obersten Bauaufsichtsbehörden vom Institut für Bautechnik, Berlin, zur bauaufsichtlichen Einführung empfohlen worden.

Die Benennung „Last" wird für Kräfte verwendet, die von außen auf ein System einwirken; das gleiche gilt auch für zusammengesetzte Wörter mit der Silbe ... „Last" (siehe DIN 1080 Teil 1).

Entwurf, Berechnung und Ausführung von baulichen Anlagen und Bauteilen aus Beton und Stahlbeton erfordern gründliche Kenntnis und Erfahrung in dieser Bauart.

Inhalt
Seite

1 Allgemeines 22
1.1 Geltungsbereich 22
1.2 Abweichende Baustoffe, Bauteile und Bauarten 22
1.3 Mitgeltende Normen und weitere Unterlagen 22

2 Begriffe 22
2.1 Baustoffe 22
2.1.1 Stahlbeton 22
2.1.2 Beton 22
2.1.3 Andere Baustoffe 24
2.1.3.1 Zementmörtel 24
2.1.3.2 Betonzuschlag 24
2.1.3.3 Bindemittel 24
2.1.3.4 Wasser 24
2.1.3.5 Betonzusatzmittel 24
2.1.3.6 Betonzusatzstoffe 24
2.1.3.7 Bewehrung 24
2.1.3.8 Zwischenbauteile und Deckenziegel 24

2.2 Begriffe für die Berechnungen 25
2.2.1 Lasten 25
2.2.2 Gebrauchslast 25
2.2.3 Bruchlast 25
2.2.4 Übliche Hochbauten 25
2.2.5 Zustand I 25
2.2.6 Zustand II 25
2.2.7 Zwang 25

2.3 Betonprüfstellen 25
2.3.1 Betonprüfstellen E 25
2.3.2 Betonprüfstellen F 25
2.3.3 Betonprüfstellen W 25

Normenausschuß Bauwesen (NABau) im DIN Deutsches Institut für Normung e.V.

DK 666.97/.98 : 624.92.012.4 : 691.32   Juli 1988

Beton und Stahlbeton
Bemessung und Ausführung

DIN 1045

Reinforced concrete structures; design and construction
Béton et béton armé; dimensionnement et réalisation

Ersatz für Ausgabe 12.78

Diese Norm wurde im Fachbereich VII Beton und Stahlbeton/Deutscher Ausschuß für Stahlbeton des NABau ausgearbeitet.

Die Benennung „Last" wird für Kräfte verwendet, die von außen auf ein System einwirken; das gleiche gilt auch für zusammengesetzte Wörter mit der Silbe ....„Last" (siehe DIN 1080 Teil 1).
Entwurf, Berechnung und Ausführung von baulichen Anlagen und Bauteilen aus Beton und Stahlbeton erfordern gründliche Kenntnis und Erfahrung in dieser Bauart.

Inhalt
                                                                                              Seite
1 **Allgemeines** 22
1.1 Anwendungsbereich 22
1.2 Abweichende Baustoffe, Bauteile und Bauarten 22

2 **Begriffe** 22
2.1 Baustoffe 22
2.1.1 Stahlbeton 22
2.1.2 Beton 22
2.1.3 Andere Baustoffe 24
2.1.3.1 Zementmörtel 24
2.1.3.2 Betonzuschlag 24
2.1.3.3 Bindemittel 24
2.1.3.4 Wasser 24
2.1.3.5 Betonzusatzmittel 24
2.1.3.6 Betonzusatzstoffe 24
2.1.3.7 Bewehrung 24
2.1.3.8 Zwischenbauteile und Deckenziegel 24

2.2 Begriffe für die Berechnungen 25
2.2.1 Lasten 25
2.2.2 Gebrauchslast 25
2.2.3 Bruchlast 25
2.2.4 Übliche Hochbauten 25
2.2.5 Zustand I 25
2.2.6 Zustand II 25
2.2.7 Zwang 25

2.3 Betonprüfstellen 25
2.3.1 Betonprüfstellen E 25
2.3.2 Betonprüfstellen F 25
2.3.3 Betonprüfstellen W 25

Normenausschuß Bauwesen (NABau) im DIN Deutsches Institut für Normung e.V.

Seite

3 Bautechnische Unterlagen . 26
3.1 Art der bautechnischen Unterlagen . 26
3.2 Zeichnungen . 26
3.2.1 Allgemeine Anforderungen . 26
3.2.2 Verlegepläne für Fertigteile . 26
3.2.3 Zeichnungen für Schalungs- und Traggerüste . 26
3.3 Statische Berechnungen . 27
3.4 Baubeschreibung . 27

4 Bauleitung . 27
4.1 Bauleiter des Unternehmens . 27
4.2 Anzeigen über den Beginn der Bauarbeiten . 28
4.3 Aufzeichnungen während der Bauausführung . 28
4.4 Aufbewahrung und Vorlage der Aufzeichnungen . 29

5 Personal und Ausstattung der Unternehmen, Baustellen und Werke . 29
5.1 Allgemeine Anforderungen . 29
5.2 Anforderungen an die Baustellen . 30
5.2.1 Baustellen für Beton B I . 30
5.2.1.1 Anwendungsbereich und Anforderungen an das Unternehmen . 30
5.2.1.2 Geräteausstattung für die Herstellung von Beton B I . 30
5.2.1.3 Geräteausstattung für die Verarbeitung von Beton B I . 30
5.2.1.4 Geräteausstattung für die Prüfung von Beton B I . 30
5.2.1.5 Überprüfung der Geräte und Prüfeinrichtungen . 30
5.2.2 Baustellen für Beton B II . 31
5.2.2.1 Anwendungsbereich und Anforderungen an das Unternehmen . 31
5.2.2.2 Geräteausstattung für die Herstellung von Beton B II . 31
5.2.2.3 Geräteausstattung für die Verarbeitung von Beton B II . 31
5.2.2.4 Geräteausstattung für die Prüfung von Beton B II . 31
5.2.2.5 Überprüfung der Geräte und Prüfeinrichtungen . 31
5.2.2.6 Ständige Betonprüfstelle für Beton B II (Betonprüfstelle E) . 32
5.2.2.7 Personal auf Baustellen mit Beton B II und in der ständigen Betonprüfstelle . 32
5.2.2.8 Verwertung der Aufzeichnungen . 33

5.3 Anforderungen an Betonfertigteilwerke (Betonwerke) . 33
5.3.1 Allgemeine Anforderungen . 33
5.3.2 Technischer Werkleiter . 33
5.3.3 Ausstattung des Werkes . 33
5.3.4 Aufzeichnungen . 33

5.4 Anforderungen an Transportbetonwerke . 33
5.4.1 Allgemeine Anforderungen . 33
5.4.2 Technischer Werkleiter und sonstiges Personal . 34
5.4.3 Ausstattung des Werkes . 34
5.4.4 Betonsortenverzeichnis . 34
5.4.5 Aufzeichnungen . 34
5.4.6 Fahrzeuge für Mischen und Transport des Betons . 34
5.5 Lieferscheine . 35
5.5.1 Allgemeine Anforderungen . 35
5.5.2 Stahlbetonfertigteile . 35
5.5.3 Transportbeton . 36

6 Baustoffe . 36
6.1 Bindemittel . 36
6.1.1 Zement . 36
6.1.2 Mischbinder . 36
6.1.3 Liefern und Lagern der Bindemittel . 36
6.2 Betonzuschlag . 36
6.2.1 Allgemeine Anforderungen . 36
6.2.2 Kornzusammensetzung des Betonzuschlags . 36
6.2.2.1 Sieblinien und Kennwerte für den Wasseranspruch . 36
6.2.2.2 Stetige Sieblinien . 37
6.2.2.3 Unstetige Sieblinien . 37
6.2.3 Liefern und Lagern des Betonzuschlags . 42

Seite

3 Bautechnische Unterlagen 26
3.1 Art der bautechnischen Unterlagen 26
3.2 Zeichnungen 26
3.2.1 Allgemeine Anforderungen 26
3.2.2 Verlegepläne für Fertigteile 26
3.2.3 Zeichnungen für Schalungs- und Traggerüste 26
3.3 Statische Berechnungen 27
3.4 Baubeschreibung 27

4 Bauleitung 27
4.1 Bauleiter des Unternehmens 27
4.2 Anzeigen über den Beginn der Bauarbeiten 28
4.3 Aufzeichnungen während der Bauausführung 28
4.4 Aufbewahrung und Vorlage der Aufzeichnungen 29

5 Personal und Ausstattung der Unternehmen, Baustellen und Werke 29
5.1 Allgemeine Anforderungen 29
5.2 Anforderungen an die Baustellen 30
5.2.1 Baustellen für Beton B I 30
5.2.1.1 Anwendungsbereich und Anforderungen an das Unternehmen 30
5.2.1.2 Geräteausstattung für die Herstellung von Beton B I 30
5.2.1.3 Geräteausstattung für die Verarbeitung von Beton B I 30
5.2.1.4 Geräteausstattung für die Prüfung von Beton B I 30
5.2.1.5 Überprüfung der Geräte und Prüfeinrichtungen 30
5.2.2 Baustellen für Beton B II 31
5.2.2.1 Anwendungsbereich und Anforderungen an das Unternehmen 31
5.2.2.2 Geräteausstattung für die Herstellung von Beton B II 31
5.2.2.3 Geräteausstattung für die Verarbeitung von Beton B II 31
5.2.2.4 Geräteausstattung für die Prüfung von Beton B II 31
5.2.2.5 Überprüfung der Geräte und Prüfeinrichtungen 31
5.2.2.6 Ständige Betonprüfstelle für Beton B II (Betonprüfstelle E) 32
5.2.2.7 Personal auf Baustellen mit Beton B II und in der ständigen Betonprüfstelle .. 32
5.2.2.8 Verwertung der Aufzeichnungen 33
5.3 Anforderungen an Betonfertigteilwerke (Betonwerke) 33
5.3.1 Allgemeine Anforderungen 33
5.3.2 Technischer Werkleiter 33
5.3.3 Ausstattung des Werkes 33
5.3.4 Aufzeichnungen 33
5.4 Anforderungen an Transportbetonwerke 33
5.4.1 Allgemeine Anforderungen 33
5.4.2 Technischer Werkleiter und sonstiges Personal 34
5.4.3 Ausstattung des Werkes 34
5.4.4 Betonsortenverzeichnis 34
5.4.5 Aufzeichnungen 34
5.4.6 Fahrzeuge für Mischen und Transport des Betons 34
5.5 Lieferscheine 35
5.5.1 Allgemeine Anforderungen 35
5.5.2 Stahlbetonfertigteile 35
5.5.3 Transportbeton 36

6 Baustoffe 36
6.1 Bindemittel 36
6.1.1 Zement 36
6.1.2 Liefern und Lagern der Bindemittel 36
6.2 Betonzuschlag 36
6.2.1 Allgemeine Anforderungen 36
6.2.2 Kornzusammensetzung des Betonzuschlags 36
6.2.3 Liefern und Lagern des Betonzuschlags 42

	Seite
6.3 Betonzusätze	42
6.3.1 Betonzusatzmittel	42
6.3.2 Betonzusatzstoffe	42
6.4 Zugabewasser	42
6.5 Beton	42
6.5.1 Festigkeitsklassen des Betons und ihre Anwendung	42
6.5.2 Allgemeine Bedingungen für die Herstellung des Betons	43
6.5.3 Konsistenz des Betons	46
6.5.4 Mehlkorngehalt	46
6.5.5 Zusammensetzung von Beton B I	47
6.5.5.1 Zementgehalt	47
6.5.5.2 Zuschlaggemisch	48
6.5.5.3 Konsistenz	49
6.5.6 Zusammensetzung von Beton B II	49
6.5.6.1 Zementgehalt	49
6.5.6.2 Zuschlaggemische	49
6.5.6.3 Wasserzementwert (W/Z-Wert) und Konsistenz	49
6.5.7 Beton mit besonderen Eigenschaften	49
6.5.7.1 Allgemeine Anforderungen	49
6.5.7.2 Wasserundurchlässiger Beton	50
6.5.7.3 Beton mit hohem Frostwiderstand	50
6.5.7.4 Beton mit hohem Widerstand gegen chemische Angriffe	51
6.5.7.5 Beton mit hohem Abnutzwiderstand	51
6.5.7.6 Beton mit ausreichendem Widerstand gegen Hitze	52
6.5.7.7 Beton für Unterwasserschüttung (Unterwasserbeton)	52
6.6 Betonstahl	52
6.7 Andere Baustoffe und Bauteile	53
6.7.1 Zementmörtel für Fugen	53
6.7.2 Zwischenbauteile und Deckenziegel	53
7 Nachweis der Güte der Baustoffe und Bauteile für Baustellen	**53**
7.1 Allgemeine Anforderungen	53
7.2 Bindemittel, Betonzusatzmittel und Betonzusatzstoffe	53
7.3 Betonzuschlag	56
7.4 Beton	56
7.4.1 Grundlage der Prüfung	56
7.4.2 Eignungsprüfung	56
7.4.2.1 Zweck und Anwendung	56
7.4.2.2 Anforderungen	57
7.4.3 Güteprüfung	57
7.4.3.1 Allgemeines	57
7.4.3.2 Zementgehalt	58
7.4.3.3 Wasserzementwert	58
7.4.3.4 Konsistenz	58
7.4.3.5 Druckfestigkeit	59
7.4.3.5.1 Anzahl der Probewürfel	59
7.4.3.5.2 Festigkeitsanforderungen	59
7.4.3.5.3 Umrechnung der Ergebnisse der Druckfestigkeitsprüfung	59
7.4.4 Erhärtungsprüfung	60
7.4.5 Nachweis der Betonfestigkeit am Bauwerk	60
7.5 Betonstahl	61
7.5.1 Prüfung am Betonstahl	61
7.5.2 Prüfung des Schweißens von Betonstahl	61

	Seite
6.3 Betonzusätze	42
6.3.1 Betonzusatzmittel	42
6.3.2 Betonzusatzstoffe	42
6.4 Zugabewasser	42
6.5 Beton	42
6.5.1 Festigkeitsklassen des Betons und ihre Anwendung	42
6.5.2 Allgemeine Bedingungen für die Herstellung des Betons	43
6.5.3 Konsistenz des Betons	46
6.5.4 Mehlkorngehalt sowie Mehlkorn- und Feinstsandgehalt	46
6.5.5 Zusammensetzung von Beton B I	47
6.5.5.1 Zementgehalt	47
6.5.5.2 Betonzuschlag	48
6.5.6 Zusammensetzung von Beton B II	49
6.5.6.1 Zementgehalt	49
6.5.6.2 Betonzuschlag	49
6.5.6.3 Wasserzementwert (w/z-Wert) und Konsistenz	49
6.5.7 Beton mit besonderen Eigenschaften	49
6.5.7.1 Allgemeine Anforderungen	49
6.5.7.2 Wasserundurchlässiger Beton	50
6.5.7.3 Beton mit hohem Frostwiderstand	50
6.5.7.4 Beton mit hohem Frost- und Tausalzwiderstand	51
6.5.7.5 Beton mit hohem Widerstand gegen chemische Angriffe	51
6.5.7.6 Beton mit hohem Verschleißwiderstand	51
6.5.7.7 Beton für hohe Gebrauchstemperaturen bis 250 °C	52
6.5.7.8 Beton für Unterwasserschüttung (Unterwasserbeton)	52
6.6 Betonstahl	52
6.6.1 Betonstahl nach den Normen der Reihe DIN 488	52
6.6.2 Rundstahl nach DIN 1013 Teil 1	53
6.6.3 Bewehrungsdraht nach DIN 488 Teil 1	53
6.7 Andere Baustoffe und Bauteile	53
6.7.1 Zementmörtel für Fugen	53
6.7.2 Zwischenbauteile und Deckenziegel	53
7 Nachweis der Güte der Baustoffe und Bauteile für Baustellen	53
7.1 Allgemeine Anforderungen	53
7.2 Bindemittel, Betonzusatzmittel und Betonzusatzstoffe	53
7.3 Betonzuschlag	56
7.4 Beton	56
7.4.1 Grundlage der Prüfung	56
7.4.2 Eignungsprüfung	56
7.4.2.1 Zweck und Anwendung	56
7.4.2.2 Anforderungen	57
7.4.3 Güteprüfung	57
7.4.3.1 Allgemeines	57
7.4.3.2 Zementgehalt	58
7.4.3.3 Wasserzementwert	58
7.4.3.4 Konsistenz	58
7.4.3.5 Druckfestigkeit	59
7.4.3.5.1 Anzahl der Probewürfel	59
7.4.3.5.2 Festigkeitsanforderungen	59
7.4.3.5.3 Umrechnung der Ergebnisse der Druckfestigkeitsprüfung	59
7.4.4 Erhärtungsprüfung	60
7.4.5 Nachweis der Betonfestigkeit am Bauwerk	60
7.5 Betonstahl	61
7.5.1 Prüfung am Betonstahl	61
7.5.2 Prüfung des Schweißens von Betonstahl	61

	Seite
7.6 Bauteile und andere Baustoffe	61
7.6.1 Allgemeine Anforderungen	61
7.6.2 Prüfung der Stahlbetonfertigteile	61
7.6.3 Prüfung der Zwischenbauteile und Deckenziegel	61
7.6.4 Prüfung der Betongläser	61
7.6.5 Prüfung von Zementmörtel	61
8 Überwachung (Güteüberwachung) von Baustellenbeton B II, von Fertigteilen und von Transportbeton	61
9 Bereiten und Befördern des Betons	62
9.1 Angaben über die Betonzusammensetzung	62
9.2 Abmessen der Betonbestandteile	62
9.2.1 Abmessen des Zements	62
9.2.2 Abmessen des Betonzuschlags	62
9.2.3 Abmessen des Zugabewassers	62
9.3 Mischen des Betons	63
9.3.1 Baustellenbeton	63
9.3.2 Transportbeton	63
9.4 Befördern von Beton zur Baustelle	63
9.4.1 Allgemeines	63
9.4.2 Baustellenbeton	63
9.4.3 Transportbeton	64
10 Fördern, Verarbeiten und Nachbehandeln des Betons	64
10.1 Fördern des Betons auf der Baustelle	64
10.2 Verarbeiten des Betons	64
10.2.1 Zeitpunkt des Verarbeitens	64
10.2.2 Verdichten	64
10.2.3 Arbeitsfugen	65
10.3 Nachbehandeln des Betons	66
10.4 Betonieren unter Wasser	66
11 Betonieren bei kühler Witterung und bei Frost	67
11.1 Erforderliche Temperatur des frischen Betons	67
11.2 Schutzmaßnahmen	67
12 Schalungen, Schalungsgerüste, Ausschalen und Hilfsstützen	68
12.1 Bemessung der Schalung	68
12.2 Bauliche Durchbildung	68
12.3 Ausrüsten und Ausschalen	68
12.3.1 Ausschalfristen	68
12.3.2 Hilfsstützen	69
12.3.3 Belastung frisch ausgeschalter Bauteile	70
13 Einbau und Betondeckung der Bewehrung	70
13.1 Einbau der Bewehrung	70
13.2 Betondeckung der Bewehrung	70
13.2.1 Allgemeine Bestimmungen und Überdeckungsmaße	70
13.2.2 Vergrößerung der Betondeckung	74
13.3 Andere Schutzmaßnahmen	74
14 Bauteile und Bauwerke mit besonderen Beanspruchungen	74
14.1 Allgemeine Anforderungen	74
14.2 Bauteile in betonschädlichen Wässern und Böden nach DIN 4030	74
14.3 Bauteile unter mechanischen Angriffen	75
14.4 Bauwerke mit großen Längenänderungen	75
14.4.1 Längenänderungen infolge von Temperaturänderungen und Schwinden	75
14.4.2 Längenänderungen infolge Brandeinwirkung	75
14.4.3 Ausbildung von Dehnfugen	75
14.5 Bauteile mit besonderen Anforderungen an die Rißsicherheit	76

		Seite
7.6	Bauteile und andere Baustoffe	61
7.6.1	Allgemeine Anforderungen	61
7.6.2	Prüfung der Stahlbetonfertigteile	61
7.6.3	Prüfung der Zwischenbauteile und Deckenziegel	61
7.6.4	Prüfung der Betongläser	61
7.6.5	Prüfung von Zementmörtel	61
8	**Überwachung (Güteüberwachung) von Baustellenbeton B II, von Fertigteilen und von Transportbeton**	61
9	**Bereiten und Befördern des Betons**	62
9.1	Angaben über die Betonzusammensetzung	62
9.2	Abmessen der Betonbestandteile	62
9.2.1	Abmessen des Zements	62
9.2.2	Abmessen des Betonzuschlags	62
9.2.3	Abmessen des Zugabewassers	62
9.3	Mischen des Betons	63
9.3.1	Baustellenbeton	63
9.3.2	Transportbeton	63
9.4	Befördern von Beton zur Baustelle	63
9.4.1	Allgemeines	63
9.4.2	Baustellenbeton	63
9.4.3	Transportbeton	64
10	**Fördern, Verarbeiten und Nachbehandeln des Betons**	64
10.1	Fördern des Betons auf der Baustelle	64
10.2	Verarbeiten des Betons	64
10.2.1	Zeitpunkt des Verarbeitens	64
10.2.2	Verdichten	64
10.2.3	Arbeitsfugen	65
10.3	Nachbehandeln des Betons	66
10.4	Betonieren unter Wasser	66
11	**Betonieren bei kühler Witterung und bei Frost**	67
11.1	Erforderliche Temperatur des frischen Betons	67
11.2	Schutzmaßnahmen	67
12	**Schalungen, Schalungsgerüste, Ausschalen und Hilfsstützen**	68
12.1	Bemessung der Schalung	68
12.2	Bauliche Durchbildung	68
12.3	Ausrüsten und Ausschalen	68
12.3.1	Ausschalfristen	68
12.3.2	Hilfsstützen	69
12.3.3	Belastung frisch ausgeschalter Bauteile	70
13	**Einbau der Bewehrung und Betondeckung**	70
13.1	Einbau der Bewehrung	70
13.2	Betondeckung	70
13.2.1	Allgemeine Bestimmungen	70
13.2.2	Vergrößerung der Betondeckung	74
13.3	Andere Schutzmaßnahmen	74
14	**Bauteile und Bauwerke mit besonderen Beanspruchungen**	74
14.1	Allgemeine Anforderungen	74
14.2	Bauteile in betonschädlichen Wässern und Böden nach DIN 4030	74
14.3	Bauteile unter mechanischen Angriffen	75
14.4	Bauwerke mit großen Längenänderungen	75
14.4.1	Längenänderungen infolge von Wärmewirkungen und Schwinden	75
14.4.2	Längenänderungen infolge von Brandeinwirkung	75
14.4.3	Ausbildung von Dehnfugen	75

	Seite
15 Grundlagen zur Ermittlung der Schnittgrößen	76
15.1 Ermittlung der Schnittgrößen	76
15.1.1 Allgemeines	76
15.1.2 Ermittlung der Schnittgrößen infolge von Lasten	76
15.1.3 Ermittlung der Schnittgrößen infolge von Zwang	76
15.2 Stützweiten	77
15.3 Mitwirkende Plattenbreite bei Plattenbalken	77
15.4 Biegemomente	77
15.4.1 Biegemomente in Platten und Balken	77
15.4.1.1 Allgemeines	77
15.4.1.2 Stützmomente	77
15.4.1.3 Positive Feldmomente	78
15.4.1.4 Negative Feldmomente	78
15.4.1.5 Berücksichtigung einer Randeinspannung	78
15.4.2 Biegemomente in rahmenartigen Tragwerken	79
15.5 Torsion	79
15.6 Querkräfte	79
15.7 Stützkräfte	79
15.8 Räumliche Steifigkeit und Stabilität	79
15.8.1 Allgemeine Grundlagen	79
15.8.2 Maßabweichungen des Systems und ungewollte Ausmitten der lotrechten Lasten	80
15.8.2.1 Rechenannahmen	80
15.8.2.2 Waagerechte aussteifende Bauteile	80
15.8.2.3 Lotrechte aussteifende Bauteile	81
16 Grundlagen für die Berechnung der Formänderungen	81
16.1 Anwendungsbereich	81
16.2 Formänderungen unter Gebrauchslast	82
16.2.1 Stahl	82
16.2.2 Beton	82
16.2.3 Stahlbeton	82
16.3 Formänderungen oberhalb der Gebrauchslast	82
16.4 Kriechen und Schwinden des Betons	82
16.5 Temperaturänderung	83
17 Bemessung	83
17.1 Allgemeine Grundlagen	83
17.1.1 Sicherheitsabstand	83
17.1.2 Anwendungsbereich	84
17.1.3 Verhalten unter Gebrauchslast	84
17.2 Bemessung für Biegung, Biegung mit Längskraft und Längskraft allein	84
17.2.1 Grundlagen, Ermittlung der Bruchschnittgrößen	84
17.2.2 Sicherheitsbeiwerte	85
17.2.3 Höchstwerte der Längsbewehrung	88
17.3 Zusätzliche Bestimmungen bei Bemessung für Druck	88
17.3.1 Allgemeines	88
17.3.2 Umschnürte Druckglieder	88
17.3.3 Zulässige Druckspannung bei Teilflächenbelastung	89
17.3.4 Zulässige Druckspannungen in Mörtelfugen	89
17.4 Nachweis der Knicksicherheit	90
17.4.1 Grundlagen	90
17.4.2 Ermittlung der Knicklänge	90
17.4.3 Druckglieder aus Stahlbeton mit mäßiger Schlankheit	90
17.4.4 Druckglieder aus Stahlbeton mit großer Schlankheit	91
17.4.5 Einspannende Bauteile	92
17.4.6 Ungewollte Ausmitte	92

	Seite
15 Grundlagen zur Ermittlung der Schnittgrößen	76
15.1 Ermittlung der Schnittgrößen	76
15.1.1 Allgemeines	76
15.1.2 Ermittlung der Schnittgrößen infolge von Lasten	76
15.1.3 Ermittlung der Schnittgrößen infolge von Zwang	76
15.2 Stützweiten	77
15.3 Mitwirkende Plattenbreite bei Plattenbalken	77
15.4 Biegemomente	77
15.4.1 Biegemomente in Platten und Balken	77
15.4.1.1 Allgemeines	77
15.4.1.2 Stützmomente	77
15.4.1.3 Positive Feldmomente	78
15.4.1.4 Negative Feldmomente	78
15.4.1.5 Berücksichtigung einer Randeinspannung	78
15.4.2 Biegemomente in rahmenartigen Tragwerken	79
15.5 Torsion	79
15.6 Querkräfte	79
15.7 Stützkräfte	79
15.8 Räumliche Steifigkeit und Stabilität	79
15.8.1 Allgemeine Grundlagen	79
15.8.2 Maßabweichungen des Systems und ungewollte Ausmitten der lotrechten Lasten	80
15.8.2.1 Rechenannahmen	80
15.8.2.2 Waagerechte aussteifende Bauteile	80
15.8.2.3 Lotrechte aussteifende Bauteile	81
16 Grundlagen für die Berechnung der Formänderungen	81
16.1 Anwendungsbereich	81
16.2 Formänderungen unter Gebrauchslast	82
16.2.1 Stahl	82
16.2.2 Beton	82
16.2.3 Stahlbeton	82
16.3 Formänderungen oberhalb der Gebrauchslast	82
16.4 Kriechen und Schwinden des Betons	82
16.5 Wärmewirkungen	83
17 Bemessung	83
17.1 Allgemeine Grundlagen	83
17.1.1 Sicherheitsabstand	83
17.1.2 Anwendungsbereich	84
17.1.3 Verhalten unter Gebrauchslast	84
17.2 Bemessung für Biegung, Biegung mit Längskraft und Längskraft allein	84
17.2.1 Grundlagen, Ermittlung der Bruchschnittgrößen	84
17.2.2 Sicherheitsbeiwerte	85
17.2.3 Höchstwerte der Längsbewehrung	88
17.3 Zusätzliche Bestimmungen bei Bemessung für Druck	88
17.3.1 Allgemeines	88
17.3.2 Umschnürte Druckglieder	88
17.3.3 Zulässige Druckspannung bei Teilflächenbelastung	89
17.3.4 Zulässige Druckspannungen im Bereich von Mörtelfugen	89
17.4 Nachweis der Knicksicherheit	90
17.4.1 Grundlagen	90
17.4.2 Ermittlung der Knicklänge	90
17.4.3 Druckglieder aus Stahlbeton mit mäßiger Schlankheit	90
17.4.4 Druckglieder aus Stahlbeton mit großer Schlankheit	91
17.4.5 Einspannende Bauteile	92
17.4.6 Ungewollte Ausmitte	92

Seite

17.4.7	Berücksichtigung des Kriechens	92
17.4.8	Knicken nach zwei Richtungen	92
17.4.9	Nachweis am Gesamtsystem	94
17.5	Bemessung für Querkraft und Torsion	95
17.5.1	Allgemeine Grundlage	95
17.5.2	Maßgebende Querkraft	95
17.5.3	Grundwerte der Schubspannung	96
17.5.4	Bemessungsgrundlagen für die Schubbewehrung	96
17.5.5	Bemessungsregeln für die Schubbewehrung	97
17.5.6	Bemessung bei Torsion	98
17.5.7	Bemessung bei Querkraft und Torsion	98
17.6	Beschränkung der Rißbreite unter Gebrauchslast	98
17.6.1	Grundlagen	98
17.6.2	Nachweis der Beschränkung der Rißbreite	99
17.6.3	Verminderung der Rißbildung	102
17.7	Beschränkung der Durchbiegung unter Gebrauchslast	102
17.7.1	Allgemeine Anforderungen	102
17.7.2	Vereinfachter Nachweis durch Begrenzung der Biegeschlankheit	102
17.7.3	Rechnerischer Nachweis der Durchbiegung	103
17.8	Beschränkung der Stahlspannungen unter Gebrauchslast bei nicht vorwiegend ruhender Belastung	103
17.9	Bauteile aus unbewehrtem Beton	104
18	**Bewehrungsrichtlinien**	**105**
18.1	Anwendungsbereich	105
18.2	Stababstände	105
18.3	Biegungen	105
18.3.1	Zulässige Biegerollendurchmesser	105
18.3.2	Biegungen an geschweißten Bewehrungen	105
18.4	Zulässige Grundwerte der Verbundspannungen	106
18.5	Verankerungen	108
18.5.1	Grundsätze	108
18.5.2	Gerade Stabenden, Haken, Winkelhaken, Schlaufen oder angeschweißte Querstäbe	108
18.5.2.1	Grundmaß l_0 der Verankerungslänge	108
18.5.2.2	Verankerungslänge l_1	109
18.5.2.3	Querbewehrung im Verankerungsbereich	109
18.5.3	Ankerkörper	110
18.6	Stöße	112
18.6.1	Grundsätze	112
18.6.2	Zulässiger Anteil der gestoßenen Stäbe	113
18.6.3	Übergreifungsstöße mit geraden Stabenden, Haken, Winkelhaken oder Schlaufen	113
18.6.3.1	Längsversatz und Querabstand	113
18.6.3.2	Übergreifungslänge $l_ü$ bei Zugstößen	113
18.6.3.3	Übergreifungslänge $l_ü$ bei Druckstößen	114
18.6.3.4	Querbewehrung im Übergreifungsbereich	114
18.6.4	Übergreifungsstöße geschweißter Betonstahlmatten	116
18.6.4.1	Ausbildung der Stöße von Tragstäben	116
18.6.4.2	Ein-Ebenen-Stöße sowie Zwei-Ebenen-Stöße mit bügelartiger Umfassung der Tragbewehrung	116
18.6.4.3	Zwei-Ebenen-Stöße ohne bügelartige Umfassung der Tragbewehrung	116
18.6.4.4	Übergreifungsstöße von Stäben der Querbewehrung	118

		Seite
17.4.7	Berücksichtigung des Kriechens	92
17.4.8	Knicken nach zwei Richtungen	92
17.4.9	Nachweis am Gesamtsystem	94
17.5	Bemessung für Querkraft und Torsion	95
17.5.1	Allgemeine Grundlage	95
17.5.2	Maßgebende Querkraft	95
17.5.3	Grundwerte τ_0 der Schubspannung	96
17.5.4	Bemessungsgrundlagen für die Schubbewehrung	96
17.5.5	Bemessungsregeln für die Schubbewehrung (Bemessungswerte τ)	97
17.5.5.1	Allgemeines	97
17.5.5.2	Schubbereich 1	97
17.5.5.3	Schubbereich 2	97
17.5.5.4	Schubbereich 3	98
17.5.6	Bemessung bei Torsion	98
17.5.7	Bemessung bei Querkraft und Torsion	98
17.6	Beschränkung der Rißbreite unter Gebrauchslast	98
17.6.1	Allgemeines	98
17.6.2	Mindestbewehrung	99
17.6.3	Regeln für die statisch erforderliche Bewehrung	102
17.7	Beschränkung der Durchbiegung unter Gebrauchslast	102
17.7.1	Allgemeine Anforderungen	102
17.7.2	Vereinfachter Nachweis durch Begrenzung der Biegeschlankheit	102
17.7.3	Rechnerischer Nachweis der Durchbiegung	103
17.8	Beschränkung der Stahlspannungen unter Gebrauchslast bei nicht vorwiegend ruhender Belastung	103
17.9	Bauteile aus unbewehrtem Beton	104
18	**Bewehrungsrichtlinien**	**105**
18.1	Anwendungsbereich	105
18.2	Stababstände	105
18.3	Biegungen	105
18.3.1	Zulässige Biegerollendurchmesser	105
18.3.2	Biegungen an geschweißten Bewehrungen	105
18.3.3	Hin- und Zurückbiegen	105
18.4	Zulässige Grundwerte der Verbundspannungen	107
18.5	Verankerungen	108
18.5.1	Grundsätze	108
18.5.2	Gerade Stabenden, Haken, Winkelhaken, Schlaufen oder angeschweißte Querstäbe	108
18.5.2.1	Grundmaß l_0 der Verankerungslänge	108
18.5.2.2	Verankerungslänge l_1	109
18.5.2.3	Querbewehrung im Verankerungsbereich	109
18.5.3	Ankerkörper	111
18.6	Stöße	112
18.6.1	Grundsätze	112
18.6.2	Zulässiger Anteil der gestoßenen Stäbe	113
18.6.3	Übergreifungsstöße mit geraden Stabenden, Haken, Winkelhaken oder Schlaufen	113
18.6.3.1	Längsversatz und Querabstand	113
18.6.3.2	Übergreifungslänge $l_ü$ bei Zugstößen	113
18.6.3.3	Übergreifungslänge $l_ü$ bei Druckstößen	114
18.6.3.4	Querbewehrung im Übergreifungsbereich von Tragstäben	114
18.6.4	Übergreifungsstöße von Betonstahlmatten	116
18.6.4.1	Ausbildung der Stöße von Tragstäben	116
18.6.4.2	Ein-Ebenen-Stöße sowie Zwei-Ebenen-Stöße mit bügelartiger Umfassung der Tragbewehrung	116
18.6.4.3	Zwei-Ebenen-Stöße ohne bügelartige Umfassung der Tragbewehrung	116
18.6.4.4	Übergreifungsstöße von Stäben der Querbewehrung	118

	Seite
18.6.5 Verschraubte Stöße	118
18.6.6 Geschweißte Stöße	119
18.6.7 Kontaktstöße	119
18.7 Biegezugbewehrung	119
18.7.1 Grundsätze	119
18.7.2 Deckung der Zugkraftlinie	119
18.7.3 Verankerung außerhalb von Auflagern	122
18.7.4 Verankerung an Endauflagern	123
18.7.5 Verankerung an Zwischenauflagern	124
18.8 Schubbewehrung	124
18.8.1 Grundsätze	124
18.8.2 Bügel	124
18.8.2.1 Ausbildung der Bügel	124
18.8.2.2 Mindestquerschnitt	125
18.8.3 Schrägstäbe	125
18.8.4 Schubzulagen	130
18.8.5 Anschluß von Zug- oder Druckgurten	130
18.9 Andere Bewehrungen	131
18.9.1 Randbewehrung bei Platten	131
18.9.2 Unbeabsichtigte Einspannungen	131
18.9.3 Umlenkkräfte	132
18.10 Besondere Bestimmungen für einzelne Bauteile	134
18.10.1 Kragplatten, Kragbalken	134
18.10.2 Anschluß von Nebenträgern	134
18.10.3 Angehängte Lasten	134
18.10.4 Torsionsbeanspruchte Bauteile	134
18.11 Stabbündel	135
18.11.1 Grundsätze	135
18.11.2 Anordnung, Abstände, Betondeckung	135
18.11.3 Beschränkung der Rißbreite	135
18.11.4 Verankerung von Stabbündeln	137
18.11.5 Stoß von Stabbündeln	137
18.11.6 Verbügelung druckbeanspruchter Stabbündel	138
19 Stahlbetonfertigteile	**138**
19.1 Bauten aus Stahlbetonfertigteilen	138
19.2 Allgemeine Anforderungen an die Fertigteile	138
19.3 Mindestmaße	139
19.4 Zusammenwirken von Fertigteilen und Ortbeton	139
19.5 Zusammenbau der Fertigteile	139
19.5.1 Sicherung im Montagezustand	139
19.5.2 Montagestützen	140
19.5.3 Auflagertiefe	140
19.5.4 Ausbildung von Auflagern und druckbeanspruchten Fugen	140
19.6 Kennzeichnung	140
19.7 Geschoßdecken, Dachdecken und vergleichbare Bauteile mit Fertigteilen	141
19.7.1 Anwendungsbereich und allgemeine Bestimmungen	141
19.7.2 Zusammenwirken von Fertigteilen und Ortbeton in Decken	141
19.7.3 Verbundbewehrung zwischen Fertigteilen und Ortbeton	141
19.7.4 Deckenscheiben aus Fertigteilen	142
19.7.4.1 Allgemeine Vorschriften	142
19.7.4.2 Deckenscheiben in Bauten aus vorgefertigten Wand- und Deckentafeln	142
19.7.5 Querverbindung der Fertigteile	143
19.7.6 Fertigplatten mit statisch mitwirkender Ortbetonschicht	146
19.7.7 Balkendecken mit <u>Zwischenbauteilen und ohne solche</u>	146
19.7.8 Stahlbetonrippendecken mit ganz oder teilweise vorgefertigten Rippen	147
19.7.8.1 Allgemeine Bestimmungen	147
19.7.8.2 Stahlbetonrippendecken mit statisch mitwirkenden Zwischenbauteilen	147

	Seite
18.6.5 Verschraubte Stöße	118
18.6.6 Geschweißte Stöße	119
18.6.7 Kontaktstöße	119
18.7 Biegezugbewehrung	119
18.7.1 Grundsätze	119
18.7.2 Deckung der Zugkraftlinie	119
18.7.3 Verankerung außerhalb von Auflagern	122
18.7.4 Verankerung an Endauflagern	123
18.7.5 Verankerung an Zwischenauflagern	124
18.8 Schubbewehrung	124
18.8.1 Grundsätze	124
18.8.2 Bügel	124
18.8.2.1 Ausbildung der Bügel	124
18.8.2.2 Mindestquerschnitt	125
18.8.3 Schrägstäbe	125
18.8.4 Schubzulagen	130
18.8.5 Anschluß von Zug- oder Druckgurten	130
18.9 Andere Bewehrungen	131
18.9.1 Randbewehrung bei Platten	131
18.9.2 Unbeabsichtigte Einspannungen	131
18.9.3 Umlenkkräfte	132
18.10 Besondere Bestimmungen für einzelne Bauteile	134
18.10.1 Kragplatten, Kragbalken	134
18.10.2 Anschluß von Nebenträgern	134
18.10.3 Angehängte Lasten	134
18.10.4 Torsionsbeanspruchte Bauteile	134
18.11 Stabbündel	135
18.11.1 Grundsätze	135
18.11.2 Anordnung, Abstände, Betondeckung	135
18.11.3 Beschränkung der Rißbreite	135
18.11.4 Verankerung von Stabbündeln	137
18.11.5 Stoß von Stabbündeln	137
18.11.6 Verbügelung druckbeanspruchter Stabbündel	138
19 Stahlbetonfertigteile	**138**
19.1 Bauten aus Stahlbetonfertigteilen	138
19.2 Allgemeine Anforderungen an die Fertigteile	138
19.3 Mindestmaße	139
19.4 Zusammenwirken von Fertigteilen und Ortbeton	139
19.5 Zusammenbau der Fertigteile	139
19.5.1 Sicherung im Montagezustand	139
19.5.2 Montagestützen	140
19.5.3 Auflagertiefe	140
19.5.4 Ausbildung von Auflagern und druckbeanspruchten Fugen	140
19.6 Kennzeichnung	140
19.7 Geschoßdecken, Dachdecken und vergleichbare Bauteile mit Fertigteilen	141
19.7.1 Anwendungsbereich und allgemeine Bestimmungen	141
19.7.2 Zusammenwirken von Fertigteilen und Ortbeton in Decken	141
19.7.3 Verbundbewehrung zwischen Fertigteilen und Ortbeton	141
19.7.4 Deckenscheiben aus Fertigteilen	142
19.7.4.1 Allgemeine Bestimmungen	142
19.7.4.2 Deckenscheiben in Bauten aus vorgefertigten Wand- und Deckentafeln	142
19.7.5 Querverbindung der Fertigteile	143
19.7.6 Fertigplatten mit statisch mitwirkender Ortbetonschicht	146
19.7.7 Balkendecken mit und ohne Zwischenbauteile	146
19.7.8 Stahlbetonrippendecken mit ganz oder teilweise vorgefertigten Rippen	147
19.7.8.1 Allgemeine Bestimmungen	147
19.7.8.2 Stahlbetonrippendecken mit statisch mitwirkenden Zwischenbauteilen	147

		Seite
19.7.9	Stahlbetonhohldielen	148
19.7.10	Vorgefertigte Stahlsteindecken	148
19.8	Wände aus Fertigteilen	148
19.8.1	Allgemeines	148
19.8.2	Mindestdicken	148
19.8.2.1	Fertigteilwände mit vollem Rechteckquerschnitt	148
19.8.2.2	Fertigteilwände mit aufgelöstem Querschnitt oder mit Hohlräumen	148
19.8.3	Lotrechte Stoßfugen zwischen tragenden und aussteifenden Wänden	149
19.8.4	Waagerechte Stoßfugen	149
19.8.5	Scheibenwirkung von Wänden	150
19.8.6	Anschluß der Wandtafeln an Deckenscheiben	150
19.8.7	Metallische Verankerungs- und Verbindungsmittel bei mehrschichtigen Wandtafeln	151

20 Platten und plattenartige Bauteile ... 151

20.1	Platten	151
20.1.1	Begriff und Plattenarten	151
20.1.2	Auflager	152
20.1.3	Plattendicke	152
20.1.4	Lastverteilung bei Punkt-, Linien- und Rechtecklasten in einachsig gespannten Platten	152
20.1.5	Schnittgrößen	153
20.1.6	Bewehrung	154
20.1.6.1	Allgemeine Anforderungen	154
20.1.6.2	Hauptbewehrung	154
20.1.6.3	Querbewehrung einachsig gespannter Platten	155
20.1.6.4	Eckbewehrung	156

20.2	Stahlsteindecken	157
20.2.1	Begriff	157
20.2.2	Anwendungsbereich	157
20.2.3	Auflager	157
20.2.4	Deckendicke	157
20.2.5	Lastverteilung bei Einzel- und Streckenlasten	158
20.2.6	Bemessung	158
20.2.6.1	Biegebemessung	158
20.2.6.2	Schubnachweis	158
20.2.7	Bauliche Ausbildung	158
20.2.8	Bewehrung	159

20.3	Glasstahlbeton	159
20.3.1	Begriff und Anwendungsbereich	159
20.3.2	Mindestanforderungen, bauliche Ausbildung und Herstellung	159
20.3.3	Bemessung	160

21 Balken, Plattenbalken und Rippendecken ... 160

21.1	Balken und Plattenbalken	160
21.1.1	Begriffe, Auflagertiefe, Stabilität	160
21.1.2	Bewehrung	160
21.2	Stahlbetonrippendecken	161
21.2.1	Begriff und Anwendungsbereich	161
21.2.2	Einachsig gespannte Stahlbetonrippendecken	161
21.2.2.1	Platte	161
21.2.2.2	Längsrippen	161
21.2.2.3	Querrippen	162
21.2.3	Zweiachsig gespannte Stahlbetonrippendecken	162

22 Punktförmig gestützte Platten ... 162

22.1	Begriff	162
22.2	Mindestmaße	162

		Seite
19.7.9	Stahlbetonhohldielen	148
19.7.10	Vorgefertige Stahlsteindecken	148
19.8	Wände aus Fertigteilen	148
19.8.1	Allgemeines	148
19.8.2	Mindestdicken	148
19.8.2.1	Fertigteilwände mit vollem Rechteckquerschnitt	148
19.8.2.2	Fertigteilwände mit aufgelöstem Querschnitt oder mit Hohlräumen	148
19.8.3	Lotrechte Stoßfugen zwischen tragenden und aussteifenden Wänden	149
19.8.4	Waagerechte Stoßfugen	149
19.8.5	Scheibenwirkung von Wänden	150
19.8.6	Anschluß der Wandtafeln an Deckenscheiben	150
19.8.7	Metallische Verankerungs- und Verbindungsmittel bei mehrschichtigen Wandtafeln	151
20	**Platten und plattenartige Bauteile**	**151**
20.1	Platten	151
20.1.1	Begriff und Plattenarten	151
20.1.2	Auflager	152
20.1.3	Plattendicke	152
20.1.4	Lastverteilung bei Punkt-, Linien- und Rechtecklasten in einachsig gespannten Platten	152
20.1.5	Schnittgrößen	153
20.1.6	Bewehrung	154
20.1.6.1	Allgemeine Anforderungen	154
20.1.6.2	Hauptbewehrung	154
20.1.6.3	Querbewehrung einachsig gespannter Platten	155
20.1.6.4	Eckbewehrung	156
20.2	Stahlsteindecken	157
20.2.1	Begriff	157
20.2.2	Anwendungsbereich	157
20.2.3	Auflager	157
20.2.4	Deckendicke	157
20.2.5	Lastverteilung bei Einzel- und Streckenlasten	158
20.2.6	Bemessung	158
20.2.6.1	Biegebemessung	158
20.2.6.2	Schubnachweis	158
20.2.7	Bauliche Ausbildung	158
20.2.8	Bewehrung	159
20.3	Glasstahlbeton	159
20.3.1	Begriff und Anwendungsbereich	159
20.3.2	Mindestanforderungen, bauliche Ausbildung und Herstellung	159
20.3.3	Bemessung	160
21	**Balken, Plattenbalken und Rippendecken**	**160**
21.1	Balken und Plattenbalken	160
21.1.1	Begriffe, Auflagertiefe, Stabilität	160
21.1.2	Bewehrung	160
21.2	Stahlbetonrippendecken	161
21.2.1	Begriff und Anwendungsbereich	161
21.2.2	Einachsig gespannte Stahlbetonrippendecken	161
21.2.2.1	Platte	161
21.2.2.2	Längsrippen	161
21.2.2.3	Querrippen	162
21.2.3	Zweiachsig gespannte Stahlbetonrippendecken	162
22	**Punktförmig gestützte Platten**	**162**
22.1	Begriff	162
22.2	Mindestmaße	162

	Seite
22.3 Schnittgrößen	162
22.3.1 Näherungsverfahren	162
22.3.2 Stützenkopfverstärkungen	163
22.4 Biegebewehrung	163
22.5 Sicherheit gegen Durchstanzen	164
22.5.1 Ermittlung der Schubspannung τ_r	164
22.5.1.1 Punktförmig gestützte Platten ohne Stützenkopfverstärkungen	164
22.5.1.2 Punktförmig gestützte Platten mit Stützenkopfverstärkungen	165
22.5.2 Nachweis der Sicherheit gegen Durchstanzen	166
22.6 Deckendurchbrüche	166
22.7 Bemessung bewehrter Fundamentplatten	167
23 Wandartige Träger	**168**
23.1 Begriff	168
23.2 Bemessung	168
23.3 Bauliche Durchbildung	168
24 Schalen und Faltwerke	**169**
24.1 Begriffe und Grundlagen der Berechnung	169
24.2 Vereinfachungen bei den Belastungsannahmen	169
24.2.1 Schneelast	169
24.2.2 Windlast	169
24.3 Beuluntersuchungen	169
24.4 Bemessung	169
24.5 Bauliche Durchbildung	170
25 Druckglieder	**171**
25.1 Geltungsbereich	171
25.2 Bügelbewehrte, stabförmige Druckglieder	171
25.2.1 Mindestdicken	171
25.2.2 Bewehrung	171
25.2.2.1 Längsbewehrung	171
25.2.2.2 Bügelbewehrung in Druckgliedern	173
25.3 Umschnürte Druckglieder	174
25.3.1 Allgemeine Grundlagen	174
25.3.2 Mindestdicke und Betonfestigkeit	174
25.3.3 Längsbewehrung	174
25.3.4 Wendelbewehrung (Umschnürung)	174
25.4 Unbewehrte, stabförmige Druckglieder (Stützen)	174
25.5 Wände	174
25.5.1 Allgemeine Grundlagen	174
25.5.2 Aussteifung tragender Wände	174
25.5.3 Mindestwanddicke	175
25.5.3.1 Allgemeine Anforderungen	175
25.5.3.2 Wände mit vollem Rechteckquerschnitt	175
25.5.4 Annahmen für die Bemessung und den Nachweis der Knicksicherheit	175
25.5.4.1 Ausmittigkeit des Lastangriffs	175
25.5.4.2 Knicklänge	175
25.5.4.3 Nachweis der Knicksicherheit	176
25.5.5 Bauliche Ausbildung	176
25.5.5.1 Unbewehrte Wände	176
25.5.5.2 Bewehrte Wände	177

	Seite
22.3 Schnittgrößen	162
22.3.1 Näherungsverfahren	162
22.3.2 Stützenkopfverstärkungen	163
22.4 Nachweis der Biegebewehrung	163
22.5 Sicherheit gegen Durchstanzen	164
22.5.1 Ermittlung der Schubspannung τ_r	164
22.5.1.1 Punktförmig gestützte Platten ohne Stützenkopfverstärkungen	164
22.5.1.2 Punktförmig gestützte Platten mit Stützenkopfverstärkungen	165
22.5.2 Nachweis der Sicherheit gegen Durchstanzen	166
22.6 Deckendurchbrüche	166
22.7 Bemessung bewehrter Fundamentplatten	167
23 Wandartige Träger	**168**
23.1 Begriff	168
23.2 Bemessung	168
23.3 Bauliche Durchbildung	168
24 Schalen und Faltwerke	**169**
24.1 Begriffe und Grundlagen der Berechnung	169
24.2 Vereinfachungen bei den Belastungsannahmen	169
24.2.1 Schneelast	169
24.2.2 Windlast	169
24.3 Beuluntersuchungen	169
24.4 Bemessung	169
24.5 Bauliche Durchbildung	170
25 Druckglieder	**171**
25.1 Anwendungsbereich	171
25.2 Bügelbewehrte, stabförmige Druckglieder	171
25.2.1 Mindestdicken	171
25.2.2 Bewehrung	171
25.2.2.1 Längsbewehrung	171
25.2.2.2 Bügelbewehrung in Druckgliedern	173
25.3 Umschnürte Druckglieder	174
25.3.1 Allgemeine Grundlagen	174
25.3.2 Mindestdicke und Betonfestigkeit	174
25.3.3 Längsbewehrung	174
25.3.4 Wendelbewehrung (Umschnürung)	174
25.4 Unbewehrte, stabförmige Druckglieder (Stützen)	174
25.5 Wände	174
25.5.1 Allgemeine Grundlagen	174
25.5.2 Aussteifung tragender Wände	174
25.5.3 Mindestwanddicke	175
25.5.3.1 Allgemeine Anforderungen	175
25.5.3.2 Wände mit vollem Rechteckquerschnitt	175
25.5.4 Annahmen für die Bemessung und den Nachweis der Knicksicherheit	175
25.5.4.1 Ausmittigkeit des Lastangriffs	175
25.5.4.2 Knicklängen	175
25.5.4.3 Nachweis der Knicksicherheit	176
25.5.5 Bauliche Ausbildung	176
25.5.5.1 Unbewehrte Wände	176
25.5.5.2 Bewehrte Wände	177

Tabellen

Tabelle		Abschnitt	Seite
1	Festigkeitsklassen des Betons und ihre Anwendung	6.5.1	44
2	Konsistenzbereiche des Frischbetons	6.5.3	44
3	Anhaltswerte für den Mehlkorngehalt	6.5.4	44
4	Mindestzementgehalt für Beton B I bei Zuschlag mit einem Größtkorn von 32 mm und Zement der Festigkeitsklasse Z 35 nach DIN 1164	6.5.5.1	48
5	Luftgehalt im Frischbeton	6.5.7.3	50
6	Sorteneinteilung und Eigenschaften der Betonstähle	6.6	54
7	Beiwerte für die Umrechnung von der 7-Tage- auf die 28-Tage-Würfeldruckfestigkeit	7.4.3.5.3	60
8	Ausschalfristen (Anhaltswerte)	12.3.1	69
9	Mindestmaße der Betondeckung, bezogen auf die Durchmesser der Bewehrung	13.2.1	71
10	Mindestmaße der Betondeckung in cm, bezogen auf die Umweltbedingungen	13.2.1	72
11	Rechenwerte des Elastizitätsmoduls des Betons	16.2.2	82
12	Rechenwerte β_R der Betonfestigkeit in MN/m^2	17.2.1	86
13	Grenzen der Grundwerte der Schubspannung τ_0 in MN/m^2 unter Gebrauchslast	17.5.3	94
14	Grenzdurchmesser in mm für Rißnachweis	17.6.2	100
15	Beiwerte r zur Berücksichtigung der Verbundeigenschaften	17.6.2	100
16	Beiwerte n zur Berechnung der Vergleichzugspannungen σ_v	17.6.3	102
17	n-Werte für die Lastausbreitung	17.9	104
18	Mindestwerte der Biegerollendurchmesser d_{br}	18.3.2	106
19	Zulässige Grundwerte der Verbundspannung zul τ_1 in MN/m^2	18.4	108
20	Beiwerte α_1	18.5.2.2	110
21	Beiwerte $\alpha_{ü}$	18.6.3.2	113
22	Zulässige Belastungsart und maßgebende Bestimmungen für Stöße von Tragstäben geschweißter Betonstahlmatten	18.6.4.1	116
23	Erforderliche Übergreifungslänge $l_{ü}$ und Anzahl wirksamer Stäbe im Stoßbereich beim Stoß der Querbewehrung	18.6.4.4	118
24	Zulässige Schweißverfahren und Anwendungsfälle	18.6.6	120
25	Versatzmaß v	18.7.2	122
26	Obere Grenzwerte der zulässigen Abstände der Bügel und Bügelschenkel	18.8.2.1	128
27	Maßnahmen für die Querverbindung von Fertigteilen	19.7.5	144
28	Druckfestigkeiten der Zwischenbauteile und des Betons	19.7.8.2	148
29	Größter Querrippenabstand s_q	21.2.2.3	162
30	Mindestbewehrung von Schalen und Faltwerken	24.5	170
31	Mindestdicken bügelbewehrter, stabförmiger Druckglieder	25.2.1	171
32	Mindestdurchmesser d_{sl} der Längsbewehrung	25.2.2.1	172
33	Mindestwanddicken für tragende Wände	25.5.3.2	176

Normen, Richtlinien und Merkblätter, auf die in dieser Norm Bezug genommen wird (siehe Abschnitt 1.3) 178
Mitgeltende Normen 178
Weitere Normen, Richtlinien und Merkblätter 184

Tabellen

Tabelle		Abschnitt	Seite
1	Festigkeitsklassen des Betons und ihre Anwendung	6.5.1	45
2	Konsistenzbereiche des Frischbetons	6.5.3	45
3	Höchstzulässiger Mehlkorngehalt sowie höchstzulässiger Mehlkorn- und Feinstsandgehalt für Beton mit einem Größtkorn des Zuschlaggemisches von 16 mm bis 63 mm	6.5.4	45
4	Mindestzementgehalt für Beton B I bei Betonzuschlag mit einem Größtkorn von 32 mm und Zement der Festigkeitsklasse Z 35 nach DIN 1164 Teil 1	6.5.5.1	48
5	Luftgehalt im Frischbeton unmittelbar vor dem Einbau	6.5.7.3	50
6	Sorteneinteilung und Eigenschaften der Betonstähle	6.6.1	55
7	Beiwerte für die Umrechnung der 7-Tage- auf die 28-Tage-Würfeldruckfestigkeit	7.4.3.5.3	60
8	Ausschalfristen (Anhaltswerte)	12.3.1	69
9	entfällt		
10	Maße der Betondeckung in cm, bezogen auf die Umweltbedingungen (Korrosionsschutz) und die Sicherung des Verbundes	13.2.1	73
11	Rechenwerte des Elastizitätsmoduls des Betons	16.2.2	83
12	Rechenwerte β_R der Betondruckfestigkeit in N/mm^2	17.2.1	87
13	Grenzen der Grundwerte der Schubspannung τ_0 in N/mm^2 unter Gebrauchslast	17.5.3	95
14	Grenzdurchmesser d_s (Grenzen für den Vergleichsdurchmesser d_{sV}) in mm. Nur einzuhalten, wenn die Werte der Tabelle 15 nicht eingehalten sind und stets einzuhalten bei Ermittlung der Mindestbewehrung nach Abschnitt 17.6.2	17.6.2	101
15	Höchstwerte der Stababstände in cm. Nur einzuhalten, wenn die Werte der Tabelle 14 nicht eingehalten sind	17.6.3	101
16	entfällt		
17	n-Werte für die Lastausbreitung	17.9	104
18	Mindestwerte der Biegerollendurchmesser d_{br}	18.3	107
19	Zulässige Grundwerte der Verbundspannung zul τ_1 in N/mm^2	18.4	108
20	Beiwerte α_1	18.5.2.2	111
21	Beiwerte $\alpha_{ü}$	18.6.3.2	113
22	Zulässige Belastungsart und maßgebende Bestimmungen für Stöße von Tragstäben bei Betonstahlmatten	18.6.4.1	117
23	Erforderliche Übergreifungslänge $l_{ü}$	18.6.4.4	118
24	Zulässige Schweißverfahren und Anwendungsfälle	18.6.6	121
25	Versatzmaß v	18.7.2	122
26	Obere Grenzwerte der zulässigen Abstände der Bügel und Bügelschenkel	18.8.2.1	129
27	Maßnahmen für die Querverbindung von Fertigteilen	19.7.5	145
28	Druckfestigkeiten der Zwischenbauteile und des Betons	19.7.8.2	148
29	Größter Querrippenabstand s_q	21.2.2.3	162
30	Mindestbewehrung von Schalen und Faltwerken	24.5	170
31	Mindestdicken bügelbewehrter, stabförmiger Druckglieder	25.2.1	171
32	Nenndurchmesser d_{sl} der Längsbewehrung	25.2.2.1	172
33	Mindestwanddicken für tragende Wände	25.5.3.2	177
	Zitierte Normen und andere Unterlagen		179
	Weitere Normen und andere Unterlagen		185

Ausgabe Dezember 1978 | DIN 1045 | Ausgabe Juli 1988

1 Allgemeines
1.1 Geltungsbereich
Diese Norm gilt für tragende und aussteifende Bauteile aus bewehrtem oder unbewehrtem Normal- oder Schwerbeton mit geschlossenem Gefüge. Sie gilt auch für Bauteile mit biegesteifer Bewehrung, für Stahlsteindecken und für Tragwerke aus Glasstahlbeton.

1.2 Abweichende Baustoffe, Bauteile und Bauarten
Die Verwendung von Baustoffen für bewehrten und unbewehrten Beton sowie von Bauteilen und Bauarten, die von dieser Norm abweichen, bedarf nach den bauaufsichtlichen Vorschriften im Einzelfall der Zustimmung der zuständigen obersten Bauaufsichtsbehörde oder der von ihr beauftragten Behörde, sofern nicht eine allgemeine bauaufsichtliche Zulassung oder ein Prüfzeichen erteilt ist.

Stahlträger in Beton, deren Steghöhe einen erheblichen Teil der Dicke des Bauteils ausmacht, sind so zu bemessen, daß sie die Lasten allein aufnehmen können. Sind Stahlträger und Beton schubfest zu gemeinsamer Tragwirkung verbunden, so ist das Bauteil als Stahlverbundkonstruktion zu bemessen.

1.3 Mitgeltende Normen und weitere Unterlagen
Im Anschluß an Abschnitt 25 sind die mitgeltenden Normen und weitere Normen, Richtlinien und Merkblätter sowie die Hefte 220 und 240 des Deutschen Ausschusses für Stahlbeton (im nachstehenden kurz als Heft 220 und 240 bezeichnet) angegeben.

2 Begriffe
2.1 Baustoffe
2.1.1 Stahlbeton
Stahlbeton (bewehrter Beton) ist ein Verbundbaustoff aus Beton und Stahl (in der Regel Betonstahl) für Bauteile, bei denen das Zusammenwirken von Beton und Stahl für die Aufnahme der Schnittgrößen nötig ist.

2.1.2 Beton
Beton ist ein künstlicher Stein, der aus einem Gemisch von Zement (gegebenenfalls auch Mischbinder), Betonzuschlag und Wasser – gegebenenfalls auch mit Betonzusatzmitteln und Betonzusatzstoffen (Betonzusätze) – durch Erhärten des Zementleims (Zement-Wasser-Gemisch) entsteht.

Nach der Trockenrohdichte werden unterschieden:
a) Leichtbeton
   Leichtbeton ist Beton mit einer Trockenrohdichte von höchstens 2,0 kg/dm^3.
b) Normalbeton
   Normalbeton ist Beton mit einer Trockenrohdichte von mehr als 2,0 kg/dm^3 und höchstens 2,8 kg/dm^3. In allen Fällen, wo keine Verwechslung mit Leichtbeton oder Schwerbeton möglich ist, wird Normalbeton als Beton bezeichnet.
c) Schwerbeton
   Schwerbeton ist Beton mit einer Trockenrohdichte von mehr als 2,8 kg/dm^3.

1 Allgemeines
1.1 Anwendungsbereich
Diese Norm gilt für tragende und aussteifende Bauteile aus bewehrtem oder unbewehrtem Normal- oder Schwerbeton mit geschlossenem Gefüge. Sie gilt auch für Bauteile mit biegesteifer Bewehrung, für Stahlsteindecken und für Tragwerke aus Glasstahlbeton.

1.2 Abweichende Baustoffe, Bauteile und Bauarten
(1) Die Verwendung von Baustoffen für bewehrten und unbewehrten Beton sowie von Bauteilen und Bauarten, die von dieser Norm abweichen, bedarf nach den bauaufsichtlichen Vorschriften im Einzelfall der Zustimmung der zuständigen obersten Bauaufsichtsbehörde oder der von ihr beauftragten Behörde, sofern nicht eine allgemeine bauaufsichtliche Zulassung oder ein Prüfzeichen erteilt ist.

(2) Stahlträger in Beton, deren Steghöhe einen erheblichen Teil der Dicke des Bauteils ausmacht, sind so zu bemessen, daß sie die Lasten allein aufnehmen können. Sind Stahlträger und Beton schubfest zu gemeinsamer Tragwirkung verbunden, so ist das Bauteil als Stahlverbundkonstruktion zu bemessen.

2 Begriffe
2.1 Baustoffe
2.1.1 Stahlbeton
(1) Stahlbeton (bewehrter Beton) ist ein Verbundbaustoff aus Beton und Stahl (in der Regel Betonstahl) für Bauteile, bei denen das Zusammenwirken von Beton und Stahl für die Aufnahme der Schnittgrößen nötig ist.

(2) Stahlbetonbauteile, die der Witterung unmittelbar ausgesetzt sind, werden als Außenbauteile bezeichnet.

2.1.2 Beton
(1) Beton ist ein künstlicher Stein, der aus einem Gemisch von Zement, Betonzuschlag und Wasser – gegebenenfalls auch mit Betonzusatzmitteln und Betonzusatzstoffen (Betonzusätze) – durch Erhärten des Zementleims (Zement-Wasser-Gemisch) entsteht.

(2) Nach der Trockenrohdichte werden unterschieden:
a) Leichtbeton
   Leichtbeton ist Beton mit einer Trockenrohdichte von höchstens 2,0 kg/dm^3.
b) Normalbeton
   Normalbeton ist Beton mit einer Trockenrohdichte von mehr als 2,0 kg/dm^3 und höchstens 2,8 kg/dm^3. In allen Fällen, in denen keine Verwechslung mit Leichtbeton oder Schwerbeton möglich ist, wird Normalbeton als Beton bezeichnet.
c) Schwerbeton
   Schwerbeton ist Beton mit einer Trockenrohdichte von mehr als 2,8 kg/dm^3.

Nach der Festigkeit werden unterschieden:
d) Beton B I
Beton B I ist ein Kurzzeichen für Beton der Festigkeitsklassen B 5 bis B 25.
e) Beton B II
Beton B II ist ein Kurzzeichen für Beton der Festigkeitsklassen B 35 und höher und in der Regel für Beton mit besonderen Eigenschaften (siehe Abschnitt 6.5.7).

Nach dem Ort der Herstellung oder der Verwendung oder dem Erhärtungszustand werden unterschieden:
f) Baustellenbeton
Baustellenbeton ist Beton, dessen Bestandteile auf der Baustelle zugegeben und gemischt werden.
Als Baustellenbeton gilt auch Beton, der von einer Baustelle (nicht Bauhof) eines Unternehmens bzw. einer Arbeitsgemeinschaft an eine bis drei benachbarte Baustellen desselben Unternehmens oder derselben Arbeitsgemeinschaft übergeben wird. Als benachbart gelten Baustellen mit einer Luftlinienentfernung bis zu etwa 5 km von der Mischstelle (siehe auch Abschnitt 9.4.2).
g) Transportbeton
Transportbeton ist Beton, dessen Bestandteile außerhalb der Baustelle zugemessen werden und der in Fahrzeugen an der Baustelle in einbaufertigem Zustand übergeben wird.
Werkgemischter Transportbeton
Werkgemischter Transportbeton ist Beton, der im Werk fertig gemischt und in Fahrzeugen zur Baustelle gebracht wird.
Fahrzeuggemischter Transportbeton
Fahrzeuggemischter Transportbeton ist Beton, der während der Fahrt oder nach Eintreffen auf der Baustelle im Mischfahrzeug gemischt wird.
h) Frischbeton
Frischbeton heißt der Beton, solange er verarbeitet werden kann.
i) Ortbeton
Ortbeton ist Beton, der als Frischbeton in Bauteile in ihrer endgültigen Lage eingebracht wird und dort erhärtet.
k) Festbeton
Festbeton heißt der Beton, sobald er erhärtet ist.

(3) Nach der Festigkeit werden unterschieden:
d) Beton B I
Beton B I ist ein Kurzzeichen für Beton der Festigkeitsklassen B 5 bis B 25.
e) Beton B II
Beton B II ist ein Kurzzeichen für Beton der Festigkeitsklassen B 35 und höher und in der Regel für Beton mit besonderen Eigenschaften (siehe Abschnitt 6.5.7).

(4) Nach dem Ort der Herstellung oder der Verwendung oder dem Erhärtungszustand werden unterschieden:
f) Baustellenbeton
Baustellenbeton ist Beton, dessen Bestandteile auf der Baustelle zugegeben und gemischt werden.
Als Baustellenbeton gilt auch Beton, der von einer Baustelle (nicht Bauhof) eines Unternehmens oder einer Arbeitsgemeinschaft an eine bis drei benachbarte Baustellen desselben Unternehmens oder derselben Arbeitsgemeinschaft übergeben wird. Als benachbart gelten Baustellen mit einer Luftlinienentfernung bis etwa 5 km von der Mischstelle (siehe auch Abschnitt 9.4.2).
g) Transportbeton
Transportbeton ist Beton, dessen Bestandteile außerhalb der Baustelle zugemessen werden und der in Fahrzeugen an der Baustelle in einbaufertigem Zustand übergeben wird.
– Werkgemischter Transportbeton
Werkgemischter Transportbeton ist Beton, der im Werk fertig gemischt und in Fahrzeugen zur Baustelle gebracht wird.
– Fahrzeuggemischter Transportbeton
Fahrzeuggemischter Transportbeton ist Beton, der während der Fahrt oder nach Eintreffen auf der Baustelle im Mischfahrzeug gemischt wird.
h) Frischbeton
Frischbeton heißt der Beton, solange er verarbeitet werden kann.
i) Ortbeton
Ortbeton ist Beton, der als Frischbeton in Bauteile in ihrer endgültigen Lage eingebracht wird und dort erhärtet.
k) Festbeton
Festbeton heißt der Beton, sobald er erhärtet ist.
l) Beton für Außenbauteile
Beton für Außenbauteile ist Beton, der so zusammengesetzt, fest und dicht ist, daß er im oberflächennahen Bereich gegen Witterungseinflüsse einen ausreichend hohen Widerstand aufweist und daß der Bewehrungsstahl während der gesamten vorausgesetzten Nutzungsdauer in einem korrosionsschützenden, alkalischen Milieu verbleibt.

(5) Nach der Konsistenz werden unterschieden:
m) Fließbeton
Fließbeton ist Beton des Konsistenzbereiches KF mit gutem Fließ- und Zusammenhaltevermögen, dessen Konsistenz durch Zumischen eines Fließmittels eingestellt wird.
n) Beton mit Fließmittel
Beton mit Fließmittel ist Beton der Konsistenzbereiche KP und KR, dessen Konsistenz durch Zumischen eines Fließmittels eingestellt wird.
o) Steifer Beton
Steifer Beton ist Beton des Konsistenzbereiches KS

Ausgabe Dezember 1978

2.1.3 Andere Baustoffe
2.1.3.1 Zementmörtel
Zementmörtel ist ein künstlicher Stein, der aus einem Gemisch von Zement, Betonzuschlag bis höchstens 4 mm und Wasser und gegebenenfalls auch von Zusatzmitteln und von Zusatzstoffen durch Erhärten des Zementleimes entsteht.

2.1.3.2 Betonzuschlag
Betonzuschlag besteht aus natürlichem oder künstlichem, dichtem oder porigem Gestein, in Sonderfällen auch aus Metall mit Korngrößen, die für die Betonherstellung geeignet sind (siehe DIN 4226 Teil 1 bis Teil 3).

2.1.3.3 Bindemittel
Bindemittel für Beton sind Zemente nach DIN 1164 Teil 1 und in besonderen Fällen auch Mischbinder nach DIN 4207.

2.1.3.4 Wasser
Wasser, das dem Beton im Mischer zugegeben wird, wird Zugabewasser genannt.

Zugabewasser und Oberflächenfeuchte des Betonzuschlags ergeben zusammen den Wassergehalt w.

Wassergehalt w zuzüglich der Kernfeuchte des Betonzuschlags wird Gesamtwassermenge genannt.

2.1.3.5 Betonzusatzmittel
Betonzusatzmittel sind Betonzusätze, die durch chemische oder physikalische Wirkung oder durch beide die Betoneigenschaften, z. B. Verarbeitbarkeit, Erhärten oder Erstarren, ändern. Als Volumenanteil des Betons sind sie ohne Bedeutung.

2.1.3.6 Betonzusatzstoffe
Betonzusatzstoffe sind fein aufgeteilte Betonzusätze, die bestimmte Betoneigenschaften beeinflussen und als Volumenbestandteile zu berücksichtigen sind (z. B. latent hydraulische Stoffe, Pigmente zum Einfärben des Betons).

2.1.3.7 Bewehrung
Bewehrungen heißen die Stahleinlagen im Beton, die für Stahlbeton nach Abschnitt 2.1.1 erforderlich sind.

Biegesteife Bewehrung ist eine vorgefertigte Bewehrung, die aus stählernen Fachwerken oder profilierten Stahlleichtträgern gegebenenfalls mit werkmäßig hergestellten Gurtstreifen aus Beton besteht und gegebenenfalls auch für die Aufnahme von Deckenlasten vor dem Erhärten des Ortbetons verwendet wird.

2.1.3.8 Zwischenbauteile und Deckenziegel
Zwischenbauteile und Deckenziegel sind statisch mitwirkende oder nicht mitwirkende Fertigteile aus bewehrtem oder unbewehrtem Normal- oder Leichtbeton oder aus gebranntem Ton, die bei Balkendecken oder Stahlbetonrippendecken oder Stahlsteindecken verwendet werden (siehe DIN 4158, DIN 4159 und DIN 4160). Statisch mitwirkende Zwischenbauteile und Deckenziegel müssen mit Beton verfüllbare Stoßfugenaussparungen haben zur Gewährleistung der Druckübertragung in Balken- bzw. Rippenlängsrichtung und gegebenenfalls zur Aufnahme der Querbewehrung. Sie können über die volle Höhe der Rohdecke oder nur über einen Teil dieser Höhe reichen.

Ausgabe Juli 1988

2.1.3 Andere Baustoffe
2.1.3.1 Zementmörtel
Zementmörtel ist ein künstlicher Stein, der aus einem Gemisch von Zement, Betonzuschlag bis höchstens 4 mm und Wasser und gegebenenfalls auch von Betonzusatzmitteln und von Betonzusatzstoffen durch Erhärten des Zementleimes entsteht.

2.1.3.2 Betonzuschlag
Betonzuschlag besteht aus natürlichem oder künstlichem, dichtem oder porigem Gestein, in Sonderfällen auch aus Metall, mit Korngrößen, die für die Betonherstellung geeignet sind (siehe DIN 4226 Teil 1 bis Teil 4).

2.1.3.3 Bindemittel
Bindemittel für Beton sind Zemente nach den Normen der Reihe DIN 1164[1]).

2.1.3.4 Wasser
(1) Wasser, das dem Beton im Mischer zugegeben wird, wird Zugabewasser genannt.

(2) Zugabewasser und Oberflächenfeuchte des Betonzuschlags ergeben zusammen den Wassergehalt w.

(3) Der Wassergehalt w zuzüglich der Kernfeuchte des Betonzuschlags wird Gesamtwassermenge genannt.

2.1.3.5 Betonzusatzmittel
Betonzusatzmittel sind Betonzusätze, die durch chemische oder physikalische Wirkung oder durch beide die Betoneigenschaften, z. B. Verarbeitbarkeit, Erhärten oder Erstarren, ändern. Als Volumenanteil des Betons sind sie ohne Bedeutung.

2.1.3.6 Betonzusatzstoffe
Betonzusatzstoffe sind fein aufgeteilte Betonzusätze, die bestimmte Betoneigenschaften beeinflussen und als Volumenbestandteile zu berücksichtigen sind (z. B. puzzolanische Stoffe, Pigmente zum Einfärben des Betons).

2.1.3.7 Bewehrung
(1) Bewehrung heißen die Stahleinlagen im Beton, die für Stahlbeton nach Abschnitt 2.1.1 erforderlich sind.

(2) Biegesteife Bewehrung ist eine vorgefertigte Bewehrung, die aus stählernen Fachwerken oder profilierten Stahlleichtträgern gegebenenfalls mit werkmäßig hergestellten Gurtstreifen aus Beton besteht und gegebenenfalls auch für die Aufnahme von Deckenlasten vor dem Erhärten des Ortbetons verwendet wird.

2.1.3.8 Zwischenbauteile und Deckenziegel

Zwischenbauteile und Deckenziegel sind statisch mitwirkende oder nicht mitwirkende Fertigteile aus bewehrtem oder unbewehrtem Normal- oder Leichtbeton oder aus gebranntem Ton, die bei Balkendecken oder Stahlbetonrippendecken oder Stahlsteindecken verwendet werden (siehe DIN 4158, DIN 4159 und DIN 4160). Statisch mitwirkende Zwischenbauteile und Deckenziegel müssen mit Beton verfüllbare Stoßfugenaussparungen zur Sicherstellung der Druckübertragung in Balken- oder Rippenlängsrichtung und gegebenenfalls zur Aufnahme der Querbewehrung haben. Sie können über die volle Dicke der Rohdecke oder nur über einen Teil dieser Dicke reichen.

---

[1]) Die Normen der Reihe DIN 1164 werden künftig durch die Normen der Reihe DIN EN 196 und DIN EN 197 (z. Z. Entwurf) ersetzt. Die Anwendungsbereiche der in DIN EN 197 Teil 1/Entwurf Juni 1987, Tabelle 1, genannten Zementarten werden in einer Ergänzenden Bestimmung geregelt.

Ausgabe Dezember 1978 — Ausgabe Juli 1988

2.2 Begriffe für die Berechnungen

2.2.1 Lasten
Als Lasten werden in dieser Norm bezeichnet Einzellasten in kN sowie längen- und flächenbezogene Lasten in kN/m bzw. kN/m². Diese Lasten können z. B. Eigenlasten sein; sie können auch verursacht werden durch Wind, Bremsen u. ä.

2.2.2 Gebrauchslast
Unter Gebrauchslast werden alle Lastfälle verstanden, denen ein Bauteil im vorgesehenen Gebrauch unterworfen ist.

2.2.3 Bruchlast
Unter Bruchlast wird bei der Bemessung nach den Abschnitten 17.1 bis 17.4 die Last verstanden, unter der die Grenzwerte der Dehnungen des Stahles oder des Betons oder beider nach Abschnitt 17.2.1, Bild 13, rechnerisch erreicht werden.

2.2.4 Übliche Hochbauten
Übliche Hochbauten sind Hochbauten, die für vorwiegend ruhende, gleichmäßig verteilte Verkehrslasten $p \leq 5{,}0$ kN/m² (siehe DIN 1055 Teil 3) gegebenenfalls auch für Einzellasten $P \leq 7{,}5$ kN und für Personenkraftwagen bemessen sind, wobei bei mehreren Einzellasten je m² kein größerer Verkehrslastanteil als 5,0 kN entstehen darf.

2.2.5 Zustand I
Zustand I ist der Zustand des Stahlbetons bei Annahme voller Mitwirkung des Betons in der Zugzone.

2.2.6 Zustand II
Zustand II ist der Zustand des Stahlbetons unter Vernachlässigung der Mitwirkung des Betons in der Zugzone.

2.2.7 Zwang
Zwang entsteht nur in statisch unbestimmten Tragwerken durch Kriechen, Schwinden und Temperaturänderungen des Betons, durch Baugrundbewegungen u. a.

2.3 Betonprüfstellen

2.3.1 Betonprüfstellen E[1]
Betonprüfstellen E sind die ständigen Betonprüfstellen für die Eigenüberwachung von Beton B II auf Baustellen, von Beton- und Stahlbetonfertigteilen und von Transportbeton.

2.3.2 Betonprüfstellen F
Betonprüfstellen F sind die anerkannten Prüfstellen für die Fremdüberwachung von Baustellenbeton B II, von Beton- und Stahlbetonfertigteilen und von Transportbeton, die die im Rahmen der Überwachung (Güteüberwachung) vorgesehene Fremdüberwachung an Stelle einer anerkannten Überwachungsgemeinschaft oder Güteschutzgemeinschaft durchführen können.

2.3.3 Betonprüfstellen W[2]
Betonprüfstellen W stehen für die Prüfung der Druckfestigkeit und der Wasserundurchlässigkeit an in Formen hergestellten Probekörpern zur Verfügung.

2.2 Begriffe für die Berechnungen

2.2.1 Lasten
Als Lasten werden in dieser Norm Einzellasten in kN sowie längen- und flächenbezogene Lasten in kN/m und kN/m² bezeichnet. Diese Lasten können z. B. Eigenlasten sein; sie können auch verursacht werden durch Wind, Bremsen u. ä.

2.2.2 Gebrauchslast
Unter Gebrauchslast werden alle Lastfälle verstanden, denen ein Bauteil im vorgesehenen Gebrauch unterworfen ist.

2.2.3 Bruchlast
Unter Bruchlast wird bei der Bemessung nach den Abschnitten 17.1 bis 17.4 die Last verstanden, unter der die Grenzwerte der Dehnungen des Stahles oder des Betons oder beider nach Bild 13 rechnerisch erreicht werden.

2.2.4 Übliche Hochbauten
Übliche Hochbauten sind Hochbauten, die für vorwiegend ruhende, gleichmäßig verteilte Verkehrslasten $p \leq 5{,}0$ kN/m² (siehe DIN 1055 Teil 3), gegebenenfalls auch für Einzellasten $P \leq 7{,}5$ kN und für Personenkraftwagen, bemessen sind, wobei bei mehreren Einzellasten je m² kein größerer Verkehrslastanteil als 5,0 kN entstehen darf.

2.2.5 Zustand I
Zustand I ist der Zustand des Stahlbetons bei Annahme voller Mitwirkung des Betons in der Zugzone.

2.2.6 Zustand II
Zustand II ist der Zustand des Stahlbetons unter Vernachlässigung der Mitwirkung des Betons in der Zugzone.

2.2.7 Zwang
Zwang entsteht nur in statisch unbestimmten Tragwerken durch Kriechen, Schwinden und Temperaturänderungen des Betons, durch Baugrundbewegungen u. a.

2.3 Betonprüfstellen

2.3.1 Betonprüfstellen E[2]
Betonprüfstellen E sind die ständigen Betonprüfstellen für die Eigenüberwachung von Beton B II auf Baustellen, von Beton- und Stahlbetonfertigteilen und von Transportbeton.

2.3.2 Betonprüfstellen F
Betonprüfstellen F sind die anerkannten Prüfstellen für die Fremdüberwachung von Baustellenbeton B II, von Beton- und Stahlbetonfertigteilen und von Transportbeton, die die im Rahmen der Überwachung (Güteüberwachung) vorgesehene Fremdüberwachung an Stelle einer anerkannten Überwachungsgemeinschaft oder Güteschutzgemeinschaft durchführen können.

2.3.3 Betonprüfstellen W[3]
Betonprüfstellen W stehen für die Prüfung der Druckfestigkeit und der Wasserundurchlässigkeit an in Formen hergestellten Probekörpern zur Verfügung.

---

[1] Siehe auch Merkblatt für Betonprüfstellen E
[2] Siehe auch Merkblatt für Betonprüfstellen W

[2] Siehe auch „Merkblatt für Betonprüfstellen E"
[3] Siehe auch „Merkblatt für Betonprüfstellen W"

Ausgabe Dezember 1978 | DIN 1045 | Ausgabe Juli 1988

3 Bautechnische Unterlagen
3.1 Art der bautechnischen Unterlagen
Zu den bautechnischen Unterlagen gehören die wesentlichen Zeichnungen, die statische Berechnung und – wenn nötig wie in der Regel bei Bauten mit Stahlbetonfertigteilen – eine ergänzende Baubeschreibung sowie etwaige Zulassungs- und Prüfbescheide.

3.2 Zeichnungen
3.2.1 Allgemeine Anforderungen
Die Maße der Bauteile und ihre Bewehrung sind durch Zeichnungen eindeutig und übersichtlich darzustellen. Die Zeichnungen müssen mit den Ergebnissen der statischen Berechnung übereinstimmen und alle für die Ausführung der Bauteile und für die Prüfung der Berechnungen erforderlichen Maße enthalten.

Auf zugehörige Zeichnungen ist hinzuweisen. Bei nachträglicher Änderung einer Zeichnung sind alle in Betracht kommenden Zeichnungen entsprechend zu berichtigen.

Auf den Zeichnungen sind insbesondere anzugeben:
a) die Festigkeitsklasse und – soweit erforderlich – besondere Eigenschaften des Betons nach Abschnitt 6.5.7.

Auf den Bewehrungszeichnungen sind außerdem anzugeben:
b) die Stahlsorten nach Abschnitt 6.6 (siehe auch DIN 488 Teil 1);
c) Anzahl, Durchmesser, Form und Lage der Bewehrungsstäbe und Baustellenschweißungen, z. B. gegenseitiger Abstand, Rüttellücken, Übergreifungslängen an Stößen und Verankerungslängen, z. B. an Auflagern, Anordnung und Ausbildung von Schweißstellen mit Angabe der Schweißzusatzwerkstoffe, Maße und Ausführung;
d) die Betondeckung der Bewehrung und die Unterstützungen der oberen Bewehrung;

e) die Mindestdurchmesser der Biegerollen.

Bei Verwendung von Fertigteilen sind ferner anzugeben:
f) die auf der Baustelle zusätzlich zu verlegende Bewehrung in gesonderter Darstellung;
g) die zur Zeit des Transports bzw. des Einbaues erforderliche Druckfestigkeit des Betons;
h) die Eigenlasten der einzelnen Fertigteile;
i) die Maßtoleranzen der Fertigteile und der Unterkonstruktion, soweit erforderlich;
k) die Aufhängung bzw. Auflagerung für Transport und Einbau.

3.2.2 Verlegepläne für Fertigteile
Bei Bauten mit Fertigteilen sind für die Baustelle Verlegepläne der Fertigteile mit den Positionsnummern der einzelnen Teile und eine Positionsliste anzufertigen. In dem Verlegeplan sind auch die beim Zusammenbau erforderlichen Auflagertiefen und die etwa erforderlichen Abstützungen der Fertigteile (siehe Abschnitt 19.5.2) einzutragen.

3.2.3 Zeichnungen für Schalungs- und Traggerüste
Für Schalungs- und Traggerüste, für die eine statische Berechnung erforderlich ist, z. B. bei frei stehenden und bei mehrgeschossigen Schalungs- oder Traggerüsten, sind Zeichnungen für die Baustelle anzufertigen; ebenso für Schalungen, die hohen seitlichen Druck des Frischbetons aufnehmen müssen.

---

3 Bautechnische Unterlagen
3.1 Art der bautechnischen Unterlagen
Zu den bautechnischen Unterlagen gehören die wesentlichen Zeichnungen, die statische Berechnung und — wenn nötig, wie in der Regel bei Bauten mit Stahlbetonfertigteilen — eine ergänzende Baubeschreibung sowie etwaige Zulassungs- und Prüfbescheide.

3.2 Zeichnungen
3.2.1 Allgemeine Anforderungen
(1) Die Bauteile, ihre Bewehrung und alle Einbauteile sind auf den Zeichnungen eindeutig und übersichtlich darzustellen und zu bemaßen. Die Darstellungen müssen mit den Angaben in der statischen Berechnung übereinstimmen und alle für die Ausführung der Bauteile und für die Prüfung der Berechnungen erforderlichen Maße enthalten.

(2) Auf zugehörige Zeichnungen ist hinzuweisen. Bei nachträglicher Änderung einer Zeichnung sind alle in Betracht kommenden Zeichnungen entsprechend zu berichtigen.

(3) Auf den Bewehrungszeichnungen sind insbesondere anzugeben:
a) die Festigkeitsklasse und — soweit erforderlich — besondere Eigenschaften des Betons nach Abschnitt 6.5.7;
b) die Stahlsorten nach Abschnitt 6.6 (siehe auch DIN 488 Teil 1);
c) Anzahl, Durchmesser, Form und Lage der Bewehrungsstäbe, der mechanischen Verbindungsmittel, z. B. Muffenverbindungen oder Ankerkörper, gegenseitiger Abstand, Rüttellücken, Übergreifungslängen an Stößen und Verankerungslängen, z. B. an Auflagern, Anordnung und Ausbildung von Schweißstellen mit Angabe der Schweißzusatzwerkstoffe, Maße und Ausführung;
d) das Nennmaß c der Betondeckung und die Unterstützungen der oberen Bewehrung;
e) besondere Maßnahmen zur Lagesicherung der Bewehrung, wenn die Nennmaße der Betondeckung nach Tabelle 10 unterschritten werden (siehe „Merkblatt Betondeckung" und DAfStb-Heft 400);
f) die Mindestdurchmesser der Biegerollen;

(4) Bei Verwendung von Fertigteilen sind ferner anzugeben:
g) die auf der Baustelle zusätzlich zu verlegende Bewehrung in gesonderter Darstellung;
h) die zur Zeit des Transports oder des Einbaues erforderliche Druckfestigkeit des Betons;
i) die Eigenlasten der einzelnen Fertigteile;
k) die Maßtoleranzen der Fertigteile und der Unterkonstruktion, soweit erforderlich;
l) die Aufhängung oder Auflagerung für Transport und Einbau.

3.2.2 Verlegepläne für Fertigteile
Bei Bauten mit Fertigteilen sind für die Baustelle Verlegepläne der Fertigteile mit den Positionsnummern der einzelnen Teile und eine Positionsliste anzufertigen. In dem Verlegeplan sind auch die beim Zusammenbau erforderlichen Auflagertiefen und die etwa erforderlichen Abstützungen der Fertigteile (siehe Abschnitt 19.5.2) einzutragen.

3.2.3 Zeichnungen für Schalungs- und Traggerüste
Für Schalungs- und Traggerüste, für die eine statische Berechnung erforderlich ist, z. B. bei freistehenden und mehrgeschossigen Schalungs- oder Traggerüsten, sind Zeichnungen für die Baustelle anzufertigen; ebenso für Schalungen, die hohen seitlichen Druck des Frischbetons aufnehmen müssen.

Ausgabe Dezember 1978	Ausgabe Juli 1988
3.3 Statische Berechnungen Die Standsicherheit und die ausreichende Bemessung der baulichen Anlage und ihrer Bauteile sind in der statischen Berechnung übersichtlich und leicht prüfbar nachzuweisen. Das Verfahren zur Ermittlung der Schnittgrößen nach der Elastizitätstheorie (siehe Abschnitt 15.1.2) ist freigestellt. Die Bemessung ist nach den in dieser Norm angegebenen Grundlagen durchzuführen. Wegen Näherungsverfahren siehe Heft 220 und Heft 240. Für außergewöhnliche Formeln ist die Fundstelle anzugeben, wenn diese allgemein zugänglich ist, sonst sind die Ableitungen soweit zu entwickeln, daß ihre Richtigkeit geprüft werden kann. Wegen zusätzlicher Berechnungen bei Fertigteilkonstruktionen siehe auch Abschnitt 19. Bei Bauteilen, deren Schnittgrößen sich nicht durch Rechnung ermitteln lassen, kann diese durch Versuche ersetzt werden. Ebenso sind zur Ergänzung der Berechnung der Schnittgrößen Versuche zulässig.	**3.3 Statische Berechnungen** (1) Die Standsicherheit und die ausreichende Bemessung der baulichen Anlage und ihrer Bauteile sind in der statischen Berechnung übersichtlich und leicht prüfbar nachzuweisen. (2) Das Verfahren zur Ermittlung der Schnittgrößen nach der Elastizitätstheorie (siehe Abschnitt 15.1.2) ist freigestellt. Die Bemessung ist nach den in dieser Norm angegebenen Grundlagen durchzuführen. Wegen Näherungsverfahren siehe <u>DAfStb</u>-Heft 220 und <u>DAfStb</u>-Heft 240. Für außergewöhnliche Formeln ist die Fundstelle anzugeben, wenn diese allgemein zugänglich ist, sonst sind die Ableitungen soweit zu entwickeln, daß ihre Richtigkeit geprüft werden kann. (3) Wegen zusätzlicher Berechnungen bei Fertigteilkonstruktionen siehe auch Abschnitt 19. (4) Bei Bauteilen, deren Schnittgrößen sich nicht durch Rechnung ermitteln lassen, kann diese durch Versuche ersetzt werden. Ebenso sind zur Ergänzung der Berechnung der Schnittgrößen Versuche zulässig.
3.4 Baubeschreibung Angaben, die für die Bauausführung oder für die Prüfung der Zeichnungen oder der statischen Berechnung notwendig sind, die aber aus den Unterlagen nach den Abschnitten 3.2 und 3.3 nicht ohne weiteres entnommen werden können, müssen in einer Baubeschreibung enthalten und – soweit erforderlich – erläutert sein. Bei Bauten mit Fertigteilen sind Angaben über den Montagevorgang einschließlich zeitweiliger Stützungen, über das Ausrichten und über die während der Montage auftretenden, für die Sicherheit wichtigen Zwischenzustände erforderlich. Der Montagevorgang ist besonders genau zu beschreiben, wenn die Fertigteile nicht vom Hersteller, sondern von einem anderen zusammengebaut werden.	**3.4 Baubeschreibung** (1) Angaben, die für die Bauausführung oder für die Prüfung der Zeichnungen oder der statischen Berechnung notwendig sind, die aber aus den Unterlagen nach den Abschnitten 3.2 und 3.3 nicht ohne weiteres entnommen werden können, müssen in einer Baubeschreibung enthalten und – soweit erforderlich – erläutert sein. (2) Bei Bauten mit Fertigteilen sind Angaben über den Montagevorgang einschließlich zeitweiliger Stützungen, über das Ausrichten und über die während der Montage auftretenden, für die Sicherheit wichtigen Zwischenzustände erforderlich. Der Montagevorgang ist besonders genau zu beschreiben, wenn die Fertigteile nicht vom Hersteller, sondern von einem anderen zusammengebaut werden.
4 Bauleitung **4.1 Bauleiter des Unternehmens** <u>Bei Bauarbeiten, die nach den bauaufsichtlichen Vorschriften genehmigungspflichtig sind,</u> muß der Unternehmer oder der von ihm beauftragte Bauleiter oder ein fachkundiger Vertreter des Bauleiters während der Arbeiten auf der Baustelle anwesend sein. Er hat für die ordnungsgemäße Ausführung der Arbeiten nach den bautechnischen Unterlagen zu sorgen, insbesondere für a) die planmäßigen Maße der Bauteile; b) die sichere Ausführung und räumliche Aussteifung der Schalungen, der Schalungs- und Traggerüste und die Vermeidung ihrer Überlastung, z. B. beim Fördern des Betons, durch Lagern von Baustoffen und dergleichen (siehe Abschnitt 12); c) die ausreichende Güte der verwendeten Baustoffe, namentlich des Betons (siehe Abschnitte 6.5.1 und 7); d) die Übereinstimmung der Betonstahlsorte, der Durchmesser und der Lage der Bewehrung sowie gegebenenfalls der Schweißverbindungen mit den <u>bauaufsichtlich genehmigten</u> Zeichnungen (siehe Abschnitt 3.2); e) die richtige Wahl des Zeitpunktes für das Ausschalen und Ausrüsten (siehe Abschnitt 12.3); f) die Vermeidung der Überlastung fertiger Bauteile; g) das Ausschalten von Fertigteilen mit Beschädigungen, die das Tragverhalten beeinträchtigen können und h) den richtigen Einbau etwa notwendiger Montagestützen (siehe Abschnitt 19.5.2).	**4 Bauleitung** **4.1 Bauleiter des Unternehmens** Der Unternehmer oder der von ihm beauftragte Bauleiter oder ein fachkundiger Vertreter des Bauleiters <u>muß</u> während der Arbeiten auf der Baustelle anwesend sein. Er hat für die ordnungsgemäße Ausführung der Arbeiten nach den bautechnischen Unterlagen zu sorgen, insbesondere für a) die planmäßigen Maße der Bauteile; b) die sichere Ausführung und räumliche Aussteifung der Schalungen, der Schalungs- und Traggerüste und die Vermeidung ihrer Überlastung, z.B. beim Fördern des Betons, durch Lagern von Baustoffen und dergleichen (siehe Abschnitt 12); c) die ausreichende Güte der verwendeten Baustoffe, namentlich des Betons (siehe Abschnitte 6.5.1 und 7); d) die Übereinstimmung der Betonstahlsorte, der Durchmesser und der Lage der Bewehrung sowie gegebenenfalls der <u>mechanischen Verbindungsmittel, z. B. Muffenverbindungen oder Ankerkörper und</u> der Schweißverbindungen mit den <u>Angaben auf den Bewehrungszeichnungen</u> (siehe Abschnitte 3.2.1 <u>b) bis e) und 13.2</u>); e) die richtige Wahl des Zeitpunktes für das Ausschalen und Ausrüsten (siehe Abschnitt 12.3); f) die Vermeidung der Überlastung fertiger Bauteile; g) das Ausschalten von Fertigteilen mit Beschädigungen, die das Tragverhalten beeinträchtigen können und h) den richtigen Einbau etwa notwendiger Montagestützen (siehe Abschnitt 19.5.2).

Ausgabe Dezember 1978 — DIN 1045 — Ausgabe Juli 1988

4.2 Anzeigen über den Beginn der Bauarbeiten

Der bauüberwachenden Behörde bzw. dem von ihr mit der Bauüberwachung Beauftragten sind bei Bauten, die nach den bauaufsichtlichen Vorschriften genehmigungspflichtig sind, möglichst 48 Stunden vor Beginn der betreffenden Arbeiten vom Unternehmen oder dem Bauleiter anzuzeigen:

a) bei Verwendung von Baustellenbeton das Vorliegen einer schriftlichen Anweisung auf der Baustelle für die Herstellung mit allen nach Abschnitt 6.5 erforderlichen Angaben;

b) der beabsichtigte Beginn des erstmaligen Betonierens, bei mehrgeschossigen Bauten auf Verlangen der Beginn des Betonierens für jedes einzelne Geschoß; bei längerer Unterbrechung – besonders nach längeren Frostzeiten – der Wiederbeginn der Betonarbeiten;

c) bei Verwendung von Beton B II die fremdüberwachende Stelle;

d) bei Bauten aus Fertigteilen der Beginn des Einbaues und auf Verlangen der Beginn der Herstellung der für die Gesamttragwirkung wesentlichen Verbindungen;

e) der Beginn von wesentlichen Schweißarbeiten auf der Baustelle.

4.3 Aufzeichnungen während der Bauausführung

Bei genehmigungspflichtigen Arbeiten sind entsprechend ihrer Art und ihrem Umfang auf der Baustelle fortlaufend Aufzeichnungen über alle für die Güte und Standsicherheit der baulichen Anlage und ihrer Teile wichtigen Angaben in nachweisbarer Form, z. B. auf Vordrucken (Bautagebuch), vom Bauleiter oder seinem Vertreter zu führen. Sie müssen folgende Angaben enthalten, soweit sie nicht schon in den Lieferscheinen (siehe Abschnitt 5.5 und wegen der Aufbewahrung Abschnitt 4.4, Absatz 1) enthalten sind:

a) die Zeitabschnitte der einzelnen Arbeiten (z. B. des Einbringens des Betons und des Ausrüstens);

b) die Lufttemperatur und die Witterungsverhältnisse zur Zeit der Ausführung der einzelnen Bauabschnitte oder Bauteile bis zur vollständigen Entfernung der Schalung und ihrer Unterstützung. Frosttage sind dabei unter Angabe der Temperatur und der Ablesezeit besonders zu vermerken.

Während des Herstellens, Einbringens und Nachbehandelns von Beton B II (auch von Transportbeton B II) sind bei Lufttemperaturen unter +8 °C und über +25 °C die Maximal- und Minimaltemperatur des Tages – gemessen im Schatten – einzutragen. Bei Lufttemperaturen unter +5 °C und über +30 °C ist auch die Temperatur des Frischbetons festzustellen und einzutragen;

c) bei Verwendung von Baustellenbeton den Namen der Lieferwerke und die Nummern der Lieferscheine für Zement, Zuschlaggemische bzw. getrennte Zuschlagkorngruppen, werkgemischten Betonzuschlag, Betonzusätze; ferner Betonzusammensetzung, Zementgehalt je m^3 verdichteten Betons, Art und Festigkeitsklasse des Zements, Art, Sieblinie und Korngruppen des Zuschlags, gegebenenfalls Zusatz von Mehlkorn, Art und Menge von Betonzusatzmitteln und -zusatzstoffen, Frischbetonrohdichte der hergestellten Probekörper und Konsistenzmaß des Betons und bei Beton B II auch der Wasserzementwert (w/z-Wert);

4.2 Anzeigen über den Beginn der Bauarbeiten

Der bauüberwachenden Behörde oder dem von ihr mit der Bauüberwachung Beauftragten sind bei Bauten, die nach den bauaufsichtlichen Vorschriften genehmigungspflichtig sind, möglichst 48 Stunden vor Beginn der betreffenden Arbeiten vom Unternehmen oder vom Bauleiter anzuzeigen:

a) bei Verwendung von Baustellenbeton das Vorliegen einer schriftlichen Anweisung auf der Baustelle für die Herstellung mit allen nach Abschnitt 6.5 erforderlichen Angaben;

b) der beabsichtigte Beginn des erstmaligen Betonierens, bei mehrgeschossigen Bauten auf Verlangen der Beginn des Betonierens für jedes einzelne Geschoß; bei längerer Unterbrechung – besonders nach längeren Frostzeiten – der Wiederbeginn der Betonarbeiten;

c) bei Verwendung von Beton B II die fremdüberwachende Stelle;

d) bei Bauten aus Fertigteilen der Beginn des Einbaues und auf Verlangen der Beginn der Herstellung der für die Gesamttragwirkung wesentlichen Verbindungen;

e) der Beginn von wesentlichen Schweißarbeiten auf der Baustelle.

4.3 Aufzeichnungen während der Bauausführung

Bei genehmigungspflichtigen Arbeiten sind entsprechend ihrer Art und ihrem Umfang auf der Baustelle fortlaufend Aufzeichnungen über alle für die Güte und Standsicherheit der baulichen Anlage und ihrer Teile wichtigen Angaben in nachweisbarer Form, z. B. auf Vordrucken (Bautagebuch), vom Bauleiter oder seinem Vertreter zu führen. Sie müssen folgende Angaben enthalten, soweit sie nicht schon in den Lieferscheinen (siehe Abschnitt 5.5 und wegen der Aufbewahrung Abschnitt 4.4 (1)) enthalten sind:

a) die Zeitabschnitte der einzelnen Arbeiten (z. B. des Einbringens des Betons und des Ausrüstens);

b) die Lufttemperatur und die Witterungsverhältnisse zur Zeit der Ausführung der einzelnen Bauabschnitte oder Bauteile bis zur vollständigen Entfernung der Schalung und ihrer Unterstützung sowie Art und Dauer der Nachbehandlung. Frosttage sind dabei unter Angabe der Temperatur und der Ablesezeit besonders zu vermerken. Während des Herstellens, Einbringens und Nachbehandelns von Beton B II (auch von Transportbeton B II) sind bei Lufttemperaturen unter +8 °C und über +25 °C die Maximal- und Mindesttemperatur des Tages – gemessen im Schatten – einzutragen. Bei Lufttemperaturen unter +5 °C und über +30 °C ist auch die Temperatur des Frischbetons festzustellen und einzutragen;

c) bei Verwendung von Baustellenbeton den Namen der Lieferwerke und die Nummern der Lieferscheine für Zement, Zuschlaggemische oder getrennte Zuschlagkorngruppen, werkgemischten Betonzuschlag, Betonzusätze; ferner Betonzusammensetzung, Zementgehalt je m^3 verdichteten Betons, Art und Festigkeitsklasse des Zements, Art, Sieblinie und Korngruppen des Betonzuschlags, gegebenenfalls Zusatz von Mehlkorn, Art und Menge von Betonzusatzmitteln und -zusatzstoffen, Frischbetonrohdichte der hergestellten Probekörper und Konsistenzmaß des Betons und bei Beton B II auch den Wasserzementwert (w/z-Wert);

Ausgabe Dezember 1978	Ausgabe Juli 1988
d) bei Verwendung von Fertigteilen den Namen der Lieferwerke und die Nummern der Lieferscheine. Es ist ferner anzugeben, für welches Bauteil oder für welchen Bauabschnitt diese verwendet wurden. Wegen des Inhalts der Lieferscheine siehe Abschnitt 5.5.2;	d) bei Verwendung von Fertigteilen den Namen der Lieferwerke und die Nummern der Lieferscheine. Es ist ferner anzugeben, für welches Bauteil oder für welchen Bauabschnitt diese verwendet wurden. Wegen des Inhalts der Lieferscheine siehe Abschnitt 5.5.2;
e) bei Verwendung von Transportbeton den Namen der Lieferwerke und die Nummern der Lieferscheine, das Betonsortenverzeichnis nach Abschnitt 5.4.4 und das Fahrzeugverzeichnis nach Abschnitt 5.4.6. Es ist ferner anzugeben, für welches Bauteil oder für welchen Bauabschnitt dieser verwendet wurde. Wegen des Inhalts der Lieferscheine siehe Abschnitt 5.5.3. Wegen der Eintragungen beim Abholen von Transportbeton siehe Abschnitt 5.5.3;	e) bei Verwendung von Transportbeton den Namen der Lieferwerke und die Nummern der Lieferscheine, das Betonsortenverzeichnis nach Abschnitt 5.4.4 und das Fahrzeugverzeichnis nach Abschnitt 5.4.6, falls die Fahrzeuge nicht mit einer Transportbeton-Fahrzeug-Bescheinigung ausgestattet sind. Es ist ferner anzugeben, für welches Bauteil oder für welchen Bauabschnitt dieser verwendet wurde. Wegen des Inhalts der Lieferscheine siehe Abschnitt 5.5.3;
f) die Herstellung aller Betonprobekörper mit ihrer Bezeichnung, dem Tag der Herstellung und Angabe der einzelnen Bauteile bzw. Bauabschnitte, für die der zugehörige Beton verwendet wurde, das Datum und die Ergebnisse ihrer Prüfung und die geforderte Festigkeitsklasse. Dies gilt auch für Probekörper, die vom Transportbetonwerk oder von seinem Beauftragten hergestellt werden, soweit sie für die Baustelle angerechnet werden (siehe Abschnitt 7.4.3.5.1). Ferner sind aufzuzeichnen Art und Ergebnisse etwaige; Nachweise der Betonfestigkeit am Bauwerk (siehe Abschnitt 7.4.5);	f) die Herstellung aller Betonprobekörper mit ihrer Bezeichnung, dem Tag der Herstellung und Angabe der einzelnen Bauteile oder Bauabschnitte, für die der zugehörige Beton verwendet wurde, das Datum und die Ergebnisse ihrer Prüfung und die geforderte Festigkeitsklasse. Dies gilt auch für Probekörper, die vom Transportbetonwerk oder von seinem Beauftragten hergestellt werden, soweit sie für die Baustelle angerechnet werden (siehe Abschnitt 7.4.3.5.1 (3)). Ferner sind aufzuzeichnen Art und Ergebnisse etwaiger Nachweise der Betonfestigkeit am Bauwerk (siehe Abschnitt 7.4.5);
g) gegebenenfalls die Ergebnisse von Frischbetonuntersuchungen (Konsistenz, Rohdichte, Zusammensetzung), von Prüfungen der Bindemittel nach Abschnitt 7.2, des Zuschlags nach Abschnitt 7.3 (z. B. Sieblinien) – auch von werkgemischtem Betonzuschlag –, der gewichtsmäßigen Nachprüfung des Zuschlaggemisches bei Zugabe nach Raumteilen (siehe Abschnitt 9.2.2), der Zwischenbauteile usw.;	g) gegebenenfalls die Ergebnisse von Frischbetonuntersuchungen (Konsistenz, Rohdichte, Zusammensetzung), von Prüfungen der Bindemittel nach Abschnitt 7.2, des Betonzuschlags nach Abschnitt 7.3 (z. B. Sieblinien) – auch von werkgemischtem Betonzuschlag –, der gewichtsmäßigen Nachprüfung des Zuschlaggemisches bei Zugabe nach Raumteilen (siehe Abschnitt 9.2.2), der Zwischenbauteile usw.;
h) Betonstahlsorte und gegebenenfalls die Prüfergebnisse von Betonstahlschweißungen (siehe DIN 4099).	h) Betonstahlsorte und gegebenenfalls die Prüfergebnisse von Betonstahlschweißungen (siehe DIN 4099).
4.4 Aufbewahrung und Vorlage der Aufzeichnungen Die Aufzeichnungen müssen während der Bauzeit auf der Baustelle bereitliegen und sind den mit der Bauüberwachung Beauftragten auf Verlangen vorzulegen. Sie sind ebenso wie die Lieferscheine (siehe Abschnitt 5.5) nach Abschluß der Arbeiten mindestens 5 Jahre vom Unternehmen aufzubewahren. Nach Beendigung der Bauarbeiten sind die Ergebnisse aller Druckfestigkeitsprüfungen einschließlich der an ihrer Stelle durchgeführten Prüfungen des Wasserzementwertes der bauüberwachenden Behörde, bei Verwendung von Beton B II auch der fremdüberwachenden Stelle zu übergeben.	**4.4 Aufbewahrung und Vorlage der Aufzeichnungen** (1) Die Aufzeichnungen müssen während der Bauzeit auf der Baustelle bereitliegen und sind den mit der Bauüberwachung Beauftragten auf Verlangen vorzulegen. Sie sind ebenso wie die Lieferscheine (siehe Abschnitt 5.5) nach Abschluß der Arbeiten mindestens 5 Jahre vom Unternehmen aufzubewahren. (2) Nach Beendigung der Bauarbeiten sind die Ergebnisse aller Druckfestigkeitsprüfungen einschließlich der an ihrer Stelle durchgeführten Prüfungen des Wasserzementwertes der bauüberwachenden Behörde, bei Verwendung von Beton B II auch der fremdüberwachenden Stelle, zu übergeben.
5 Personal und Ausstattung der Unternehmen, Baustellen und Werke **5.1 Allgemeine Anforderungen** Herstellen, Verarbeiten, Prüfen und Überwachen des Betons erfordern von den Unternehmen, die Beton- und Stahlbetonarbeiten ausführen, den Einsatz zuverlässiger Führungskräfte (Bauleiter, Poliere usw.), die bei Beton- und Stahlbetonarbeiten bereits mit Erfolg tätig waren und ausreichende Kenntnisse und Erfahrungen für die ordnungsgemäße Ausführung solcher Arbeiten besitzen. Bei der Ausführung von Schweißarbeiten an Betonstahl gelten die Anforderungen an Personal und Ausstattung nach DIN 4099.	**5 Personal und Ausstattung der Unternehmen, Baustellen und Werke** **5.1 Allgemeine Anforderungen** (1) Herstellen, Verarbeiten, Prüfen und Überwachen des Betons erfordern von den Unternehmen, die Beton- und Stahlbetonarbeiten ausführen, den Einsatz zuverlässiger Führungskräfte (Bauleiter, Poliere usw.), die bei Beton- und Stahlbetonarbeiten bereits mit Erfolg tätig waren und ausreichende Kenntnisse und Erfahrungen für die ordnungsgemäße Ausführung solcher Arbeiten besitzen. (2) Betriebe, die auf der Baustelle oder in Werkstätten Schweißarbeiten an Betonstählen durchführen, müssen über einen gültigen „Eignungsnachweis für das Schweißen von Betonstählen nach DIN 4099" verfügen.

Ausgabe Dezember 1978 | DIN 1045 | Ausgabe Juli 1988

5.2 Anforderungen an die Baustellen
5.2.1 Baustellen für Beton B I
5.2.1.1 Anwendungsbereich und Anforderungen an das Unternehmen
Auf Baustellen für Beton B I darf nur Baustellen- und Transportbeton der Festigkeitsklassen B 5 bis B 25 verwendet werden. Das Unternehmen hat dafür zu sorgen, daß die Forderungen der Abschnitte 5.2.1.2 bis 5.2.1.5 erfüllt werden und daß die nach Abschnitt 7 geforderten Prüfungen durchgeführt werden.

5.2.1.2 Geräteausstattung für die Herstellung von Beton B I
Für das Herstellen von Baustellenbeton B I müssen auf der Baustelle diejenigen Geräte und Einrichtungen vorhanden sein und ständig gewartet werden, die eine ordnungsgemäße Ausführung der Arbeiten und eine gleichmäßige Betonfestigkeit ermöglichen.

Dies sind insbesondere Einrichtungen und Geräte für das

a) Lagern der Baustoffe, z. B. trockene Lagerung der Bindemittel, saubere Lagerung des Betonzuschlags – soweit erforderlich getrennt nach Art und Korngruppen (siehe Abschnitte 6.2.3 und 6.5.5.2) – und des Betonstahls;

b) Abmessen der Bindemittel, des Betonzuschlags, des Wassers und gegebenenfalls der Betonzusatzmittel und der Betonzusatzstoffe (siehe Abschnitt 9.2);

c) Mischen des Betons (siehe Abschnitt 9.3).

5.2.1.3 Geräteausstattung für die Verarbeitung von Beton B I
Für das Fördern, Verarbeiten und Nachbehandeln (siehe Abschnitt 10) von Baustellenbeton B I und Transportbeton B I müssen auf der Baustelle diejenigen Einrichtungen und Geräte vorhanden sein und ständig gewartet werden, die einen ordnungsgemäßen Einbau und eine gleichmäßige Betonfestigkeit ermöglichen.

5.2.1.4 Geräteausstattung für die Prüfung von Beton B I
Das Unternehmen muß über Einrichtungen und Geräte für die Durchführung der Prüfungen nach Abschnitt 7.4 und gegebenenfalls nach Abschnitt 7.3 verfügen[3]). Das gilt insbesondere für das

a) Prüfen der Bestandteile des Betons, z. B. für Siebversuche an Betonzuschlag;

b) Prüfen des Betons, z. B. Konsistenzmessungen, Nachprüfen des Zementgehalts am Frischbeton;

c) Herstellen und Lagern der Probekörper zur Prüfung der Druckfestigkeit und gegebenenfalls der Wasserundurchlässigkeit.

Die Absätze b) und c) gelten auch für Baustellen, die Transportbeton B I verarbeiten.

5.2.1.5 Überprüfung der Geräte und Prüfeinrichtungen
Alle in den Abschnitten 5.2.1.2 bis 5.2.1.4 genannten Geräte und Einrichtungen sind auf der Baustelle vor Beginn des ersten Betonierens und dann in angemessenen Zeitabständen auf ihr einwandfreies Arbeiten zu überprüfen.

5.2 Anforderungen an die Baustellen
5.2.1 Baustellen für Beton B I
5.2.1.1 Anwendungsbereich und Anforderungen an das Unternehmen
Auf Baustellen für Beton B I darf nur Baustellen- und Transportbeton der Festigkeitsklassen B 5 bis B 25 verwendet werden. Das Unternehmen hat dafür zu sorgen, daß die Anforderungen der Abschnitte 5.2.1.2 bis 5.2.1.5 erfüllt werden und die nach Abschnitt 7 geforderten Prüfungen durchgeführt werden.

5.2.1.2 Geräteausstattung für die Herstellung von Beton B I
(1) Für das Herstellen von Baustellenbeton B I müssen auf der Baustelle diejenigen Geräte und Einrichtungen vorhanden sein und ständig gewartet werden, die eine ordnungsgemäße Ausführung der Arbeiten und eine gleichmäßige Betonfestigkeit ermöglichen.

(2) Dies sind insbesondere Einrichtungen und Geräte für das

a) Lagern der Baustoffe, z. B. trockene Lagerung der Bindemittel, saubere Lagerung des Betonzuschlags — soweit erforderlich getrennt nach Art und Korngruppen (siehe Abschnitte 6.2.3 und 6.5.5.2) — und des Betonstahls;

b) Abmessen der Bindemittel, des Betonzuschlags, des Wassers und gegebenenfalls der Betonzusatzmittel und der Betonzusatzstoffe (siehe Abschnitt 9.2);

c) Mischen des Betons (siehe Abschnitt 9.3).

5.2.1.3 Geräteausstattung für die Verarbeitung von Beton B I
Für das Fördern, Verarbeiten und Nachbehandeln (siehe Abschnitt 10) von Baustellenbeton B I und Transportbeton B I müssen auf der Baustelle diejenigen Einrichtungen und Geräte vorhanden sein und ständig gewartet werden, die einen ordnungsgemäßen Einbau und eine gleichmäßige Betonfestigkeit ermöglichen.

5.2.1.4 Geräteausstattung für die Prüfung von Beton B I
(1) Das Unternehmen muß über Einrichtungen und Geräte für die Durchführung der Prüfungen nach Abschnitt 7.4 und gegebenenfalls nach Abschnitt 7.3 verfügen[4]). Das gilt insbesondere für das

a) Prüfen der Bestandteile des Betons, z. B. Siebversuche an Betonzuschlag;

b) Prüfen des Betons, z. B. Messen der Konsistenz, Nachprüfen des Zementgehalts am Frischbeton;

c) Herstellen und Lagern der Probekörper zur Prüfung der Druckfestigkeit und gegebenenfalls der Wasserundurchlässigkeit.

(2) Die Aufzählungen b) und c) gelten auch für Baustellen, die Transportbeton B I verarbeiten.

5.2.1.5 Überprüfung der Geräte und Prüfeinrichtungen
Alle in den Abschnitten 5.2.1.2 bis 5.2.1.4 genannten Geräte und Einrichtungen sind auf der Baustelle vor Beginn des ersten Betonierens und dann in angemessenen Zeitabständen auf ihr einwandfreies Arbeiten zu überprüfen.

---

[3]) Diese Bedingung ist im allgemeinen erfüllt, wenn die Prüfschränke des Deutschen Beton-Vereins sowie ein großer klimatisierter Behälter (Lagerungstruhe) oder Raum für die Lagerung der Probekörper (siehe DIN 1048 Teil 1) vorhanden sind.

[4]) Diese Bedingung ist im allgemeinen erfüllt, wenn die Prüfschränke des Deutschen Beton-Vereins sowie ein großer klimatisierter Behälter (Lagerungstruhe) oder Raum für die Lagerung der Probekörper (siehe DIN 1048 Teil 1) vorhanden sind.

Ausgabe Dezember 1978

5.2.2 Baustellen für Beton B II

5.2.2.1 Anwendungsbereich und Anforderungen an das Unternehmen

Auf Baustellen für Beton B II darf Baustellen- und Transportbeton der Festigkeitsklassen B 35 und höher verwendet werden, der unter den in den Abschnitten 5.2.2.2 und 5.2.2.3 genannten Bedingungen hergestellt und verarbeitet wird.

Das Unternehmen hat dafür zu sorgen, daß die Forderungen der Abschnitte 5.2.2.2 bis 5.2.2.8 erfüllt werden, daß die Überwachung (Güteüberwachung) nach Abschnitt 8 bzw. DIN 1084 Teil 1 durchgeführt wird und daß die Voraussetzungen für die Fremdüberwachung erfüllt sind.

Wird auf diesen Baustellen auch Beton der Festigkeitsklassen bis B 25 verwendet, so gelten hierfür die Bestimmungen für Beton B I.

5.2.2.2 Geräteausstattung für die Herstellung von Beton B II

Für die Herstellung von Baustellenbeton B II muß die Geräteausstattung nach Abschnitt 5.2.1.2 vorhanden sein, jedoch Mischmaschinen mit besonders guter Wirkung und bei ausnahmsweiser Zuteilung des Betonzuschlags nach Raumteilen selbsttätige Vorrichtungen nach Abschnitt 9.2.2 für das Abmessen der Zuschlagskorngruppen und des Zuschlaggemisches.

5.2.2.3 Geräteausstattung für die Verarbeitung von Beton B II

Für die Verarbeitung von Beton B II müssen die in Abschnitt 5.2.1.3 genannten Einrichtungen und Geräte vorhanden sein.

5.2.2.4 Geräteausstattung für die Prüfung von Beton B II

Für die Überwachung (Güteüberwachung) (siehe Abschnitte 7 und 8) ist außer den in Abschnitt 5.2.1.4 geforderten Einrichtungen und Geräten eine ausreichende Ausrüstung während der erforderlichen Zeit vorzuhalten für die:

a) Ermittlung der abschlämmbaren Bestandteile (siehe DIN 4226 Teil 3);
b) Bestimmung der Eigenfeuchte des Betonzuschlags;
c) Prüfung der Zusammensetzung des Frischbetons und der Rohdichte des verdichteten Frischbetons;
d) Bestimmung des Luftgehaltes im Frischbeton bei Verwendung von luftporenbildenden Betonzusatzmitteln (z. B. nach dem Druckausgleichsverfahren);
e) zerstörungsfreie Prüfung von Beton (siehe DIN 1048 Teil 2 und Teil 4);
f) Kontrolle der Meßanlagen (z. B. durch Prüfgewichte).

Zur Überprüfung in Zweifelsfällen gelten die Absätze c) bis e) dieses Abschnittes auch für Baustellen, die Transportbeton B II verarbeiten.

5.2.2.5 Überprüfung der Geräte und Prüfeinrichtungen

Alle in den Abschnitten 5.2.2.2 bis 5.2.2.4 genannten Geräte und Einrichtungen sind auf der Baustelle vor Beginn des ersten Betonierens und dann in angemessenen Zeitabständen auf ihr einwandfreies Arbeiten zu überprüfen.

Ausgabe Juli 1988

5.2.2 Baustellen für Beton B II

5.2.2.1 Anwendungsbereich und Anforderungen an das Unternehmen

(1) Auf Baustellen für Beton B II darf Baustellen- und Transportbeton der Festigkeitsklassen B 35 und höher verwendet werden, der unter den in den Abschnitten 5.2.2.2 und 5.2.2.3 genannten Bedingungen hergestellt und verarbeitet wird.

(2) Das Unternehmen hat dafür zu sorgen, daß die Anforderungen der Abschnitte 5.2.2.2 bis 5.2.2.8 erfüllt werden, daß die Überwachung (Güteüberwachung) nach Abschnitt 8 (vergleiche DIN 1084 Teil 1) durchgeführt wird und daß die Voraussetzungen für die Fremdüberwachung erfüllt sind.

(3) Wird auf diesen Baustellen auch Beton der Festigkeitsklassen bis B 25 verwendet, so gelten hierfür die Bestimmungen für Beton B I.

5.2.2.2 Geräteausstattung für die Herstellung von Beton B II

Für die Herstellung von Baustellenbeton B II muß die Geräteausstattung nach Abschnitt 5.2.1.2 vorhanden sein, jedoch Mischmaschinen mit besonders guter Wirkung und bei ausnahmsweiser Zuteilung des Betonzuschlags nach Raumteilen selbsttätige Vorrichtungen nach Abschnitt 9.2.2 für das Abmessen der Zuschlagkorngruppen und des Zuschlaggemisches.

5.2.2.3 Geräteausstattung für die Verarbeitung von Beton B II

Für die Verarbeitung von Beton B II müssen die in Abschnitt 5.2.1.3 genannten Einrichtungen und Geräte vorhanden sein.

5.2.2.4 Geräteausstattung für die Prüfung von Beton B II

(1) Für die Überwachung (Güteüberwachung) (siehe Abschnitte 7 und 8) ist außer den in Abschnitt 5.2.1.4 geforderten Einrichtungen und Geräten eine ausreichende Ausrüstung während der erforderlichen Zeit vorzuhalten für die

a) Ermittlung der abschlämmbaren Bestandteile (siehe DIN 4226 Teil 3);
b) Bestimmung der Eigenfeuchte des Betonzuschlags;
c) Prüfung der Zusammensetzung des Frischbetons und der Rohdichte des verdichteten Frischbetons (siehe DIN 1048 Teil 1);
d) Bestimmung des Luftgehalts im Frischbeton bei Verwendung von luftporenbildenden Betonzusatzmitteln (z. B. nach dem Druckausgleichsverfahren, siehe DIN 1048 Teil 1);
e) zerstörungsfreie Prüfung von Beton (siehe DIN 1048 Teil 2 und Teil 4);
f) Kontrolle der Meßanlagen (z. B. durch Prüfgewichte).

(2) Zur Überprüfung in Zweifelsfällen gelten c) bis e) auch für Baustellen, die Transportbeton B II verarbeiten.

5.2.2.5 Überprüfung der Geräte und Prüfeinrichtungen

Alle in den Abschnitten 5.2.2.2 bis 5.2.2.4 genannten Geräte und Einrichtungen sind auf der Baustelle vor Beginn des ersten Betonierens und dann in angemessenen Zeitabständen auf ihr einwandfreies Arbeiten zu überprüfen.

Ausgabe Dezember 1978

5.2.2.6 Ständige Betonprüfstelle für Beton B II (Betonprüfstelle E) [4])

Das Unternehmen muß über eine ständige Betonprüfstelle verfügen, die mit allen <u>für die Eignungs- und Güteprüfungen von Beton B II notwendigen</u> Geräten ausgestattet ist. Die Prüfstelle muß so gelegen sein, daß eine enge Zusammenarbeit mit der Baustelle möglich ist. Bedient sich das Unternehmen einer nicht unternehmenseigenen Prüfstelle, so sind die Prüfungs- und Überwachungsaufgaben vertraglich der Prüfstelle zu übertragen. Diese Verträge sollen eine längere Laufzeit haben.

Die ständige Betonprüfstelle hat insbesondere folgende Aufgaben:
a) Durchführung der Eignungsprüfung des Betons;
b) Durchführung der Güte- und Erhärtungsprüfung, soweit sie nicht durch das Personal der Baustelle – gegebenenfalls in Verbindung mit einer Betonprüfstelle W – durchgeführt werden;
c) Überprüfung der Geräteausstattung der Baustellen nach den Abschnitten 5.2.2.2 bis 5.2.2.4 vor Beginn der Betonarbeiten, laufende Überprüfung und Beratung bei Herstellung, Verarbeitung und Nachbehandlung des Betons. Die Ergebnisse dieser Überprüfungen sind aufzuzeichnen;
d) Beurteilung und Auswertung der Ergebnisse der Baustellenprüfungen aller von der Betonprüfstelle betreuten Baustellen eines Unternehmens und Mitteilung der Ergebnisse an das Unternehmen und dessen Bauleiter.

5.2.2.7 Personal auf Baustellen mit Beton B II und in der ständigen Betonprüfstelle

Das Unternehmen darf auf Baustellen mit Beton B II nur solche Führungskräfte (Bauleiter, Poliere usw.) einsetzen, die bereits an der Herstellung, Verarbeitung und Nachbehandlung von Beton mindestens der Festigkeitsklasse B 25 verantwortlich beteiligt gewesen sind.

Die ständige Betonprüfstelle muß von einem in der Betontechnologie und Betonherstellung erfahrenen Fachmann (z. B. Betoningenieur) geleitet werden. Seine für diese Tätigkeit notwendigen erweiterten betontechnologischen Kenntnisse sind durch eine Bescheinigung (Zeugnis, Prüfungsurkunde) einer hierfür anerkannten Stelle nachzuweisen.

Das Unternehmen hat dafür zu sorgen, daß die Führungskräfte und das für die Betonherstellung maßgebende Fachpersonal (z. B. Mischmaschinenführer) der Baustelle und das Fachpersonal der ständigen Betonprüfstelle in Abständen von höchstens 3 Jahren über die Herstellung, Verarbeitung und Prüfung von Beton B II so unterrichtet und geschult werden, daß sie in der Lage sind, alle Maßnahmen für eine ordnungsgemäße Durchführung des Bauvorhabens einschließlich der Prüfungen und der Eigenüberwachung zu treffen.

Das Unternehmen bzw. der Leiter der ständigen Betonprüfstelle hat die Schulung seiner Fachkräfte in Aufzeichnungen festzuhalten.

Bei fremden Betonprüfstellen E hat deren Leiter für die Unterrichtung und Schulung seiner Fachkräfte zu sorgen.

Eine fremde Betonprüfstelle E darf ein Unternehmen nur benutzen, wenn feststeht, daß diese Prüfstelle die vorgenannten Anforderungen und die des Abschnittes 5.2.2.6 erfüllt.

---

[4]) Siehe auch Merkblatt für Betonprüfstellen E

Ausgabe Juli 1988

5.2.2.6 Ständige Betonprüfstelle für Beton B II (Betonprüfstelle E) [2])

(1) Das Unternehmen muß über eine ständige Betonprüfstelle verfügen, die mit allen Geräten <u>und Einrichtungen</u> ausgestattet ist, die für die Eignungs- <u>und</u> Güteprüfungen <u>und die Überwachung</u> von Beton B II <u>notwendig sind</u>. Die Prüfstelle muß so gelegen sein, daß eine enge Zusammenarbeit mit der Baustelle möglich ist. Bedient sich das Unternehmen einer nicht unternehmenseigenen Prüfstelle, so sind die Prüfungs- und Überwachungsaufgaben vertraglich der Prüfstelle zu übertragen. Diese Verträge sollen eine längere Laufzeit haben.

(2) Mit der Eigenüberwachung darf das Unternehmen keine Prüfstelle E beauftragen, die auch einen seiner Zulieferer überwacht.

(3) Die ständige Betonprüfstelle hat insbesondere folgende Aufgaben:
a) Durchführung der Eignungsprüfung des Betons;
b) Durchführung der Güte- und Erhärtungsprüfung, soweit sie nicht durch das Personal der Baustelle – gegebenenfalls in Verbindung mit einer Betonprüfstelle W – durchgeführt werden;
c) Überprüfung der Geräteausstattung der Baustellen nach den Abschnitten 5.2.2.2 bis 5.2.2.4 vor Beginn der Betonarbeiten, laufende Überprüfung und Beratung bei Herstellung, Verarbeitung und Nachbehandlung des Betons. Die Ergebnisse dieser Überprüfungen sind aufzuzeichnen;
d) Beurteilung und Auswertung der Ergebnisse der Baustellenprüfungen aller von der Betonprüfstelle betreuten Baustellen eines Unternehmens und Mitteilung der Ergebnisse an das Unternehmen und dessen Bauleiter;
e) <u>Schulung des Baustellenfachpersonals.</u>

5.2.2.7 Personal auf Baustellen mit Beton B II und in der ständigen Betonprüfstelle

(1) Das Unternehmen darf auf Baustellen mit Beton B II nur solche Führungskräfte (Bauleiter, Poliere usw.) einsetzen, die bereits an der Herstellung, Verarbeitung und Nachbehandlung von Beton mindestens der Festigkeitsklasse B 25 verantwortlich beteiligt gewesen sind.

(2) Die ständige Betonprüfstelle muß von einem in der Betontechnologie und Betonherstellung erfahrenen Fachmann (z. B. Betoningenieur) geleitet werden. Seine für diese Tätigkeit notwendigen erweiterten betontechnischen Kenntnisse sind durch eine Bescheinigung (Zeugnis, Prüfungsurkunde) einer hierfür anerkannten Stelle nachzuweisen.

(3) Das Unternehmen hat dafür zu sorgen, daß die Führungskräfte und das für die Betonherstellung maßgebende Fachpersonal (z. B. Mischmaschinenführer) der Baustelle und das Fachpersonal der ständigen Betonprüfstelle in Abständen von höchstens 3 Jahren über die Herstellung, Verarbeitung und Prüfung von Beton B II so unterrichtet und geschult werden, daß sie in der Lage sind, alle Maßnahmen für eine ordnungsgemäße Durchführung des Bauvorhabens einschließlich der Prüfungen und der Eigenüberwachung zu treffen.

(4) Das Unternehmen oder der Leiter der ständigen Betonprüfstelle hat die Schulung seiner Fachkräfte in Aufzeichnungen festzuhalten.

(5) Bei fremden Betonprüfstellen E hat deren Leiter für die Unterrichtung und Schulung seiner Fachkräfte zu sorgen.

(6) Eine fremde Betonprüfstelle E darf ein Unternehmen nur benutzen, wenn feststeht, daß diese Prüfstelle die vorgenannten Anforderungen und die des Abschnitts 5.2.2.6 erfüllt.

---

[2]) Siehe Seite 25

Ausgabe Dezember 1978

5.2.2.8 Verwertung der Aufzeichnungen
Die von der ständigen Betonprüfstelle mitgeteilten Prüfergebnisse und die Erfahrungen der Baustellen sind von dem Unternehmen für weitere Arbeiten auszuwerten.

5.3 Anforderungen an Betonfertigteilwerke (Betonwerke)

5.3.1 Allgemeine Anforderungen
Werke, deren Erzeugnisse als werkmäßig hergestellte Fertigteile aus Beton oder Stahlbeton gelten sollen, müssen den Anforderungen der Abschnitte 5.3.2 bis 5.3.4 genügen, auch wenn sie nur vorübergehend, z. B. auf einer Baustelle oder in ihrer Nähe errichtet werden. In diesen Werken darf Beton aller Festigkeitsklassen hergestellt und verwendet werden.

5.3.2 Technischer Werkleiter
Während der Arbeitszeit muß der technische Werkleiter oder sein fachkundiger Vertreter im Werk anwesend sein. Er hat sinngemäß die gleichen Aufgaben zu erfüllen, die (z. B. nach Abschnitt 4.1) dem Bauleiter des Unternehmens auf der Baustelle obliegen, soweit sie für die im Werk durchzuführenden Arbeiten in Betracht kommen.

Der Werkleiter hat weiterhin dafür zu sorgen, daß:
a) die Forderungen der Abschnitte 5.3.3 und 5.3.4 erfüllt werden;
b) nur Bauteile das Werk verlassen, die ausreichend erhärtet und nach Abschnitt 19.6 gekennzeichnet sind und die keine Beschädigungen aufweisen, die das Tragverhalten beeinträchtigen;
c) die Lieferscheine (siehe Abschnitt 5.5) alle erforderlichen Angaben enthalten.

5.3.3 Ausstattung des Werkes
Die Ausstattung des Werkes muß den folgenden Bedingungen und sinngemäß den Anforderungen des Abschnitts 5.2.2 genügen:
a) Für die Herstellung müssen überdachte Flächen vorhanden sein, soweit nicht Formen verwendet werden, die den Beton vor ungünstiger Witterung schützen.
b) Soll auch bei Außentemperaturen unter +5 °C gearbeitet werden, so müssen allseitig geschlossene Räume – auch für die Lagerung bis zum ausreichenden Erhärten – vorhanden sein, die so geheizt werden, daß die Raumtemperatur dauernd mindestens +5 °C beträgt.
c) Sollen Fertigteile im Freien nacherhärten, so müssen Vorrichtungen vorhanden sein, die sie gegen ungünstige Witterungseinflüsse schützen (siehe Abschnitte 10.3 und 11.2).

5.3.4 Aufzeichnungen
Im Betonwerk sind fortlaufend Aufzeichnungen sinngemäß nach Abschnitt 4.3, z. B. auf Vordrucken (Werktagebuch), zu machen. Wegen ihrer statistischen Auswertung siehe DIN 1084 Teil 2. Für die Vorlage und Aufbewahrung dieser Aufzeichnungen gilt Abschnitt 4.4, Absatz 1 sinngemäß.

5.4 Anforderungen an Transportbetonwerke

5.4.1 Allgemeine Anforderungen
Werke, die Transportbeton herstellen und zur Baustelle liefern oder an Abholer abgeben, müssen die Bestimmungen der Abschnitte 5.4.2 bis 5.4.6 erfüllen, auch wenn sie nur vorübergehend errichtet werden. In Transportbetonwerken darf Beton aller Festigkeitsklassen hergestellt werden. Abschnitt 5.4.6 gilt auch für den Abholer, falls der Beton vom Verbraucher oder einem Dritten vom Transportbetonwerk abgeholt wird.

Ausgabe Juli 1988

5.2.2.8 Verwertung der Aufzeichnungen
Die von der ständigen Betonprüfstelle mitgeteilten Prüfergebnisse und die Erfahrungen der Baustellen sind von dem Unternehmen für weitere Arbeiten auszuwerten.

5.3 Anforderungen an Betonfertigteilwerke (Betonwerke)

5.3.1 Allgemeine Anforderungen
Werke, deren Erzeugnisse als werkmäßig hergestellte Fertigteile aus Beton oder Stahlbeton gelten sollen, müssen den Anforderungen der Abschnitte 5.3.2 bis 5.3.4 genügen, auch wenn sie nur vorübergehend, z. B. auf einer Baustelle oder in ihrer Nähe, errichtet werden. In diesen Werken darf Beton aller Festigkeitsklassen hergestellt und verwendet werden.

5.3.2 Technischer Werkleiter
(1) Während der Arbeitszeit muß der technische Werkleiter oder sein fachkundiger Vertreter im Werk anwesend sein. Er hat sinngemäß die gleichen Aufgaben zu erfüllen, die (z. B. nach Abschnitt 4.1) dem Bauleiter des Unternehmens auf der Baustelle obliegen, soweit sie für die im Werk durchzuführenden Arbeiten in Betracht kommen.

(2) Der Werkleiter hat weiterhin dafür zu sorgen, daß
a) die Anforderungen der Abschnitte 5.3.3 und 5.3.4 erfüllt werden;
b) nur Bauteile das Werk verlassen, die ausreichend erhärtet und nach Abschnitt 19.6 gekennzeichnet sind und die keine Beschädigungen aufweisen, die das Tragverhalten beeinträchtigen;
c) die Lieferscheine (siehe Abschnitt 5.5) alle erforderlichen Angaben enthalten.

5.3.3 Ausstattung des Werkes
Die Ausstattung des Werkes muß den folgenden Bedingungen und sinngemäß den Anforderungen des Abschnitts 5.2.2 genügen:
a) Für die Herstellung müssen überdachte Flächen vorhanden sein, soweit nicht Formen verwendet werden, die den Beton vor ungünstiger Witterung schützen.
b) Soll auch bei Außentemperaturen unter +5 °C gearbeitet werden, so müssen allseitig geschlossene Räume – auch für die Lagerung bis zum ausreichenden Erhärten <u>der Fertigteile</u> – vorhanden sein, die so geheizt werden, daß die Raumtemperatur dauernd mindestens +5 °C beträgt.
c) Sollen Fertigteile im Freien nacherhärten, so müssen Vorrichtungen vorhanden sein, die sie gegen ungünstige Witterungseinflüsse schützen (siehe Abschnitte 10.3 und 11.2).

5.3.4 Aufzeichnungen
Im Betonwerk sind fortlaufend Aufzeichnungen sinngemäß nach Abschnitt 4.3, z. B. auf Vordrucken (Werktagebuch), zu machen. Wegen ihrer statistischen Auswertung siehe DIN 1084 Teil 2. Für die Vorlage und Aufbewahrung dieser Aufzeichnungen gilt Abschnitt 4.4 (1) sinngemäß.

5.4 Anforderungen an Transportbetonwerke

5.4.1 Allgemeine Anforderungen
Werke, die Transportbeton herstellen und zur Baustelle liefern oder an Abholer abgeben, müssen die Bestimmungen der Abschnitte 5.4.2 bis 5.4.6 erfüllen, auch wenn sie nur vorübergehend errichtet werden. In Transportbetonwerken darf Beton aller Festigkeitsklassen hergestellt werden. Abschnitt 5.4.6 gilt auch für den Abholer, falls der Beton vom Verbraucher oder einem Dritten vom Transportbetonwerk abgeholt wird.

Ausgabe Dezember 1978 | **Ausgabe Juli 1988**

Spalte 1 (Dezember 1978)

5.4.2 Technischer Werkleiter und sonstiges Personal
Für die Aufgaben und die Anwesenheit des technischen Werkleiters und seines fachkundigen Vertreters gilt Abschnitt 5.3.2 sinngemäß. Der technische Werkleiter hat ferner dafür zu sorgen, daß die <u>Forderungen</u> der Abschnitte 5.4.3 bis 5.4.6 erfüllt werden.

Für das mit der Herstellung von Beton B II betraute Fachpersonal gelten die Anforderungen des Abschnitts 5.2.2.7, Absatz 3, sinngemäß.

5.4.3 Ausstattung des Werkes
Für die Ausstattung des Werkes gelten die Anforderungen der Abschnitte 5.2.2.2, 5.2.2.4 bis 5.2.2.8 sinngemäß.

5.4.4 Betonsortenverzeichnis
In einem im Transportbetonwerk zur Einsichtnahme vorliegenden Verzeichnis müssen für jede zur Lieferung vorgesehene Betonsorte (unterschieden nach Festigkeitsklasse, Konsistenz und Betonzusammensetzung) die unter a) bis <u>h)</u> genannten Angaben enthalten sein, wobei alle <u>Masse</u>nangaben auf 1 m³ des aus der Mischung entstehenden verdichteten Frischbetons – bei Betonzusatzmitteln auf seinen Zementgehalt – zu beziehen sind:

a) Eignung für unbewehrten Beton <u>oder</u> für Stahlbeton (siehe auch die Abschnitte 6.5.1, 6.5.5.1, 6.5.6.1 und 6.5.6.3);

b) Festigkeitsklasse des Betons nach Abschnitt 6.5.1;

c) Konsistenz des Frischbetons;

d) Art, Festigkeitsklasse und <u>Masse</u> des Bindemittels;

e) Wassergehalt w, <u>bei Beton B II auch</u> der w/z-Wert;

f) Art, <u>Masse</u>, Sieblinienbereich und Größtkorn des Zuschlags;

g) gegebenenfalls Art und <u>Masse</u> des zugesetzten Mehlkorns;

h) gegebenenfalls Art und <u>Masse beziehungsweise</u> Menge der Betonzusätze.

5.4.5 Aufzeichnungen
Im Transportbetonwerk sind für jede Lieferung Aufzeichnungen, z. B. auf Vordrucken (Werktagebuch), zu machen. Für ihren Inhalt gilt Abschnitt 4.3, soweit er die Herstellung und Prüfung des Betons regelt. Wegen ihrer statistischen Auswertung siehe DIN 1084 Teil 3.

Für Vorlage und Aufbewahrung dieser Aufzeichnungen gilt Abschnitt 4.4, Absatz 1, sinngemäß.

5.4.6 Fahrzeuge für Mischen und Transport des Betons
Mischfahrzeuge müssen für alle vorgesehenen Betonsorten (Festigkeitsklasse, Konsistenz und gegebenenfalls Zusammensetzung des Betons) die Herstellung und Übergabe eines gleichmäßig und gut durchmischten Betons ermöglichen. Sie müssen mit Wassermeßvorrichtungen (<u>Genauigkeit der Zugabe mindestens 3 Masse-%</u> [5]) <u>der abgegebenen Wassermasse</u>) ausgestattet sein. Mischfahrzeuge dürfen zur Herstellung von Beton B II nur verwendet werden, wenn der Füllungsgrad der Mischtrommeln 65 % nicht überschreitet und die technische Ausrüstung der Mischer – insbesondere der Zustand der Mischwerkzeuge – so <u>sind</u>, daß auch bei erschwerten Bedingungen die Übergabe eines gleichmäßig durchmischten Betons <u>gewährleistet</u> werden kann.

Fahrzeuge für den Transport von werkgemischtem Beton müssen so beschaffen sein, daß beim Entleeren auf der Baustelle stets ein gleichmäßig durchmischter Beton über-

---

Spalte 2 (Juli 1988)

5.4.2 Technischer Werkleiter und sonstiges Personal
(1) Für die Aufgaben und die Anwesenheit des technischen Werkleiters und seines fachkundigen Vertreters gilt Abschnitt 5.3.2 sinngemäß. Der technische Werkleiter hat ferner dafür zu sorgen, daß die <u>Anforderungen</u> der Abschnitte 5.4.3 bis 5.4.6 erfüllt werden.

(2) Für das mit der Herstellung von Beton B II betraute Fachpersonal gelten die Anforderungen des Abschnitts 5.2.2.7 (3) sinngemäß.

5.4.3 Ausstattung des Werkes
Für die Ausstattung des Werkes gelten die Anforderungen der Abschnitte 5.2.2.2, 5.2.2.4 bis 5.2.2.8 sinngemäß.

5.4.4 Betonsortenverzeichnis
In einem im Transportbetonwerk zur Einsichtnahme vorliegenden Verzeichnis müssen für jede zur Lieferung vorgesehene Betonsorte (unterschieden nach Festigkeitsklasse, Konsistenz und Betonzusammensetzung) die unter a) bis <u>i)</u> genannten Angaben enthalten sein, wobei alle <u>Mengen</u>angaben auf 1 m³ des aus der Mischung entstehenden verdichteten Frischbetons – bei Betonzusatzmitteln auf seinen Zementgehalt – zu beziehen sind:

a) Eignung für unbewehrten Beton, für Stahlbeton <u>oder für</u> <u>Beton für Außenbauteile</u> (siehe auch die Abschnitte 6.5.1, 6.5.5.1, 6.5.6.1 und 6.5.6.3);

b) Festigkeitsklasse des Betons nach Abschnitt 6.5.1;

c) Konsistenz des Frischbetons;

d) Art, Festigkeitsklasse und <u>Menge</u> des Bindemittels;

e) Wassergehalt w <u>und</u> der w/z-Wert;

f) Art, <u>Menge</u>, Sieblinienbereich und Größtkorn des Betonzuschlags <u>sowie gegebenenfalls erhöhte oder verminderte Anforderungen nach DIN 4226 Teil 1 und Teil 2</u>;

g) gegebenenfalls Art und <u>Menge</u> des zugesetzten Mehlkorns;

h) gegebenenfalls Art und Menge der Betonzusätze;

i) Festigkeitsentwicklung des Betons für Außenbauteile (siehe Abschnitt 2.1.1) nach Tafel 2 der „Richtlinie zur Nachbehandlung von Beton".

5.4.5 Aufzeichnungen
(1) Im Transportbetonwerk sind für jede Lieferung Aufzeichnungen, z. B. auf Vordrucken (Werktagebuch), zu machen. Für ihren Inhalt gilt Abschnitt 4.3, soweit er die Herstellung und Prüfung des Betons regelt. Wegen ihrer statistischen Auswertung siehe DIN 1084 Teil 3.

(2) Für Vorlage und Aufbewahrung dieser Aufzeichnungen gilt Abschnitt 4.4 (1) sinngemäß.

5.4.6 Fahrzeuge für Mischen und Transport des Betons
(1) Mischfahrzeuge müssen für alle vorgesehenen Betonsorten (Festigkeitsklasse, Konsistenz und gegebenenfalls Zusammensetzung des Betons) die Herstellung und die Übergabe eines gleichmäßig und gut durchmischten Betons ermöglichen. Sie müssen mit Wassermeßvorrichtungen (<u>Abweichungen der abgegebenen Wassermenge nur vom</u> <u>angezeigten Wert bis 3 % zulässig</u>) ausgestattet sein. Mischfahrzeuge dürfen zur Herstellung von Beton B II nur verwendet werden, wenn der Füllungsgrad der Mischtrommel 65 % nicht überschreitet und die technische Ausrüstung der Mischer – insbesondere der Zustand der Mischwerkzeuge – so <u>ist</u>, daß auch bei erschwerten Bedingungen die Übergabe eines gleichmäßig durchmischten Betons <u>sichergestellt</u> werden kann.

(2) Fahrzeuge für den Transport von werkgemischtem Beton müssen so beschaffen sein, daß beim Entleeren auf der Baustelle stets ein gleichmäßig durchmischter Beton

---

[5]) Bisher Gew.-%

Ausgabe Dezember 1978 — DIN 1045 — Ausgabe Juli 1988

geben werden kann. Fahrzeuge für den Transport von werkgemischtem Beton der Konsistenzbereiche K 2 und K 3 müssen entweder während der Fahrt die ständige Bewegung des Frischbetons durch ein Rührwerk (Fahrzeug mit Rührwerk oder Mischfahrzeug) oder das nochmalige Durchmischen vor Übergabe des Betons auf der Baustelle (Mischfahrzeug) ermöglichen.

Beton der Konsistenz K 1 darf auch in Fahrzeugen ohne Rührwerk (siehe Abschnitt 9.4.3) angeliefert werden. Die Behälter dieser Fahrzeuge müssen innen glatt und so ausgestattet sein, daß sie eine ausreichend langsame und gleichmäßige Entleerung ermöglichen.

Mischfahrzeuge müssen auf Misch- und Rührgeschwindigkeit einstellbar sein. Die Rührgeschwindigkeit soll etwa die Hälfte der Mischgeschwindigkeit betragen, und zwar soll sie beim Mischen im allgemeinen zwischen 4 und 12, beim Rühren zwischen 2 und 6 Umdrehungen $\min^{-1}$ (je Minute) liegen.

Art, Fassungsvermögen und polizeiliches Kennzeichen der Transportbetonfahrzeuge sind in einem besonderen Verzeichnis numeriert aufzuführen. Dieses Verzeichnis ist spätestens mit der ersten Lieferung dem Bauleiter des Unternehmens zu übergeben.

übergeben werden kann. Fahrzeuge für den Transport von werkgemischtem Beton der Konsistenzbereiche KP, KR und KF müssen entweder während der Fahrt die ständige Bewegung des Frischbetons durch ein Rührwerk (Fahrzeug mit Rührwerk oder Mischfahrzeug) oder das nochmalige Durchmischen vor Übergabe des Betons auf der Baustelle (Mischfahrzeug) ermöglichen.

(3) Beton der Konsistenz KS darf auch in Fahrzeugen ohne Rührwerk (siehe Abschnitt 9.4.3) angeliefert werden. Die Behälter dieser Fahrzeuge müssen innen glatt und so ausgestattet sein, daß sie eine ausreichend langsame und gleichmäßige Entleerung ermöglichen.

(4) Die Misch- und Rührgeschwindigkeit von Mischfahrzeugen muß einstellbar sein. Die Rührgeschwindigkeit soll etwa die Hälfte der Mischgeschwindigkeit betragen, und zwar soll sie beim Mischen im allgemeinen zwischen 4 und 12, beim Rühren zwischen 2 und 6 Umdrehungen je Minute liegen.

(5) Art, Fassungsvermögen und polizeiliches Kennzeichen der Transportbetonfahrzeuge sind in einem besonderen Verzeichnis numeriert aufzuführen. Dieses Verzeichnis ist spätestens mit der ersten Lieferung dem Bauleiter des Unternehmens zu übergeben.

(6) Auf die Vorlage des Verzeichnisses kann verzichtet werden, wenn das Fahrzeug mit einer gültigen, sichtbar am Fahrzeug angebrachten Transportbeton-Fahrzeug-Bescheinigung ausgestattet ist (siehe „Merkblatt für die Ausstellung von Transportbeton-Fahrzeug-Bescheinigungen").

5.5 Lieferscheine

5.5.1 Allgemeine Anforderungen

Jeder Lieferung von Stahlbetonfertigteilen, von Zwischenbauteilen aus Beton und gebranntem Ton und von Transportbeton ist ein numerierter Lieferschein beizugeben. Er muß die in den Abschnitten 5.5.2 und 5.5.3 genannten Angaben enthalten, soweit sie nicht aus anderen, dem Abnehmer zu übergebenden Unterlagen, z. B. einer allgemeinen bauaufsichtlichen Zulassung, zu entnehmen sind. Wegen der Lieferscheine für Zement – namentlich auch wegen des am Silo zu befestigenden Scheines – siehe DIN 1164, für Betonzuschlag DIN 4226, für Betonstahl DIN 488, für Betonzusatzmittel „Richtlinien für die Zuteilung von Prüfzeichen für Betonzusatzmittel", für Zwischenbauteile aus Beton DIN 4158, für solche aus gebranntem Ton DIN 4159 und DIN 4160 sowie für Betongläser DIN 4243.

Jeder Lieferschein muß folgende Angaben enthalten:

a) Herstellwerk, gegebenenfalls mit Angabe der fremdüberwachenden Stelle oder des Überwachungszeichens bzw. Gütezeichens;
b) Tag der Lieferung;
c) Empfänger der Lieferung.

Jeder Lieferschein ist von je einem Beauftragten des Herstellers und des Abnehmers zu unterschreiben. Je eine Ausfertigung ist im Werk und auf der Baustelle aufzubewahren und zu den Aufzeichnungen nach Abschnitt 4.3 zu nehmen.

Bei losem Zement ist das nach DIN 1164 Teil 1 vom Zementwerk mitzuliefernde farbige, verwitterungsfeste Blatt sichtbar am Zementsilo anzuheften.

5.5.2 Stahlbetonfertigteile

Bei Stahlbetonfertigteilen sind neben den im Abschnitt 5.5.1 geforderten Angaben folgende erforderlich:

a) Festigkeitsklasse des Betons;
b) Betonstahlsorte;
c) Positionsnummern nach Abschnitt 3.2.2;
d) Betondeckung nach Abschnitt 13.2.

5.5 Lieferscheine

5.5.1 Allgemeine Anforderungen

(1) Jeder Lieferung von Stahlbetonfertigteilen, von Zwischenbauteilen aus Beton und gebranntem Ton und von Transportbeton ist ein numerierter Lieferschein beizugeben. Er muß die in den Abschnitten 5.5.2 und 5.5.3 genannten Angaben enthalten, soweit sie nicht aus anderen, dem Abnehmer zu übergebenden Unterlagen, z. B. einer allgemeinen bauaufsichtlichen Zulassung, zu entnehmen sind. Wegen der Lieferscheine für Zement — namentlich auch wegen des am Silo zu befestigenden Scheines — siehe DIN 1164 Teil 1, für Betonzuschlag DIN 4226 Teil 1 und Teil 2, für Betonstahl DIN 488 Teil 1, für Betonzusatzmittel „Richtlinien für die Zuteilung von Prüfzeichen für Betonzusatzmittel", für Zwischenbauteile aus Beton DIN 4158, für solche aus gebranntem Ton DIN 4159 und DIN 4160 sowie für Betongläser DIN 4243.

(2) Jeder Lieferschein muß folgende Angaben enthalten:

a) Herstellwerk, gegebenenfalls mit Angabe der fremdüberwachenden Stelle oder des Überwachungszeichens oder des Gütezeichens;
b) Tag der Lieferung;
c) Empfänger der Lieferung.

(3) Jeder Lieferschein ist von je einem Beauftragten des Herstellers und des Abnehmers zu unterschreiben. Je eine Ausfertigung ist im Werk und auf der Baustelle aufzubewahren und zu den Aufzeichnungen nach Abschnitt 4.3 zu nehmen.

(4) Bei losem Zement ist das nach DIN 1164 Teil 1 vom Zementwerk mitzuliefernde farbige, verwitterungsfeste Blatt sichtbar am Zementsilo anzuheften.

5.5.2 Stahlbetonfertigteile

Bei Stahlbetonfertigteilen sind neben den im Abschnitt 5.5.1 geforderten Angaben noch folgende erforderlich:

a) Festigkeitsklasse des Betons;
b) Betonstahlsorte;
c) Positionsnummern nach Abschnitt 3.2.2;
d) Betondeckung nom c nach Abschnitt 13.2.

Ausgabe Dezember 1978 — DIN 1045 — Ausgabe Juli 1988

5.5.3 Transportbeton
Bei Transportbeton sind über Abschnitt 5.5.1 hinaus folgende Angaben erforderlich:
a) <u>Masse</u>, Festigkeitsklasse und Konsistenz des Betons, Hinweis auf seine Eignung für unbewehrten Beton oder für Stahlbeton <u>sowie</u> Nummer der Betonsorte gemäß Verzeichnis nach Abschnitt 5.4.4, soweit erforderlich auch besondere Eigenschaften des Betons nach Abschnitt 6.5.7;
b) Uhrzeit von Be- und Entladung sowie Nummer des Fahrzeugs gemäß Verzeichnis nach Abschnitt 5.4.6;
c) Im Falle des Abschnitts 7.4.3.5.1, letzter Absatz, Hinweis, daß eine fremdüberwachte statistische Qualitätskontrolle durchgeführt wird.

Darüber hinaus ist für Beton B I mindestens bei der ersten Lieferung und für Beton B II stets das Betonsortenverzeichnis entweder vollständig oder ein entsprechender Auszug daraus mit dem Lieferschein zu übergeben.

6 Baustoffe
6.1 Bindemittel
6.1.1 Zement
Für unbewehrten Beton <u>der Festigkeitsklassen B 10 und höher</u> und für Stahlbeton muß Zement nach DIN 1164 verwendet werden.

| 6.1.2 Mischbinder
| Unbewehrter Beton der Festigkeitsklasse B 5 darf auch
| mit Mischbinder nach DIN 4207 hergestellt werden.

6.1.3 Liefern und Lagern der Bindemittel
Bindemittel sind beim Befördern und Lagern vor Feuchtigkeit zu schützen. Behälterfahrzeuge und Silos für Bindemittel dürfen keine Reste von Bindemitteln <u>bzw.</u> Zement anderer Art oder niedrigerer Festigkeitsklasse oder von anderen Stoffen enthalten; in Zweifelsfällen ist dies vor dem Füllen sorgfältig zu prüfen.

6.2 Betonzuschlag
6.2.1 Allgemeine Anforderungen
Betonzuschlag <u>muß</u> DIN 4226 <u>entsprechen</u>. Das Zuschlaggemisch soll möglichst grobkörnig und hohlraumarm sein (siehe Abschnitt 6.2.2). Das Größtkorn ist so zu wählen, wie Mischen, Fördern, Einbringen und Verarbeiten des Betons dies zulassen; seine Nenngröße darf ⅓ der kleinsten Bauteilmaße nicht überschreiten. Bei engliegender Bewehrung oder geringer Betondeckung soll der überwiegende Teil des Zuschlags kleiner als der Abstand der Bewehrungsstäbe untereinander und von der Schalung sein.

6.2.2 Kornzusammensetzung des Betonzuschlags
<u>6.2.2.1 Sieblinien und Kennwerte für den Wasseranspruch</u>
Die Kornzusammensetzung des Betonzuschlags wird durch Sieblinien (siehe Bilder 1 bis 4) und – wenn nötig – durch einen darauf bezogenen Kennwert für die Korn-

5.5.3 Transportbeton
(1) Bei Transportbeton sind über Abschnitt 5.5.1 hinaus folgende Angaben erforderlich:
a) <u>Menge</u>, Festigkeitsklasse und Konsistenz des Betons; Eignung für unbewehrten Beton oder für Stahlbeton; <u>Eignung für Außenbauteile (siehe Abschnitt 2.1.1) einschließlich Festigkeitsentwicklung des Betons nach Tafel 2 der „Richtlinie zur Nachbehandlung von Beton";</u> Nummer der Betonsorte nach dem Verzeichnis nach Abschnitt 5.4.4, soweit erforderlich auch besondere Eigenschaften des Betons nach Abschnitt 6.5.7;
b) Uhrzeit der Be- und Entladung sowie Nummer des Fahrzeugs nach dem Verzeichnis nach Abschnitt 5.4.6;
c) Im Falle des Abschnitts 7.4.3.5.1 (4) Hinweis, daß eine fremdüberwachte statistische Qualitätskontrolle durchgeführt wird.
| d) Verarbeitbarkeitszeit bei Zugabe von verzögernden Betonzusatzmitteln (siehe „Vorläufige Richtlinie für Beton mit verlängerter Verarbeitbarkeitszeit (Verzögerter Beton); Eignungsprüfung, Herstellung, Verarbeitung und Nachbehandlung");
| e) Ort und Zeitpunkt der Zugabe von Fließmitteln (siehe „Richtlinie für Beton mit Fließmittel und für Fließbeton; Herstellung, Verarbeitung und Prüfung").

(2) Darüber hinaus ist für Beton B I mindestens bei der ersten Lieferung und für Beton B II stets das Betonsortenverzeichnis entweder vollständig oder ein entsprechender Auszug daraus mit dem Lieferschein zu übergeben.

6 Baustoffe
6.1 Bindemittel
6.1.1 Zement
Für unbewehrten Beton und für Stahlbeton muß Zement nach <u>den Normen der Reihe</u> DIN 1164 verwendet werden.

6.1.2 Liefern und Lagern der Bindemittel
Bindemittel sind beim Befördern und Lagern vor Feuchtigkeit zu schützen. Behälterfahrzeuge und Silos für Bindemittel dürfen keine Reste von Bindemitteln <u>oder</u> Zement anderer Art oder niedrigerer Festigkeitsklasse oder von anderen Stoffen enthalten; in Zweifelsfällen ist dies vor dem Füllen sorgfältig zu prüfen.

6.2 Betonzuschlag
6.2.1 Allgemeine Anforderungen
<u>Es ist</u> Betonzuschlag <u>nach</u> DIN 4226 <u>Teil 1 zu verwenden</u>. Das Zuschlaggemisch soll möglichst grobkörnig und hohlraumarm sein (siehe Abschnitt 6.2.2). Das Größtkorn ist so zu wählen, wie Mischen, Fördern, Einbringen und Verarbeiten des Betons dies zulassen; seine Nenngröße darf ⅓ der kleinsten Bauteilmaße nicht überschreiten. Bei engliegender Bewehrung oder geringer Betondeckung soll der überwiegende Teil des Betonzuschlags kleiner als der Abstand der Bewehrungsstäbe untereinander und von der Schalung sein.

6.2.2 Kornzusammensetzung des Betonzuschlags
(1) Die Kornzusammensetzung des Betonzuschlags wird durch Sieblinien (siehe Bilder 1 bis 4) und — wenn nötig — durch einen darauf bezogenen Kennwert für die Kornvertei-

verteilung oder den Wasseranspruch [6]) [7]) gekennzeichnet. Bei Zuschlag, der aus Korngruppen mit wesentlich verschiedener Gesteinsrohdichte zusammengesetzt wird, sind die Sieblinien nicht auf Massenanteile des Zuschlaggemisches, sondern auf Stoffraumanteile [8]) zu beziehen.

Die Zusammensetzung einzelner Korngruppen und des Betonzuschlags wird durch Siebversuche mit Prüfsieben (Maschensieben bzw. Quadratlochsieben) 0,25; 0,5; 1; 2; 4; 8; 16; 31,5 [9]) und 63 nach DIN 4188 Teil 1 bzw. DIN 4187 Teil 2 ermittelt.

6.2.2.2 Stetige Sieblinien
Stetige Sieblinien von Korngemischen sollen zwischen den Sieblinien A und C, also in den Bereichen ③ und ④ der Bilder 1 bis 4, verlaufen. Dabei kennzeichnet der Bereich ③ zwischen den Sieblinien A und B günstige, der Bereich ④ zwischen B und C noch brauchbare Korngemische.

Abweichungen von der Sieblinie im Bereich über 8 mm wirken sich auf die Betoneigenschaften nur wenig aus (siehe Abschnitte 6.5.5.2 und 6.5.6.2).

6.2.2.3 Unstetige Sieblinien
Unstetige Sieblinien (Ausfallkörnungen), d. h. solche von Zuschlaggemischen, denen einzelne Korngruppen fehlen, sollen zwischen der unteren Grenzsieblinie U und der Sieblinie C der Bilder 1 bis 4 verlaufen.

lung oder den Wasseranspruch [5]) [6]) gekennzeichnet. Bei Betonzuschlag, der aus Korngruppen mit wesentlich verschiedener Kornrohdichte zusammengesetzt wird, sind die Sieblinien nicht auf Massenanteile des Betonzuschlags, sondern auf Stoffraumanteile [7]) zu beziehen.

(2) Die Zusammensetzung einzelner Korngruppen und des Betonzuschlags wird durch Siebversuche nach DIN 4226 Teil 3 mit Prüfsieben nach DIN 4188 Teil 1 oder DIN 4187 Teil 2 ermittelt [8]). Die Sieblinien können stetig oder unstetig sein.

---

[5]) Zum Beispiel F-Wert, Körnungsziffer, Feinheitsziffer, Feinheitsmodul, Sieblinienflächen, Wasseranspruchszahlen.

[6]) Zur Ermittlung der Kennwerte für die Kornverteilung oder den Wasseranspruch ist der Siebdurchgang für 0,125 mm auszulassen. Als Kornanteil bis 0,5 mm ist im allgemeinen der tatsächlich vorhandene Kornanteil zu berücksichtigen. Lediglich bei Vergleich der Kennwerte mit denen der Sieblinien nach den Bildern 1 bis 4 ist in beiden Fällen der sich bei geradliniger Verbindung zwischen dem 0,25- und dem 1-mm-Prüfsieb bei 0,5 mm ergebende Kornanteil einzusetzen; für die Sieblinien nach den Bildern 1 bis 4 sind dies die Klammerwerte.

[7]) Die Stoffraumanteile sind die durch die Kornrohdichte geteilten Massenanteile. An der Ordinatenachse der Siebliniendarstellung ist dann statt „Siebdurchgang in Masse-%" anzuschreiben „Siebdurchgang in Stoffraum-%".

[8]) Die Grenzkorngröße 32 mm wird mit einem Prüfsieb mit Quadratlochung (im folgenden Text kurz Quadratlochsiebe genannt) und einer Lochweite von 31,5 mm nach DIN 4187 Teil 2 geprüft.

Ausgabe Dezember 1978

---

[6]) Z. B. F-Wert, Körnungsziffer, Feinheitsziffer, Feinheitsmodul, Sieblinienflächen, Wasseranspruchszahlen.

[7]) Zur Ermittlung der Kennwerte für die Kornverteilung oder den Wasseranspruch ist als Kornanteil bis 0,5 mm im allgemeinen der tatsächlich vorhandene Kornanteil zu berücksichtigen. Lediglich bei Vergleich der Kennwerte mit denen der Regelsieblinien ist in beiden Fällen der sich bei gradliniger Verbindung zwischen dem 0,25- und dem 1-mm-Prüfsieb bei 0,5 mm ergebende Kornanteil einzusetzen.

[8]) Die Stoffraumanteile sind die durch die Kornrohdichte geteilten Massenanteile. An der Ordinatenachse der Siebliniendarstellung ist dann statt „Siebdurchgang in Masse-%" anzuschreiben „Siebdurchgang in Stoffraum-%".

[9]) Die Grenzkorngröße 32 mm wird geprüft mit dem Quadratlochsieb 31,5 mm nach DIN 4187 Teil 2.

[10]) Bisher Gew.-%

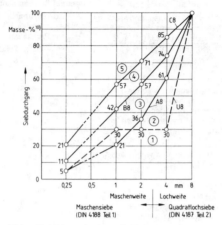

Bild 1. Sieblinien mit einem Größtkorn von 8 mm

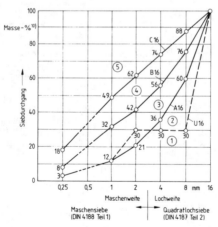

Bild 2. Sieblinien mit einem Größtkorn von 16 mm

DIN 1045, Ausgabe Juli 1988

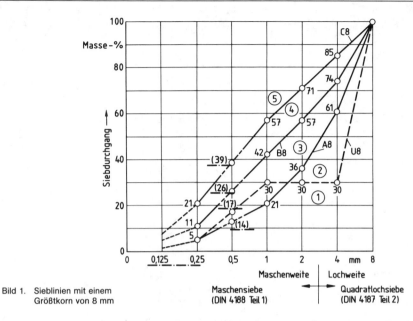

Bild 1. Sieblinien mit einem Größtkorn von 8 mm

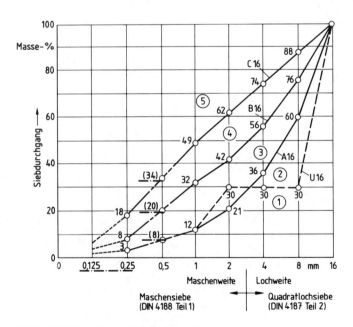

Bild 2. Sieblinien mit einem Größtkorn von 16 mm

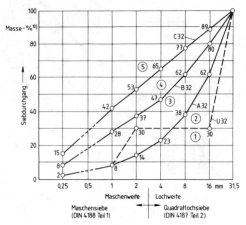

Bild 3. Sieblinien mit einem Größtkorn von 32 mm

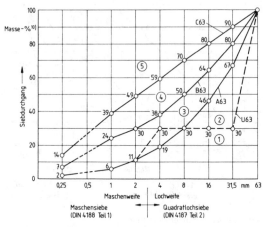

Bild 4. Sieblinien mit einem Größtkorn von 63 mm

DIN 1045, Ausgabe Juli 1988

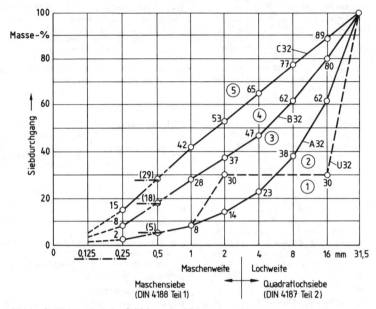

Bild 3. Sieblinien mit einem Größtkorn von 32 mm

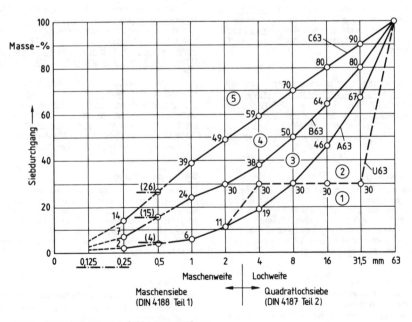

Bild 4. Sieblinien mit einem Größtkorn von 63 mm

41

6.2.3 Liefern und Lagern des Betonzuschlags

Der Betonzuschlag darf während des Transports und bei der Lagerung auf der Baustelle nicht durch andere Stoffe verunreinigt werden. Getrennt anzuliefernde Korngruppen (siehe Abschnitte 6.5.5.2 und 6.5.6.2) sind auf der Baustelle so zu lagern, daß sie sich an keiner Stelle vermischen. Werkgemischter Zuschlag (siehe Abschnitt 6.5.5.2 und DIN 4226 Teil 1) ist auf der Baustelle so zu entladen und zu lagern, daß er sich nicht entmischt.

6.3 Betonzusätze

6.3.1 Betonzusatzmittel

Für Beton und Zementmörtel – auch zum Einsetzen von Dübeln, – dürfen nur Zusatzmittel (siehe Abschnitt 2.1.3.5) mit gültigem Prüfbescheid und nur unter den im Prüfbescheid angegebenen Bedingungen verwendet werden [11]).

Chloride, chloridhaltige oder andere die Stahlkorrosion fördernde Stoffe dürfen Stahlbeton und Beton, der mit Stahlbeton in Berührung kommt, nicht zugesetzt werden.

Betonzusatzmittel werden verwendet, um bestimmte Eigenschaften des Betons günstig zu beeinflussen. Da sie jedoch zugleich andere wichtige Eigenschaften ungünstig verändern können, ist eine Eignungsprüfung für den damit herzustellenden Beton Voraussetzung für ihre Anwendung (siehe Abschnitt 7.4.2).

6.3.2 Betonzusatzstoffe

Dem Beton dürfen Betonzusatzstoffe nach Abschnitt 2.1.3.6 zugegeben werden, wenn sie das Erhärten des Zements, die Festigkeit und die Beständigkeit des Betons sowie den Korrosionsschutz der Bewehrung nicht beeinträchtigen.

Betonzusatzstoffe, die nicht DIN 4226 oder einer dafür vorgesehenen Norm wie z. B. DIN 51 043 entsprechen, dürfen nur verwendet werden, wenn für sie eine allgemeine bauaufsichtliche Zulassung vorliegt oder ein Prüfzeichen [11]) erteilt ist.

Ein latenthydraulischer oder puzzolanischer Zusatzstoff darf auf den Zementgehalt nur angerechnet werden, soweit dies besonders geregelt ist, z. B. durch eine allgemeine bauaufsichtliche Zulassung oder durch Richtlinien. Wegen Eignungsprüfungen siehe Abschnitt 7.4.2.1 a).

Für Liefern und Lagern gilt Abschnitt 6.1.3 sinngemäß.

6.4 Zugabewasser

Als Zugabewasser ist das in der Natur vorkommende Wasser geeignet, soweit es nicht Bestandteile enthält, die das Erhärten oder andere Eigenschaften des Betons ungünstig beeinflussen oder den Korrosionsschutz der Bewehrung beeinträchtigen, wie z. B. gewisse Industrieabwässer. Im Zweifelsfalle ist eine Untersuchung über seine Eignung zur Betonherstellung nötig.

6.5 Beton

6.5.1 Festigkeitsklassen des Betons und ihre Anwendung

Der Beton wird nach seiner bei der Güteprüfung im Alter von 28 Tagen an Würfeln mit 200 mm Kantenlänge ermittelten Druckfestigkeit in Festigkeitsklassen B 5 bis B 55 eingeteilt (siehe Tabelle 1).

---

[11]) Prüfzeichen werden vom Institut für Bautechnik, Berlin, erteilt.

6.2.3 Liefern und Lagern des Betonzuschlags

Der Betonzuschlag darf während des Transports und bei der Lagerung nicht durch andere Stoffe verunreinigt werden. Getrennt anzuliefernde Korngruppen (siehe Abschnitte 6.5.5.2 und 6.5.6.2) sind so zu lagern, daß sie sich an keiner Stelle vermischen. Werkgemischter Betonzuschlag (siehe Abschnitt 6.5.5.2 und DIN 4226 Teil 1) ist so zu entladen und zu lagern, daß er sich nicht entmischt.

6.3 Betonzusätze

6.3.1 Betonzusatzmittel

(1) Für Beton und Zementmörtel — auch zum Einsetzen von Verankerungen — dürfen nur Betonzusatzmittel (siehe Abschnitt 2.1.3.5) mit gültigem Prüfzeichen und nur unter den im Prüfbescheid angegebenen Bedingungen verwendet werden [9]).

(2) Chloride, chloridhaltige oder andere, die Stahlkorrosion fördernde Stoffe dürfen Stahlbeton, Beton und Mörtel, der mit Stahlbeton in Berührung kommt, nicht zugesetzt werden.

(3) Betonzusatzmittel werden verwendet, um bestimmte Eigenschaften des Betons günstig zu beeinflussen. Da sie jedoch zugleich andere wichtige Eigenschaften ungünstig verändern können, ist eine Eignungsprüfung für den damit herzustellenden Beton Voraussetzung für ihre Anwendung (siehe Abschnitt 7.4.2).

6.3.2 Betonzusatzstoffe

(1) Dem Beton dürfen Betonzusatzstoffe nach Abschnitt 2.1.3.6 zugegeben werden, wenn sie das Erhärten des Zements, die Festigkeit und Dauerhaftigkeit des Betons sowie den Korrosionsschutz der Bewehrung nicht beeinträchtigen.

(2) Betonzusatzstoffe, die nicht DIN 4226 Teil 1 für natürliches Gesteinsmehl oder DIN 51 043 für Traß entsprechen, dürfen nur verwendet werden, wenn für sie ein Prüfzeichen erteilt ist [9]). Farbpigmente nach DIN 53 237 dürfen nur verwendet werden, wenn der Nachweis der ordnungsgemäßen Überwachung der Herstellung und Verarbeitung des Betons erbracht ist.

(3) Ein latenthydraulischer oder puzzolanischer Betonzusatzstoff darf bei Festlegung des Mindestzementgehaltes und gegebenenfalls des höchstzulässigen Wasserzementwertes nur berücksichtigt werden, soweit dies besonders geregelt ist, z. B. durch Prüfbescheid oder Richtlinien. Wegen Eignungsprüfungen siehe Abschnitt 7.4.2.1.

(4) Für Liefern und Lagern gilt Abschnitt 6.1.2 sinngemäß.

6.4 Zugabewasser

Als Zugabewasser ist das in der Natur vorkommende Wasser geeignet, soweit es nicht Bestandteile enthält, die das Erhärten oder andere Eigenschaften des Betons ungünstig beeinflussen oder den Korrosionsschutz der Bewehrung beeinträchtigen, z. B. gewisse Industrieabwässer. Im Zweifelsfall ist eine Untersuchung über die Eignung des Wassers zur Betonherstellung nötig.

6.5 Beton

6.5.1 Festigkeitsklassen des Betons und ihre Anwendung

(1) Der Beton wird nach seiner bei der Güteprüfung im Alter von 28 Tagen an Würfeln mit 200 mm Kantenlänge ermittelten Druckfestigkeit in Festigkeitsklassen B 5 bis B 55 eingeteilt (siehe Tabelle 1).

---

[9]) Prüfzeichen erteilt das Institut für Bautechnik (IfBt), Berlin.

Die drei Würfel einer Serie müssen aus drei verschiedenen Mischerfüllungen stammen, bei Transportbeton – soweit möglich – aus verschiedenen Lieferungen derselben Betonsorte.

Eine bestimmte Würfeldruckfestigkeit kann auch für einen früheren Zeitpunkt als nach 28 Tagen entsprechend der vorgesehenen Beanspruchung erforderlich sein, z. B. für den Transport von Fertigteilen. Sie darf auch für einen späteren Zeitpunkt vereinbart werden, wenn dies z. B. durch die Verwendung von langsam erhärtendem Zement in besonderen Fällen zweckmäßig und mit Rücksicht auf die Beanspruchung zulässig ist.

Beton B 55 ist vor allem der werkmäßigen Herstellung von Fertigteilen in Betonwerken vorbehalten.

Ortbeton, der in Verbindung mit Stahlbetonfertigteilen als mittragend gerechnet wird, muß mindestens der Festigkeitsklasse B 15 entsprechen.

6.5.2 Allgemeine Bedingungen für die Herstellung des Betons

Für die Zusammensetzung von Beton der Festigkeitsklassen B 5 bis einschließlich B 25 (Beton B I) sind die Bedingungen des Abschnitts 6.5.5 zu beachten, sofern nicht Abschnitt 6.5.7 gilt. Die für eine bestimmte Festigkeitsklasse erforderliche Zusammensetzung muß entweder nach Abschnitt 6.5.5.1, Tabelle 4, mit den dazugehörigen Bestimmungen oder auf Grund einer vorherigen Eignungsprüfung nach Abschnitt 7.4.2 festgelegt werden.

Für die Zusammensetzung von Beton der Festigkeitsklassen B 35 und höher (Beton B II) sind die Bedingungen des Abschnitts 6.5.6 zu beachten. Die für eine bestimmte Festigkeitsklasse erforderliche Betonzusammensetzung ist stets auf Grund einer Eignungsprüfung nach Abschnitt 7.4.2 festzulegen. Wegen der besonderen Anforderungen an die Herstellung, Baustelleneinrichtung und -besetzung und an die Überwachung (Güteüberwachung) siehe die Abschnitte 5.2.2, 6.5.6, 7.4 und 8. Für Beton mit besonderen Eigenschaften siehe außerdem Abschnitt 6.5.7.

Wegen des für den Korrosionsschutz geforderten Mindestzementgehalts und des Wasserzementwerts siehe die Abschnitte 6.5.5.1, 6.5.6.1 und 6.5.6.3.

Bei Verwendung von alkaliempfindlichem Betonzuschlag sind die Vorläufigen Richtlinien für vorbeugende Maßnahmen gegen schädigende Alkalireaktion im Beton zu beachten.

Unabhängig von der Einhaltung der Bestimmungen der Abschnitte 6.5.5 bis 6.5.7 bleibt in allen Fällen maßgebend, daß der erhärtete Beton die geforderten Eigenschaften aufweist.

(2) Je drei aufeinanderfolgend hergestellte Würfel bilden eine Serie. Die drei Würfel einer Serie müssen aus drei verschiedenen Mischerfüllungen stammen, bei Transportbeton — soweit möglich — aus verschiedenen Lieferungen derselben Betonsorte.

(3) Eine bestimmte Würfeldruckfestigkeit kann auch für einen früheren Zeitpunkt als nach 28 Tagen entsprechend der vorgesehenen Beanspruchung erforderlich sein, z. B. für den Transport von Fertigteilen. Sie darf auch für einen späteren Zeitpunkt vereinbart werden, wenn dies z. B. durch die Verwendung von langsam erhärtendem Zement in besonderen Fällen zweckmäßig und mit Rücksicht auf die Beanspruchung zulässig ist.

(4) Beton B 55 ist vor allem der werkmäßigen Herstellung von Fertigteilen in Betonwerken vorbehalten.

(5) Ortbeton, der in Verbindung mit Stahlbetonfertigteilen als mittragend gerechnet wird, muß mindestens der Festigkeitsklasse B 15 entsprechen.

(6) Beton für Außenbauteile (siehe Abschnitt 2.1.1) muß mindestens der Festigkeitsklasse B 25 entsprechen[11]).

6.5.2 Allgemeine Bedingungen für die Herstellung des Betons

(1) Für die Zusammensetzung, Herstellung und Verarbeitung von Beton der Festigkeitsklassen B 5 bis B 25 (Beton B I) sind die Bedingungen des Abschnitts 6.5.5 zu beachten, sofern nicht Abschnitt 6.5.7 gilt. Die für eine bestimmte Festigkeitsklasse erforderliche Zusammensetzung muß entweder nach Tabelle 4 mit den dazugehörigen Bestimmungen oder auf Grund einer vorherigen Eignungsprüfung nach Abschnitt 7.4.2 festgelegt werden.

(2) Für die Zusammensetzung, Herstellung und Verarbeitung von Beton der Festigkeitsklassen B 35 und höher (Beton B II) sind die Bedingungen des Abschnitts 6.5.6 zu beachten. Die für eine bestimmte Festigkeitsklasse erforderliche Betonzusammensetzung ist stets auf Grund einer Eignungsprüfung nach Abschnitt 7.4.2 festzulegen. Wegen der besonderen Anforderungen an die Herstellung, Baustelleneinrichtung und -besetzung und an die Überwachung (Güteüberwachung) siehe die Abschnitte 5.2.2, 6.5.6, 7.4 und 8. Für Beton mit besonderen Eigenschaften siehe außerdem Abschnitt 6.5.7.

(3) Wegen des Mindestzementgehalts und des Wasserzementwertes siehe die Abschnitte 6.5.5.1, 6.5.6.1 und 6.5.6.3.

(4) Bei Beton B I und B II, der für Außenbauteile (siehe Abschnitt 2.1.1) verwendet wird, ist der Betonzusammensetzung ein Wasserzementwert $w/z \leq 0{,}60$ zugrunde zu legen[12]).

(5) Bei Verwendung alkaliempfindlichen Betonzuschlags ist die „Richtlinie Alkalireaktion im Beton; Vorbeugende Maßnahmen gegen schädigende Alkalireaktion im Beton" zu beachten.

(6) Unabhängig von der Einhaltung der Bestimmungen der Abschnitte 6.5.5. bis 6.5.7 bleibt in allen Fällen maßgebend, daß der erhärtete Beton die geforderten Eigenschaften aufweist.

(7) Beton, der durch Zugabe verzögernder Betonzusatzmittel gegenüber dem zugehörigen Beton ohne Betonzusatzmittel eine um mindestens drei Stunden verlängerte

---

[11]) Die zusätzlichen Anforderungen der Abschnitte 6.5.2 (4) und 6.5.5.1 (3) oder 6.5.6.1 (2) bedingen in der Regel eine Nennfestigkeit $\beta_{WN} \geq 32\,\text{N/mm}^2$.

[12]) Diese Anforderung, zusammen mit jenen der Abschnitte 6.5.5.1 (3) oder 6.5.6.1 (2), ist in der Regel erfüllt, wenn der Beton eine Nennfestigkeit $\beta_{WN} \geq 32\,\text{N/mm}^2$ aufweist.

Tabelle 1. **Festigkeitsklassen des Betons und ihre Anwendung**

1	2	3	4	5	6
Beton-gruppe	Festigkeits-klasse des Betons	Nennfestigkeit [12]) β_{WN} (Mindestwert für die Druckfestigkeit β_{W28} jedes Würfels nach Abschnitt 7.4.3.5.2) N/mm²	Serienfestigkeit β_{WS} (Mindestwert für die mittlere Druck-festigkeit β_{Wm} jeder Würfelserie) N/mm²	Herstellung nach	Anwendung
1	Beton B I	B 5	5,0	8,0	Abschnitt 6.5.5	Nur für unbe-wehrten Beton
2		B 10	10	15		
3		B 15	15	20		Für unbewehrten und bewehrten Beton
4		B 25	25	30		
5	Beton B II	B 35	35	40	Abschnitt 6.5.6	
6		B 45	45	50		
7		B 55	55	60		

[12]) Der Nennfestigkeit liegt die 5 %-Fraktile der Grundgesamtheit zugrunde.

Tabelle 2. **Konsistenzbereiche des Frischbetons**

1	2	3	4	5	6
Konsistenz-bereich	Eigenschaften des Feinmörtels	Frischbetons beim Schütten	Verdichtungsmaß v	Ausbreitmaß cm	Verdichtungsart
1	K 1 steifer Beton	etwas nasser als erdfeucht	noch lose	1,45 bis 1,26	–	kräftig wirkende Rüttler und/oder kräftiges Stampfen in dünner Schütt-lage
2	K 2 plastischer Beton	weich	schollig bis knapp zusammen-hängend	1,25 bis 1,11	≦ 40	Rütteln und/oder Stochern oder Stampfen
3	K 3 weicher Beton	flüssig	schwach fließend	1,10 bis 1,04	41 bis 50	Stochern und/oder leichtes Rütteln u.ä.

Tabelle 3. **Anhaltswerte für den Mehlkorngehalt**

	1	2
	Größtkorn des Zuschlaggemisches mm	Mehlkorngehalt in 1 m³ verdichteten Betons kg
1	8	525
2	16	450
3	32	400
4	63	325

Tabelle 1. **Festigkeitsklassen des Betons und ihre Anwendung**

	1	2	3	4	5	6
	Betongruppe	Festigkeitsklasse des Betons	Nennfestigkeit[10]) β_{WN} (Mindestwert für die Druckfestigkeit β_{W28} jedes Würfels nach Abschnitt 7.4.3.5.2) N/mm²	Serienfestigkeit β_{WS} (Mindestwert für die mittlere Druckfestigkeit β_{Wm} jeder Würfelserie) N/mm²	Zusammensetzung nach	Anwendung
1	Beton B I	B 5	5	8	Abschnitt 6.5.5	Nur für unbewehrten Beton
2	Beton B I	B 10	10	15	Abschnitt 6.5.5	
3	Beton B I	B 15	15	20	Abschnitt 6.5.5	
4	Beton B II	B 25	25	30	Abschnitt 6.5.6	Für bewehrten und unbewehrten Beton
5	Beton B II	B 35	35	40	Abschnitt 6.5.6	Für bewehrten und unbewehrten Beton
6	Beton B II	B 45	45	50	Abschnitt 6.5.6	Für bewehrten und unbewehrten Beton
7	Beton B II	B 55	55	60	Abschnitt 6.5.6	Für bewehrten und unbewehrten Beton

[10]) Der Nennfestigkeit liegt <u>das 5%-Quantil</u> der Grundgesamtheit zugrunde.

Tabelle 2. **Konsistenzbereiche des Frischbetons**

	1		2	3	4
	Konsistenzbereiche			Ausbreitmaß a cm	Verdichtungsmaß v
	Bedeutung	Kurzzeichen			
1	steif	KS		–	≥ 1,20
2	plastisch	KP		35 bis 41	1,19 bis 1,08[13])
3	weich	KR		42 bis 48	1,07 bis 1,02[13])
4	fließfähig	KF		49 bis 60	–

[13]) Das Verdichtungsmaß empfiehlt sich vor allem für Betone nach Absatz (3).

Tabelle 3. **Höchstzulässiger Mehlkorngehalt sowie höchstzulässiger Mehlkorn- und Feinstsandgehalt für Beton mit einem Größtkorn des Zuschlaggemisches von 16 mm bis 63 mm**

	1	2	3
		Höchstzulässiger Gehalt in kg/m³ an	
	Zementgehalt kg/m³	Mehlkorn	Mehlkorn und Feinstsand
		bei einer Prüfkorngröße von	
		0,125 mm	0,250 mm
1	≤ 300	350	450
2	350	400	500

| Verarbeitbarkeitszeit aufweist (verzögerter Beton), ist als Beton B II entsprechend der „Vorläufigen Richtlinie für Beton mit verlängerter Verarbeitbarkeitszeit (Verzögerter Beton); Eignungsprüfung, Herstellung, Verarbeitung und Nachbehandlung" zusammenzusetzen, herzustellen und einzubauen.

(8) Fließbeton und Beton mit Fließmittel sind entsprechend der „Richtlinie für Beton mit Fließmittel und für Fließbeton; Herstellung, Verarbeitung und Prüfung" herzustellen und einzubauen.

(9) Wird ein Betonzusatzmittel zugegeben, ist die Zugabemenge auf 50 ml/kg bzw. 50 g/kg der Zementmenge begrenzt. Bei Anwendung mehrerer Betonzusatzmittel darf die insgesamt zugegebene Menge 60 ml/kg bzw. 60 g/kg Zement nicht überschreiten. Hierbei dürfen, außer bei Fließmitteln, nicht mehrere Betonzusatzmittel derselben Wirkungsgruppe angewendet werden. Für die Herstellung eines Betons mit mehreren Betonzusatzmitteln muß der Hersteller über eine Betonprüfstelle E (siehe Abschnitt 2.3.1) verfügen.

(10) Bei Anwendung von Betonzusatzmitteln soll eine Mindestzugabemenge von 2 ml/kg bzw. 2 g/kg Zement nicht unterschritten werden. Flüssige Betonzusatzmittel sind dem Wassergehalt bei der Bestimmung des Wasserzementwertes zuzurechnen, wenn ihre gesamte Zugabemenge 2,5 l/m^3 verdichteten Betons oder mehr beträgt.

6.5.3 Konsistenz des Betons

Beim Frischbeton werden 3 Konsistenzbereiche unterschieden (siehe Tabelle 2). Innerhalb dieser Bereiche ist die Konsistenz gegebenenfalls durch ein bestimmtes Verdichtungs- oder Ausbreitmaß (siehe Spalten 4 und 5) genauer festzulegen (siehe DIN 1048 Teil 1).

Beton mit einem Konsistenzbereich weicher als K 3 darf nur als Fließbeton, der den Richtlinien für die Herstellung und Verarbeitung von Fließbeton entspricht, verwendet werden.

6.5.3 Konsistenz des Betons

(1) Beim Frischbeton werden vier Konsistenzbereiche unterschieden (siehe Tabelle 2). Beton mit der fließfähigen Konsistenz KF darf nur als Fließbeton entsprechend der „Richtlinie für Beton mit Fließmittel und für Fließbeton; Herstellung, Verarbeitung und Prüfung" unter Zugabe eines Fließmittels (FM) verwendet werden.

(2) Im Übergangsbereich zwischen steifem und plastischem Beton kann im Einzelfall je nach Zusammenhaltevermögen des Frischbetons die Anwendung des Verdichtungsmaßes oder des Ausbreitmaßes zweckmäßiger sein.

(3) In den Konsistenzbereichen KP und KR kann bei Verwendung von Splittbeton, sehr mehlkornreichem Beton, Leicht- oder Schwerbeton das Verdichtungsmaß zweckmäßiger sein.

(4) In den beiden vorgenannten Fällen sind Vereinbarungen über das anzuwendende Prüfverfahren und die einzuhaltenden Konsistenzmaße zu treffen. Sinngemäß gilt dies auch für andere, in DIN 1048 Teil 1 aufgeführte Konsistenzprüfverfahren.

(5) Die Verarbeitbarkeit des Frischbetons muß den baupraktischen Gegebenheiten angepaßt sein. Für Ortbeton der Gruppe B I ist vorzugsweise weicher Beton KR (Regelkonsistenz) oder fließfähiger Beton KF zu verwenden.

6.5.4 Mehlkorngehalt

Der Beton muß eine bestimmte Masse an Mehlkorn enthalten, damit er gut verarbeitbar ist und ein geschlossenes Gefüge erhält. Der Mehlkorngehalt setzt sich zusammen aus dem Zement, dem im Betonzuschlag enthaltenen Kornanteil 0 bis 0,25 mm und nötigenfalls einem möglichst gemischtkörnigen Zusatz dieser Korngruppe aus festen, nicht erweichbaren und die Beständigkeit des Betons nicht vermindernden natürlichen oder künstlichen Mineralstoffen (siehe auch Abschnitt 2.1.3.6 und 6.3.2). Ein ausreichender Mehlkorngehalt ist besonders wichtig bei Beton, der über längere Strecken oder in Rohrleitungen gefördert wird, bei Beton für dünnwandige, eng bewehrte Bauteile, bei wasserundurchlässigem Beton (siehe Abschnitt 6.5.7.2).

Im allgemeinen ist ein Mehlkorngehalt nach Tabelle 3 zweckmäßig.

6.5.4 Mehlkorngehalt sowie Mehlkorn- und Feinstsandgehalt

(1) Der Beton muß eine bestimmte Menge an Mehlkorn enthalten, damit er gut verarbeitbar ist und ein geschlossenes Gefüge erhält. Der Mehlkorngehalt setzt sich zusammen aus dem Zement, dem im Betonzuschlag enthaltenen Kornanteil 0 bis 0,125 mm und gegebenenfalls dem Betonzusatzstoff. Ein ausreichender Mehlkorngehalt ist besonders wichtig bei Beton, der über längere Strecken oder in Rohrleitungen gefördert wird, bei Beton für dünnwandige, eng bewehrte Bauteile und bei wasserundurchlässigem Beton (siehe Abschnitt 6.5.7.2).

(2) Bei Beton für Außenbauteile (siehe Abschnitt 2.1.1) und bei Beton mit besonderen Eigenschaften nach den Abschnitten 6.5.7.3, 6.5.7.4 und 6.5.7.6 sind der Mehlkorngehalt sowie der Mehlkorn- und Feinstsandgehalt nach Tabelle 3 zu begrenzen.

Ausgabe Dezember 1978 — DIN 1045 — Ausgabe Juli 1988

Werden luftporenbildende Zusatzmittel verwendet, so ist ein kleinerer Mehlkorngehalt zweckmäßig und ausreichend.

Der Mehlkorngehalt soll möglichst auf das für die Verarbeitung notwendige Maß beschränkt werden, besonders wenn Betoneigenschaften nach den Abschnitten 6.5.7.3 bis 6.5.7.5 gefordert werden, weil sie durch einen zu hohen Mehlkorngehalt nachteilig beeinflußt werden können.

(3) Bei Zementgehalten zwischen 300 kg/m^3 und 350 kg/m^3 ist zwischen den Werten der Tabelle 3 linear zu interpolieren.

(4) Die Werte der Tabelle 3, Spalten 2 und 3, dürfen erhöht werden, wenn

a) der Zementgehalt 350 kg/m^3 übersteigt, um den über 350 kg/m^3 hinausgehenden Zementgehalt, jedoch höchstens um 50 kg/m^3;

b) ein puzzolanischer Betonzusatzstoff (z. B. Traß, Steinkohlenflugasche) verwendet wird, um den Gehalt an puzzolanischem Betonzusatzstoff, jedoch höchstens um 50 kg/m^3;

c) das Größtkorn des Betonzuschlaggemisches 8 mm beträgt, um 50 kg/m^3.

(5) Die unter a) und b) genannten Möglichkeiten dürfen insgesamt nur zu einer Erhöhung von 50 kg/m^3 führen.

6.5.5 Zusammensetzung von Beton B I
6.5.5.1 Zementgehalt

Der Beton muß so viel Zement enthalten, daß die geforderte Druckfestigkeit und bei bewehrtem Beton ein ausreichender Schutz der Stahleinlagen vor Korrosion erreicht werden <u>können</u>.

Wird der Zementgehalt auf Grund einer Eignungsprüfung nach Abschnitt 7.4.2.1 a) festgelegt, so muß er je m^3 verdichteten Betons mindestens betragen

    bei unbewehrtem Beton 100 kg <u>und</u>

    bei Stahlbeton mit Rücksicht auf den Korrosionsschutz der Stahleinlagen

    240 kg bei Zement der Festigkeitsklasse Z 35 und höher;

    280 kg bei Zement der Festigkeitsklasse Z 25.

Eine Eignungsprüfung ist bei Beton ohne Zusätze nicht erforderlich, wenn die Betonzusammensetzung mindestens den Bedingungen der Tabelle 4 und den folgenden Angaben entspricht:

Der Zementgehalt nach Tabelle 4 muß vergrößert werden um

15 % bei Zement der Festigkeitsklasse Z 25
10 % bei einem Größtkorn des Zuschlags von 16 mm,
20 % bei einem Größtkorn des Zuschlags von 8 mm.

Der Zementgehalt nach Tabelle 4 darf verringert werden um

höchstens 10 % bei Zement der Festigkeitsklasse Z 45 und höchstens 10 % bei einem Größtkorn des Zuschlages von 63 mm.

Die Vergrößerungen des Zementgehalts müssen, die Verringerungen dürfen zusammengezählt werden; jedoch darf bei Stahlbeton der im zweiten Absatz <u>dieses Abschnittes</u> angegebene Zementgehalt nicht unterschritten werden.

6.5.5 Zusammensetzung von Beton B I
6.5.5.1 Zementgehalt

(1) Der Beton muß so viel Zement enthalten, daß die geforderte Druckfestigkeit und bei bewehrtem Beton ein ausreichender Schutz der Stahleinlagen vor Korrosion erreicht werden.

(2) Wird der Zementgehalt auf Grund einer Eignungsprüfung nach Abschnitt 7.4.2.1 a) festgelegt, so muß er je m^3 verdichteten Betons mindestens betragen

a) bei unbewehrtem Beton 100 kg;

b) bei Stahlbeton mit Rücksicht auf den Korrosionsschutz der Stahleinlagen

– 240 kg bei Zement der Festigkeitsklasse Z 35 und höher;

– 280 kg bei Zement der Festigkeitsklasse Z 25.

(3) Bei Beton für Außenbauteile (siehe Abschnitt 2.1.1) muß der Zementgehalt mindestens 300 kg/m^3 verdichteten Betons betragen; er darf auf 270 kg/m^3 ermäßigt werden, wenn Zement der Festigkeitsklassen Z 45 oder Z 55 verwendet wird.

(4) Eine Eignungsprüfung ist bei Beton ohne Betonzusätze nicht erforderlich, wenn die Betonzusammensetzung mindestens den Bedingungen der Tabelle 4 und den folgenden Angaben entspricht.

(5) Der Zementgehalt nach Tabelle 4 muß vergrößert werden um

– 15 % bei Zement der Festigkeitsklasse Z 25;

– 10 % bei einem Größtkorn des Betonzuschlags von 16 mm;

– 20 % bei einem Größtkorn des Betonzuschlags von 8 mm.

(6) Der Zementgehalt nach Tabelle 4, <u>Zeilen 1 bis 8</u>, darf verringert werden um höchstens 10 % bei Zement der Festigkeitsklasse Z 45 und höchstens 10 % bei einem Größtkorn des Betonzuschlags von 63 mm.

(7) Die Vergrößerungen des Zementgehalts müssen, die Verringerungen dürfen zusammengezählt werden; jedoch darf bei Stahlbeton der im Absatz (2) angegebene Zementgehalt nicht unterschritten werden.

Tabelle 4. **Mindestzementgehalt für Beton B I bei Zuschlag mit einem Größtkorn von 32 mm und Zement der Festigkeitsklasse Z 35 nach DIN 1164**

	1	2	3	4	5
	Festigkeitsklasse des Betons	Sieblinienbereich des Zuschlags [13]	Mindestzementgehalt in kg je m³ verdichteten Betons für Konsistenzbereich		
			K 1 [14]	K 2	K 3
1	B 5 [14]	günstig (3)	140	160	–
2		brauchbar (4)	160	180	–
3	B 10 [14]	günstig (3)	190	210	230
4		brauchbar (4)	210	230	260
5	B 15	günstig (3)	240	270	300
6		brauchbar (4)	270	300	330
7	B 25	günstig (3)	280	310	340
8		brauchbar (4)	310	340	380

[13] Siehe Abschnitt 6.2.2.2
[14] Nur für unbewehrten Beton

Tabelle 4. **Mindestzementgehalt für Beton B I bei Betonzuschlag mit einem Größtkorn von 32 mm und Zement der Festigkeitsklasse Z 35 nach DIN 1164 Teil 1**

	1	2	3	4	5
	Festigkeitsklasse des Betons	Sieblinienbereich des Betonzuschlags [14]	Mindestzementgehalt in kg je m³ verdichteten Betons für Konsistenzbereich		
			KS	KP	KR
1	B 5 [15]	③	140	160	–
2		④	160	180	–
3	B 10 [15]	③	190	210	230
4		④	210	230	260
5	B 15	③	240	270	300
6		④	270	300	330
7	B 25 allgemein	③	280	310	340
8		④	310	340	380
9	B 25 für Außenbauteile	③	300	320	350
10		④	320	350	380

[14] Siehe Bild 3
[15] Nur für unbewehrten Beton

6.5.5.2 Zuschlaggemisch

Die Sieblinie des Zuschlags muß bei einer Zusammensetzung nach Tabelle 4 und den anschließenden Angaben stetig sein (siehe Abschnitt 6.2.2.2) und zwischen den Sieblinien A und C der Bilder 1 bis 4 verlaufen. Sie muß im günstigen Bereich (Sieblinienbereich ③) liegen, wenn der in Tabelle 4 für den günstigen Sieblinienbereich angegebene Mindestzementgehalt angewendet wird.

Wird die Betonzusammensetzung auf Grund einer Eignungsprüfung festgelegt, so muß die dabei verwendete Kornzusammensetzung des Zuschlaggemisches bei der Herstellung dieses Betons eingehalten werden (siehe Abschnitt 7.3). Außer stetigen Sieblinien dürfen dann auch Ausfallkörnungen verwendet werden.

Ungetrennter Betonzuschlag aus Gruben oder Baggereien darf nur für Beton der Festigkeitsklassen B 5 und B 10 verwendet werden, sofern er den Anforderungen von DIN 4226 und seine Kornzusammensetzung den Anforderungen dieser Norm entsprechen.

Für Beton der Festigkeitsklassen B 15 und B 25 muß der Zuschlag wenigstens nach zwei Korngruppen, von denen eine im Bereich 0 bis 4 mm liegt, getrennt angeliefert und getrennt gelagert werden. Sie sind an der Mischmaschine derart zuzugeben, daß die geforderte Kornzusammensetzung des Gemisches entsteht. An Stelle getrennter Korngruppen darf bei Korngemischen mit einem Größtkorn bis zu 32 mm auch werkgemischter Betonzuschlag nach DIN 4226 Teil 1 verwendet werden, wenn seine Kornzusammensetzung den Bedingungen des Abschnitts 6.2 entspricht.

6.5.5.2 Betonzuschlag

(1) Bei einer Betonzusammensetzung nach Tabelle 4 und den zusätzlichen Angaben in Abschnitt 6.5.5.1 muß die Sieblinie des Betonzuschlags stetig sein und den Sieblinienbereichen der Tabelle 4, Spalte 2, entsprechen.

(2) Wird die Betonzusammensetzung aufgrund einer Eignungsprüfung festgelegt, so muß die dabei verwendete Kornzusammensetzung des Betonzuschlags bei der Herstellung dieses Betons eingehalten werden (siehe Abschnitt 7.3). Außer stetigen Sieblinien dürfen dann auch Ausfallkörnungen verwendet werden.

(3) Betonzuschlag, der hinsichtlich bestimmter Eigenschaften nur verminderte Anforderungen erfüllt, darf unter Bedingungen nach DIN 4226 Teil 1/04.83, Abschnitt 7.1.3, verwendet werden, wenn die Eignung des Betonzuschlags für die Anwendung nachgewiesen ist.

(4) Ungetrennter Betonzuschlag aus Gruben oder Baggereien darf nur für Beton der Festigkeitsklassen B 5 und B 10 verwendet werden, sofern er den Anforderungen von DIN 4226 Teil 1 und seine Kornzusammensetzung den Anforderungen dieser Norm entsprechen.

(5) Für Beton der Festigkeitsklassen B 15 und B 25 muß der Betonzuschlag wenigstens nach zwei Korngruppen, von denen eine im Bereich 0 bis 4 mm liegt, getrennt angeliefert und getrennt gelagert werden. Sie sind an der Mischmaschine derart zuzugeben, daß die geforderte Kornzusammensetzung des Gemisches entsteht. An Stelle getrennter Korngruppen darf bei Korngemischen mit einem Größtkorn bis 32 mm auch werkgemischter Betonzuschlag nach DIN 4226 Teil 1 verwendet werden, wenn seine Kornzusammensetzung den Bedingungen des Abschnitts 6.2 entspricht.

Ausgabe Dezember 1978

6.5.5.3 Konsistenz
Die Konsistenz des Frischbetons (siehe Abschnitt 6.5.3) ist unter Berücksichtigung der Verarbeitungsbedingungen am Bau (z. B. Art der Verdichtung) vor Baubeginn festzulegen. Wegen der Konsistenz bei der Eignungsprüfung siehe Abschnitt 7.4.2.2 a), Absatz 2.

6.5.6 Zusammensetzung von Beton B II
6.5.6.1 Zementgehalt
Der erforderliche Zementgehalt ist auf Grund der Eignungsprüfung festzulegen. Er muß jedoch bei Stahlbeton mit Rücksicht auf den Korrosionsschutz der Stahleinlagen je m^3 verdichteten Betons mindestens betragen

240 kg bei Zement der Festigkeitsklasse Z 35 und höher,
280 kg bei Zement der Festigkeitsklasse Z 25.

6.5.6.2 Zuschlaggemische
Der Betonzuschlag, seine Aufteilung nach Korngruppen und die Kornzusammensetzung des Zuschlaggemisches müssen bei der Herstellung des Betons der Eignungsprüfung entsprechen.

Für stetige Kornzusammensetzungen des Zuschlaggemisches 0 bis 32 mm (siehe Abschnitt 6.2.2.2) muß der Zuschlag nach mindestens drei, für unstetige nach mindestens zwei Korngruppen getrennt angeliefert, gelagert und zugegeben werden; eine der Korngruppen muß im Bereich 0 bis 2 mm liegen. Für Zuschlaggemische 0 bis 8 mm und 0 bis 16 mm genügt die Trennung in eine Korngruppe 0 bis 2 mm und eine größere Korngruppe.

Ein Mehlkornzusatz (siehe Abschnitt 6.5.4) gilt nicht als Korngruppe.

6.5.6.3 Wasserzementwert (w/z-Wert) und Konsistenz
Als Wasserzementwert (w/z-Wert) wird das Verhältnis des Wassergehalts w zum Zementgehalt z im Beton bezeichnet.
Der Beton darf mit keinem größeren Wasserzementwert hergestellt werden, als durch die Eignungsprüfung nach Abschnitt 7.4.2 festgelegt worden ist (siehe auch Abschnitt 7.4.3.3). Erweist sich der Beton mit dieser Konsistenz für einzelne schwierige Betonierabschnitte als nicht ausreichend verarbeitbar und soll daher der Wassergehalt erhöht werden, so muß der Zementanteil im gleichen Massenverhältnis vergrößert werden. Beides muß in der Mischmaschine geschehen.
Bei Stahlbeton darf der w/z-Wert wegen des Korrosionsschutzes der Bewehrung bei Zement der Festigkeitsklasse Z 25 den Wert 0,65 und bei Zementen der Festigkeitsklassen Z 35 und höher den Wert 0,75 nicht überschreiten.

6.5.7 Beton mit besonderen Eigenschaften
6.5.7.1 Allgemeine Anforderungen
Voraussetzung für die Erzielung besonderer Eigenschaften des Betons ist, daß er sachgemäß zusammengesetzt, hergestellt und eingebaut wird, daß er sich nicht entmischt und daß er vollständig verdichtet und sorgfältig nachbehandelt wird. Für seine Herstellung gelten die Be-

Ausgabe Juli 1988

6.5.6 Zusammensetzung von Beton B II
6.5.6.1 Zementgehalt
(1) Der erforderliche Zementgehalt ist aufgrund der Eignungsprüfung festzulegen. Er muß jedoch bei Stahlbeton mit Rücksicht auf den Korrosionsschutz der Stahleinlagen je m^3 verdichteten Betons mindestens betragen

— 240 kg bei Zement der Festigkeitsklasse Z 35 und höher;
— 280 kg bei Zement der Festigkeitsklasse Z 25.

(2) Der Zementgehalt bei Beton für Außenbauteile (siehe Abschnitt 2.1.1) muß mindestens 270 kg/m^3 verdichteten Betons betragen.

6.5.6.2 Betonzuschlag
(1) Der Betonzuschlag, seine Aufteilung nach Korngruppen und seine Kornzusammensetzung müssen bei der Herstellung des Betons der Eignungsprüfung entsprechen.

(2) Für stetige Sieblinien 0 bis 32 mm (siehe Abschnitt 6.2.2.2) muß der Betonzuschlag nach mindestens drei, für unstetige nach mindestens zwei Korngruppen getrennt angeliefert, gelagert und zugegeben werden; eine der Korngruppen muß im Bereich 0 bis 2 mm liegen oder der Korngruppe 0/4a entsprechen. Für Sieblinien 0 bis 8 mm und 0 bis 16 mm genügt die Trennung des Betonzuschlags in eine Korngruppe 0 bis 2 mm oder in eine Korngruppe entsprechend 0/4a und eine größere Korngruppe.

(3) Ein Mehlkornzusatz (siehe Abschnitt 6.5.4) gilt nicht als Korngruppe.

(4) Betonzuschlag, der hinsichtlich bestimmter Eigenschaften nur verminderte Anforderungen erfüllt, darf unter Bedingungen nach DIN 4226 Teil 1/04.83, Abschnitt 7.1.3 verwendet werden, wenn die Eignung des Betonzuschlags für die Anwendung nachgewiesen ist.

6.5.6.3 Wasserzementwert (w/z-Wert) und Konsistenz
(1) Als Wasserzementwert (w/z-Wert) wird das Verhältnis des Wassergehalts w zum Zementgehalt z im Beton bezeichnet.

(2) Der Beton darf mit keinem größeren Wasserzementwert hergestellt werden, als durch die Eignungsprüfung nach Abschnitt 7.4.2 festgelegt worden ist (siehe auch Abschnitt 7.4.3.3). Erweist sich der Beton mit der so erreichten Konsistenz für einzelne schwierige Betonierabschnitte als nicht ausreichend verarbeitbar und soll daher der Wassergehalt erhöht werden, so muß der Zementanteil im gleichen Gewichtsverhältnis vergrößert werden. Beides muß in der Mischmaschine geschehen.

(3) Bei Stahlbeton darf der w/z-Wert wegen des Korrosionsschutzes der Bewehrung bei Zement der Festigkeitsklasse Z 25 den Wert 0,65 und bei Zementen der Festigkeitsklassen Z 35 und höher den Wert 0,75 nicht überschreiten.

(4) Bei Beton für Außenbauteile (siehe Abschnitt 2.1.1) gilt Abschnitt 6.5.2 (4).

6.5.7 Beton mit besonderen Eigenschaften
6.5.7.1 Allgemeine Anforderungen
Voraussetzung für die Erzielung besonderer Eigenschaften des Betons ist, daß er sachgemäß zusammengesetzt, hergestellt und eingebaut wird, daß er sich nicht entmischt und daß er vollständig verdichtet und sorgfältig nachbehandelt wird. Für seine Herstellung und Verarbeitung gelten die

dingungen für Beton B II (siehe Abschnitte 5.2.2 und 6.5.6), soweit die nachfolgenden Bestimmungen nicht ausdrücklich die Herstellung unter den Bedingungen für Beton B I gestatten.

6.5.7.2 Wasserundurchlässiger Beton

Wasserundurchlässiger Beton für Bauteile mit einer Dicke von etwa 10 bis 40 cm muß so dicht sein, daß die größte Wassereindringtiefe bei der Prüfung nach DIN 1048 Teil 1 (Mittel von drei Prüfkörpern) 50 mm nicht überschreitet.

Bei Bauteilen mit einer Dicke von etwa 10 bis 40 cm darf der Wasserzementwert 0,60 und bei dickeren Bauteilen 0,70 nicht überschreiten.

Wasserundurchlässiger Beton geringerer Festigkeitsklasse als B 35 darf auch unter den Bedingungen für Beton B I hergestellt werden, wenn der Zementgehalt bei Zuschlaggemischen 0 bis 16 mm mindestens 400 kg/m³, bei Zuschlaggemischen 0 bis 32 mm mindestens 350 kg/m³ beträgt, und wenn die Kornzusammensetzung des Zuschlaggemisches im günstigen Bereich (Bereich ③) der Bilder 2 bzw. 3 liegt.

6.5.7.3 Beton mit hohem Frostwiderstand

Beton, der im durchfeuchteten Zustand häufigen und schroffen Frost-Tau-Wechseln ausgesetzt wird, muß mit hohem Frostwiderstand hergestellt werden. Dazu sind frostbeständige Zuschläge (siehe DIN 4226) und ein wasserundurchlässiger Beton nach Abschnitt 6.5.7.2 notwendig.

Der Wasserzementwert darf 0,60 nicht überschreiten. Er darf bei massigen Bauteilen bis zu 0,70 betragen, wenn luftporenbildende Zusatzmittel (siehe Abschnitt 6.3.1) in solcher Menge zugegeben werden, daß der Luftgehalt im Frischbeton den Werten der Tabelle 5 entspricht und wenn die Bauteile nicht mit Tausalzen in Berührung kommen.

Tabelle 5. **Luftgehalt im Frischbeton**

	1	2
	Größtkorn des Zuschlaggemisches mm	Mittlerer Luftgehalt Vol.-% 15)
1	8	≥ 5,0
2	16	≥ 4,0
3	32	≥ 3,5
4	63	≥ 3,0

15) Einzelwerte dürfen diese Anforderungen um höchstens 0,5 % unterschreiten.

Der in Tabelle 5 angegebene Luftgehalt ist – abgesehen von sehr steifem Beton – auch bei kleineren Wasserzementwerten als 0,60 unerläßlich, wenn der Beton häufig mit Tausalzen in Berührung kommt und Frost-Tau-Wechseln ausgesetzt wird.

Für Beton mit hohem Frostwiderstand und geringerer Festigkeitsklasse als B 35 darf Abschnitt 6.5.7.2, letzter Absatz, sinngemäß angewendet werden.

Bedingungen für Beton B II (siehe Abschnitte 5.2.2 und 6.5.6), soweit die nachfolgenden Bestimmungen nicht ausdrücklich die Herstellung und Verarbeitung unter den Bedingungen für Beton B I gestatten.

6.5.7.2 Wasserundurchlässiger Beton

(1) Wasserundurchlässiger Beton für Bauteile mit einer Dicke von etwa 10 cm bis 40 cm muß so dicht sein, daß die größte Wassereindringtiefe bei der Prüfung nach DIN 1048 Teil 1 (Mittel von drei Probekörpern) 50 mm nicht überschreiten.

(2) Bei Bauteilen mit einer Dicke von etwa 10 cm bis 40 cm darf der Wasserzementwert 0,60 und bei dickeren Bauteilen 0,70 nicht überschreiten.

(3) Wasserundurchlässiger Beton geringerer Festigkeitsklasse als B 35 darf auch unter den Bedingungen für Beton B I hergestellt und verarbeitet werden, wenn der Zementgehalt bei Betonzuschlag 0 bis 16 mm mindestens 370 kg/m³, bei Betonzuschlag 0 bis 32 mm mindestens 350 kg/m³ beträgt und wenn die Kornzusammensetzung des Betonzuschlags im Sieblinienbereich (③) der Bilder 2 oder 3 liegt.

6.5.7.3 Beton mit hohem Frostwiderstand

(1) Beton, der im durchfeuchteten Zustand häufigen und schroffen Frost-Tau-Wechseln ausgesetzt wird, muß mit hohem Frostwiderstand hergestellt werden. Dazu sind Betonzuschläge mit erhöhten Anforderungen an den Frostwiderstand eF (siehe DIN 4226 Teil 1) und ein wasserundurchlässiger Beton nach Abschnitt 6.5.7.2 notwendig.

(2) Der Wasserzementwert darf 0,60 nicht überschreiten. Er darf bei massigen Bauteilen bis zu 0,70 betragen, wenn luftporenbildende Betonzusatzmittel (siehe Abschnitt 6.3.1) in solcher Menge zugegeben werden, daß der Luftgehalt im Frischbeton den Werten der Tabelle 5 entspricht.

Tabelle 5. **Luftgehalt im Frischbeton unmittelbar vor dem Einbau**

	1	2
	Größtkorn des Zuschlaggemisches mm	Mittlerer Luftgehalt Volumenanteil in % 16)
1	8	≥ 5,5
2	16	≥ 4,5
3	32	≥ 4,0
4	63	≥ 3,5

16) Einzelwerte dürfen diese Anforderungen um einen Volumenanteil von höchstens 0,5 % unterschreiten.

(3) Für Beton mit hohem Frostwiderstand und geringerer Festigkeitsklasse als B 35 darf Abschnitt 6.5.7.2 (3) sinngemäß angewendet werden.

Ausgabe Dezember 1978 — DIN 1045 — Ausgabe Juli 1988

6.5.7.4 Beton mit hohem Frost- und Tausalzwiderstand

(1) Beton, der im durchfeuchteten Zustand Frost-Tauwechseln und der gleichzeitigen Einwirkung von Tausalzen ausgesetzt ist, muß mit hohem Frost- und Tausalzwiderstand hergestellt und entsprechend verarbeitet werden. Dazu sind Portland-, Eisenportland-, Hochofen- oder Portlandölschieferzement nach den Normen der Reihe DIN 1164 mindestens der Festigkeitsklasse Z 35 und Betonzuschläge mit erhöhten Anforderungen an den Widerstand gegen Frost und Taumittel eFT (siehe DIN 4226 Teil 1) notwendig.

(2) Der Wasserzementwert darf 0,50 nicht überschreiten.

(3) Abgesehen von sehr steifem Beton mit sehr niedrigem Wasserzementwert ($w/z < 0{,}40$) ist ein luftporenbildendes Betonzusatzmittel (Luftporenbildner LP) in solcher Menge zuzugeben, daß der in Tabelle 5 angegebene Luftgehalt eingehalten wird.

(4) Für Beton, der einem ~~sehr~~ starken Frost und Tausalzangriff, wie bei Betonfahrbahnen, ausgesetzt ist, sind Portland-, Eisenportland- oder Portlandölschieferzement mindestens der Festigkeitsklasse Z 35 oder Hochofenzement mindestens der Festigkeitsklasse Z 45 L zu verwenden.

6.5.7.4 Beton mit hohem Widerstand gegen chemische Angriffe

Betonangreifende Flüssigkeiten, Böden und Dämpfe sind nach DIN 4030 zu beurteilen und in Angriffe mit „schwachem", „starkem" und „sehr starkem" Angriffsvermögen einzuteilen.

Die Widerstandsfähigkeit des Betons gegen chemische Angriffe hängt weitgehend von seiner Dichtigkeit ab. Der Beton muß daher mindestens so dicht sein, daß die größte Wassereindringtiefe bei Prüfung nach DIN 1048 Teil 1 (Mittel von drei Prüfkörpern) bei „schwachem" Angriff nicht mehr als 50 mm und bei „starkem" Angriff nicht mehr als 30 mm beträgt. Der Wasserzementwert darf bei „schwachem" Angriff 0,60 und bei „starkem" Angriff 0,50 nicht überschreiten.

Der Beton mit hohem Widerstand gegen „schwachen" chemischen Angriff und geringerer Festigkeitsklasse als B 35 darf Abschnitt 6.5.7.2, letzter Absatz, sinngemäß angewendet werden.

Beton, der längere Zeit „sehr starken" chemischen Angriffen ausgesetzt wird, muß vor unmittelbarem Zutritt der angreifenden Stoffe geschützt werden (siehe auch Abschnitt 13.2 sowie DIN 4031 und DIN 4117). Außerdem muß dieser Beton so aufgebaut sein, wie dies bei „starkem" Angriff notwendig ist.

Für Beton, der dem Angriff von Wasser mit mehr als 400 mg SO_4 je Liter oder von Böden mit mehr als 3000 mg SO_4 je kg ausgesetzt wird, ist stets Zement mit hohem Sulfatwiderstand nach DIN 1164 Teil 1 zu verwenden. Bei Meerwasser ist trotz seines hohen Sulfatgehalts die Verwendung von Zement mit hohem Sulfatwiderstand nicht erforderlich, da Beton mit hohem Widerstand gegen „starken" chemischen Angriff auch Meerwasser ausreichend widersteht.

6.5.7.5 Beton mit hohem Abnutzwiderstand

Beton, der besonders starker mechanischer Beanspruchung ausgesetzt wird, z. B. durch starken Verkehr, durch rutschendes Schüttgut, durch häufige Stöße oder durch Bewegung von schweren Gegenständen, durch stark strömendes und Feststoffe führendes Wasser u. a., muß einen hohen Abnutzungswiderstand aufweisen und mindestens der Festigkeitsklasse B 35 entsprechen. Der Zementgehalt sollte nicht zu hoch sein, z. B. bei einem Größtkorn von 32 mm nicht über 350 kg/m³. Beton, der beim Verarbeiten Wasser absondert, ist ungeeignet.

6.5.7.5 Beton mit hohem Widerstand gegen chemische Angriffe

(1) Betonangreifende Flüssigkeiten, Böden und Dämpfe sind nach DIN 4030 zu beurteilen und in Angriffe mit „schwachem", „starkem" und „sehr starkem" Angriffsvermögen einzuteilen.

(2) Die Widerstandsfähigkeit des Betons gegen chemische Angriffe hängt weitgehend von seiner Dichtigkeit ab. Der Beton muß daher mindestens so dicht sein, daß die größte Wassereindringtiefe bei Prüfung nach DIN 1048 Teil 1 (Mittel von drei Probekörpern) bei „schwachem" Angriff nicht mehr als 50 mm und bei „starkem" Angriff nicht mehr als 30 mm beträgt. Der Wasserzementwert darf bei „schwachem" Angriff 0,60 und bei „starkem" Angriff 0,50 nicht überschreiten.

(3) Bei Beton mit hohem Widerstand gegen „schwachen" chemischen Angriff und geringerer Festigkeitsklasse als B 35 darf Abschnitt 6.5.7.2 (3) sinngemäß angewendet werden.

(4) Beton, der längere Zeit „sehr starken" chemischen Angriffen ausgesetzt wird, muß vor unmittelbarem Zutritt der angreifenden Stoffe geschützt werden (siehe auch Abschnitt 13.3). Außerdem muß dieser Beton so zusammengesetzt sein, wie dies bei „starkem" Angriff notwendig ist.

(5) Für Beton, der dem Angriff von Wasser mit mehr als 600 mg SO_4 je l oder von Böden mit mehr als 3000 mg SO_4 je kg ausgesetzt wird, ist stets Zement mit hohem Sulfatwiderstand nach DIN 1164 Teil 1 zu verwenden. Bei Meerwasser ist trotz seines hohen Sulfatgehalts die Verwendung von Zement mit hohem Sulfatwiderstand nicht erforderlich, da Beton mit hohem Widerstand gegen „starken" chemischen Angriff auch Meerwasser ausreichend widersteht.

6.5.7.6 Beton mit hohem Verschleißwiderstand

(1) Beton, der besonders starker mechanischer Beanspruchung ausgesetzt wird, z. B. durch starken Verkehr, durch rutschendes Schüttgut, durch häufige Stöße oder durch Bewegung von schweren Gegenständen, durch stark strömendes und Feststoffe führendes Wasser u. a., muß einen hohen Verschleißwiderstand aufweisen und mindestens der Festigkeitsklasse B 35 entsprechen. Der Zementgehalt sollte nicht zu hoch sein, z. B. bei einem Größtkorn von 32 mm nicht über 350 kg/m³. Beton, der nach dem Verarbeiten Wasser absondert oder zu einer Anreicherung von Zementschlämme an der Oberfläche neigt, ist ungeeignet.

Der Zuschlag bis 4 mm Korngröße muß überwiegend aus Quarz oder aus Stoffen mindestens gleicher Härte bestehen, das gröbere Korn aus Gestein oder künstlichen Stoffen mit hohem Verschleißwiderstand (siehe auch DIN 52 100). Bei besonders hoher Beanspruchung sind Hartstoffe zu verwenden. Die Körner aller Zuschlagarten sollen mäßig rauhe Oberfläche und gedrungene Gestalt haben. Das Zuschlaggemisch soll möglichst grobkörnig sein (Sieblinie nahe der Sieblinie A oder bei Ausfallkörnungen zwischen den Sieblinien B und U der Bilder 1 bis 4).

Ferner ist ein möglichst steifer Beton zu verwenden, damit sich die obere Schicht nicht mit Zementschlämme oder Wasser anreichert. Der Beton muß nach der Herstellung mindestens 7 Tage feuchtgehalten werden.

6.5.7.6 Beton mit ausreichendem Widerstand gegen Hitze

Beton darf Gebrauchstemperaturen von mehr als 250 °C über längere Zeit nicht ausgesetzt werden. Für Beton, der Temperaturen bis zu 250 °C ausgesetzt werden soll, ist ein Zuschlag zu verwenden, dessen Wärmedehnung möglichst nicht größer als die des Zementsteins ist (z. B. bestimmte Kalksteine oder Hochofenschlacke). Nach dem Verdichten ist der Beton mindestens 7 Tage feucht zu halten und danach bis zur ersten Erhitzung im Betrieb langsam auszutrocknen. Wenn häufige, schroffe Temperaturwechsel auftreten, sind besondere Maßnahmen zu ergreifen (z. B. Verkleidung mit feuerfestem Mauerwerk und Anordnung von Wärmedämmschichten, z. B. Luftschichten).

6.5.7.7 Beton für Unterwasserschüttung (Unterwasserbeton)

Muß Beton für tragende Bauteile unter Wasser eingebracht werden, so soll er im allgemeinen ein Ausbreitmaß von etwa 45 bis 50 cm haben (siehe auch Abschnitt 10.4), jedoch darf auch Fließbeton nach den Richtlinien für die Herstellung und Verarbeitung von Fließbeton verwendet werden. Der Wasserzementwert (w/z-Wert) darf 0,60 nicht überschreiten; er muß kleiner sein, wenn Betongüte oder chemische Angriffe es erfordern. Die Zementmasse muß bei Zuschlaggemischen mit einem Größtkorn von 32 mm mindestens 350 kg/m^3 fertigen Betons betragen. Der Beton muß beim Einbringen als zusammenhängende Masse fließen, damit er auch ohne Verdichtung ein geschlossenes Gefüge erhält. Zu bevorzugen sind Kornzusammensetzungen mit stetigen Sieblinien, die etwa in der Mitte des günstigen Bereiches (Bereich ③) der Bilder 1 bis 4 liegen. Der Mehlkorngehalt muß ausreichend groß sein (siehe Abschnitt 6.5.4).

6.6 Betonstahl

Durchmesser, Form, Festigkeitseigenschaften und Kennzeichnung von Betonstahl müssen DIN 488 entsprechen. Die dort geforderten Eigenschaften sind in Tabelle 6 wiedergegeben, soweit sie für die Verwendung von Betonstahl maßgebend sind.

Wird Betonstahl der Gruppe K bei der Verarbeitung warm behandelt, so darf er nur als Stahl BSt 220/340 (I) in Rech-

(2) Der Betonzuschlag bis 4 mm Korngröße muß überwiegend aus Quarz oder aus Stoffen mindestens gleicher Härte bestehen, das gröbere Korn aus Gestein oder künstlichen Stoffen mit hohem Verschleißwiderstand (siehe auch DIN 52 100). Bei besonders hoher Beanspruchung sind Hartstoffe zu verwenden. Die Körner aller Zuschlagarten sollen mäßig rauhe Oberfläche und gedrungene Gestalt haben. Das Zuschlaggemisch soll möglichst grobkörnig sein (Sieblinie nahe der Sieblinie A oder bei Ausfallkörnungen zwischen den Sieblinien B und U der Bilder 1 bis 4).

(3) Der Beton soll nach der Herstellung mindestens doppelt so lange nachbehandelt werden, wie in der „Richtlinie zur Nachbehandlung von Beton" gefordert wird.

6.5.7.7 Beton für hohe Gebrauchstemperaturen bis 250 °C

(1) Der Beton ist mit Betonzuschlägen herzustellen, die sich für diese Beanspruchung als geeignet erwiesen haben. Er soll mindestens doppelt so lange nachbehandelt werden, wie in der „Richtlinie zur Nachbehandlung von Beton" für die Umgebungsbedingung III gefordert wird. Noch vor der ersten Erhitzung soll der Beton austrocknen können. Die erste Erhitzung soll möglichst langsam erfolgen.

(2) Bei ständig einwirkenden Temperaturen über 80 °C sind die Rechenwerte für die Druckfestigkeit (siehe Tabelle 12) und des Elastizitätsmodul (siehe Tabelle 11) des jeweils verwendeten Betons an Versuchen abzuleiten.

(3) Wirken Temperaturen über 80 °C nur kurzfristig bis etwa 24 Stunden ein, so sind die Rechenwerte der Druckfestigkeit (siehe Tabelle 12) und des Elastizitätsmoduls (siehe Tabelle 11) abzumindern (DAfStb-Heft 337). Ohne genaueren experimentellen Nachweis dürfen bei einer Temperatur von 250 °C die Rechenwerte der Betonfestigkeit nur mit ihren 0,7fachen Werten, die Rechenwerte des Elastizitätsmoduls nur mit ihren 0,6fachen Werten angesetzt werden. Rechenwerte für Temperaturen zwischen 80 °C und 250 °C dürfen linear interpoliert werden.

6.5.7.8 Beton für Unterwasserschüttung (Unterwasserbeton)

(1) Muß Beton für tragende Bauteile unter Wasser eingebracht werden, so soll er im allgemeinen ein Ausbreitmaß von etwa 45 cm bis 50 cm haben (siehe auch Abschnitt 10.4), jedoch darf auch Fließbeton nach der „Richtlinie für Beton mit Fließmittel und für Fließbeton; Herstellung, Verarbeitung und Prüfung" verwendet werden. Der Wasserzementwert (w/z-Wert) darf 0,60 nicht überschreiten; er muß kleiner sein, wenn Betongüte oder chemische Angriffe es erfordern. Der Zementgehalt muß bei Zuschlägen mit einem Größtkorn von 32 mm mindestens 350 kg/m^3 fertigen Betons betragen.

(2) Der Beton muß beim Einbringen als zusammenhängende Masse fließen, damit er auch ohne Verdichtung ein geschlossenes Gefüge erhält. Zu bevorzugen sind Kornzusammensetzungen mit stetigen Sieblinien, die etwa in der Mitte des Sieblinienbereiches (③) der Bilder 1 bis 4 liegen. Der Mehlkorngehalt muß ausreichend groß sein (siehe Abschnitt 6.5.4).

6.6 Betonstahl

6.6.1 Betonstahl nach den Normen der Reihe DIN 488

(1) Betonstahlsorte, Kennzeichnung, Nenndurchmesser (Stabdurchmesser d_s ist stets Nenndurchmesser), Oberflächengestalt und Festigkeitseigenschaften müssen den Normen der Reihe DIN 488 entsprechen. Die dort geforderten Eigenschaften sind in Tabelle 6 wiedergegeben, soweit sie für die Verwendung von Betonstahl maßgebend sind.

(2) Wird Betonstahl nach DIN 488 Teil 1 bei der Verarbeitung warm gebogen ($\geq$ 500 °C oder Rotglut), so darf er nur mit einer rechnerischen Streckgrenze von $\beta_S = 220 \text{ N/mm}^2$

Ausgabe Dezember 1978

nung gestellt werden. Diese Einschränkung gilt jedoch nicht für die durch Schweißen nach DIN 4099 entstehende Wärme.

Geglühter Draht bzw. gezogener Draht (z. B. für Bügel nach Abschnitt 18.8.2.1 mit einem Durchmesser von $d_s \geq 3$ mm) muß die Eigenschaften von Betonstahl BSt 220/340 (I) bzw. BSt 420/500 (III) oder BSt 500/550 (IV) haben.

6.7 Andere Baustoffe und Bauteile

6.7.1 Zementmörtel für Fugen

Zementmörtel muß für Fugen bei Fertigteilen und Zwischenbauteilen folgende Bedingungen erfüllen:
Zement nach DIN 1164 Teil 1 der Festigkeitsklasse Z 35 F oder höher,
Zementgehalt: mindestens 400 kg/m³ verdichteten Mörtels,
Zuschlag: gemischtkörniger, sauberer Sand 0 bis 4 mm.

Hiervon darf nur abgewichen werden, wenn im Alter von 28 Tagen an Würfeln von 100 mm Kantenlänge eine Druckfestigkeit des Mörtels von mindestens 15 N/mm² nach DIN 1048 Teil 1 nachgewiesen wird.

6.7.2 Zwischenbauteile und Deckenziegel

Zwischenbauteile aus Beton müssen DIN 4158, solche aus gebranntem Ton und Deckenziegel müssen DIN 4159 oder DIN 4160 entsprechen.

7 Nachweis der Güte der Baustoffe und Bauteile für Baustellen

7.1 Allgemeine Anforderungen

Für die Durchführung und Auswertung der in diesem Abschnitt vorgeschriebenen Prüfungen und für die Berücksichtigung ihrer Ergebnisse bei der Bauausführung ist der Bauleiter des Unternehmens verantwortlich. Wegen der Aufzeichnung und Aufbewahrung der Ergebnisse siehe Abschnitte 4.3 und 4.4.
Die in den Abschnitten 7.2, 7.3 und 7.4.2 vorgesehenen Prüfungen brauchen bei Bezug von Transportbeton auf der Baustelle nicht durchgeführt zu werden. Die Abschnitte 7.4.1, 7.4.3, 7.4.4 und 7.4.5 gelten, soweit dort nichts anderes festgelegt ist, auch für Baustellen, die Transportbeton beziehen.

7.2 Bindemittel, Betonzusatzmittel und Betonzusatzstoffe

Bei jeder Lieferung von Zement und Mischbinder ist zu prüfen, ob die Angaben auf der Verpackung bzw. dem Lieferschein über Art, Festigkeitsklasse und Überwachung (Güteüberwachungszeichen) des Bindemittels den Angaben der bautechnischen Unterlagen entsprechen.

Ausgabe Juli 1988

in Rechnung gestellt werden (siehe Abschnitt 18.3.3 (3)). Diese Einschränkung gilt nicht für Betonstähle, die nach DIN 4099 geschweißt wurden.

6.6.2 Rundstahl nach DIN 1013 Teil 1

Als glatter Betonstabstahl darf nur Rundstahl nach DIN 1013 Teil 1 aus St 37-2 nach DIN 17 100 in den Nenndurchmessern d_s = 8, 10, 12, 14, 16, 20, 25 und 28 mm verwendet werden.
Rechenwerte und Bewehrungsrichtlinien können den DAfStb-Heften 220 und 400 entnommen werden.

6.6.3 Bewehrungsdraht nach DIN 488 Teil 1

(1) Die Verarbeitung von glattem Bewehrungsdraht BSt 500 G oder profiliertem Bewehrungsdraht BSt 500 P ist auf werkmäßig hergestellte Bewehrungen beschränkt, deren Fertigung, Überwachung und Verwendung in anderen technischen Baubestimmungen geregelt ist (siehe DIN 488 Teil 1/09.84, Abschnitt 8).

(2) Kaltverformter Draht (z. B. für Bügel nach Abschnitt 18.8.2.1 mit einem Durchmesser $d_s \geq 3$ mm) muß die Eigenschaften von Betonstahl BSt 420 S (III S) oder BSt 500 S (IV S) haben. Rechenwerte und Bewehrungsrichtlinien können den DAfStb-Heften 220 und 400 entnommen werden.

6.7 Andere Baustoffe und Bauteile

6.7.1 Zementmörtel für Fugen

(1) Zementmörtel muß für Fugen bei Fertigteilen und Zwischenbauteilen folgende Bedingungen erfüllen:
a) Zement nach DIN 1164 Teil 1 der Festigkeitsklasse Z 35 F oder höher;
b) Zementgehalt: mindestens 400 kg/m³ verdichteten Mörtels;
c) Betonzuschlag: gemischtkörniger, sauberer Sand 0 bis 4 mm.

(2) Hiervon darf nur abgewichen werden, wenn im Alter von 28 Tagen an Würfeln von 100 mm Kantenlänge eine Druckfestigkeit des Mörtels von mindestens 15 N/mm² nach DIN 1048 Teil 1 nachgewiesen wird.

6.7.2 Zwischenbauteile und Deckenziegel

Zwischenbauteile aus Beton müssen DIN 4158, solche aus gebranntem Ton und Deckenziegel müssen DIN 4159 oder DIN 4160 entsprechen.

7 Nachweis der Güte der Baustoffe und Bauteile für Baustellen

7.1 Allgemeine Anforderungen

(1) Für die Durchführung und Auswertung der in diesem Abschnitt vorgeschriebenen Prüfungen und für die Berücksichtigung ihrer Ergebnisse bei der Bauausführung ist der Bauleiter des Unternehmens verantwortlich. Wegen der Aufzeichnung und Aufbewahrung der Ergebnisse siehe Abschnitte 4.3 und 4.4.

(2) Die in den Abschnitten 7.2, 7.3 und 7.4.2 vorgesehenen Prüfungen brauchen bei Bezug von Transportbeton auf der Baustelle nicht durchgeführt zu werden. Die Abschnitte 7.4.1, 7.4.3, 7.4.4 und 7.4.5 gelten, soweit dort nichts anderes festgelegt ist, auch für Baustellen, die Transportbeton beziehen.

7.2 Bindemittel, Betonzusatzmittel und Betonzusatzstoffe

(1) Bei jeder Lieferung ist zu prüfen, ob die Angaben und die Kennzeichnung auf der Verpackung oder dem Lieferschein mit der Bestellung und den bautechnischen Unterlagen übereinstimmen und der Nachweis der Überwachung erbracht ist.

Tabelle 6. **Sorteneinteilung und Eigenschaften der Betonstähle**

		1	2	3	4	5	6	7	8
					Betonstahlsorten				
	Verarbeitungsform		Betonstabstahl				Betonstahlmatte geschweißt		nicht geschweißt
	Oberflächengestaltung	glatt G	Quer- rippen	gerippt R Schrägrippen		glatt G	profiliert P	gerippt R Schrägrippen	
	Stahlherstellung		unbehandelt U			kalt verformt K			
	Kurzname	BSt 220/340 GU	BSt 220/340 RU	BSt 420/500 RU	BSt 420/500 RK	BSt 500/550 GK	BSt 500/550 PK	BSt 500/550 RK	BSt 500/550 RK
	Werkstoff-Nummer	1.0003	1.0005	1.0433	1.0431	1.0464	1.0465	1.0466	1.0466
	Kurzzeichen [16])	I G	I R	III U	III K	IV G [17])	IV P [17])	IV R [17])	IV RX
1	Nenndurchmesser d_s in mm	5 bis 28	6 bis 40	6 bis 28	6 bis 28	4 bis 12	4 bis 12	4 bis 12	6 bis 12
2	Streckgrenze β_S oder $\beta_{0,2}$ in N/mm² mindestens	220	220	420	420	500	500	500	500
3	Zugfestigkeit β_Z in N/mm² mindestens [19])	340	340	500	500	550	550	550	550
4	Dauerschwing- festigkeit bei einer Schwing- breite $2\,\sigma_{A_{2\,\mathrm{Mill}}}$ $=\sigma_o-\sigma_u$ in N/mm² — gerade Stäbe	180	–	230	230	120 [20])	120 [20])	120 [20])	230
5	— gekrümmte Stäbe $d_{br}=15\,d_s$	180	–	200	200	120 [20])	120 [20])	120 [20])	200
6	Schweißeignung gewährleistet für Nenndurchmesser d_s in mm (siehe auch Tabelle 24 und DIN 4099 Teil 1 [21]) ≤ 12	RA		RA		RA, RP [23])	RA, RP [22])	RA, RP [22])	RA, RP [22])	RA, RP [22])
	≥ 14		RA, E		RA, E, RP [23])	–	–	–	–
7	Bruchdehnung δ_{10} in % mindestens	18	18	10	10	8	8	8	8
8	Knotenscherkraft S geschweißter Betonstahl- matten [24])	–	–	–	–	$0{,}35\,A_s\cdot\beta_S$	$0{,}30\,A_s\cdot\beta_S$	$0{,}30\,A_s\cdot\beta_S$	–
9	Dorndurchmesser für Falt- versuch; Biegewinkel 180°	$2\,d_s$	–	–	–	$3\,d_s$	–	–	–
10	Biegerollen- durchmesser beim Rück- biegeversuch für Nenn- durchmesser d_s im mm ≤ 12	–	$4\,d_s$	$5\,d_s$	$5\,d_s$	–	$4\,d_s$	$4\,d_s$	$4\,d_s$
11	13 bis 18	–	$5\,d_s$	$6\,d_s$	$6\,d_s$	–	–	–	–
12	20 bis 28	–	$7\,d_s$	$8\,d_s$	$8\,d_s$	–	–	–	–
13	30 bis 40	–	$10\,d_s$	–	–	–	–	–	–

[16]) Für Zeichnungen und statische Berechnungen.
[17]) Für Ring- und Längsbewehrung in geschweißten Bewehrungskörben von Stahlbetonrohren und Stahlbetondruck- rohren nach DIN 4035 und DIN 4036 auch als Betonstabstahl und in Ringen anwendbar.
[18]) Gilt für Toleranzen von A_s bis -5% (nach DIN 488 Teil 2, Tabelle 1); bei Toleranzen von mehr als -5% bis -12% muß die Streckgrenze entsprechend erhöht werden.
[19]) $\beta_Z \geq 1{,}05\,\beta_S$ und außerdem $\beta_Z \geq 1{,}05\,\beta_{0,2}$, wobei die bei den Prüfungen ermittelten Werte einzusetzen sind.
[20]) Nur erforderlich bei geschweißten Betonstahlmatten, die nach Abschnitt 17.8 bei nicht vorwiegend ruhender Belastung angewendet werden.
[21]) RA = Widerstands-Abbrennstumpfschweißen, E = Metall-Lichtbogenschweißen, RP = Widerstands-Punktschweißen.
[22]) Das Widerstands-Punktschweißen darf für die Herstellung der Betonstahlmatten nicht auf der Baustelle, sondern nur in überwachten Werken durchgeführt werden.
[23]) Das Widerstands-Punktschweißen darf für die Herstellung von Einzelpunktschweißungen nur in überwachten Werken durchgeführt werden (vergleiche DIN 4099 Teil 2).
[24]) Hierin bedeutet $\beta_S = 500$ N/mm² die für BSt 500/550 geforderte Mindeststreckgrenze. Wegen A_s siehe DIN 488 Teil 5.

DIN 1045, Ausgabe Juli 1988

Tabelle 6. **Sorteneinteilung und Eigenschaften der Betonstähle**

			1	2	3	4
	Beton-stahlsorte	Erzeugnisform Kurzname		Betonstabstahl BSt 420 S	Betonstabstahl BSt 500 S	Betonstahlmatten BSt 500 M
		Kurzzeichen[17])		III S	IV S	IV M
		Werkstoffnummer		1.0428	1.0438	1.0466
1	Nenndurchmesser d_s		mm	6 bis 28	6 bis 28	4 bis 12[18])
2	Streckgrenze $\beta_S(R_e)$[19]) bzw. 0,2%-Dehngrenze $\beta_{0,2}(R_{p0,2})$[19])		N/mm²	420	500	500
3	Zugfestigkeit $\beta_Z(R_m)$[19])		N/mm²	500	550	550
4	Bruchdehnung $\delta_{10}(A_{10})$[19])		%	10	10	8
5	Schweißeignung für Verfahren[20])			E, MAG, GP, RA, RP	E, MAG, GP, RA, RP	E[21]), MAG[21]), RP

[17]) Für Zeichnungen und statische Berechnungen.

[18]) Betonstahlmatten mit Nenndurchmessern von 4,0 mm und 4,5 mm dürfen nur bei vorwiegend ruhender Belastung und — mit Ausnahme von untergeordneten vorgefertigten Bauteilen, wie eingeschossigen Einzelgaragen — nur als Querbewehrung bei einachsig gespannten Platten, bei Rippendecken und bei Wänden verwendet werden.

[19]) Zeichen in () nach DIN 488 Teil 1.

[20]) Die Kennbuchstaben bedeuten: E = Metall-Lichtbogenhandschweißen, MAG = Metall-Aktivgasschweißen, GP = Gaspreßschweißen, RA = Abbrennstumpfschweißen, RP = Widerstandspunktschweißen.

[21]) Der Nenndurchmesser der Mattenstäbe muß mindestens 6 mm beim Verfahren MAG und mindestens 8 mm beim Verfahren E betragen, wenn Stäbe von Matten untereinander oder mit Stabstählen ≤ 14 mm Nenndurchmesser verschweißt werden.

Ausgabe Dezember 1978 — Ausgabe Juli 1988

Bei Betonzusatzmitteln ist festzustellen, ob die Verpackung ein gültiges Prüfzeichen trägt (siehe Abschnitt 6.3.1).
Bei Betonzusatzstoffen ist festzustellen, ob sie den Anforderungen des Abschnitts 6.3.2 genügen.

7.3 Betonzuschlag

Der Betonzuschlag ist laufend durch Besichtigen auf seine Kornzusammensetzung und auf andere, nach DIN 4226 wesentliche Eigenschaften zu prüfen. In Zweifelsfällen ist der Zuschlag eingehender zu untersuchen.

Siebversuche sind bei der ersten Lieferung und bei jedem Wechsel des Herstellwerks erforderlich, außerdem in angemessenen Abständen bei:
a) Beton B I (siehe Abschnitt 6.5.5), wenn eine Betonzusammensetzung nach Tabelle 4 mit einer Kornzusammensetzung des Zuschlags im günstigen Bereich (Sieblinienbereich ③) gewählt worden ist, oder wenn die Betonzusammensetzung auf Grund einer Eignungsprüfung festgelegt worden ist;
b) Beton B II (siehe Abschnitt 6.5.6) stets und
c) Beton mit besonderen Eigenschaften (siehe Abschnitt 6.5.7) stets.

Bei der Prüfung gilt die Kornzusammensetzung von Zuschlaggemischen noch als eingehalten, wenn der Durchgang durch die einzelnen Prüfsiebe nicht mehr als 5 % der Gesamtmasse von der festgelegten Sieblinie abweicht – bei Korngruppen mit sehr unterschiedlicher Kornrohdichte nicht mehr als 5 % des Gesamtstoffraumes (siehe Fußnote 8 zu Abschnitt 6.2.2.1) – und ihr Kennwert für die Kornverteilung oder den Wasseranspruch nicht ungünstiger ist als bei der festgelegten Sieblinie. Bei der Korngruppe 0 bis 0,25 mm sind Abweichungen nur bis zu 3 % zulässig.

7.4 Beton

7.4.1 Grundlage der Prüfung
Die Durchführung der Prüfung sowie die Herstellung und Lagerung der Probekörper richten sich nach DIN 1048.

7.4.2 Eignungsprüfung
7.4.2.1 Zweck und Anwendung
Die Eignungsprüfung dient dazu, vor Verwendung des Betons festzustellen, welche Zusammensetzung der Beton haben muß, damit er mit den in Aussicht genommenen Ausgangsstoffen und der vorgesehenen Konsistenz unter den Verhältnissen der betreffenden Baustelle zuverlässig verarbeitet werden kann und die geforderten Eigenschaften (z. B. auch den Luftgehalt im Frischbeton) sicher erreicht. Bei Beton B II und bei Beton mit besonderen Eigenschaften ist außerdem festzustellen, mit welchem Wasserzementwert der Beton hergestellt werden muß.

Eignungsprüfungen sind durchzuführen bei:
a) Beton B I, wenn der Beton nicht nach Tabelle 4 zusammengesetzt ist oder wenn zur Herstellung des Betons Mischbinder oder Betonzusatzmittel verwendet werden oder Betonzusatzstoffe, die nicht mineralisch sind (siehe Abschnitte 6.3 und 6.5.5.1);
b) Beton B II stets und
c) Beton mit besonderen Eigenschaften, wenn nicht Abschnitt 6.5.7.2, letzter Absatz, zutrifft und angewendet wird.

---

(2) Bei Betonzusatzmitteln ist festzustellen, ob die Verpackung ein gültiges Prüfzeichen trägt (siehe Abschnitt 6.3.1).
(3) Bei Betonzusatzstoffen ist festzustellen, ob sie den Anforderungen des Abschnitts 6.3.2 genügen.

7.3 Betonzuschlag

(1) Bei jeder Lieferung ist zu prüfen, ob die Angaben auf dem Lieferschein mit der Bestellung und den bautechnischen Unterlagen übereinstimmen und der Nachweis der Überwachung erbracht ist.
(2) Der Betonzuschlag ist laufend durch Besichtigung auf seine Kornzusammensetzung und auf andere, nach DIN 4226 Teil 1 bis Teil 3 wesentliche Eigenschaften zu prüfen. In Zweifelsfällen ist der Betonzuschlag eingehender zu untersuchen.
(3) Siebversuche sind bei der ersten Lieferung und bei jedem Wechsel des Herstellwerks erforderlich, außerdem in angemessenen Abständen bei:
a) Beton B I (siehe Abschnitt 6.5.5), wenn eine Betonzusammensetzung nach Tabelle 4 mit einer Kornzusammensetzung des Betonzuschlags im Sieblinienbereich (③) gewählt oder wenn die Betonzusammensetzung auf Grund einer Eignungsprüfung festgelegt worden ist;
b) Beton B II (siehe Abschnitt 6.5.6) stets;
c) Beton mit besonderen Eigenschaften (siehe Abschnitt 6.5.7) stets.

(4) Bei der Prüfung gilt die Kornzusammensetzung von Zuschlaggemischen noch als eingehalten, wenn der Durchgang durch die einzelnen Prüfsiebe nicht mehr als 5 % der Gesamtmasse von der festgelegten Sieblinie abweicht – bei Korngruppen mit sehr unterschiedlicher Kornrohdichte nicht mehr als 5 % des Gesamtstoffraumes (siehe Fußnote 7) – und ihr Kennwert für die Kornverteilung oder den Wasseranspruch nicht ungünstiger ist als bei der festgelegten Sieblinie. Bei der Korngruppe 0 bis 0,25 mm sind Abweichungen nur bis zu 3 % zulässig.

7.4 Beton

7.4.1 Grundlage der Prüfung
Die Durchführung der Prüfung sowie die Herstellung und Lagerung der Probekörper richten sich nach DIN 1048 Teil 1.

7.4.2 Eignungsprüfung
7.4.2.1 Zweck und Anwendung
(1) Die Eignungsprüfung dient dazu, vor Verwendung des Betons festzustellen, welche Zusammensetzung der Beton haben muß, damit er mit den in Aussicht genommenen Ausgangsstoffen und der vorgesehenen Konsistenz unter den Verhältnissen der betreffenden Baustelle zuverlässig verarbeitet werden kann und die geforderten Eigenschaften sicher erreicht. Bei Beton B II und bei Beton mit besonderen Eigenschaften ist außerdem festzustellen, mit welchem Wasserzementwert der Beton hergestellt werden muß.

(2) Eignungsprüfungen sind durchzuführen bei
a) Beton B I, wenn der Beton nicht nach Tabelle 4 zusammengesetzt ist oder wenn zu seiner Herstellung Betonzusätze verwendet werden (siehe Abschnitte 6.3 und 6.5.5.1);
b) Beton B II stets und
c) Beton mit besonderen Eigenschaften, wenn nicht Abschnitt 6.5.7.2 (3) zutrifft und angewendet wird.

Ausgabe Dezember 1978	Ausgabe Juli 1988
Neue Eignungsprüfungen sind durchzuführen, wenn sich die Ausgangsstoffe des Betons oder die Verhältnisse der Baustelle, die bei der vorhergehenden Eignungsprüfung zugrunde lagen, wesentlich geändert haben. Auf der Baustelle kann auf eine Eignungsprüfung verzichtet werden, wenn sie von der ständigen Betonprüfstelle (siehe Abschnitt 5.2.2.6) vorgenommen worden ist, wenn Transportbeton verwendet wird oder wenn unter gleichen Arbeitsverhältnissen für Beton gleicher Zusammensetzung und aus den gleichen Stoffen die geforderten Eigenschaften bei früheren Prüfungen sicher erreicht wurden. Für jede bei der Eignungsprüfung angesetzte Mischung und für jedes vorgesehene Prüfalter sind mindestens drei Probekörper zu prüfen. Ist zu erwarten, daß bei kaltem oder besonders warmem Wetter betoniert wird, so ist es – besonders bei Verwendung von Betonzusatzmitteln, von Betonzusatzstoffen oder von langsam erhärtendem Zement – angezeigt, sich zusätzlich auch Aufschluß über die Verarbeitbarkeit, das Versteifen und das Erhärten des Betons unter entsprechenden Temperaturverhältnissen zu verschaffen. Das gilt auch bei der Verwendung von Transportbeton. Bei Anwendung einer Wärmebehandlung ist durch Eignungsprüfung nachzuweisen, daß mit dem vorgesehenen Verfahren die erforderliche Festigkeit mit Sicherheit erreicht werden kann.	(3) Neue Eignungsprüfungen sind durchzuführen, wenn sich die Ausgangsstoffe des Betons oder die Verhältnisse der Baustelle, die bei der vorhergehenden Eignungsprüfung zugrunde lagen, wesentlich geändert haben. (4) Auf der Baustelle darf auf eine Eignungsprüfung verzichtet werden, wenn sie von der ständigen Betonprüfstelle (siehe Abschnitt 5.2.2.6) vorgenommen worden ist oder wenn Transportbeton verwendet wird oder wenn unter gleichen Arbeitsverhältnissen für Beton gleicher Zusammensetzung und aus den gleichen Stoffen die geforderten Eigenschaften bei früheren Prüfungen sicher erreicht wurden. (5) Für jede bei der Eignungsprüfung angesetzte Mischung und für jedes vorgesehene Prüfalter sind mindestens drei Probekörper zu prüfen. (6) Die Eignungsprüfung soll mit einer Frischbetontemperatur von 15 °C bis 22 °C durchgeführt werden. Zur Erfassung des Ansteifens ist die Konsistenz 10 Minuten und 45 Minuten nach Wasserzugabe zu bestimmen. (7) Sind bei der Bauausführung stark abweichende Temperaturen oder Zeiten zwischen Herstellung und Einbau, die 45 Minuten wesentlich überschreiten, zu erwarten, so muß zusätzlich Aufschluß über deren Einflüsse auf die Konsistenz und die Konsistenzveränderungen gewonnen werden. Bei stark abweichenden Temperaturen ist auch deren Einfluß auf die Festigkeit zu prüfen. (8) Bei Anwendung einer Wärmebehandlung ist durch zusätzliche Eignungsprüfungen nachzuweisen, daß mit dem vorgesehenen Verfahren die geforderten Eigenschaften erreicht werden (siehe „Richtlinie über Wärmebehandlung von Beton und Dampfmischen"). (9) Erweiterte Eignungsprüfungen sind durchzuführen, wenn Beton hergestellt wird, der durch Zugabe verzögernder Betonzusatzmittel gegenüber dem zugehörigen Beton ohne Betonzusatzmittel eine um mindestens drei Stunden verlängerte Verarbeitbarkeitszeit aufweist (siehe „Vorläufige Richtlinie für Beton mit verlängerter Verarbeitbarkeitszeit (Verzögerter Beton)").
7.4.2.2 Anforderungen Bei der Eignungsprüfung muß der Mittelwert der Druckfestigkeit von drei Würfeln aus derjenigen Betonmischung, deren Zusammensetzung für die Bauausführung maßgebend sein soll, die Werte β_{WS} der Tabelle 1, Spalte 4, (siehe Abschnitt 6.5.1) um ein Vorhaltemaß überschreiten: a) Das Vorhaltemaß beträgt für Beton der Festigkeitsklasse B 5 mindestens 3,0 N/mm², der Festigkeitsklassen B 10 bis einschließlich B 25 mindestens 5,0 N/mm². Die Konsistenz des Betons B I muß bei der Eignungsprüfung an der oberen Grenze des gewählten Konsistenzbereiches (obere Grenze des Ausbreitmaßes) liegen. Für die Herstellung in Betonfertigteilwerken nach Abschnitt 5.3 gelten diese Forderungen nicht, sondern die unter b); b) Bei Beton B II und bei Beton mit besonderen Eigenschaften bleibt es dem Unternehmer überlassen, das Vorhaltemaß nach seinen Erfahrungen unter Berücksichtigung des zu erwartenden Streubereichs der betreffenden Baustelle zu wählen. Das Vorhaltemaß muß aber so groß sein, daß bei der Güteprüfung die Anforderungen des Abschnitts 7.4.3.5.2 sicher erfüllt werden.	**7.4.2.2 Anforderungen** Bei der Eignungsprüfung muß der Mittelwert der Druckfestigkeit von drei Würfeln aus derjenigen Betonmischung, deren Zusammensetzung für die Bauausführung maßgebend sein soll, die Werte β_{WS} der Tabelle 1, Spalte 4, (siehe Abschnitt 6.5.1) um ein Vorhaltemaß überschreiten: a) Das Vorhaltemaß beträgt für Beton der Festigkeitsklasse B 5 mindestens 3,0 N/mm², der Festigkeitsklassen B 10 bis B 25 mindestens 5,0 N/mm². Die Konsistenz des Betons B I muß bei der Eignungsprüfung, <u>bezogen auf den voraussichtlichen Zeitpunkt des Einbaus</u>, an der oberen Grenze des gewählten Konsistenzbereiches (<u>z. B.</u> obere Grenze des Ausbreitmaßes) liegen. Für die Herstellung in Betonfertigteilwerken nach Abschnitt 5.3 gelten diese Anforderungen nicht, sondern die unter b). b) Bei Beton B II und bei Beton mit besonderen Eigenschaften bleibt es dem Unternehmen überlassen, das Vorhaltemaß nach seinen Erfahrungen unter Berücksichtigung des zu erwartenden Streubereiches der betreffenden Baustelle zu wählen. Das Vorhaltemaß muß aber so groß sein, daß bei der Güteprüfung die Anforderungen des Abschnitts 7.4.3.5.2 sicher erfüllt werden.
7.4.3 Güteprüfung **7.4.3.1** Allgemeines Die Güteprüfung dient dem Nachweis, daß der für den Einbau hergestellte Beton die geforderten Eigenschaften erreicht.	**7.4.3 Güteprüfung** **7.4.3.1** Allgemeines (1) Die Güteprüfung dient dem Nachweis, daß der für den Einbau hergestellte Beton die geforderten Eigenschaften erreicht.

Die Betonproben für die Güteprüfung sind für jeden Probekörper und für jede Prüfung der Konsistenz und des w/z-Wertes aus einer anderen Mischerfüllung zufällig und etwa gleichmäßig über die Betonierzeit verteilt zu entnehmen (siehe auch DIN 1048 Teil 1, Abschnitt 2.2, Absatz 1).

In gleicher Weise sind bei Transportbeton und bei Baustellenbeton von einer benachbarten Baustelle nach Abschnitt 2.1.2 f) die Betonproben bei Übergabe des Betons möglichst aus verschiedenen Lieferungen des gleichen Betons zu entnehmen.

Sind besondere Eigenschaften nach Abschnitt 6.5.7 nachzuweisen, so ist der Umfang der Prüfung im Einzelfall festzulegen.

In allen Zweifelsfällen hat sich das Unternehmen unabhängig von dem in dieser Norm festgelegten Prüfumfang durch Prüfung der Betonzusammensetzung (Zementgehalt und gegebenenfalls w/z-Wert) oder der entsprechenden Eigenschaften von der ausreichenden Beschaffenheit des frischen oder des erhärteten Betons zu überzeugen.

7.4.3.2 Zementgehalt
Bei Beton B I ist der Zementgehalt je m³ verdichteten Betons beim erstmaligen Einbringen und dann in angemessenen Zeitabständen während des Betonierens zu prüfen, z. B. nach DIN 1048 Teil 1, Abschnitt 3.3.2. Bei Verwendung von Transportbeton darf der Zementgehalt dem Lieferschein (siehe Abschnitt 5.5.3) oder dem Betonsortenverzeichnis (siehe Abschnitt 5.4.4) entnommen werden.

7.4.3.3 Wasserzementwert
Bei Beton B II ist der Wasserzementwert (w/z-Wert) für jede verwendete Betonsorte beim ersten Einbringen und einmal je Betoniertag zu ermitteln.

Der für diese Betonsorte bei der Eignungsprüfung festgelegte w/z-Wert darf vom Mittelwert dreier aufeinanderfolgender w/z-Wert-Bestimmungen nicht, von Einzelwerten um höchstens 10 % überschritten werden.

Die für Beton mit besonderen Eigenschaften oder wegen des Korrosionsschutzes der Bewehrung (siehe Abschnitte 6.5.6.3 und 6.5.7) festgelegten w/z-Werte dürfen auch von Einzelwerten nicht überschritten werden.

Bei Verwendung von Transportbeton dürfen die w/z-Werte dem Lieferschein (siehe Abschnitt 5.5.3) oder dem Betonsortenverzeichnis (siehe Abschnitt 5.4.4) entnommen werden. Dies gilt nicht, wenn Druckfestigkeitsprüfungen durch die doppelte Anzahl von w/z-Wert-Bestimmungen nach Abschnitt 7.4.3.5.1, Absatz 2, ersetzt werden sollen.

7.4.3.4 Konsistenz
Die Konsistenz des Frischbetons ist während des Betonierens laufend durch Besichtigen zu überwachen. Das Konsistenzmaß ist für jede Betonsorte beim ersten Einbringen und jedesmal bei der Herstellung der Probekörper für die Eignungs- und Güteprüfung nachzuprüfen.

Bei Beton B II und bei Beton mit besonderen Eigenschaften ist die Ermittlung des Konsistenzmaßes außerdem in angemessenen Zeitabständen zu wiederholen.

---

(2) Die Betonproben für die Güteprüfung sind für jeden Probekörper und für jede Prüfung der Konsistenz und des w/z-Wertes aus einer anderen Mischerfüllung zufällig und etwa gleichmäßig über die Betonierzeit verteilt zu entnehmen (siehe auch DIN 1048 Teil 1/12.78, Abschnitt 2.2, erster Absatz).

(3) In gleicher Weise sind bei Transportbeton und bei Baustellenbeton von einer benachbarten Baustelle nach Abschnitt 2.1.2 f) die Betonproben bei Übergabe des Betons möglichst aus verschiedenen Lieferungen des gleichen Betons zu entnehmen.

(4) Sind besondere Eigenschaften nach Abschnitt 6.5.7 nachzuweisen, so ist der Umfang der Prüfung im Einzelfall festzulegen.

(5) In allen Zweifelsfällen hat sich das Unternehmen unabhängig von dem in dieser Norm festgelegten Prüfumfang durch Prüfung der Betonzusammensetzung (Zementgehalt und gegebenenfalls w/z-Wert) oder der entsprechenden Eigenschaften von der ausreichenden Beschaffenheit des frischen oder des erhärteten Betons zu überzeugen.

7.4.3.2 Zementgehalt
Bei Beton B I ist der Zementgehalt je m³ verdichteten Betons beim erstmaligen Einbringen und dann in angemessenen Zeitabständen während des Betonierens zu prüfen, z. B. nach DIN 1048 Teil 1/12.78, Abschnitt 3.3.2. Bei Verwendung von Transportbeton darf der Zementgehalt dem Lieferschein (siehe Abschnitt 5.5.3) oder dem Betonsortenverzeichnis (siehe Abschnitt 5.4.4) entnommen werden.

7.4.3.3 Wasserzementwert
(1) Bei Beton B II sowie bei Beton für Außenbauteile (siehe Abschnitt 2.1.1), der unter den Bedingungen für B I hergestellt wird, ist der Wasserzementwert (w/z-Wert) für jede verwendete Betonsorte beim ersten Einbringen und einmal je Betoniertag zu ermitteln.

(2) Der für diese Betonsorte bei der Eignungsprüfung festgelegte w/z-Wert darf vom Mittelwert dreier aufeinanderfolgender w/z-Wert-Bestimmungen nicht, von Einzelwerten um höchstens 10 % überschritten werden.

(3) Bei Beton für Außenbauteile (siehe Abschnitt 2.1.1) darf kein Einzelwert den w/z-Wert von 0,65 überschreiten.

(4) Die für Beton mit besonderen Eigenschaften oder wegen des Korrosionsschutzes der Bewehrung (siehe Abschnitte 6.5.6.3 und 6.5.7) festgelegten w/z-Werte dürfen auch von Einzelwerten nicht überschritten werden.

(5) Bei der Verwendung von Transportbeton dürfen die w/z-Werte dem Lieferschein (siehe Abschnitt 5.5.3) oder dem Betonsortenverzeichnis (siehe Abschnitt 5.4.4) entnommen werden. Dies gilt nicht, wenn Druckfestigkeitsprüfungen durch die doppelte Anzahl von w/z-Wert-Bestimmungen nach Abschnitt 7.4.3.5.1 (2) ersetzt werden sollen.

7.4.3.4 Konsistenz
(1) Die Konsistenz des Frischbetons ist während des Betonierens laufend durch augenscheinliche Beurteilung zu überprüfen. Die Konsistenz ist für jede Betonsorte beim ersten Einbringen und jedesmal bei der Herstellung der Probekörper für die Güteprüfung durch Bestimmung des Konsistenzmaßes nachzuprüfen.

(2) Bei Beton B II und bei Beton mit besonderen Eigenschaften ist die Ermittlung des Konsistenzmaßes außerdem in angemessenen Zeitabständen zu wiederholen.

(3) Die vereinbarte Konsistenz muß bei Übergabe des Betons auf der Baustelle vorhanden sein.

Ausgabe Dezember 1978 — DIN 1045 — Ausgabe Juli 1988

Ausgabe Dezember 1978

7.4.3.5 Druckfestigkeit

7.4.3.5.1 Anzahl der Probewürfel

Bei Baustellen- und Transportbeton B I der Festigkeitsklassen B 15 und B 25 und bei tragenden Wänden und Stützen aus B 5 und B 10 ist für jede verwendete Betonsorte (siehe Abschnitt 5.4.4) und zwar jeweils für höchstens 500 m³ Beton, jedes Geschoß im Hochbau und je 7 Arbeitstage, an denen betoniert wird, eine Serie von 3 Probewürfeln herzustellen.

Diejenige Forderung, die die größte Anzahl von Würfelserien ergibt, ist maßgebend. Bei Beton B II ist – soweit bei der Verwendung von Transportbeton im folgenden nichts anderes festgelegt ist – die doppelte Anzahl der im ersten Absatz geforderten Würfelserien zu prüfen. Die Hälfte der hiernach geforderten Würfelprüfungen kann ersetzt werden durch die doppelte Anzahl von w/z-Wert-Bestimmungen nach DIN 1048 Teil 1 (siehe Abschnitt 7.4.3.3).

Die vom Transportbetonwerk bei der Eigenüberwachung (siehe DIN 1084 Teil 3) durchzuführenden Festigkeitsprüfungen dürfen auf die vom Bauunternehmen durchzuführenden Festigkeitsprüfungen von Beton B I und von Beton B II angerechnet werden, soweit der Beton für die Herstellung der Probekörper auf der betreffenden Baustelle entnommen wurde.

Werden auf einer Baustelle in einem Betoniervorgang weniger als 100 m³ Transportbeton B I eingebracht, so kann das Prüfergebnis einer Würfelserie, die auf einer anderen Baustelle mit Beton desselben Werkes und derselben Zusammensetzung in derselben Woche hergestellt wurde, auf die im ersten Absatz dieses Abschnittes geforderten Prüfungen angerechnet werden, wenn das Transportbetonwerk für diese Betonsorte unter statistischer Qualitätskontrolle steht (siehe DIN 1084 Teil 3) und diese ein ausreichendes Ergebnis hatte.

7.4.3.5.2 Festigkeitsanforderungen

Die Festigkeitsanforderungen gelten als erfüllt, wenn die mittlere Druckfestigkeit jeder Würfelserie mindestens die Werte der Tabelle 1, Spalte 4, und die Druckfestigkeit jedes einzelnen Würfels mindestens die Werte der Spalte 3 erreicht.

Bei Beton gleicher Zusammensetzung und Herstellung darf jedoch jeweils einer von 9 aufeinanderfolgenden Würfeln die Werte der Tabelle 1, Spalte 3, um höchstens 20 % unterschreiten; dabei muß jeder mögliche Mittelwert von 3 aufeinanderfolgenden Würfeln die Werte der Tabelle 1, Spalte 4, mindestens erreichen.

Von den vorgenannten Anforderungen darf bei einer statistischen Auswertung entsprechend DIN 1084 Teil 1, Abschnitt 2.2.6, abgewichen werden.

7.4.3.5.3 Umrechnung der Ergebnisse der Druckfestigkeitsprüfung

Werden an Stelle von Würfeln mit 200 mm Kantenlänge (siehe Abschnitt 6.5.1) solche mit einer Kantenlänge von 150 mm verwendet, so darf die Beziehung $\beta_{W\,200} = 0{,}95\,\beta_{W\,150}$ verwendet werden.

Bei Zylindern mit 150 mm Durchmesser und 300 mm Höhe darf bei gleichartiger Lagerung die Würfeldruckfestigkeit $\beta_{W\,200}$ aus der Zylinderdruckfestigkeit β_C abgeleitet werden:

für die Festigkeitsklassen B 15 und geringer zu

$\beta_{W\,200} = 1{,}25\,\beta_C$ und

für die Festigkeitsklassen B 25 und höher $\beta_{W\,200} = 1{,}18\,\beta_C$.

Ausgabe Juli 1988

7.4.3.5 Druckfestigkeit

7.4.3.5.1 Anzahl der Probewürfel

(1) Bei Baustellen- und Transportbeton B I der Festigkeitsklassen B 15 und B 25 und bei tragenden Wänden und Stützen aus B 5 und B 10 ist für jede verwendete Betonsorte (siehe Abschnitt 5.4.4), und zwar jeweils für höchstens 500 m³ Beton, jedes Geschoß im Hochbau und je 7 Arbeitstage, an denen betoniert wird, eine Serie von 3 Probewürfeln herzustellen.

(2) Diejenige Forderung, die die größte Anzahl von Würfelserien ergibt, ist maßgebend. Bei Beton B II ist – soweit bei der Verwendung von Transportbeton im folgenden nichts anderes festgelegt ist – die doppelte Anzahl der im Absatz (1) geforderten Würfelserien zu prüfen. Die Hälfte der hiernach geforderten Würfelprüfungen kann ersetzt werden durch die doppelte Anzahl von w/z-Wert-Bestimmungen nach DIN 1048 Teil 1/12.78, Abschnitt 3.4.

(3) Die vom Transportbetonwerk bei der Eigenüberwachung (siehe DIN 1084 Teil 3) durchzuführenden Festigkeitsprüfungen dürfen auf die vom Bauunternehmen durchzuführenden Festigkeitsprüfungen von Beton B I und von Beton B II angerechnet werden, soweit der Beton für die Herstellung der Probekörper auf der betreffenden Baustelle entnommen wurde.

(4) Werden auf einer Baustelle in einem Betoniervorgang weniger als 100 m³ Transportbeton B I eingebracht, so kann das Prüfergebnis einer Würfelserie, die auf einer anderen Baustelle mit Beton desselben Werkes und derselben Zusammensetzung in derselben Woche hergestellt wurde, auf die im Absatz (1) geforderten Prüfungen angerechnet werden, wenn das Transportbetonwerk für diese Betonsorte unter statistischer Qualitätskontrolle steht (siehe DIN 1084 Teil 3) und diese ein ausreichendes Ergebnis hatte.

7.4.3.5.2 Festigkeitsanforderungen

(1) Die Festigkeitsanforderungen gelten als erfüllt, wenn die mittlere Druckfestigkeit jeder Würfelserie (siehe Abschnitt 6.5.1 (2)) mindestens die Werte der Tabelle 1, Spalte 4 und die Druckfestigkeit jedes einzelnen Würfels mindestens die Werte der Spalte 3 erreicht.

(2) Bei Beton gleicher Zusammensetzung und Herstellung darf jedoch jeweils einer von 9 aufeinanderfolgenden Würfeln die Werte der Tabelle 1, Spalte 3, um höchstens 20 % unterschreiten; dabei muß jeder Serien-Mittelwert von 3 aufeinanderfolgenden Würfeln die Werte der Tabelle 1, Spalte 4, mindestens erreichen.

(3) Von den vorgenannten Anforderungen darf bei einer statistischen Auswertung nach DIN 1084 Teil 1 oder Teil 3/12.78, Abschnitt 2.2.6, abgewichen werden.

7.4.3.5.3 Umrechnung der Ergebnisse der Druckfestigkeitsprüfung

(1) Werden an Stelle von Würfeln mit 200 mm Kantenlänge (siehe Abschnitt 6.5.1) solche mit einer Kantenlänge von 150 mm verwendet, so darf die Beziehung $\beta_{W\,200} = 0{,}95\,\beta_{W\,150}$ verwendet werden.

(2) Bei Zylindern mit 150 mm Durchmesser und 300 mm Höhe darf bei gleichartiger Lagerung die Würfeldruckfestigkeit $\beta_{W\,200}$ aus der Zylinderdruckfestigkeit β_C abgeleitet werden

— für die Festigkeitsklassen B 15 und geringer zu

$\beta_{W\,200} = 1{,}25\,\beta_C$ und

— für die Festigkeitsklassen B 25 und höher $\beta_{W\,200} = 1{,}18\,\beta_C$.

Ausgabe Dezember 1978

Bei Verwendung von Würfeln oder Zylindern <u>anderer Größe</u>, oder wenn die vorher genannten Druckfestigkeitsverhältniswerte nicht angewendet werden, muß das Druckfestigkeitsverhältnis zum 200-mm-Würfel für Beton jeder Zusammensetzung, Festigkeit und Altersstufe bei der Eignungsprüfung gesondert nachgewiesen werden und zwar an mindestens 6 Körpern je Probekörperart.

Für Druckfestigkeitsverhältniswerte bei aus dem Bauwerk entnommenen Probekörpern siehe DIN 1048 Teil 2.

Wird bei Eignungs- und Güteprüfungen bereits von der 7-Tage-Würfeldruckfestigkeit β_{W7} auf die zu erwartende 28-Tage-Würfeldruckfestigkeit β_{W28} geschlossen, so dürfen im allgemeinen je nach Festigkeitsklasse des Zements die Angaben der Tabelle 7 zugrunde gelegt werden.

Andere Verhältniswerte dürfen zugrunde gelegt werden, wenn sie bei der Eignungsprüfung ermittelt wurden.

Tabelle 7. **Beiwerte für die Umrechnung <u>von</u> der 7-Tage- auf die 28-Tage-Würfeldruckfestigkeit**

	1	2
	Festigkeitsklasse des Zements	28-Tage-Würfeldruckfestigkeit β_{W28}
1	Z 25	1,4 β_{W7}
2	Z 35 L	1,3 β_{W7}
3	Z 35 F und Z 45 L	1,2 β_{W7}
4	Z 45 F und Z 55	1,1 β_{W7}

7.4.4 Erhärtungsprüfung

Die Erhärtungsprüfung gibt einen Anhalt über die Festigkeit des Betons im Bauwerk zu einem bestimmten Zeitpunkt und damit auch für die Ausschalfristen. Die Erhärtung kann nach DIN 1048 Teil 1, Teil 2 und Teil 4 <u>an Probekörpern</u> und/oder zerstörungsfrei ermittelt werden.

Die Probekörper für diesen Nachweis sind aus dem Beton, der für die betreffenden Bauteile bestimmt ist, herzustellen, unmittelbar neben oder auf diesen Bauteilen zu lagern und wie diese nachzubehandeln (Einfluß der Temperatur und der Feuchte). Für die Erhärtungsprüfung sind mindestens drei Probekörper herzustellen; eine größere Anzahl von Probekörpern empfiehlt sich aber, damit die Festigkeitsprüfung bei ungenügendem Ausfall zu einem späteren Zeitpunkt wiederholt werden kann.

Bei der Beurteilung der aus den Probekörpern gewonnenen Ergebnisse ist zu beachten, daß Bauteile, deren <u>Abmessungen</u> von denen der Probekörper wesentlich abweichen, einen anderen Erhärtungsgrad aufweisen können als die Probekörper, z. B. infolge verschiedener Wärmeentwicklung im Beton.

7.4.5 Nachweis der Betonfestigkeit am Bauwerk

In Sonderfällen, z. B. wenn keine Ergebnisse von Druckfestigkeitsprüfungen vorliegen oder die Ergebnisse ungenügend waren oder sonst erhebliche Zweifel an der Betonfestigkeit im Bauwerk bestehen, kann es nötig werden, die Betondruckfestigkeit durch Entnahme von Probekörpern aus dem Bauwerk oder am fertigen Bauteil durch zerstörungsfreie Prüfung nach DIN 1048 Teil 2 oder durch beides nach DIN 1048 Teil 4 zu bestimmen. Dabei sind Alter und Erhärtungsbedingungen (Temperatur, Feuchte) des Bauwerkbetons zu berücksichtigen.

Ausgabe Juli 1988

(3) Bei Verwendung von Würfeln oder Zylindern <u>mit anderen Maßen</u> oder wenn die vorher genannten Druckfestigkeitsverhältniswerte nicht angewendet werden, muß das Druckfestigkeitsverhältnis zum 200-mm-Würfel für Beton jeder Zusammensetzung, Festigkeit und Altersstufe bei der Eignungsprüfung gesondert nachgewiesen werden, und zwar an mindestens 6 Körpern je Probekörperart.

(4) Für Druckfestigkeitsverhältniswerte bei aus dem Bauwerk entnommenen Probekörpern siehe DIN 1048 Teil 2.

(5) Wird bei Eignungs- und Güteprüfungen bereits von der 7-Tage-Würfeldruckfestigkeit β_{W7} auf die zu erwartende 28-Tage-Würfeldruckfestigkeit β_{W28} geschlossen, so dürfen im allgemeinen je nach Festigkeitsklasse des Zements die Angaben der Tabelle 7 zugrunde gelegt werden.

(6) Andere Verhältniswerte dürfen zugrunde gelegt werden, wenn sie bei der Eignungsprüfung ermittelt wurden.

Tabelle 7. **Beiwerte für die Umrechnung der 7-Tage- auf die 28-Tage-Würfeldruckfestigkeit**

	1	2
	Festigkeitsklasse des Zements	28-Tage-Würfeldruckfestigkeit β_{W28}
1	Z 25	1,4 β_{W7}
2	Z 35 L	1,3 β_{W7}
3	Z 35 F; Z 45 L	1,2 β_{W7}
4	Z 45 F; Z 55	1,1 β_{W7}

7.4.4 Erhärtungsprüfung

(1) Die Erhärtungsprüfung gibt einen Anhalt über die Festigkeit des Betons im Bauwerk zu einem bestimmten Zeitpunkt und damit auch für die Ausschalfristen. Die Erhärtung kann nach DIN 1048 Teil 1, Teil 2 und Teil 4 <u>zerstörend</u> und/oder zerstörungsfrei ermittelt werden.

(2) Die Probekörper für diesen Nachweis sind aus dem Beton, der für die betreffenden Bauteile bestimmt ist, herzustellen, unmittelbar neben oder auf diesen Bauteilen zu lagern und wie diese nachzubehandeln (Einfluß der Temperatur und der Feuchte). Für die Erhärtungsprüfung sind mindestens drei Probekörper herzustellen; eine größere Anzahl von Probekörpern empfiehlt sich aber, damit die Festigkeitsprüfung bei ungenügendem Ergebnis zu einem späteren Zeitpunkt wiederholt werden kann.

(3) Bei der Beurteilung der aus den Probekörpern gewonnenen Ergebnisse ist zu beachten, daß Bauteile, deren <u>Maße</u> von denen der Probekörper wesentlich abweichen, einen anderen Erhärtungsgrad aufweisen können als die Probekörper, z. B. infolge verschiedener Wärmeentwicklung im Beton.

7.4.5 Nachweis der Betonfestigkeit am Bauwerk

(1) In Sonderfällen, z. B. wenn keine Ergebnisse von Druckfestigkeitsprüfungen vorliegen oder die Ergebnisse ungenügend waren oder sonst erhebliche Zweifel an der Betonfestigkeit im Bauwerk bestehen, kann es nötig werden, die Betondruckfestigkeit durch Entnahme von Probekörpern aus dem Bauwerk oder am fertigen Bauteil durch zerstörungsfreie Prüfung nach DIN 1048 Teil 2 oder durch beides nach DIN 1048 Teil 4 zu bestimmen. Dabei sind Alter und Erhärtungsbedingungen (Temperatur, Feuchte) des Bauwerkbetons zu berücksichtigen.

Ausgabe Dezember 1978 — Ausgabe Juli 1988

Für die Festlegung von Art und Umfang der zerstörungsfreien Prüfungen und der aus dem Bauwerk zu entnehmenden Proben und für die Bewertung der Ergebnisse dieser Prüfungen ist ein Sachverständiger hinzuzuziehen, soweit dies nach DIN 1048 Teil 4 erforderlich ist.

7.5 Betonstahl

7.5.1 Prüfung am Betonstahl

Bei jeder Lieferung von Betonstahl mit Ausnahme von Rundstahl BSt 220/340 GU (I G) ist zu prüfen, ob der Stahl das in DIN 488 Teil 1 festgelegte Kennzeichen der Stahlgruppe und das Werkkennzeichen trägt. Ist das nicht der Fall, so darf der Stahl nicht verwendet werden.

7.5.2 Prüfung des Schweißens von Betonstahl

Die Prüfung des Schweißens von Betonstahl richtet sich nach DIN 4099 Teil 1.

7.6 Bauteile und andere Baustoffe

7.6.1 Allgemeine Anforderungen

Bei Bauteilen nach den Abschnitten 7.6.2 bis 7.6.4 ist zu prüfen, ob sie aus einem Werk stammen, das einer Überwachung (Güteüberwachung) unterliegt.

7.6.2 Prüfung der Stahlbetonfertigteile

Bei jeder Lieferung von Fertigteilen muß geprüft werden, ob hierfür ein Lieferschein mit allen Angaben nach Abschnitt 5.5.2 vorliegt, die Fertigteile nach Abschnitt 19.6 gekennzeichnet sind und die Fertigteile die nach den bautechnischen Unterlagen erforderlichen Maße haben.

7.6.3 Prüfung der Zwischenbauteile und Deckenziegel

Bei jeder Lieferung statisch mitwirkender Zwischenbauteile aus Beton nach DIN 4158 und aus gebranntem Ton nach DIN 4159 und statisch mitwirkender Deckenziegel nach DIN 4159 ist zu prüfen, ob sie die nach den bautechnischen Unterlagen erforderlichen Maße und die nach DIN 4158 und DIN 4159 erforderliche Form der Stoßfugen haben. Bei jeder Lieferung statisch nicht mitwirkender Zwischenbauteile nach DIN 4158 und nach DIN 4160 ist zu prüfen, ob sie die geforderten Maße und Formen aufweisen.

7.6.4 Prüfung der Betongläser

Be jeder Lieferung von Betongläsern ist zu prüfen, ob die Angaben im Lieferschein nach DIN 4243 den bautechnischen Unterlagen entsprechen.

7.6.5 Prüfung von Zementmörtel

Für jede verwendete Mörtelsorte und
für höchstens 200 m damit hergestellter tragender Fugen, jedes Geschoß im Hochbau und
je 7 Arbeitstage, an denen nacheinander Mörtel hergestellt wird,
ist eine Serie von drei Würfeln mit 100 mm Kantenlänge aus Mörtel verschiedener Mischerfüllungen nach DIN 1048 Teil 1 zu prüfen (siehe auch Abschnitt 6.7.1). Diejenige Forderung, die die größte Anzahl von Würfelserien ergibt, ist maßgebend.

---

(2) Für die Festlegung von Art und Umfang der zerstörungsfreien Prüfungen und der aus dem Bauwerk zu entnehmenden Proben und für die Bewertung der Ergebnisse dieser Prüfungen ist ein Sachverständiger hinzuzuziehen, soweit dies nach DIN 1048 Teil 4 erforderlich ist.

7.5 Betonstahl

7.5.1 Prüfung am Betonstahl

Bei jeder Lieferung von Betonstahl ist zu prüfen, ob das nach DIN 488 Teil 1 geforderte Werkkennzeichen vorhanden ist. Betonstahl ohne Werkkennzeichen darf nicht verwendet werden. Dies gilt nicht für Bewehrungsstahl aus Rundstahl St 37-2.

7.5.2 Prüfung des Schweißens von Betonstahl

Die Arbeitsprüfungen, die vor oder während der Schweißarbeiten durchzuführen sind, sind in DIN 4099 geregelt.

7.6 Bauteile und andere Baustoffe

7.6.1 Allgemeine Anforderungen

Bei Bauteilen nach den Abschnitten 7.6.2 bis 7.6.4 ist zu prüfen, ob sie aus einem Werk stammen, das einer Überwachung (Güteüberwachung) unterliegt.

7.6.2 Prüfung der Stahlbetonfertigteile

Bei jeder Lieferung von Fertigteilen muß geprüft werden, ob hierfür ein Lieferschein mit allen Angaben nach Abschnitt 5.5.2 vorliegt, die Fertigteile nach Abschnitt 19.6 gekennzeichnet sind und die Fertigteile die nach den bautechnischen Unterlagen erforderlichen Maße haben.

7.6.3 Prüfung der Zwischenbauteile und Deckenziegel

Bei jeder Lieferung statisch mitwirkender Zwischenbauteile aus Beton nach DIN 4158 und aus gebranntem Ton nach DIN 4159 ist zu prüfen, ob sie die nach den bautechnischen Unterlagen erforderlichen Maße und die nach DIN 4158 und DIN 4159 erforderliche Form der Stoßfugen haben. Bei jeder Lieferung statisch nicht mitwirkender Zwischenbauteile nach DIN 4158 und nach DIN 4160 ist zu prüfen, ob sie die geforderten Maße und Formen aufweisen.

7.6.4 Prüfung der Betongläser

Bei jeder Lieferung von Betongläsern ist zu prüfen, ob die Angaben im Lieferschein nach DIN 4243 den bautechnischen Unterlagen entsprechen.

7.6.5 Prüfung von Zementmörtel

Für jede verwendete Mörtelsorte und für höchstens 200 m damit hergestellter tragender Fugen, jedes Geschoß im Hochbau und je 7 Arbeitstage, an denen nacheinander Mörtel hergestellt wird, ist eine Serie von drei Würfeln mit 100 mm Kantenlänge aus Mörtel verschiedener Mischerfüllungen nach DIN 1048 Teil 1 zu prüfen (siehe auch Abschnitt 6.7.1). Diejenige Forderung, die die größte Anzahl von Würfelserien ergibt, ist maßgebend.

---

8 Überwachung (Güteüberwachung) von Baustellenbeton B II, von Fertigteilen und von Transportbeton

Für Baustellenbeton B II, Beton- und Stahlbetonfertigteile und Transportbeton ist eine Überwachung (Güteüberwachung), bestehend aus Eigen- und Fremdüberwachung, durchzuführen. Die Durchführung ist in DIN 1084 Teil 1 bis Teil 3 geregelt.

8 Überwachung (Güteüberwachung) von Baustellenbeton B II, von Fertigteilen und von Transportbeton

Für Baustellenbeton B II, Beton- und Stahlbetonfertigteile und Transportbeton ist eine Überwachung (Güteüberwachung), bestehend aus Eigen- und Fremdüberwachung, durchzuführen. Die Durchführung ist in DIN 1084 Teil 1 bis Teil 3 geregelt.

Ausgabe Dezember 1978 — Ausgabe Juli 1988

9 Bereiten und Befördern des Betons

9.1 Angaben über die Betonzusammensetzung

[Ausgabe Dezember 1978]

Die Zusammensetzung einer Mischerfüllung und der Zementgehalt in kg/m³ verdichteten Betons sind an der Mischstelle deutlich lesbar anzuschlagen (Mischanweisung).

Der Anschlag muß enthalten:
a) Festigkeitsklasse des Betons;
b) Art, Festigkeitsklasse und Masse des Zements sowie Zementgehalt in kg/m³ verdichteten Betons;
c) Art und Masse des Zuschlags, gegebenenfalls Masse der getrennt zuzugebenden Korngruppenanteile oder Angabe „werkgemischter Betonzuschlag";
d) Konsistenzmaß des Frischbetons;
e) gegebenenfalls Art und Masse beziehungsweise Menge von Betonzusatzmitteln und Betonzusatzstoffen;

für Beton B II außerdem:
f) Wasserzementwert (w/z-Wert);
g) Wassergehalt w (Zugabewasser und Oberflächenfeuchte des Zuschlags).

[Ausgabe Juli 1988]

Zur Herstellung von Beton muß der Mischerführer im Besitz einer schriftlichen Mischanweisung sein, die folgende Angaben über die Zusammensetzung einer Mischerfüllung enthält:

a) Betonsortenbezeichnung (Nummer des Betonsortenverzeichnisses);
b) Festigkeitsklasse des Betons;
c) Art, Festigkeitsklasse und Menge des Zements sowie Zementgehalt in kg/m³ verdichteten Betons;
d) Art und Menge des Betonzuschlags, gegebenenfalls Menge der getrennt zuzugebenden Korngruppenanteile oder Angabe „werkgemischter Betonzuschlag";
e) Konsistenzmaß des Frischbetons;
f) gegebenenfalls Art und Menge von Betonzusatzmitteln und Betonzusatzstoffen;

für Beton B II sowie für Beton für Außenbauteile außerdem:
g) Wasserzementwert (w/z-Wert);
h) Wassergehalt w (Zugabewasser und Oberflächenfeuchte des Betonzuschlags und gegebenenfalls Betonzusatzmittelmenge, vergleiche Abschnitt 6.5.2).

9.2 Abmessen der Betonbestandteile

9.2.1 Abmessen des Zements

[1978] Der Zement ist nach Masse mit einer Genauigkeit von 3 % zuzugeben.

[1988] Der Zement ist nach Gewicht, das auf 3 % einzuhalten ist, zuzugeben.

9.2.2 Abmessen des Betonzuschlags

[1978] Der Betonzuschlag bzw. die einzelnen Korngruppen sind unabhängig von der Art des Abmessens mit einer Genauigkeit von 3 Masse-% [25]) zuzugeben.

In der Regel sind sie nach Masse abzumessen. Dies gilt auch für Zuschlag mit wesentlich unterschiedlicher Kornrohdichte, dessen Massenteile dann aus den Stoffraumanteilen (siehe Abschnitt 6.2.2.1) zu errechnen sind.

Für Beton B II (siehe Abschnitt 6.5.6) ist das Abmessen des Betonzuschlags bzw. der einzelnen Korngruppen nach Raumteilen nur dann gestattet, wenn selbsttätige Abmeßvorrichtungen verwendet werden, an deren Einstellung notwendige Änderungen leicht und zutreffend vorzunehmen sind und mit denen Korngruppen und Gesamtzuschlagmenge mit der geforderten Genauigkeit abgemessen werden können. Die Abmeßvorrichtungen müssen die Nachprüfung der Masse der abgemessenen Korngruppen auf einfache Weise zuverlässig gestatten.

Wird nach Raumteilen abgemessen, so sind die Massen der abgemessenen Korngruppen häufig nachzuprüfen. Dies gilt auch dann, wenn selbsttätige Abmeßvorrichtungen vorhanden sind.

[1988]
(1) Der Betonzuschlag oder die einzelnen Korngruppen sind unabhängig von der Art des Abmessens nach Gewicht, das auf 3 % einzuhalten ist, zuzugeben.

(2) In der Regel sind sie nach Gewicht abzumessen. Dies gilt auch für Betonzuschlag mit wesentlich unterschiedlicher Kornrohdichte, dessen Mengenanteile dann aus den Stoffraumanteilen (siehe Abschnitt 6.2.2) zu errechnen sind.

(3) Für Beton B II (siehe Abschnitt 6.5.6) ist das Abmessen des Betonzuschlags oder der einzelnen Korngruppen nach Raumteilen nur dann gestattet, wenn selbsttätige Abmeßvorrichtungen verwendet werden, an deren Einstellung notwendige Änderungen leicht und zutreffend vorzunehmen sind und mit denen Korngruppen und Gesamtzuschlagmenge mit der geforderten Genauigkeit abgemessen werden können. Die Abmeßvorrichtungen müssen die Nachprüfung der Menge der abgemessenen Korngruppen auf einfache Weise zuverlässig gestatten.

(4) Wird nach Raumteilen abgemessen, so sind die Mengen der abgemessenen Korngruppen häufig nachzuprüfen. Dies gilt auch dann, wenn selbsttätige Abmeßvorrichtungen vorhanden sind.

9.2.3 Abmessen des Zugabewassers

[1978] Das Zugabewasser ist mit einer Genauigkeit von 3 % zuzugeben. Die höchstzulässige Zugabewassermenge richtet sich bei Beton B I nach dem einzuhaltenden Konsistenzmaß (siehe Abschnitte 6.5.3 und 6.5.5.3) und bei Beton B II nach dem festgelegten Wasserzementwert (siehe Abschnitte 6.5.6.3 und 6.5.7). Dabei ist die Oberflächenfeuchte des Betonzuschlags zu berücksichtigen.

Wassersaugender Betonzuschlag muß vorher so angefeuchtet werden, daß er beim Mischen und danach möglichst kein Wasser mehr aufnimmt.

[1988]
(1) Die Menge des Zugabewassers ist auf 3 % einzuhalten. Die höchstzulässige Zugabewassermenge richtet sich bei Beton B I nach dem einzuhaltenden Konsistenzmaß (siehe Abschnitt 6.5.3) und bei Beton B II nach dem festgelegten Wasserzementwert (siehe Abschnitte 6.5.6.3 und 6.5.7). Dabei ist die Oberflächenfeuchte des Betonzuschlags zu berücksichtigen.

(2) Wassersaugender Betonzuschlag muß vorher so angefeuchtet werden, daß er beim Mischen und danach möglichst kein Wasser mehr aufnimmt.

---

[25]) Bisher Gew.-%

Ausgabe Dezember 1978 | Ausgabe Juli 1988

9.3 Mischen des Betons
9.3.1 Baustellenbeton
Beim Zusammensetzen des Betons muß dem Mischerführer die Mischanweisung vorliegen.

Die Stoffe müssen in Betonmischern, die für die jeweilige Betonzusammensetzung geeignet sind, so lange gemischt werden, bis ein gleichmäßiges Gemisch entstanden ist.

Um dies zu erreichen, muß der Beton bei Mischern mit besonders guter Mischwirkung wenigstens ½ Minute, bei den übrigen Betonmischern wenigstens 1 Minute lang nach Zugabe aller Stoffe gemischt werden.

Die Mischer müssen von erfahrenen Leuten bedient werden, die in der Lage sind, die festgelegte Konsistenz einzuhalten.

Mischen von Hand ist nur in Ausnahmefällen für Beton der Festigkeitsklassen B 5 und B 10 bei geringen Mengen zulässig.

Wegen der Temperatur des Frischbetons siehe Abschnitte 9.4.1 und 11.1 sowie Merkblatt für die Anwendung des Betonmischens mit Dampfzuführung.

9.3.2 Transportbeton
Beim Zusammensetzen des Betons muß dem Mischerführer der Lieferschein vorliegen.

Für werkgemischten Transportbeton gilt Abschnitt 9.3.1.

Bei fahrzeuggemischtem Transportbeton richten sich der höchstzulässige Füllungsgrad des Mischers und die Mindestdauer des Mischens nach der Bauart des Mischfahrzeugs und der Konsistenz des Betons (siehe Abschnitt 5.4.6). Der Beton soll dabei mit Mischgeschwindigkeit (siehe Abschnitt 5.4.6) durch mindestens 50 Umdrehungen gemischt werden; er ist unmittelbar vor Entleeren des Mischfahrzeugs nochmals durchzumischen.

Nach Abschluß des Mischvorgangs darf der Frischbeton nicht mehr verändert werden. Davon ausgenommen ist der Ausgangsbeton von Fließbeton entsprechend den Richtlinien für die Herstellung und Verarbeitung von Fließbeton.

9.4 Befördern von Beton zur Baustelle
9.4.1 Allgemeines
Während des Beförderns ist der Frischbeton vor schädlichen Witterungseinflüssen zu schützen. Wegen der bei kühler Witterung und bei Frost einzuhaltenden Frischbetontemperaturen siehe Abschnitt 11.1. Auch bei heißer Witterung darf die Frischbetontemperatur bei der Entladung 30 °C nicht überschreiten. Bei Anwendung des Betonmischens mit Dampfzuführung darf die Frischbetontemperatur +30 °C überschreiten.

9.4.2 Baustellenbeton
Wird Baustellenbeton der Konsistenzen K 2 oder K 3 von einer benachbarten Baustelle (siehe Abschnitt 2.1.2 f)) verwendet und nicht in Fahrzeugen mit Rührwerk oder in Mischfahrzeugen (siehe Abschnitt 9.3.2) zur Verwendungsstelle befördert, so muß er spätestens 20 Minuten, Beton der Konsistenz K 1 spätestens 45 Minuten nach dem Mischen vollständig entladen sein.

Für die Entladung von Mischfahrzeugen und Fahrzeugen mit Rührwerk gelten die Zeitspannen nach Abschnitt 9.4.3.

9.3 Mischen des Betons
9.3.1 Baustellenbeton
(1) Beim Zusammensetzen des Betons muß dem Mischerführer die Mischanweisung vorliegen.

(2) Die Stoffe müssen in Betonmischern, die für die jeweilige Betonzusammensetzung geeignet sind, so lange gemischt werden, bis ein gleichmäßiges Gemisch entstanden ist. Um dies zu erreichen, muß der Beton bei Mischern mit besonders guter Mischwirkung wenigstens 30 Sekunden, bei den übrigen Betonmischern wenigstens 1 Minute nach Zugabe aller Stoffe gemischt werden.

(3) Die Mischer müssen von erfahrenem Personal bedient werden, die in der Lage sind, die festgelegte Konsistenz einzuhalten.

(4) Mischen von Hand ist nur in Ausnahmefällen für Beton der Festigkeitsklassen B 5 und B 10 bei geringen Mengen zulässig.

(5) Wegen der Temperatur des Frischbetons siehe Abschnitte 9.4.1 und 11.1 sowie „Richtlinie über Wärmebehandlung von Beton und Dampfmischen".

9.3.2 Transportbeton
(1) Beim Zusammensetzen des Betons muß dem Mischerführer der Lieferschein vorliegen.

(2) Für werkgemischten Transportbeton gilt Abschnitt 9.3.1.

(3) Bei fahrzeuggemischtem Transportbeton richten sich der höchstzulässige Füllungsgrad des Mischers und die Mindestdauer des Mischens nach der Bauart des Mischfahrzeugs und der Konsistenz des Betons (siehe Abschnitt 5.4.6). Der Beton soll dabei mit Mischgeschwindigkeit durch mindestens 50 Umdrehungen gemischt werden; er ist unmittelbar vor Entleeren des Mischfahrzeugs nochmals durchzumischen.

(4) Nach Abschluß des Mischvorgangs darf die Zusammensetzung des Frischbetons nicht mehr verändert werden. Davon ausgenommen ist die Zugabe eines Fließmittels entsprechend der „Richtlinie für Beton mit Fließmittel und für Fließbeton; Herstellung, Verarbeitung und Prüfung".

9.4 Befördern von Beton zur Baustelle
9.4.1 Allgemeines
Während des Beförderns ist der Frischbeton vor schädlichen Witterungseinflüssen zu schützen. Wegen der bei kühler Witterung und bei Frost einzuhaltenden Frischbetontemperaturen siehe Abschnitt 11.1. Auch bei heißer Witterung darf die Frischbetontemperatur bei der Entladung +30 °C überschreiten, sofern nicht durch geeignete Maßnahmen sichergestellt ist, daß keine nachteiligen Folgen zu erwarten sind (siehe z.B. ACI Standard „Recommended Practice of Hot Weather Concreting" (ACI 305-72) und „Richtlinie über Wärmebehandlung von Beton und Dampfmischen"). Bei Anwendung des Betonmischens mit Dampfzuführung darf die Frischbetontemperatur +30 °C überschreiten.

9.4.2 Baustellenbeton
(1) Wird Baustellenbeton der Konsistenzen KP, KR oder KF von einer benachbarten Baustelle (siehe Abschnitt 2.1.2 f)) verwendet und nicht in Fahrzeugen mit Rührwerk oder in Mischfahrzeugen (siehe Abschnitt 9.3.2) zur Verwendungsstelle befördert, so muß er spätestens 20 Minuten, Beton der Konsistenz KS spätestens 45 Minuten nach dem Mischen vollständig entladen sein.

(2) Für die Entladung von Mischfahrzeugen und Fahrzeugen mit Rührwerk gelten die Zeitspannen nach Abschnitt 9.4.3.

Ausgabe Dezember 1978

9.4.3 Transportbeton

Werkgemischter Frischbeton der Konsistenz K 1 darf mit Fahrzeugen ohne Mischer oder Rührwerk befördert werden.

Frischbeton der Konsistenz K 2 und K 3 darf nur in Mischfahrzeugen oder in Fahrzeugen mit Rührwerk zur Verwendungsstelle befördert werden. Während des Beförderns ist dieser Beton mit Rührgeschwindigkeit (siehe Abschnitt 5.4.6) zu bewegen. Das ist nicht erforderlich, wenn der Beton im Mischfahrzeug befördert und unmittelbar vor dem Entladen nochmals so durchgemischt wird, daß er auf der Baustelle gleichmäßig durchmischt übergeben wird.

Mischfahrzeuge und Fahrzeuge mit Rührwerk sollen spätestens 90 Minuten, Fahrzeuge ohne Rührwerk für die Beförderung von Beton der Konsistenz K 1 spätestens 45 Minuten nach Wasserzugabe vollständig entladen sein. Ist beschleunigtes Versteifen des Betons (z. B. durch Witterungseinflüsse) zu erwarten, so sind die Zeitabstände bis zum Entladen entsprechend zu kürzen. Bei Beton mit Verzögerern dürfen die angegebenen Zeiten angemessen überschritten werden.

Bei der Übergabe des Betons muß die vereinbarte Konsistenz vorhanden sein.

10 Fördern, Verarbeiten und Nachbehandeln des Betons

10.1 Fördern des Betons auf der Baustelle

Die Art des Förderns (z. B. in Transportgefäßen, mit Bändern, Pumpen, Druckluft) und die Zusammensetzung des Betons sind so aufeinander abzustimmen, daß ein Entmischen verhindert wird.

Auch beim Abstürzen in Stützen- und Wandschalungen darf sich der Beton nicht entmischen. Er ist z. B. durch Fallrohre zusammenzuhalten, die erst kurz über der Verarbeitungsstelle enden.

Für das Fördern des Betons durch Pumpen ist die Verwendung von Leichtmetallrohren nicht zulässig.

Förderleitungen für Pumpbeton sind so zu verlegen, daß der Betonstrom innerhalb der Rohre nicht abreißt. Beim Fördern mit Bändern sind Abstreifer und Vorrichtungen zum Zusammenhalten des Betons an der Abwurfstelle anzuordnen.

Beim Einbringen des Betons ist darauf zu achten, daß Bewehrung, Einbauteile, Schalungsflächen usw. eines späteren Betonierabschnittes nicht durch Beton verkrustet werden.

10.2 Verarbeiten des Betons

10.2.1 Zeitpunkt des Verarbeitens

Beton ist möglichst bald nach dem Mischen, Transportbeton möglichst sofort nach der Anlieferung zu verarbeiten, in beiden Fällen aber ehe er versteift oder seine Zusammensetzung ändert.

10.2.2 Verdichten

Die Bewehrungsstäbe sind dicht mit Beton zu umhüllen. Der Beton muß möglichst vollständig verdichtet werden [26], z. B. durch Rütteln, Stochern, Stampfen, Klopfen an der Schalung usw., und zwar besonders sorgfältig in den Ecken und längs der Schalung. Unter Umständen empfiehlt sich ein Nachverdichten des Betons (z. B. bei hoher Steiggeschwindigkeit beim Einbringen).

---

[26] Solcher Beton kann noch einzelne sichtbare Luftporen enthalten.

Ausgabe Juli 1988

9.4.3 Transportbeton

(1) Werkgemischter Frischbeton der Konsistenz KS darf mit Fahrzeugen ohne Mischer oder Rührwerk befördert werden.

(2) Frischbeton der Konsistenzen KP, KR oder KF darf nur in Mischfahrzeugen oder in Fahrzeugen mit Rührwerk zur Verwendungsstelle befördert werden. Während des Beförderns ist dieser Beton mit Rührgeschwindigkeit (siehe Abschnitt 5.4.6) zu bewegen. Das ist nicht erforderlich, wenn der Beton im Mischfahrzeug befördert und unmittelbar vor dem Entladen nochmals so durchgemischt wird, daß er auf der Baustelle gleichmäßig durchmischt übergeben wird.

(3) Mischfahrzeuge und Fahrzeuge mit Rührwerk sollen spätestens 90 Minuten, Fahrzeuge ohne Rührwerk für die Beförderung von Beton der Konsistenz KS spätestens 45 Minuten nach Wasserzugabe vollständig entladen sein. Ist beschleunigtes Ansteifen des Betons (z. B. durch Witterungseinflüsse) zu erwarten, so sind die Zeitabstände bis zum Entladen entsprechend zu kürzen. Bei Beton mit Verzögerern dürfen die angegebenen Zeiten angemessen überschritten werden.

(4) Bei der Übergabe des Betons muß die vereinbarte Konsistenz vorhanden sein.

10 Fördern, Verarbeiten und Nachbehandeln des Betons

10.1 Fördern des Betons auf der Baustelle

(1) Die Art des Förderns (z. B. in Transportgefäßen, mit Transportbändern, Pumpen, Druckluft) und die Zusammensetzung des Betons sind so aufeinander abzustimmen, daß ein Entmischen verhindert wird.

(2) Auch beim Abstürzen in Stützen- und Wandschalungen darf sich der Beton nicht entmischen. Er ist z. B. durch Fallrohre zusammenzuhalten, die erst kurz über der Verarbeitungsstelle enden.

(3) Für das Fördern des Betons durch Pumpen ist die Verwendung von Leichtmetallrohren nicht zulässig.

(4) Förderleitungen für Pumpbeton sind so zu verlegen, daß der Betonstrom innerhalb der Rohre nicht abreißt. Beim Fördern mit Transportbändern sind Abstreifer und Vorrichtungen zum Zusammenhalten des Betons an der Abwurfstelle anzuordnen.

(5) Beim Einbringen des Betons ist darauf zu achten, daß Bewehrung, Einbauteile, Schalungsflächen usw. eines späteren Betonierabschnittes nicht durch Beton verkrustet werden.

10.2 Verarbeiten des Betons

10.2.1 Zeitpunkt des Verarbeitens

Beton ist möglichst bald nach dem Mischen, Transportbeton möglichst sofort nach der Anlieferung zu verarbeiten, in beiden Fällen aber, ehe er ansteift oder seine Zusammensetzung ändert.

10.2.2 Verdichten

(1) Die Bewehrungsstäbe sind dicht mit Beton zu umhüllen. Der Beton muß möglichst vollständig verdichtet werden [22], z. B. durch Rütteln, Stochern, Stampfen, Klopfen an der Schalung usw., und zwar besonders sorgfältig in den Ecken und längs der Schalung. Unter Umständen empfiehlt sich ein Nachverdichten des Betons (z. B. bei hoher Steiggeschwindigkeit beim Einbringen).

---

[22] Solcher Beton kann noch einzelne sichtbare Luftporen enthalten.

Ausgabe Dezember 1978

Beton der Konsistenz K 1 oder K 2 (siehe Abschnitt 6.5.3) ist in der Regel durch Rütteln zu verdichten. Dabei ist DIN 4235 zu beachten. Oberflächenrüttler sind so langsam fortzubewegen, daß der Beton unter ihnen weich wird und die Betonoberfläche hinter ihnen geschlossen ist. Unter kräftig wirkenden Oberflächenrüttlern soll die Schicht nach dem Verdichten höchstens 20 cm dick sein. Bei Schalungsrüttlern ist die beschränkte Einwirkungstiefe zu beachten, die auch von der Ausbildung der Schalung abhängt.

Beim Stochern ist Beton der Konsistenz K 2 oder K 3 so durchzuarbeiten, daß die in ihm enthaltenen Luftblasen möglichst entweichen und der Beton ein gleichmäßig dichtes Gefüge erhält.

Beim Verdichten durch Stampfen (Konsistenz K 1) soll die fertiggestampfte Schicht nicht dicker als 15 cm sein. Die Schichten müssen durch Hand- oder besser Maschinenstampfer so lange verdichtet werden, bis der Beton weich wird und eine geschlossene Oberfläche erhält. Die einzelnen Schichten sollen dabei möglichst rechtwinklig zu der im Bauwerk auftretenden Druckrichtung verlaufen und in Druckrichtung gestampft werden. Wo dies nicht möglich ist, muß die Konsistenz mindestens K 2 entsprechen, damit gleichlaufend zur Druckrichtung keine Stampffugen entstehen.

Wird keine Arbeitsfuge vorgesehen, so darf beim Einbau in Lagen das Betonieren nur so lange unterbrochen werden, wie die zuletzt eingebrachte Betonschicht noch nicht erstarrt ist, so daß noch eine gute und gleichmäßige Verbindung zwischen beiden Betonschichten möglich ist. Bei Verwendung von Innenrüttlern muß die Rüttelflasche noch in die untere, bereits verdichtete Schicht eindringen (siehe DIN 4235).

Beim Verdichten von Fließbeton sind die Richtlinien für die Herstellung und Verarbeitung von Fließbeton zu beachten.

10.2.3 Arbeitsfugen

Die einzelnen Betonierabschnitte sind vor Beginn des Betonierens festzulegen. Arbeitsfugen sind so auszubilden, daß alle auftretenden Beanspruchungen aufgenommen werden können.

In den Arbeitsfugen muß für einen ausreichend festen und dichten Zusammenschluß der Betonschichten gesorgt werden. Verunreinigungen, Zementschlamm und nicht einwandfreier Beton sind vor dem Weiterbetonieren zu entfernen. Trockener älterer Beton ist vor dem Anbetonieren mehrere Tage lang feucht zu halten, um das Schwindgefälle zwischen jungem und altem Beton gering zu halten und um weitgehend zu verhindern, daß dem jungen Beton Wasser entzogen wird. Zum Zeitpunkt des Anbetonierens muß die Oberfläche des älteren Betons jedoch etwas abgetrocknet sein, damit sich der Zementleim des neu eingebrachten Betons mit dem älteren Beton gut verbinden kann.

Das Temperaturgefälle zwischen altem und neuem Beton kann dadurch gering gehalten werden, daß der alte Beton warm gehalten oder der neue gekühlt eingebracht wird.

Bei Bauwerken aus wasserundurchlässigem Beton sind auch die Arbeitsfugen wasserundurchlässig auszubilden.

Sinngemäß gelten die Bestimmungen dieses Abschnittes auch für ungewollte Arbeitsfugen, die z. B. durch Witterungseinflüsse oder Maschinenausfall entstehen.

Ausgabe Juli 1988

(2) Beton der Konsistenzen KS, KP oder KR (siehe Abschnitt 6.5.3) ist in der Regel durch Rütteln zu verdichten. Dabei sind DIN 4235 Teil 1 bis Teil 5 zu beachten. Oberflächenrüttler sind so langsam fortzubewegen, daß der Beton unter ihnen weich wird und die Betonoberfläche hinter ihnen geschlossen ist. Unter kräftig wirkenden Oberflächenrüttlern soll die Schicht nach dem Verdichten höchstens 20 cm dick sein. Bei Schalungsrüttlern ist die beschränkte Einwirkungstiefe zu beachten, die auch von der Ausbildung der Schalung abhängt.

(3) Beton der Konsistenz KR und — soweit erforderlich — der Konsistenz KF kann auch durch Stochern verdichtet werden. Dabei ist der Beton so durchzuarbeiten, daß die in ihm enthaltenen Luftblasen möglichst entweichen und der Beton ein gleichmäßig dichtes Gefüge erhält.

(4) Beton der Konsistenz KS kann durch Stampfen verdichtet werden. Dabei soll die fertiggestampfte Schicht nicht dicker als 15 cm sein. Die Schichten müssen durch Hand- oder Maschinenstampfer so lange verdichtet werden, bis der Beton weich wird und eine geschlossene Oberfläche erhält. Die einzelnen Schichten sollen dabei möglichst rechtwinklig zu der im Bauwerk auftretenden Druckrichtung verlaufen und in Druckrichtung gestampft werden. Wo dies nicht möglich ist, muß die Konsistenz mindestens KP entsprechen, damit gleichlaufend zur Druckrichtung keine Stampffugen entstehen.

(5) Wird keine Arbeitsfuge vorgesehen, so darf beim Einbau in Lagen das Betonieren nur so lange unterbrochen werden, bis die zuletzt eingebrachte Betonschicht noch nicht erstarrt ist, so daß noch eine gute und gleichmäßige Verbindung zwischen beiden Betonschichten möglich ist. Bei Verwendung von Innenrüttlern muß die Rüttelflasche noch in die untere, bereits verdichtete Schicht eindringen (siehe DIN 4235 Teil 2).

(6) Beim Verdichten von Fließbeton ist die „Richtlinie für Beton mit Fließmittel und für Fließbeton; Herstellung, Verarbeitung und Prüfung" zu beachten.

10.2.3 Arbeitsfugen

(1) Die einzelnen Betonierabschnitte sind vor Beginn des Betonierens festzulegen. Arbeitsfugen sind so auszubilden, daß alle auftretenden Beanspruchungen aufgenommen werden können.

(2) In den Arbeitsfugen muß für einen ausreichend festen und dichten Zusammenschluß der Betonschichten gesorgt werden. Verunreinigungen, Zementschlamm und nicht einwandfreier Beton sind vor dem Weiterbetonieren zu entfernen. Trockener älterer Beton ist vor dem Anbetonieren mehrere Tage lang feucht zu halten, um das Schwindgefälle zwischen jungem und altem Beton gering zu halten und um weitgehend zu verhindern, daß dem jungen Beton Wasser entzogen wird. Zum Zeitpunkt des Anbetonierens muß die Oberfläche des älteren Betons jedoch etwas abgetrocknet sein, damit sich der Zementleim des neu eingebrachten Betons mit dem älteren Beton gut verbinden kann.

(3) Das Temperaturgefälle zwischen altem und neuem Beton kann dadurch gering gehalten werden, daß der alte Beton warm gehalten oder der neue gekühlt eingebracht wird.

(4) Bei Bauwerken aus wasserundurchlässigem Beton sind auch die Arbeitsfugen wasserundurchlässig auszubilden.

(5) Sinngemäß gelten die Bestimmungen dieses Abschnitts auch für ungewollte Arbeitsfugen, die z.B. durch Witterungseinflüsse oder Maschinenausfall entstehen.

Ausgabe Dezember 1978 — DIN 1045 — Ausgabe Juli 1988

10.3 Nachbehandeln des Betons

Beton ist bis zum genügenden Erhärten gegen schädigende Einflüsse zu schützen, z. B. gegen starkes Abkühlen oder Erwärmen, Austrocknen (auch durch Wind), starken Regen, strömendes Wasser, chemische Angriffe, ferner gegen Schwingungen und Erschütterungen, sofern diese das Betongefüge lockern und die Verbundwirkung zwischen Bewehrung und Beton gefährden können. Dies gilt auch für Vergußmörtel und Beton der Verbindungsstellen von Fertigteilen.

Um das Schwinden des jungen Betons zu verzögern und seine Erhärtung auch an der Oberfläche zu gewährleisten, ist er ausreichend lange feucht zu halten oder gegen Austrocknen zu schützen. Dafür genügen im allgemeinen 7 Tage. Bauteile, die mit Zement der Festigkeitsklasse Z 25 hergestellt werden, müssen länger feucht gehalten werden. Auch mit Nachbehandlungsmitteln oder durch Abdecken, z. B. mit Kunststoff-Folie, kann ein zu rasches Austrocknen des Betons verhindert werden.

Das Erhärten des Betons kann durch eine betontechnologisch richtige Wärmebehandlung beschleunigt werden. Auch Teile, die wärmebehandelt wurden, sollen feucht gehalten werden, da die Erhärtung im allgemeinen am Ende der Wärmebehandlung noch nicht abgeschlossen ist und der Beton bei der Abkühlung sehr stark austrocknet.

10.4 Betonieren unter Wasser

Unter Wasser geschütteter Beton kommt in der Regel nur für unbewehrte Bauteile in Betracht und nur für das Einbringen mit ortsfesten Trichtern.

Unterwasserbeton muß Abschnitt 6.5.7.7 entsprechen. Er ist ohne Unterbrechung zügig einzubringen. In der Baugrube muß das Wasser ruhig, also ohne Strömung, stehen. Die Wasserstände innerhalb und außerhalb der Baugrube sollen sich ausgleichen können.

Bei Wassertiefen bis zu 1 m darf der Beton durch vorsichtiges Vortreiben mit natürlicher Böschung eingebracht werden. Der Beton darf sich hierbei nicht entmischen und muß beim Vortreiben über dem Wasserspiegel aufgeschüttet werden.

Bei Wassertiefen über 1 m ist der Beton so einzubringen, daß er nicht frei durch das Wasser fällt, der Zement nicht ausgewaschen wird und sich möglichst keine Trennschichten aus Zementschlamm bilden.

Für untergeordnete Bauteile darf der Beton mit Klappkästen oder fahrbaren Trichtern auf der Gründungssohle bzw. auf der Oberfläche der einzelnen Betonschichten lagenweise geschüttet werden.

Mit ortsfesten Trichtern oder solchen geschlossenen Behältern, die vor dem Entleeren ausreichend tief in den noch nicht erstarrten Beton eintauchen, dürfen Bauteile aller Art in gut gedichteter Schalung hergestellt werden.

Die Trichter müssen in den eingebrachten Beton ständig ausreichend eintauchen, so daß der aus dem Trichter nachdringende Beton den zuvor eingebrachten seitlich und aufwärts verdrängt, ohne daß er mit dem Wasser in Berührung kommt. Die Abstände der ortsfesten Trichter sind so zu wählen, daß die seitlichen Fließwege des Betons möglichst kurz sind.

Beim Betonieren wird der Trichter vorsichtig hochgezogen; auch dabei muß das Trichterrohr ständig ausreichend tief im Beton stecken. Werden mehrere Trichter angeordnet, so sind sie gleichzeitig und gleichmäßig mit Beton zu beschicken.

10.3 Nachbehandeln des Betons

(1) Beton ist bis zum genügenden Erhärten seiner oberflächennahen Schichten gegen schädigende Einflüsse zu schützen, z. B. gegen starkes Abkühlen oder Erwärmen, Austrocknen (auch durch Wind), starken Regen, strömendes Wasser, chemische Angriffe, ferner gegen Schwingungen und Erschütterungen, sofern diese das Betongefüge lockern und die Verbundwirkung zwischen Bewehrung und Beton gefährden können. Dies gilt auch für Vergußmörtel und Beton der Verbindungsstellen von Fertigteilen.

(2) Um den frisch eingebrachten Beton gegen vorzeitiges Austrocknen zu schützen und eine ausreichende Erhärtung der oberflächennahen Bereiche unter Baustellenbedingungen sicherzustellen, ist er ausreichend lange feucht zu halten. Dabei sind die Einflüsse, welchen der Beton im Laufe der Nutzung des Bauwerks ausgesetzt ist, zu berücksichtigen. Die erforderliche Dauer richtet sich in erster Linie nach der Festigkeitsentwicklung des Betons und den Umgebungsbedingungen während der Erhärtung. Die „Richtlinie zur Nachbehandlung von Beton" ist dabei zu beachten.

(3) Das Erhärten des Betons kann durch eine betontechnologisch richtige Wärmebehandlung beschleunigt werden. Auch Teile, die wärmebehandelt wurden, sollen feucht gehalten werden, da die Erhärtung im allgemeinen am Ende der Wärmebehandlung noch nicht abgeschlossen ist und der Beton bei der Abkühlung sehr stark austrocknet (vergleiche „Richtlinie über Wärmebehandlung von Beton und Dampfmischen").

10.4 Betonieren unter Wasser

(1) Unter Wasser geschütteter Beton kommt in der Regel nur für unbewehrte Bauteile in Betracht und nur für das Einbringen mit ortsfesten Trichtern.

(2) Unterwasserbeton muß Abschnitt 6.5.7.8 entsprechen. Er ist ohne Unterbrechung zügig einzubringen. In der Baugrube muß das Wasser ruhig, also ohne Strömung, stehen. Die Wasserstände innerhalb und außerhalb der Baugrube sollen sich ausgleichen können.

(3) Bei Wassertiefen bis zu 1 m darf der Beton durch vorsichtiges Vortreiben mit natürlicher Böschung eingebracht werden. Der Beton darf sich hierbei nicht entmischen und muß beim Vortreiben über dem Wasserspiegel aufgeschüttet werden.

(4) Bei Wassertiefen über 1 m ist der Beton so einzubringen, daß er nicht frei durch das Wasser fällt, der Zement nicht ausgewaschen wird und sich möglichst keine Trennschichten aus Zementschlamm bilden.

(5) Für untergeordnete Bauteile darf der Beton mit Klappkästen oder fahrbaren Trichtern auf der Gründungssohle oder auf der Oberfläche der einzelnen Betonschichten lagenweise geschüttet werden.

(6) Mit ortsfesten Trichtern oder solchen geschlossenen Behältern, die vor dem Entleeren ausreichend tief in den noch nicht erstarrten Beton eintauchen, dürfen Bauteile aller Art in gut gedichteter Schalung hergestellt werden.

(7) Die Trichter müssen in den eingebrachten Beton ständig ausreichend eintauchen, so daß der aus dem Trichter nachdringende Beton den zuvor eingebrachten seitlich und aufwärts verdrängt, ohne daß er mit dem Wasser in Berührung kommt. Die Abstände der ortsfesten Trichter sind so zu wählen, daß die seitlichen Fließwege des Betons möglichst kurz sind.

(8) Beim Betonieren wird der Trichter vorsichtig hochgezogen; auch dabei muß das Trichterrohr ständig ausreichend tief im Beton stecken. Werden mehrere Trichter angeordnet, so sind sie gleichzeitig und gleichmäßig mit Beton zu beschicken.

Ausgabe Dezember 1978	Ausgabe Juli 1988
Der Beton ist beim Einbringen in die Trichter oder anderen Behälter durch Tauchrüttler zu verdichten (entlüften).	(9) Der Beton ist beim Einbringen in die Trichter oder anderen Behälter durch Tauchrüttler zu verdichten (entlüften).
Unterwasserbeton darf auch dadurch hergestellt werden, daß ein schwer entmischbarer Mörtel von unten her in eine Zuschlagschüttung mit geeignetem Kornaufbau (z. B. ohne Fein- und Mittelkorn) eingepreßt wird. Die Mörteloberfläche soll dabei gleichmäßig hoch steigen.	(10) Unterwasserbeton darf auch dadurch hergestellt werden, daß ein schwer entmischbarer Mörtel von unten her in eine Zuschlagschüttung mit geeignetem Kornaufbau (z. B. ohne Fein- und Mittelkorn) eingepreßt wird. Die Mörteloberfläche soll dabei gleichmäßig hoch steigen.
11 Betonieren bei kühler Witterung und bei Frost	**11 Betonieren bei kühler Witterung und bei Frost**
11.1 Erforderliche Temperatur des frischen Betons	**11.1 Erforderliche Temperatur des frischen Betons**
Bei kühler Witterung und bei Frost ist der Beton wegen der Erhärtungsverzögerung und der Möglichkeit der bleibenden Beeinträchtigung der Betoneigenschaften mit einer bestimmten Mindesttemperatur einzubringen. Dies gilt auch für Transportbeton. Der eingebrachte Beton ist eine gewisse Zeit gegen Wärmeverluste, Durchfrieren und Austrocknen zu schützen.	(1) Bei kühler Witterung und bei Frost ist der Beton wegen der Erhärtungsverzögerung und der Möglichkeit der bleibenden Beeinträchtigung der Betoneigenschaften mit einer bestimmten Mindesttemperatur einzubringen. Dies gilt auch für Transportbeton. Der eingebrachte Beton ist eine gewisse Zeit gegen Wärmeverluste, Durchfrieren und Austrocknen zu schützen.
Bei Lufttemperaturen zwischen +5 und −3 °C darf die Temperatur des Betons beim Einbringen +5 °C nicht unterschreiten. Sie darf +10 °C nicht unterschreiten, wenn der Zementgehalt im Beton kleiner ist als 240 kg/m³ oder wenn Zemente niedriger Hydratationswärme verwendet werden oder Mischbinder verwendet werden.	(2) Bei Lufttemperaturen zwischen +5 und −3 °C darf die Temperatur des Betons beim Einbringen +5 °C nicht unterschreiten. Sie darf +10 °C nicht unterschreiten, wenn der Zementgehalt im Beton kleiner ist als 240 kg/m³ oder wenn Zemente mit niedriger Hydratationswärme verwendet werden.
Bei Lufttemperaturen unter −3 °C muß die Betontemperatur beim Einbringen mindestens +10 °C betragen. Sie soll anschließend wenigstens 3 Tage auf mindestens +10 °C gehalten werden. Anderenfalls ist der Beton so lange zu schützen, bis eine ausreichende Festigkeit erreicht ist.	(3) Bei Lufttemperaturen unter −3 °C muß die Betontemperatur beim Einbringen mindestens +10 °C betragen. Sie soll anschließend wenigstens 3 Tage auf mindestens +10 °C gehalten werden. Anderenfalls ist der Beton so lange zu schützen, bis eine ausreichende Festigkeit erreicht ist.
Die Frischbetontemperatur darf +30 °C nicht überschreiten.	(4) Die Frischbetontemperatur darf im allgemeinen +30 °C nicht überschreiten (siehe Abschnitt 9.4.1).
Bei Anwendung des Betonmischens mit Dampfzuführung darf die Frischbetontemperatur +30 °C überschreiten (siehe Merkblatt für die Anwendung des Betonmischens mit Dampfzuführung).	(5) Bei Anwendung des Betonmischens mit Dampfzuführung darf die Frischbetontemperatur +30 °C überschreiten (siehe „Richtlinie über Wärmebehandlung von Beton und Dampfmischen").
Junger Beton mit einem Zementgehalt von mindestens 270 kg/m³ und einem w/z-Wert von höchstens 0,60, der vor starkem Feuchtigkeitszutritt (z. B. Niederschlägen) geschützt wird, darf in der Regel erst dann durchfrieren, wenn seine Temperatur bei Verwendung von rasch erhärtendem Zement (Z 35 F, Z 45 L, Z 45 F und Z 55) vorher wenigstens 3 Tage lang +10 °C nicht unterschritten oder wenn er bereits eine Druckfestigkeit von 5,0 N/mm² erreicht hat (wegen der Erhärtungsprüfung siehe Abschnitt 7.4.4).	(6) Junger Beton mit einem Zementgehalt von mindestens 270 kg/m³ und einem w/z-Wert von höchstens 0,60, der vor starkem Feuchtigkeitszutritt (z. B. Niederschlägen) geschützt wird, darf in der Regel erst dann durchfrieren, wenn seine Temperatur bei Verwendung von rasch erhärtendem Zement (Z 35 F, Z 45 L, Z 45 F und Z 55) vorher wenigstens 3 Tage +10 °C nicht unterschritten oder wenn er bereits eine Druckfestigkeit von 5,0 N/mm² erreicht hat (wegen der Erhärtungsprüfung siehe Abschnitt 7.4.4).
11.2 Schutzmaßnahmen	**11.2 Schutzmaßnahmen**
Die im Einzelfall erforderlichen Schutzmaßnahmen hängen in erster Linie von den Witterungsbedingungen, den Ausgangsstoffen und der Zusammensetzung des Betons sowie von der Art und den Maßen der Bauteile und der Schalung ab.	(1) Die im Einzelfall erforderlichen Schutzmaßnahmen hängen in erster Linie von den Witterungsbedingungen, den Ausgangsstoffen und der Zusammensetzung des Betons sowie von der Art und den Maßen der Bauteile und der Schalung ab.
An gefrorene Betonteile darf nicht anbetoniert werden. Durch Frost geschädigter Beton ist vor dem Weiterbetonieren zu entfernen. Betonzuschlag darf nicht in gefrorenem Zustande verwendet werden.	(2) An gefrorene Betonteile darf nicht anbetoniert werden. Durch Frost geschädigter Beton ist vor dem Weiterbetonieren zu entfernen. Betonzuschlag darf nicht in gefrorenem Zustand verwendet werden.
Wenn nötig, sind das Wasser und − soweit erforderlich − auch der Betonzuschlag vorzuwärmen. Hierbei ist die Frischbetontemperatur nach Abschnitt 11.1 zu beachten. Wasser mit einer Temperatur von mehr als 70 °C ist zuerst mit dem Betonzuschlag zu mischen, bevor Zement zugegeben wird. Vor allem bei feingliedrigen Bauteilen empfiehlt es sich, den Zementgehalt zu erhöhen oder Zement höherer Festigkeitsklasse zu verwenden oder beides zu tun.	(3) Wenn nötig, sind das Wasser und − soweit erforderlich − auch der Betonzuschlag vorzuwärmen. Hierbei ist die Frischbetontemperatur nach Abschnitt 11.1 zu beachten. Wasser mit einer Temperatur von mehr als +70 °C ist zuerst mit dem Betonzuschlag zu mischen, bevor Zement zugegeben wird. Vor allem bei feingliedrigen Bauteilen empfiehlt es sich, den Zementgehalt zu erhöhen oder Zement höherer Festigkeitsklasse zu verwenden oder beides zu tun.

Die Wärmeverluste des eingebrachten Betons sind möglichst gering zu halten, z. B. durch wärmedämmendes Abdecken der luftberührten frischen Betonflächen, Verwendung wärmedämmender Schalungen, späteres Ausschalen, Umschließen des Arbeitsplatzes, Zuführung von Wärme. Dabei darf dem Beton das zum Erhärten notwendige Wasser nicht entzogen werden.

Die erforderlichen Maßnahmen sind so rechtzeitig vorzubereiten, daß sie bei Bedarf sofort angewendet werden können.

12 Schalungen, Schalungsgerüste, Ausschalen und Hilfsstützen

12.1 Bemessung der Schalung

Die Schalung und die sie stützende Konstruktion aus Schalungsträgern, Kanthölzern, Ankern usw. sind so zu bemessen, daß sie alle lotrechten und waagerechten Kräfte sicher aufnehmen können, wobei auch der Einfluß der Schüttgeschwindigkeit und die Art der Verdichtung des Betons zu berücksichtigen sind. Für Stützen und Wände, die höher als 3 m sind, ist die Schüttgeschwindigkeit auf die Tragfähigkeit der Schalung abzustimmen.

Für die Bemessung ist neben der Tragfähigkeit oft die Durchbiegung maßgebend. Ausziehbare Schalungsträger und -stützen müssen ein Prüfzeichen besitzen. Sie dürfen nur nach den Regeln eingebaut und belastet werden, die im Bescheid zum Prüfzeichen enthalten sind.

12.2 Bauliche Durchbildung

Die Schalung soll so dicht sein, daß der Feinmörtel des Betons beim Einbringen und Verdichten nicht aus den Fugen fließt. Holzschalung soll nicht zu lange ungeschützt Sonne und Wind ausgesetzt werden. Sie ist rechtzeitig vor dem Betonieren ausgiebig zu nässen.

Die Schalung und die Formen – besonders für Stahlbetonfertigteile – müssen möglichst maßgenau hergestellt werden. Sie sind – vor allem für das Verdichten mit Rüttelgeräten oder auf Rütteltischen – kräftig und gut versteift auszubilden und gegen Verformungen während des Betonierens und Verdichtens zu sichern.

Die Schalungen sind vor dem Betonieren zu säubern. Reinigungsöffnungen sind vor allem am Fuß von Stützen und Wänden, am Ansatz von Auskragungen und an der Unterseite von tiefen Balkenschalungen anzuordnen.

Ungeeignete Trennmittel können die Betonoberfläche verunreinigen, ihre Festigkeit herabsetzen und die Haftung von Putz und anderen Beschichtungen vermindern.

12.3 Ausrüsten und Ausschalen

12.3.1 Ausschalfristen

Ein Bauteil darf erst dann ausgerüstet oder ausgeschalt werden, wenn der Beton ausreichend erhärtet ist (siehe Abschnitt 7.4.4), bei Frost nicht etwa nur hartgefroren ist und wenn der Bauleiter des Unternehmens das Ausrüsten und Ausschalen angeordnet hat. Der Bauleiter darf das Ausrüsten oder Ausschalen nur anordnen, wenn er sich von der ausreichenden Festigkeit des Betons überzeugt hat.

Als ausreichend erhärtet gilt der Beton, wenn das Bauteil eine solche Festigkeit erreicht hat, daß es alle zur Zeit des Ausrüstens oder Ausschalens angreifenden Lasten mit der in dieser Norm vorgeschriebenen Sicherheit (siehe Abschnitt 17.2.2) aufnehmen kann.

Besondere Vorsicht ist geboten bei Bauteilen, die schon nach dem Ausrüsten nahezu die volle rechnungsmäßige Last tragen (z. B. bei Dächern oder bei Geschoßdecken, die durch noch nicht erhärtete obere Decken belastet sind).

---

(4) Die Wärmeverluste des eingebrachten Betons sind möglichst gering zu halten, z. B. durch wärmedämmendes Abdecken der luftberührten frischen Betonflächen, Verwendung wärmedämmender Schalungen, späteres Ausschalen, Umschließen des Arbeitsplatzes, Zuführung von Wärme. Dabei darf dem Beton das zum Erhärten notwendige Wasser nicht entzogen werden.

(5) Die erforderlichen Maßnahmen sind so rechtzeitig vorzubereiten, daß sie bei Bedarf sofort angewendet werden können.

12 Schalungen, Schalungsgerüste, Ausschalen und Hilfsstützen

12.1 Bemessung der Schalung

(1) Die Schalung und die sie stützende Konstruktion aus Schalungsträgern, Kanthölzern, Ankern usw. sind so zu bemessen, daß sie alle lotrechten und waagerechten Kräfte sicher aufnehmen können, wobei auch der Einfluß der Schüttgeschwindigkeit und die Art der Verdichtung des Betons zu berücksichtigen sind. Für Stützen und Wände, die höher als 3 m sind, ist die Schüttgeschwindigkeit auf die Tragfähigkeit der Schalung abzustimmen.

(2) Für die Bemessung ist neben der Tragfähigkeit oft die Durchbiegung maßgebend. Ausziehbare Schalungsträger und -stützen müssen ein Prüfzeichen besitzen. Sie dürfen nur nach den Regeln eingebaut und belastet werden, die im Bescheid zum Prüfzeichen enthalten sind.

12.2 Bauliche Durchbildung

(1) Die Schalung soll so dicht sein, daß der Feinmörtel des Betons beim Einbringen und Verdichten nicht aus den Fugen fließt. Holzschalung soll nicht zu lange ungeschützt Sonne und Wind ausgesetzt werden. Sie ist rechtzeitig vor dem Betonieren ausgiebig zu nässen.

(2) Die Schalung und die Formen – besonders für Stahlbetonfertigteile – müssen möglichst maßgenau hergestellt werden. Sie sind – vor allem für das Verdichten mit Rüttelgeräten oder auf Rütteltischen – kräftig und gut versteift auszubilden und gegen Verformungen während des Betonierens und Verdichtens zu sichern.

(3) Die Schalungen sind vor dem Betonieren zu säubern. Reinigungsöffnungen sind vor allem am Fuß von Stützen und Wänden, am Ansatz von Auskragungen und an der Unterseite von tiefen Balkenschalungen anzuordnen.

(4) Ungeeignete Trennmittel können die Betonoberfläche verunreinigen, ihre Festigkeit herabsetzen und die Haftung von Putz und anderen Beschichtungen vermindern.

12.3 Ausrüsten und Ausschalen

12.3.1 Ausschalfristen

(1) Ein Bauteil darf erst dann ausgerüstet oder ausgeschalt werden, wenn der Beton ausreichend erhärtet ist (siehe Abschnitt 7.4.4), bei Frost nicht etwa nur hartgefroren ist und wenn der Bauleiter des Unternehmens das Ausrüsten und Ausschalen angeordnet hat. Der Bauleiter darf das Ausrüsten oder Ausschalen nur anordnen, wenn er sich von der ausreichenden Festigkeit des Betons überzeugt hat.

(2) Als ausreichend erhärtet gilt der Beton, wenn das Bauteil eine solche Festigkeit erreicht hat, daß es alle zur Zeit des Ausrüstens oder Ausschalens angreifenden Lasten mit der in dieser Norm vorgeschriebenen Sicherheit (siehe Abschnitt 17.2.2) aufnehmen kann.

(3) Besondere Vorsicht ist geboten bei Bauteilen, die schon nach dem Ausrüsten nahezu die volle rechnungsmäßige Belastung tragen (z. B. bei Dächern oder bei Geschoßdecken, die durch noch nicht erhärtete obere Decken belastet sind).

Ausgabe Dezember 1978

Das gleiche gilt für Beton, der nach dem Einbringen niedrigen Temperaturen ausgesetzt war.

War die Temperatur des Betons seit seinem Einbringen stets mindestens +5 °C, so können für das Ausschalen und Ausrüsten im allgemeinen die Fristen der Tabelle 8 als Anhaltswerte angesehen werden. Andere Fristen können notwendig bzw. angemessen sein, wenn die nach Abschnitt 7.4.4 ermittelte Festigkeit des Betons noch gering ist. Die Fristen der Spalten 3 und 4 dieser Tabelle gelten – bezogen auf das Einbringen des Ortbetons – als Anhaltswerte auch für Montagestützen unter Stahlbetonfertigteilen, wenn diese Fertigteile durch Ortbeton ergänzt werden und die Tragfähigkeit der so zusammengesetzten Bauteile von der Festigkeitsentwicklung des Ortbetons abhängig ist (siehe z. B. Abschnitt 19.4 und 19.7.6).

Die Ausschalfristen sind gegenüber der Tabelle 8 zu vergrößern, u. U. zu verdoppeln, wenn die Betontemperatur in der Erhärtungszeit überwiegend unter +5 °C lag. Tritt während des Erhärtens Frost ein, so sind die Ausschal- und Ausrüstfristen für ungeschützten Beton mindestens um die Dauer des Frostes zu verlängern (siehe Abschnitt 11).

Tabelle 8. **Ausschalfristen (Anhaltswerte)**

	1	2	3	4
	Festigkeitsklasse des Zements	Für die seitliche Schalung der Balken und für die Schalung der Wände und Stützen	Für die Schalung der Deckenplatten	Für die Rüstung (Stützung) der Balken, Rahmen und weitgespannten Platten
		Tage	Tage	Tage
1	Z 25	4	10	28
2	Z 35 L	3	8	20
3	Z 35 F und Z 45 L	2	5	10
4	Z 45 F und Z 55	1	3	6

Für eine Verlängerung der Fristen kann außerdem das Bestreben bestimmend sein, die Bildung von Rissen – vor allem bei Bauteilen mit sehr verschiedener Querschnittsdicke oder Temperatur – zu vermindern oder zu vermeiden oder die Kriechverformungen zu vermindern, z. B. auch infolge verzögerter Festigkeitsentwicklung.

Bei Verwendung von Gleit- oder Kletterschalungen kann in der Regel von kürzeren Fristen, als in der Tabelle 8 angegeben, ausgegangen werden.

Stützen, Pfeiler und Wände sollen vor den von ihnen gestützten Balken und Platten ausgeschalt werden. Rüstungen, Schalungsstützen und frei tragende Deckenschalungen (Schalungsträger) sind vorsichtig durch Lösen der Ausrüstvorrichtungen abzusenken. Es ist unzulässig, diese ruckartig wegzuschlagen oder abzuzwängen. Erschütterungen sind zu vermeiden.

12.3.2 Hilfsstützen

Um die Durchbiegungen infolge von Kriechen und Schwinden kleinzuhalten, sollen Hilfsstützen stehenbleiben oder sofort nach dem Ausschalen gestellt werden. Das gilt auch für die im 4. Absatz des Abschnitts 12.3.1 genannten Bauteile aus Fertigteilen und Ortbeton.

Ausgabe Juli 1988

(4) Das gleiche gilt für Beton, der nach dem Einbringen niedrigen Temperaturen ausgesetzt war.

(5) War die Temperatur des Betons seit seinem Einbringen stets mindestens +5 °C, so können für das Ausschalen und Ausrüsten im allgemeinen die Fristen der Tabelle 8 als Anhaltswerte angesehen werden. Andere Fristen können notwendig oder angemessen sein, wenn die nach Abschnitt 7.4.4 ermittelte Festigkeit des Betons noch gering ist. Die Fristen der Tabelle 8, Spalten 3 oder 4, gelten – bezogen auf das Einbringen des Ortbetons – als Anhaltswerte auch für Montagestützen unter Stahlbetonfertigteilen, wenn diese Fertigteile durch Ortbeton ergänzt werden und die Tragfähigkeit der so zusammengesetzten Bauteile von der Festigkeitsentwicklung des Ortbetons abhängig ist (siehe z. B. Abschnitte 19.4 und 19.7.6).

(6) Die Ausschalfristen sind gegenüber der Tabelle 8 zu vergrößern, unter Umständen zu verdoppeln, wenn die Betontemperatur in der Erhärtungszeit überwiegend unter +5 °C lag. Tritt während des Erhärtens Frost ein, so sind die Ausschal- und Ausrüstfristen für ungeschützten Beton mindestens um die Dauer des Frostes zu verlängern (siehe Abschnitt 11).

Tabelle 8. **Ausschalfristen (Anhaltswerte)**

	1	2	3	4
	Festigkeitsklasse des Zements	Für die seitliche Schalung der Balken und für die Schalung der Wände und Stützen	Für die Schalung der Deckenplatten	Für die Rüstung (Stützung) der Balken, Rahmen und weitgespannten Platten
		Tage	Tage	Tage
1	Z 25	4	10	28
2	Z 35 L	3	8	20
3	Z 35 F Z 45 L	2	5	10
4	Z 45 F Z 55	1	3	6

(7) Für eine Verlängerung der Fristen kann außerdem das Bestreben bestimmend sein, die Bildung von Rissen – vor allem bei Bauteilen mit sehr verschiedener Querschnittsdicke oder Temperatur – zu vermindern oder zu vermeiden oder die Kriechverformungen zu vermindern, z. B. auch infolge verzögerter Festigkeitsentwicklung.

(8) Bei Verwendung von Gleit- oder Kletterschalungen kann in der Regel von kürzeren Fristen, als in der Tabelle 8 angegeben ausgegangen werden.

(9) Stützen, Pfeiler und Wände sollen vor den von ihnen gestützten Balken und Platten ausgeschalt werden. Rüstungen, Schalungsstützen und frei tragende Deckenschalungen (Schalungsträger) sind vorsichtig durch Lösen der Ausrüstvorrichtungen abzusenken. Es ist unzulässig, diese ruckartig wegzuschlagen oder abzuzwängen. Erschütterungen sind zu vermeiden.

12.3.2 Hilfsstützen

(1) Um die Durchbiegungen infolge von Kriechen und Schwinden klein zu halten, sollen Hilfsstützen stehenbleiben oder sofort nach dem Ausschalen gestellt werden. Das gilt auch für die in Abschnitt 12.3.1 (5) genannten Bauteile aus Fertigteilen und Ortbeton.

Ausgabe Dezember 1978

Hilfsstützen sollen möglichst lange stehenbleiben, besonders bei Bauteilen, die schon nach dem Ausschalen einen großen Teil ihrer rechnungsmäßigen Last erhalten oder die frühzeitig ausgeschalt werden. Die Hilfsstützen sollen in den einzelnen Stockwerken übereinander angeordnet werden.

Bei Platten und Balken mit Stützweiten bis etwa 8 m genügen Hilfsstützen in der Mitte der Stützweite. Bei größeren Stützweiten sind mehr Hilfsstützen zu stellen. Bei Platten mit weniger als 3 m Stützweite sind Hilfsstützen in der Regel entbehrlich.

12.3.3 Belastung frisch ausgeschalter Bauteile

Läßt sich eine Benutzung von Bauteilen, namentlich von Decken, in den ersten Tagen nach dem Herstellen oder Ausschalen nicht vermeiden, so ist besondere Vorsicht geboten. Keineswegs dürfen auf frisch hergestellten Decken Steine, Balken, Bretter, Träger usw. abgeworfen oder abgekippt oder in unzulässiger Menge gestapelt werden.

13 Einbau und Betondeckung der Bewehrung

13.1 Einbau der Bewehrung

Vor der Verwendung ist der Stahl von Bestandteilen, die den Verbund beeinträchtigen können, wie z. B. Schmutz, Fett, Eis und losem Rost, zu befreien. Besondere Sorgfalt ist darauf zu verwenden, daß die Stahleinlagen die den Bewehrungszeichnungen (siehe Abschnitt 3.2) entsprechende Form (auch Krümmungsdurchmesser), Länge und Lage (siehe Abschnitt 18) erhalten. Bei Verwendung von Innenrüttlern für das Verdichten des Betons ist die Bewehrung so anzuordnen, daß die Innenrüttler an allen erforderlichen Stellen eingeführt werden können (Rüttellücken).

Die Zug- und die Druckbewehrung (Hauptbewehrung) sind mit den Quer- und Verteilerstäben oder Bügeln durch Bindedraht zu verbinden. Diese Verbindungen dürfen bei vorwiegend ruhender Belastung durch Schweißung ersetzt werden, soweit dies nach Tabelle 6 und DIN 4099 zulässig ist.

Die Stahleinlagen sind zu einem steifen Gerippe zu verbinden und durch Abstandhalter, die den Korrosionsschutz nicht beeinträchtigen, in ihrer vorgesehenen Lage so festzulegen, daß sie sich beim Einbringen und Verdichten des Betons nicht verschieben.

Die obere Bewehrung ist gegen Herunterdrücken zu sichern.

Bei Fertigteilen muß die Bewehrung wegen der oft geringen Auflagertiefen besonders genau abgelängt und vor allem an den Auflager- und Gelenkpunkten besonders sorgfältig eingebaut werden.

Wird ein Bauteil mit Stahleinlagen auf der Unterseite unmittelbar auf dem Baugrund hergestellt (z. B. Fundamentplatte), so ist dieser vorher mit einer mindestens 5 cm dicken Betonschicht oder mit einer gleichwertigen Schicht abzudecken (Sauberkeitsschicht).

Für die Verwendung von verzinkten Bewehrungen gilt Abschnitt 1.2. Verzinkte Stahlteile dürfen nicht mit Bewehrung in Verbindung stehen.

13.2 Betondeckung der Bewehrung

13.2.1 Allgemeine Bestimmungen und Überdeckungsmaße

Der Verbund zwischen Bewehrung und Beton ist durch eine ausreichend dicke, dichte Betondeckung zu sichern. Sie muß in der Lage sein, den Stahl dauerhaft gegen Korrosion zu schützen.

Ausgabe Juli 1988

(2) Hilfsstützen sollen möglichst lange stehen bleiben, besonders bei Bauteilen, die schon nach dem Ausschalen einen großen Teil ihrer rechnungsmäßigen Last erhalten oder die frühzeitig ausgeschalt werden. Die Hilfsstützen sollen in den einzelnen Stockwerken übereinander angeordnet werden.

(3) Bei Platten und Balken mit Stützweiten bis etwa 8 m genügen Hilfsstützen in der Mitte der Stützweite. Bei größeren Stützweiten sind mehr Hilfsstützen zu stellen. Bei Platten mit weniger als 3 m Stützweite sind Hilfsstützen in der Regel entbehrlich.

12.3.3 Belastung frisch ausgeschalter Bauteile

Läßt sich eine Benutzung von Bauteilen, namentlich von Decken, in den ersten Tagen nach dem Herstellen oder Ausschalen nicht vermeiden, so ist besondere Vorsicht geboten. Keineswegs dürfen auf frisch hergestellten Decken Steine, Balken, Bretter, Träger usw. abgeworfen oder abgekippt oder in unzulässiger Menge gestapelt werden.

13 Einbau der Bewehrung und Betondeckung

13.1 Einbau der Bewehrung

(1) Vor der Verwendung ist der Stahl von Bestandteilen, die den Verbund beeinträchtigen können, wie z. B. Schmutz, Fett, Eis und losem Rost, zu befreien. Besondere Sorgfalt ist darauf zu verwenden, daß die Stahleinlagen die den Bewehrungszeichnungen (siehe Abschnitt 3.2) entsprechende Form (auch Krümmungsdurchmesser), Länge und Lage (siehe Abschnitt 18) erhalten. Bei Verwendung von Innenrüttlern für das Verdichten des Betons ist die Bewehrung so anzuordnen, daß die Innenrüttler an allen erforderlichen Stellen eingeführt werden können (Rüttellücken).

(2) Die Zug- und die Druckbewehrung (Hauptbewehrung) sind mit den Quer- und Verteilerstäben oder Bügeln durch Bindedraht zu verbinden. Diese Verbindungen dürfen bei vorwiegend ruhender Belastung durch Schweißung ersetzt werden, soweit dies nach Tabelle 6 und DIN 4099 zulässig ist.

(3) Die Stahleinlagen sind zu einem steifen Gerippe zu verbinden und durch Abstandhalter, deren Dicke dem Nennmaß der Betondeckung nach Abschnitt 13.2.1 (3) entspricht und die den Korrosionsschutz nicht beeinträchtigen, in ihrer vorgesehenen Lage so festzulegen, daß sie sich beim Einbringen und Verdichten des Betons nicht verschieben.

(4) Die obere Bewehrung ist gegen Herunterdrücken zu sichern.

(5) Bei Fertigteilen muß die Bewehrung wegen der oft geringen Auflagertiefen besonders genau abgelängt und vor allem an den Auflager- und Gelenkpunkten besonders sorgfältig eingebaut werden.

(6) Wird ein Bauteil mit Stahleinlagen auf der Unterseite unmittelbar auf dem Baugrund hergestellt (z. B. Fundamentplatte), so ist dieser vorher mit einer mindestens 5 cm dicken Betonschicht oder mit einer gleichwertigen Schicht abzudecken (Sauberkeitsschicht).

(7) Für die Verwendung von verzinkten Bewehrungen gilt Abschnitt 1.2. Verzinkte Stahlteile dürfen mit der Bewehrung in Verbindung stehen, wenn die Umgebungstemperatur an der Kontaktstelle + 40 °C nicht übersteigt.

Bild 5. ist entfallen.

13.2 Betondeckung

13.2.1 Allgemeine Bestimmungen

(1) Die Bewehrungsstäbe müssen zur Sicherung des Verbundes, des Korrosionsschutzes und zum Schutz gegen Brandeinwirkung ausreichend dick und dicht mit Beton ummantelt sein.

Tabelle 9. **Mindestmaße der Betondeckung, bezogen auf die Durchmesser der Bewehrung**

	1	2
	Stabdurchmesser mm	Betondeckung cm
1	bis 12	1,0
2	14 16 18	1,5
3	20 22	2,0
4	25 28	2,5
5	über 28	3,0

Die Betondeckung jedes Bewehrungsstabes, auch der Bügel, darf nach allen Seiten die Werte der Tabellen 9 und 10 nicht unterschreiten (siehe auch Bild 5), wobei jeweils der größere Wert maßgebend ist, soweit nicht nach Abschnitt 13.2.2 noch größere Maße oder andere Maßnahmen (siehe Abschnitt 13.3) in Betracht kommen.

Bei Bauteilen, die aus Fertigteilen und Ortbeton zusammengesetzt sind, gelten für die Betondeckung gegen die Außenflächen des endgültigen Bauteiles die jeweiligen Maße der Tabellen 9 und 10.
An solchen Flächen von Stahlbetonfertigteilen, an die Ortbeton mindestens der Festigkeitsklasse B 25 in einer Dicke von mindestens 1,5 cm unmittelbar anbetoniert und nach Abschnitt 10.2.2 verdichtet wird, darf im Fertigteil und im Ortbeton die Betondeckung der Bewehrung gegenüber den obengenannten Flächen auf die Hälfte der in Tabelle 10, Spalten 4 bis 6, angegebenen Maße, höchstens aber auf 1,0 cm, bei Fertigplatten mit statisch mitwirkender Ortbetonschicht nach Abschnitt 19.7.6 auf 0,5 cm vermindert werden. Die Mindestmaße der Tabelle 9 bleiben dabei unberücksichtigt.

(2) Die Betondeckung jedes Bewehrungsstabes, auch der Bügel, darf nach allen Seiten die Mindestmaße min c der Tabelle 10, Spalte 3, nicht unterschreiten, falls nicht nach Abschnitt 13.2.2 größere Maße oder andere Maßnahmen (siehe Abschnitt 13.3) erforderlich sind.
(Tabelle 9 ist entfallen)

(3) Zur Sicherstellung der Mindestmaße sind dem Entwurf und der Ausführung die Nennmaße nom c der Tabelle 10, Spalte 4, zugrunde zu legen. Die Nennmaße entsprechen den Verlegemaßen der Bewehrung. Sie setzen sich aus den Mindestmaßen min c und einem Vorhaltemaß zusammen, das in der Regel 1,0 cm beträgt.

(4) Werden bei der Verlegung besondere Maßnahmen (siehe z. B. „Merkblatt Betondeckung") getroffen, dürfen die in Tabelle 10, Spalte 4, angegebenen Nennmaße um 0,5 cm verringert werden. Absatz (2) ist dabei zu beachten.

(5) Bei Beton der Festigkeitsklasse B 35 und höher dürfen die Mindest- und Nennmaße um 0,5 cm verringert werden. Zur Sicherung des Verbundes dürfen die Mindestmaße jedoch nicht kleiner angesetzt werden als der Durchmesser der eingelegten Bewehrung oder als 1,0 cm. Bei Anwendung besonderer Maßnahmen nach Absatz (4) muß das Vorhaltemaß für die Umweltbedingungen nach Tabelle 10, Zeilen 2 bis 4, mindestens 0,5 cm betragen. Weitere Regelungen für besondere Anwendungsgebiete, z. B. werkmäßig hergestellte Betonmaste, Beton für Entwässerungsgegenstände, sind in Normen (siehe DIN 4035, DIN 4228 (z. Z. Entwurf), DIN 4281) festgelegt oder können aus den Angaben im DAfStb-Heft 400 abgeleitet werden.

(6) Das Nennmaß der Betondeckung ist auf den Bewehrungszeichnungen anzugeben (siehe Abschnitt 3.2.1) und den Standsicherheitsnachweisen zugrunde zu legen.

(7) Für Bauteile mit Umweltbedingungen nach Tabelle 10, Zeile 1, ist auch Beton der Festigkeitsklasse B 15 zulässig. Hierfür sind bei Stabdurchmessern $d_s \leq 12$ mm min $c = 1,5$ cm und nom $c = 2,5$ cm anzusetzen. Für größere Durchmesser gelten die entsprechenden Werte nach Tabelle 10, Zeile 1.

(8) An solchen Flächen von Stahlbetonfertigteilen, an die Ortbeton mindestens der Festigkeitsklasse B 25 in einer Dicke von mindestens 1,5 cm unmittelbar anbetoniert und nach Abschnitt 10.2.2 verdichtet wird, darf im Fertigteil und im Ortbeton das Mindestmaß der Betondeckung der Bewehrung gegenüber den obengenannten Flächen auf die Hälfte des Wertes nach Tabelle 10, höchstens jedoch auf 1,0 cm, bei Fertigteilplatten mit statisch mitwirkender Ortbetonschicht nach Abschnitt 19.7.6 auf 0,5 cm vermindert werden. Absatz (4) gilt hierbei nicht.

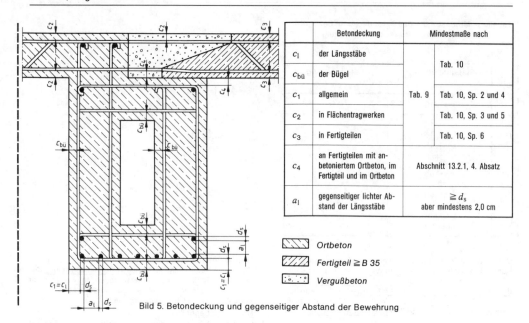

Bild 5. Betondeckung und gegenseitiger Abstand der Bewehrung

Tabelle 10. **Mindestmaße der Betondeckung in cm, bezogen auf die Umweltbedingungen**

	1	2	3	4	5	6
		Ortbeton und Fertigteile				werkmäßig hergestellte Fertigteile $\geq$ B 35
	Umweltbedingungen	B 15		$\geq$ B 25		
		allgemein	Flächentragwerke[27]	allgemein	Flächentragwerke[27]	
1	Bauteile in geschlossenen Räumen, z. B. in Wohnungen (einschließlich Küche, Bad und Waschküche), Büroräumen, Schulen, Krankenhäusern, Verkaufsstätten – soweit nicht im folgenden etwas anderes gesagt ist. Bauteile, die ständig unter Wasser verbleiben oder ständig trocken sind. Dächer mit einer wasserdichten Dachhaut für die Seite, auf der die Dachhaut liegt.	2,0	1,5	1,5	1,0	1,0
2	Bauteile im Freien und Bauteile, zu denen die Außenluft ständig Zugang hat, z. B. in offenen Hallen und auch in verschließbaren Garagen.	2,5	2,0	2,0	1,5	1,5
3	Bauteile in geschlossenen Räumen mit oft auftretender sehr hoher Luftfeuchte bei normaler Raumtemperatur, z. B. in gewerblichen Küchen, Bädern, Wäschereien, in Feuchträumen von Hallenbädern und in Viehställen. Bauteile, die wechselnder Durchfeuchtung ausgesetzt sind, z. B. durch häufige starke Tauwasserbildung oder in der Wasserwechselzone und Bauteile, die „schwachem" chemischen Angriff nach DIN 4030 ausgesetzt sind.	3,0	2,5	2,5	2,0	2,0
4	Bauteile, die besonders korrosionsfördernden Einflüssen ausgesetzt sind, z. B. durch ständige Einwirkung angreifender Gase oder Tausalze oder „starkem" chemischen Angriff nach DIN 4030 (siehe auch Abschnitt 13.3).	4,0	3,5	3,5	3,0	3,0
[27]) Flächentragwerke im Sinne dieser Tabelle sind Platten, Rippendecken, Stahlsteindecken, Scheiben, Schalen, Faltwerke und Wände.						

Tabelle 10. **Maße der Betondeckung in cm, bezogen auf die Umweltbedingungen (Korrosionsschutz) und die Sicherung des Verbundes**

		1	2	3	4
		Umweltbedingungen	Stabdurch-messer d_s mm	Mindestmaße für $\geq$ B 25 min c cm	Nennmaße für $\geq$ B 25 nom c cm
1		Bauteile in geschlossenen Räumen, z.B. in Wohnungen (einschließ-lich Küche, Bad und Waschküche), Büroräumen, Schulen, Kranken-häusern, Verkaufsstätten — soweit nicht im folgenden etwas anderes gesagt ist. Bauteile, die ständig trocken sind.	bis 12 14, 16 20 25 28	1,0 1,5 2,0 2,5 3,0	2,0 2,5 3,0 3,5 4,0
2		Bauteile, zu denen die Außenluft häufig oder ständig Zugang hat, z.B. offene Hallen und Garagen. Bauteile, die ständig unter Wasser oder im Boden verbleiben, soweit nicht Zeile 3 oder Zeile 4 oder andere Gründe maßgebend sind. Dächer mit einer wasserdichten Dachhaut für die Seite, auf der die Dachhaut liegt.	bis 20 25 28	2,0 2,5 3,0	3,0 3,5 4,0
3		Bauteile im Freien. Bauteile in geschlossenen Räumen mit oft auftretender, sehr hoher Luftfeuchte bei üblicher Raumtemperatur, z.B. in gewerblichen Küchen, Bädern, Wäschereien, in Feuchträumen von Hallenbädern und in Viehställen. Bauteile, die wechselnder Durchfeuchtung ausgesetzt sind, z.B. durch häufige starke Tauwasserbildung oder in der Wasserwechselzone. Bauteile, die „schwachem" chemischem Angriff nach DIN 4030 ausge-setzt sind.	bis 25 28	2,5 3,0	3,5 4,0
4		Bauteile, die besonders korrosionsfördernden Einflüssen auf Stahl oder Beton ausgesetzt sind, z.B. durch häufige Einwirkung angreifender Gase oder Tausalze (Sprühnebel- oder Spritzwasserbereich) oder durch „star-ken" chemischen Angriff nach DIN 4030 (siehe auch Abschnitt 13.3).	bis 28	4,0	5,0

Schichten aus natürlichen oder künstlichen Steinen, Holz oder haufwerkporigem Beton dürfen nicht auf die Betondeckung angerechnet werden.

13.2.2 Vergrößerung der Betondeckung

Die in Abschnitt 13.2.1 genannten Betondeckungsmaße sind bei Beton mit einem Größtkorn des Zuschlags von mehr als 32 mm um 0,5 cm zu vergrößern; sie sind auch um mindestens 0,5 cm zu vergrößern, wenn Gefahr besteht, daß der noch nicht hinreichend erhärtete Beton durch mechanische Einwirkungen (z. B. auch bei Verwendung von Gleit- oder Kletterschalungen) beschädigt wird. Eine Vergrößerung kann auch aus anderen Gründen, z. B. des Brandschutzes nach DIN 4102 notwendig sein. Bei besonders dicken Bauteilen, bei Betonflächen aus Waschbeton oder bei Flächen, die gesandstrahlt, steinmetzmäßig bearbeitet oder durch Verschleiß stark abgenutzt werden, ist die Betondeckung darüber hinaus angemessen zu vergrößern. Dabei ist die Tiefenwirkung der Bearbeitung und die durch sie verursachte Gefügestörung zu berücksichtigen.

13.3 Andere Schutzmaßnahmen

In Fällen der Tabelle 10, Zeile 4, können andere Schutzmaßnahmen in Betracht kommen, wie außenliegende Schutzschichten (z. B. nach DIN 4031, DIN 4122 oder DIN 4117)[28] oder Verkleidungen mit dichten Schichten, z. B. wasserundurchlässigem Zementputz; dabei sind aber mindestens die Angaben der Tabelle 10, Zeile 2, einzuhalten.

Die Schutzmaßnahmen sind auf die Art des Angriffs abzustimmen. Bauteile aus Stahlbeton, an die lösliche, die Korrosion fördernde Stoffe anschließen (z. B. chloridhaltige Magnesia-Estriche), müssen stets durch Sperrschichten von diesen getrennt werden.

In schwierigen Fällen empfiehlt es sich, Sachverständige heranzuziehen.

14 Bauteile und Bauwerke mit besonderen Beanspruchungen

14.1 Allgemeine Anforderungen

Für Bauteile, an deren Wasserundurchlässigkeit, Frostbeständigkeit oder Widerstand gegen chemische Angriffe, mechanische Angriffe oder langandauernde Hitze besondere Anforderungen gestellt werden, ist Beton mit den in Abschnitt 6.5.7 angegebenen besonderen Eigenschaften zu verwenden.

14.2 Bauteile in betonschädlichen Wässern und Böden nach DIN 4030

Der Beton muß den Bestimmungen des Abschnitts 6.5.7.4 entsprechen.

Betonschädliches Wasser soll von jungem Beton möglichst ferngehalten werden. Die Betonkörper sind möglichst in einem ununterbrochenen Arbeitsgang herzustellen und besonders sorgfältig nachzubehandeln. Scharfe Kanten sollen möglichst vermieden werden. Arbeitsfugen müssen wasserundurchlässig sein; im Bereich wechselnden Wasserstandes sind sie möglichst zu vermeiden. Bei Wasser, das den Beton chemisch „sehr stark" angreift (Angriffsgrade siehe DIN 4030) ist der Beton dauernd gegen diese Angriffe zu schützen, z. B. durch Sperrschichten nach DIN 4031 (siehe auch Abschnitt 13.3).

---

[28]) Vergleiche auch Merkblatt für Schutzüberzüge auf Beton bei sehr starken Angriffen auf Beton nach DIN 4030.

---

(9) Schichten aus natürlichen oder künstlichen Steinen, Holz oder Beton mit haufwerkporigem Gefüge dürfen nicht auf die Betondeckung angerechnet werden.

13.2.2 Vergrößerung der Betondeckung

(1) Die in Abschnitt 13.2.1 genannten Mindest- und Nennmaße der Betondeckung sind bei Beton mit einem Größtkorn des Betonzuschlags von mehr als 32 mm um 0,5 cm zu vergrößern; sie sind auch um mindestens 0,5 cm zu vergrößern, wenn die Gefahr besteht, daß der noch nicht hinreichend erhärtete Beton durch mechanische Einwirkungen beschädigt wird.

(2) Eine Vergrößerung kann auch aus anderen Gründen, z. B. des Brandschutzes nach DIN 4102 Teil 4, notwendig sein.

(3) Bei besonders dicken Bauteilen, bei Betonflächen aus Waschbeton oder bei Flächen, die z. B. gesandstrahlt, steinmetzmäßig bearbeitet oder durch Verschleiß stark abgenutzt werden, ist die Betondeckung darüber hinaus angemessen zu vergrößern. Dabei ist die Tiefenwirkung der Bearbeitung und die durch sie verursachte Gefügestörung zu berücksichtigen.

13.3 Andere Schutzmaßnahmen

(1) Bei Umweltbedingungen der Tabelle 10, Zeilen 3 und 4, können andere Schutzmaßnahmen in Betracht kommen, wie außenliegende Schutzschichten (nach Normen der Reihe DIN 18 195) oder dauerhafte Bekleidungen mit dichten Schichten. Dabei sind aber mindestens die Angaben der Tabelle 10, Zeile 2, einzuhalten, wenn nicht aus Brandschutzgründen größere Betondeckungen erforderlich sind.

(2) Die Schutzmaßnahmen sind auf die Art des Angriffs abzustimmen. Bauteile aus Stahlbeton, an die lösliche, die Korrosion fördernde Stoffe anschließen (z. B. chloridhaltige Magnesiaestriche), müssen stets durch Sperrschichten von diesen getrennt werden.

14 Bauteile und Bauwerke mit besonderen Beanspruchungen

14.1 Allgemeine Anforderungen

Für Bauteile, an deren Wasserundurchlässigkeit, Frostbeständigkeit oder Widerstand gegen chemische Angriffe, mechanische Angriffe oder langandauernde Hitze besondere Anforderungen gestellt werden, ist Beton mit den in Abschnitt 6.5.7 angegebenen besonderen Eigenschaften zu verwenden.

14.2 Bauteile in betonschädlichen Wässern und Böden nach DIN 4030

(1) Der Beton muß den Bestimmungen des Abschnitts 6.5.7.5 entsprechen.

(2) Betonschädliches Wasser soll von jungem Beton möglichst ferngehalten werden. Die Betonkörper sind möglichst in einem ununterbrochenen Arbeitsgang herzustellen und besonders sorgfältig nachzubehandeln. Scharfe Kanten sollen möglichst vermieden werden. Arbeitsfugen müssen wasserundurchlässig sein; im Bereich wechselnden Wasserstandes sind sie möglichst zu vermeiden. Bei Wasser, das den Beton chemisch „sehr stark" angreift (Angriffsgrade siehe DIN 4030), ist der Beton dauernd gegen diese Angriffe zu schützen, z. B. durch Sperrschichten nach den Normen der Reihe DIN 18 195 (siehe auch Abschnitt 13.3).

Ausgabe Dezember 1978 — Ausgabe Juli 1988

14.3 Bauteile unter mechanischen Angriffen
Sind Bauteile starkem mechanischen Angriff ausgesetzt, z. B. durch starken Verkehr, rutschendes Schüttgut, Eis, Sandabrieb oder stark strömendes und Feststoffe führendes Wasser, so sind die beanspruchten Oberflächen durch einen besonders widerstandsfähigen Beton (siehe Abschnitt 6.5.7.5) oder einen Belag oder Estrich gegen Abnutzung zu schützen.

14.4 Bauwerke mit großen Längenänderungen
14.4.1 Längenänderungen infolge von Temperaturänderungen und Schwinden
Bei längeren Bauwerken oder Bauteilen, bei denen durch Temperaturänderungen und Schwinden Zwänge entstehen können, sind zur Beschränkung der Rißbildung geeignete konstruktive Maßnahmen zu treffen, z. B. Bewegungsfugen, entsprechende Bewehrung und zwängfreie Lagerung.
Bei Stahlbetondächern und anderen durch ähnliche Temperaturänderungen beanspruchten Bauteilen empfiehlt es sich, die hier besonders großen temperaturbedingten Längenänderungen zu verkleinern, z. B. durch Anordnung einer ausreichenden Wärmedämmschicht auf der Oberseite der Dachplatte (siehe DIN 4108) oder durch Verwendung von Beton mit kleinerer Wärmedehnzahl oder durch beides. Die Wirkung der verbleibenden Längenänderungen auf die unterstützenden Teile kann durch bauliche Maßnahmen abgemindert werden, z. B. durch möglichst kleinen Abstand der Bewegungsfugen, durch Gleitlager oder Pendelstützen. Liegt ein Stahlbetondach auf gemauerten Wänden oder auf unbewehrten Betonwänden, so sollen unter seinen Auflagern Gleitschichten und zur Aufnahme der verbleibenden Reibungskräfte Stahlbeton-Ringanker am oberen Ende der Wände angeordnet werden, um Risse in den Wänden möglichst zu vermeiden.

14.4.2 Längenänderungen infolge Brandeinwirkung
Bei Bauwerken mit erhöhter Brandgefahr und größerer Längen- oder Breitenausdehnung ist bei Bränden mit großen Längenänderungen der Stahlbetonbauteile zu rechnen; daher soll der Abstand a der Dehnfugen möglichst nicht größer sein als 30 m, sofern nicht nach Abschnitt 14.4.1 kürzere Abstände erforderlich sind. Die wirksame lichte Fugenweite soll mindestens $a/1200$ sein. Bei Gebäuden, in denen bei einem Brand mit besonders hohen Temperaturen oder besonders langer Branddauer zu rechnen ist, soll diese Fugenweite bis auf das Doppelte vergrößert werden.

14.4.3 Ausbildung von Dehnfugen
Die Dehnfugen müssen durch das ganze Bauwerk einschließlich der Bekleidung und des Daches gehen. Die Fugen sind so abzudecken, daß das Feuer durch die Fugen nicht unmittelbar oder durch zu große Durchwärmung (siehe DIN 4102 Teil 2 und Teil 4) übertragen werden kann, die Ausdehnung der Bauteile jedoch nicht behindert wird. Die Wirkung der Fugen darf auch nicht durch spätere Einbauten, z. B. Wandverkleidungen, maschinelle Einrichtungen, Rohrleitungen und dergleichen aufgehoben werden.
Die Bauteile zwischen den Dehnfugen sollen sich beim Brand möglichst gleichmäßig von der Mitte zwischen den Fugen nach beiden Seiten ausdehnen können, um beim Brand zu starke Überbeanspruchung der stützenden Bauteile zu vermeiden. Dehnfugen sollen daher möglichst so angeordnet werden, daß besonders steife Einbauten, z. B. Treppenhäuser oder Aufzugschächte, in der Mitte zwischen zwei Fugen bzw. zwischen Fuge und Gebäudeende liegen.

14.3 Bauteile unter mechanischen Angriffen
Sind Bauteile starkem mechanischen Angriff ausgesetzt, z. B. durch starken Verkehr, rutschendes Schüttgut, Eis, Sandabrieb oder stark strömendes und Feststoffe führendes Wasser, so sind die beanspruchten Oberflächen durch einen besonders widerstandsfähigen Beton (siehe Abschnitt 6.5.7.6) oder einen Belag oder Estrich gegen Abnutzung zu schützen.

14.4 Bauwerke mit großen Längenänderungen
14.4.1 Längenänderungen infolge von Wärmewirkungen und Schwinden
(1) Bei längeren Bauwerken oder Bauteilen, bei denen durch Wärmewirkungen und Schwinden Zwänge entstehen können, sind zur Beschränkung der Rißbildung geeignete konstruktive Maßnahmen zu treffen, z. B. Bewegungsfugen, entsprechende Bewehrung und zwangfreie Lagerung.
(2) Bei Stahlbetondächern und ähnlichen durch Wärmewirkungen beanspruchten Bauteilen empfiehlt es sich, die hier besonders großen temperaturbedingten Längenänderungen zu verkleinern, z. B. durch Anordnung einer ausreichenden Wärmedämmschicht auf der Oberseite der Dachplatte (siehe DIN 4108 Teil 2) oder durch Verwendung von Beton mit kleinerer Wärmedehnzahl oder durch beides. Die Wirkung der verbleibenden Längenänderungen auf die unterstützenden Teile kann durch bauliche Maßnahmen abgemindert werden, z. B. durch möglichst kleinen Abstand der Bewegungsfugen, durch Gleitlager oder Pendelstützen. Liegt ein Stahlbetondach auf gemauerten Wänden oder auf unbewehrten Betonwänden, so sollen unter seinen Auflagern Gleitschichten und zur Aufnahme der verbleibenden Reibungskräfte Stahlbeton-Ringanker am oberen Ende der Wände angeordnet werden, um Risse in den Wänden möglichst zu vermeiden.

14.4.2 Längenänderungen infolge von Brandeinwirkung
Bei Bauwerken mit erhöhter Brandgefahr und größerer Längen- oder Breitenausdehnung ist bei Bränden mit großen Längenänderungen der Stahlbetonbauteile zu rechnen; daher soll der Abstand a der Dehnfugen möglichst nicht größer sein als 30 m, sofern nicht nach Abschnitt 14.4.1 kürzere Abstände erforderlich sind. Die wirksame lichte Fugenweite soll mindestens $a/1200$ sein. Bei Gebäuden, in denen bei einem Brand mit besonders hohen Temperaturen oder besonders langer Branddauer zu rechnen ist, soll diese Fugenweite bis auf das doppelte vergrößert werden.

14.4.3 Ausbildung von Dehnfugen
(1) Die Dehnfugen müssen durch das ganze Bauwerk einschließlich der Bekleidung und des Daches gehen. Die Fugen sind so abzudecken, daß das Feuer durch die Fugen nicht unmittelbar oder durch zu große Durchwärmung (siehe DIN 4102 Teil 2 und Teil 4) übertragen werden kann, die Ausdehnung der Bauteile jedoch nicht behindert wird. Die Wirkung der Fugen darf auch nicht durch spätere Einbauten, z. B. Wandverkleidungen, maschinelle Einrichtungen, Rohrleitungen und dergleichen aufgehoben werden.
(2) Die Bauteile zwischen den Dehnfugen sollen sich beim Brand möglichst gleichmäßig von der Mitte zwischen den Fugen nach beiden Seiten ausdehnen können, um beim Brand zu starke Überbeanspruchung der stützenden Bauteile zu vermeiden. Dehnfugen sollen daher möglichst so angeordnet werden, daß besonders steife Einbauten, z. B. Treppenhäuser oder Aufzugschächte, in der Mitte zwischen zwei Fugen bzw. Fuge und Gebäudeende liegen.

14.5 Bauteile mit besonderen Anforderungen an die Rißsicherheit

In Stahlbetonbauteilen, die wegen ihres Verwendungszweckes rissefrei bleiben sollen, z. B. Flüssigkeitsbehälter, sind die Zugspannungen im Beton durch geeignete Wahl des Tragsystems unter die Zugfestigkeit des Betons abzumindern (siehe Abschnitt 17.6.3). Dabei sind auch Zwangbeanspruchungen, z. B. aus gleichmäßigen und ungleichmäßigen Temperaturänderungen und Schwinden zu berücksichtigen. Die bei der Berechnung der Zwangsbeanspruchungen getroffenen Annahmen über Temperaturänderungen und Schwinden und die Bauausführung sind aufeinander abzustimmen. Vorspannung vermindert die Gefahr der Rißbildung.

15 Grundlagen zur Ermittlung der Schnittgrößen

15.1 Ermittlung der Schnittgrößen

15.1.1 Allgemeines

Die Schnittgrößen sind für alle während der Errichtung und im Gebrauch auftretenden maßgebenden Lastfälle zu berechnen, wobei auch die räumliche Steifigkeit, Stabilität und gegebenenfalls ungünstige Umlagerungen der Schnittgrößen infolge von Kriechen zu berücksichtigen sind.

15.1.2 Ermittlung der Schnittgrößen infolge von Lasten

(1) Für die Ermittlung der Schnittgrößen sind Verkehrslasten in ungünstigster Stellung vorzusehen. Wenn nötig, ist diese mit Hilfe von Einflußlinien zu ermitteln. Soweit bei Hochbauten mit gleichmäßig verteilten Verkehrslasten gerechnet werden darf, genügt jedoch im allgemeinen die Vollbelastung der einzelnen Felder in ungünstigster Anordnung (feldweise veränderliche Belastung).

(2) Die Schnittgrößen statisch unbestimmter Tragwerke sind nach Verfahren zu berechnen, die auf der Elastizitätstheorie beruhen, wobei im allgemeinen die Querschnittswerte nach Zustand I mit oder ohne Einschluß des 10fachen Stahlquerschnitts verwendet werden dürfen.

(3) Bei üblichen Hochbauten (siehe Abschnitt 2.2.4) dürfen für durchlaufende Platten, Balken und Plattenbalken (siehe Abschnitt 15.4.1.1) mit Stützweiten bis zu 12 m und gleichbleibendem Betonquerschnitt die nach den vorstehenden Angaben ermittelten Stützmomente um bis zu 15 % ihrer Höchstwerte vermindert oder vergrößert werden, wenn bei der Bestimmung der zugehörigen Feldmomente die Gleichgewichtsbedingungen eingehalten werden. Auf diesen Grundlagen aufbauende Näherungsverfahren, z. B. nach DAfStb-Heft 240, sind zulässig.

(4) Wegen der Berücksichtigung von Torsionssteifigkeiten bzw. Torsionsmomenten siehe Abschnitt 15.5.

(5) Die Querdehnzahl ist mit $\mu = 0{,}2$ anzunehmen; zur Vereinfachung darf jedoch auch mit $\mu = 0$ gerechnet werden.

15.1.3 Ermittlung der Schnittgrößen infolge von Zwang

(1) Die Einflüsse von Schwinden, Temperaturänderungen, Stützensenkungen usw. müssen berücksichtigt werden, wenn hierdurch die Summe der Schnittgrößen wesentlich in ungünstiger Richtung verändert wird; sie dürfen berücksichtigt werden, wenn die Summe der Schnittgrößen in günstiger Richtung verändert wird. Im ersten Fall darf, im zweiten Fall muß die Verminderung der Steifigkeit durch Rißbildung (Zustand II) berücksichtigt werden (siehe z. B. DAfStb-Heft 240). Der Abbau der Zwangschnittgrößen durch das Kriechen darf berücksichtigt werden.

Ausgabe Dezember 1978

Bei Bauten, die durch Fugen in genügend kurze Abschnitte unterteilt sind, darf der Einfluß von Kriechen, Schwinden und Temperaturänderungen in der Regel vernachlässigt werden (siehe auch Abschnitt 14.4.1).

15.2 Stützweiten

Ist die Stützweite nicht schon durch die Art der Lagerung (z. B. Kipp- oder Punktlager) eindeutig gegeben, so gilt als Stützweite l:

a) Bei Annahme frei drehbarer Lagerung der Abstand der vorderen Drittelpunkte der Auflagertiefe (Schwerpunkte der dreieckförmig angenommenen Auflagerpressung) bzw. bei sehr großer Auflagertiefe die um 5 % vergrößerte Lichtweite. Der kleinere Wert ist maßgebend (siehe auch Abschnitte 20.1.2 und 21.1.1).

b) Bei Einspannung der Abstand der Auflagermitten oder die um 5 % vergrößerte Lichtweite. Der kleinere Wert ist maßgebend.

c) Bei durchlaufenden Bauteilen der Abstand zwischen den Mitten der Auflager, Stützen oder Unterzüge.

Wegen Mindestanforderungen für Auflagertiefen siehe auch die Abschnitte 18.7.4, 18.7.5, 20.1.2 und 21.1.1.

15.3 Mitwirkende Plattenbreite bei Plattenbalken

Die mitwirkende Plattenbreite von Plattenbalken ist nach der Elastizitätstheorie zu ermitteln. Vereinfachende Angaben enthält Heft 240.

15.4 Biegemomente

15.4.1 Biegemomente in Platten und Balken

15.4.1.1 Allgemeines

Durchlaufende Platten und Balken dürfen im allgemeinen als frei drehbar gelagert berechnet werden. Platten zwischen Stahlträgern oder Stahlbetonfertigbalken dürfen nur dann als durchlaufend in Rechnung gestellt werden, wenn die Oberkante der Platte mindestens 4 cm über der Trägeroberkante liegt und die Bewehrung zur Deckung der Stützmomente über die Träger hinweggeführt wird.

15.4.1.2 Stützmomente

Die Momentenfläche darf, wenn bei der Berechnung eine frei drehbare Lagerung angenommen wurde, über den Unterstützungen nach den Bildern 6 und 7 parabelförmig ausgerundet werden.

Bei Verstärkungen (Vouten) darf die Nutzhöhe nicht größer angenommen werden, als sie sich bei einer Neigung der Verstärkungen von 1 : 3 ergeben würde (siehe Bild 7).

Bei Platten und Balken in Hochbauten, die biegefest mit ihren Unterstützungen verbunden sind, genügt die Bestimmung des größten Momentes am Rande der Unterstützung nach Bild 7. Bei gleichmäßig verteilter Belastung ist dieses Moment, sofern kein genauerer Nachweis (z. B. unter Berücksichtigung der teilweisen Einspannung in die Unterstützungen) geführt wird, mindestens anzusetzen mit

$M = q \cdot l_w^2/10$ an der ersten Innenstütze im Endfeld (1)

$M = q \cdot l_w^2/12$ an den übrigen Innenstützen (2)

Bei anderer Belastung ist entsprechend zu verfahren.

Bei durchlaufenden kreuzweise gespannten Platten sind in den Gleichungen (1) und (2) die Lastanteile q_x bzw. q_y einzusetzen.

Ausgabe Juli 1988

(2) Bei Bauten, die durch Fugen in genügend kurze Abschnitte unterteilt sind, darf der Einfluß von Kriechen, Schwinden und Temperaturänderungen in der Regel vernachlässigt werden (siehe auch Abschnitt 14.4.1).

15.2 Stützweiten

(1) Ist die Stützweite nicht schon durch die Art der Lagerung (z. B. Kipp- oder Punktlager) eindeutig gegeben, so gilt als Stützweite l:

a) Bei Annahme frei drehbarer Lagerung der Abstand der vorderen Drittelpunkte der Auflagertiefe (Schwerpunkte der dreieckförmig angenommenen Auflagerpressung) bzw. bei sehr großer Auflagertiefe die um 5 % vergrößerte lichte Weite. Der kleinere Wert ist maßgebend (siehe auch Abschnitte 20.1.2 und 21.1.1)

b) Bei Einspannung der Abstand der Auflagermitten oder die um 5 % vergrößerte lichte Weite. Der kleinere Wert ist maßgebend.

c) Bei durchlaufenden Bauteilen der Abstand zwischen den Mitten der Auflager, Stützen oder Unterzüge.

(2) Wegen Mindestanforderungen für Auflagertiefen siehe Abschnitte 18.7.4, 18.7.5, 20.1.2 und 21.1.1.

15.3 Mitwirkende Plattenbreite bei Plattenbalken

Die mitwirkende Plattenbreite von Plattenbalken ist nach der Elastizitätstheorie zu ermitteln. Vereinfachende Angaben enthält DAfStb-Heft 240.

15.4 Biegemomente

15.4.1 Biegemomente in Platten und Balken

15.4.1.1 Allgemeines

Durchlaufende Platten und Balken dürfen im allgemeinen als frei drehbar gelagert berechnet werden. Platten zwischen Stahlträgern oder Stahlbetonfertigbalken dürfen nur dann als durchlaufend in Rechnung gestellt werden, wenn die Oberkante der Platte mindestens 4 cm über der Trägeroberkante liegt und die Bewehrung zur Deckung der Stützmomente über die Träger hinweggeführt wird.

15.4.1.2 Stützmomente

(1) Die Momentenfläche darf, wenn bei der Berechnung eine frei drehbare Lagerung angenommen wurde, über den Unterstützungen nach den Bildern 6 und 7 parabelförmig ausgerundet werden.

(2) Bei biegesteifem Anschluß von Platten und Balken an die Unterstützung bzw. bei Verstärkungen (Vouten) darf die Nutzhöhe nicht größer angenommen werden als sie sich bei einer Neigung der Verstärkung von 1:3 ergeben würde (siehe Bild 7).

(3) Bei Platten und Balken in Hochbauten, die biegesteif mit ihrer Unterstützung verbunden sind, ist die Bemessung für die Momente am Rand der Unterstützung (siehe Bild 7) durchzuführen. Bei gleichmäßig verteilter Belastung ist dieses Moment, sofern kein genauerer Nachweis (z. B. unter Berücksichtigung der teilweisen Einspannung in die Unterstützungen) geführt wird, mindestens anzusetzen mit

$M = q \cdot l_w^2/12$ an der ersten Innenstütze im Endfeld (1)

$M = q \cdot l_w^2/14$ an den übrigen Innenstützen (2)

Bei anderer Belastung ist entsprechend zu verfahren.

(4) Bei durchlaufenden kreuzweise gespannten Platten sind in den Gleichungen (1) und (2) die Lastanteile q_x bzw. q_y einzusetzen.

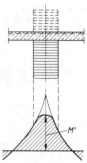 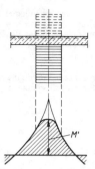

Bild 6. Momentenausrundung bei nicht biegesteifem Anschluß an die Unterstützung, z. B. bei Auflagerung auf Wänden

Bild 6. Momentenausrundung bei nicht biegesteifem Anschluß an die Unterstützung, z. B. bei Auflagerung auf Wänden

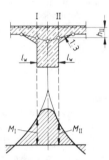 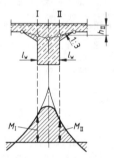

Bild 7. Momentenausrundung und Bemessungsmomente bei biegesteifem Anschluß an die Unterstützung

Bild 7. Momentenausrundung und Bemessungsmomente bei biegesteifem Anschluß an die Unterstützung

15.4.1.3 Positive Feldmomente
Das positive Moment darf nicht kleiner in Rechnung gestellt werden, als bei Annahme voller beidseitiger Einspannung, bei Endfeldern nicht kleiner als bei voller einseitiger Einspannung an den ersten Innenstützen, sofern kein genauerer Nachweis (z. B. unter Berücksichtigung der teilweisen Einspannung in die Unterstützungen) geführt wird.

15.4.1.4 Negative Feldmomente
Die negativen Momente aus Verkehrslast brauchen – wenn sie trotz biegesteif angeschlossener Unterstützungen für frei drehbare Lagerung ermittelt wurden – bei durchlaufenden Platten und Rippendecken nur mit der Hälfte, bei durchlaufenden Balken nur mit dem 0,7fachen ihres nach Abschnitt 15.1.2 berechneten Wertes berücksichtigt zu werden.

15.4.1.5 Berücksichtigung einer Randeinspannung
Bei Berechnung des Feldmomentes im Endfeld darf eine Einspannung am Endauflager nur soweit berücksichtigt werden, wie sie durch bauliche Maßnahmen gesichert und rechnerisch nachgewiesen ist (siehe z. B. Abschnitt 15.4.2). Der Torsionswiderstand von Balken darf hierbei nur dann berücksichtigt werden, wenn ihre Torsionssteifigkeit in wirklichkeitsnaher Weise erfaßt wird (siehe Heft 240). Andernfalls ist die Torsionssteifigkeit zu vernachlässigen und nach Abschnitt 15.5, letzter Absatz, zu verfahren.

15.4.1.3 Positive Feldmomente
Das positive Moment darf nicht kleiner in Rechnung gestellt werden als bei Annahme voller beidseitiger Einspannung, bei Endfeldern nicht kleiner als bei voller einseitiger Einspannung an den ersten Innenstützen, sofern kein genauerer Nachweis (z. B. unter Berücksichtigung der teilweisen Einspannung in die Unterstützungen) geführt wird.

15.4.1.4 Negative Feldmomente
Die negativen Momente aus Verkehrslast brauchen — wenn sie trotz biegesteif angeschlossener Unterstützungen für frei drehbare Lagerung ermittelt wurden — bei durchlaufenden Platten und Rippendecken nur mit der Hälfte, bei durchlaufenden Balken nur mit dem 0,7fachen ihres nach Abschnitt 15.1.2 berechneten Wertes berücksichtigt zu werden.

15.4.1.5 Berücksichtigung einer Randeinspannung

Bei Berechnung des Feldmomentes im Endfeld darf eine Einspannung am Endauflager nur soweit berücksichtigt werden, wie sie durch bauliche Maßnahmen gesichert und rechnerisch nachgewiesen ist (siehe z. B. Abschnitt 15.4.2). Der Torsionswiderstand von Balken darf hierbei nur dann berücksichtigt werden, wenn ihre Torsionssteifigkeit in wirklichkeitsnaher Weise erfaßt wird (siehe DAfStb-Heft 240). Andernfalls ist die Torsionssteifigkeit zu vernachlässigen und nach Abschnitt 15.5 (2) zu verfahren.

Ausgabe Dezember 1978 — DIN 1045

15.4.2 Biegemomente in rahmenartigen Tragwerken
In Hochbauten, bei denen unter Gebrauchslast alle horizontalen Kräfte von aussteifenden Scheiben aufgenommen werden können, dürfen bei Innenstützen, die mit Stahlbetonbalken oder -platten biegefest verbunden sind, unter lotrechter Belastung im allgemeinen die Biegemomente aus Rahmenwirkung vernachlässigt werden.

Randstützen sind jedoch stets als Rahmenstiele in biegefester Verbindung mit Platten, Balken oder Plattenbalken zu berechnen. Wenn bei den Randstützen die Rahmenwirkung nicht genauer bestimmt wird, dürfen die Eckmomente nach den in Heft 240 angegebenen Näherungsverfahren ermittelt werden. Dies gilt auch für Stahlbetonwände in Verbindung mit Stahlbetonplatten.

15.5 Torsion
In Trägern (Balken, Plattenbalken o. ä.) ist die Aufnahme von Torsionsmomenten nur dann nachzuweisen, wenn sie für das Gleichgewicht notwendig sind.

Die Torsionssteifigkeit von Trägern darf bei der Ermittlung der Schnittgrößen vernachlässigt werden. Wird sie berücksichtigt, so ist der beim Übergang von Zustand I in Zustand II infolge der Rißbildung eintretende stärkere Abfall der Torsionssteifigkeit gegenüber der Biegesteifigkeit zu berücksichtigen. Bleibt der Einfluß der Torsionssteifigkeit beim Nachweis der Schnittgrößen außer Betracht, so sind die vernachlässigten Torsionsmomente und ihre Weiterleitung in die unterstützenden Bauteile bei der Bewehrungsführung konstruktiv zu berücksichtigen.

15.6 Querkräfte
Die für die Ermittlung der Schub- und Verbundspannungen maßgebenden Querkräfte dürfen in Hochbauten für Vollbelastung aller Felder bestimmt werden, wobei gegebenenfalls die Durchlaufwirkung oder Einspannung zu berücksichtigen ist. Bei ungleichen Stützweiten darf Vollbelastung nur dann zugrunde gelegt werden, wenn das Verhältnis benachbarter Stützweiten nicht kleiner als 0,7 ist.

In Feldern mit größeren Querschnittsschwächungen (Aussparungen, stark wechselnde Steghöhe) ist für die Ermittlung der Querkräfte im geschwächten Bereich die ungünstigste Teilstreckenbelastung anzusetzen.

15.7 Stützkräfte
Die von einachsig gespannten Platten und Rippendecken sowie von Balken und Plattenbalken auf andere Bauteile übertragenen Stützkräfte dürfen im allgemeinen ohne Berücksichtigung einer Durchlaufwirkung unter der Annahme berechnet werden, daß die Tragwerke über allen Innenstützen gestoßen und frei drehbar gelagert werden.

Die Durchlaufwirkung muß bei der ersten Innenstütze stets, bei den übrigen Innenstützen dann berücksichtigt werden, wenn das Verhältnis benachbarter Stützweiten kleiner als 0,7 ist.

Für zweiachsig gespannte Platten gilt Abschnitt 20.1.5.

15.8 Räumliche Steifigkeit und Stabilität
15.8.1 Allgemeine Grundlagen
Auf die räumliche Steifigkeit der Bauwerke und ihre Stabilität ist besonders zu achten. Konstruktionen, bei denen das Versagen oder der Ausfall eines Bauteiles zum Einsturz einer Reihe weiterer Bauteile führen kann, sind nach Möglichkeit zu vermeiden (z. B. Gerberbalken mit Gelenken in aufeinanderfolgenden Feldern). Ist bei einem Bauwerk nicht von vornherein erkennbar, daß Steifigkeit und Stabilität gesichert sind, so ist ein rechnerischer Nach-

Ausgabe Juli 1988

15.4.2 Biegemomente in rahmenartigen Tragwerken
(1) In Hochbauten, bei denen unter Gebrauchslast alle horizontalen Kräfte von aussteifenden Scheiben aufgenommen werden können, dürfen bei Innenstützen, die mit Stahlbetonbalken oder -platten biegefest verbunden sind, unter lotrechter Belastung im allgemeinen die Biegemomente aus Rahmenwirkung vernachlässigt werden.

(2) Randstützen sind jedoch stets als Rahmenstiele in biegefester Verbindung mit Platten, Balken oder Plattenbalken zu berechnen. Wenn bei den Randstützen die Rahmenwirkung nicht genauer bestimmt wird, dürfen die Eckmomente nach den in DAfStb-Heft 240 angegebenen Näherungsverfahren ermittelt werden. Dies gilt auch für Stahlbetonwände in Verbindung mit Stahlbetonplatten.

15.5 Torsion
(1) In Trägern (Balken, Plattenbalken o. ä.) ist die Aufnahme von Torsionsmomenten nur dann nachzuweisen, wenn sie für das Gleichgewicht notwendig sind.

(2) Die Torsionssteifigkeit von Trägern darf bei der Ermittlung der Schnittgrößen vernachlässigt werden. Wird sie berücksichtigt, so ist der beim Übergang von Zustand I in Zustand II infolge der Rißbildung eintretende stärkere Abfall der Torsionssteifigkeit gegenüber der Biegesteifigkeit zu berücksichtigen. Bleibt der Einfluß der Torsionssteifigkeit beim Nachweis der Schnittgrößen außer Betracht, so sind die vernachlässigten Torsionsmomente und ihre Weiterleitung in die unterstützenden Bauteile bei der Bewehrungsführung konstruktiv zu berücksichtigen.

15.6 Querkräfte
(1) Die für die Ermittlung der Schub- und Verbundspannungen maßgebenden Querkräfte dürfen in Hochbauten für Vollbelastung aller Felder bestimmt werden, wobei gegebenenfalls die Durchlaufwirkung oder Einspannung zu berücksichtigen ist. Bei ungleichen Stützweiten darf Vollbelastung nur dann zugrunde gelegt werden, wenn das Verhältnis benachbarter Stützweiten nicht kleiner als 0,7 ist.

(2) In Feldern mit größeren Querschnittsschwächungen (Aussparungen, stark wechselnde Steghöhe) ist für die Ermittlung der Querkräfte im geschwächten Bereich die ungünstigste Teilstreckenbelastung anzusetzen.

15.7 Stützkräfte
(1) Die von einachsig gespannten Platten und Rippendecken sowie von Balken und Plattenbalken auf andere Bauteile übertragenen Stützkräfte dürfen im allgemeinen ohne Berücksichtigung einer Durchlaufwirkung unter der Annahme berechnet werden, daß die Tragwerke über allen Innenstützen gestoßen und frei drehbar gelagert werden.

(2) Die Durchlaufwirkung muß bei der ersten Innenstütze stets, bei den übrigen Innenstützen dann berücksichtigt werden, wenn das Verhältnis benachbarter Stützweiten kleiner als 0,7 ist.

(3) Für zweiachsig gespannte Platten gilt Abschnitt 20.1.5.

15.8 Räumliche Steifigkeit und Stabilität
15.8.1 Allgemeine Grundlagen
(1) Auf die räumliche Steifigkeit der Bauwerke und ihre Stabilität ist besonders zu achten. Konstruktionen, bei denen das Versagen oder der Ausfall eines Bauteiles zum Einsturz einer Reihe weiterer Bauteile führen kann, sind nach Möglichkeit zu vermeiden (z. B. Gerberbalken mit Gelenken in aufeinanderfolgenden Feldern). Ist bei einem Bauwerk nicht von vornherein erkennbar, daß Steifigkeit und Stabilität gesichert sind, so ist ein rechnerischer Nachweis der Stand-

Ausgabe Dezember 1978	Ausgabe Juli 1988

weis der Standsicherheit der waagerechten und lotrechten aussteifenden Bauteile erforderlich; dabei sind auch Maßabweichungen des Systems und ungewollte Ausmitten der lotrechten Lasten nach Abschnitt 15.8.2 zu berücksichtigen.

Bei großer Nachgiebigkeit der aussteifenden Bauteile müssen darüber hinaus die Formänderungen bei der Ermittlung der Schnittgrößen berücksichtigt werden. Dieser Nachweis darf entfallen, wenn z. B. Wandscheiben oder Treppenhausschächte die lotrechten aussteifenden Bauteile bilden und diese die Bedingung der Gleichung (3) erfüllen:

$$\alpha = h \cdot \sqrt{\frac{N}{E_b I}} \leq 0{,}6 \quad \text{für } n \geq 4 \quad (3)$$
$$\leq 0{,}2 + 0{,}1 \cdot n \text{ für } 1 \leq n \leq 4$$

In Gleichung (3) bedeuten:

h Gebäudehöhe über der Einspannebene für die lotrechten aussteifenden Bauteile

N Summe aller lotrechten Lasten des Gebäudes

$E_b I$ Summe der Biegesteifigkeit aller lotrechten aussteifenden Bauteile im Zustand I nach der Elastizitätstheorie (für E_h siehe Tabelle 11 in Abschnitt 16.2.2)

n Anzahl der Geschosse

Werden Mauerwerkswände zur Aussteifung herangezogen, so gelten sie als tragende Wände nach DIN 1053. Sie sind für alle auf sie einwirkenden Kräfte zu bemessen.

15.8.2 Maßabweichungen des Systems und ungewollte Ausmitten der lotrechten Lasten

15.8.2.1 Rechenannahmen

Als Ersatz für Maßabweichungen des Systems bei der Ausführung und für unbeabsichtigte Ausmitten des Lastangriffs ist eine Lotabweichung der Schwerachsen aller Stützen und Wände in Rechnung zu stellen. Dieser Lastfall „Lotabweichung" ist mit Vollast zu rechnen, und zwar für den Nachweis der waagerechten aussteifenden Bauteile nach Abschnitt 15.8.2.2 und für den Nachweis der lotrechten aussteifenden Bauteile nach 15.8.2.3. Schiefstellungen infolge größerer Setzungsunterschiede und Fundamentverdrehungen sind hiermit noch nicht erfaßt.

15.8.2.2 Waagerechte aussteifende Bauteile

Bei Geschoßbauten sind die Decken als Scheiben auszubilden, sofern für die Weiterleitung der auftretenden Horizontalkräfte keine anderen Maßnahmen getroffen werden. Für die waagerechten aussteifenden Bauteile ist der Lastfall „Lotabweichung" durch eine Schrägstellung φ_1 nach Gleichung (4) aller auszusteifenden Stützen und Wände im Geschoß unter und über dem betrachteten waagerechten aussteifenden Bauteil in ungünstigster Richtung nach Bild 8 einzuführen.

$$\varphi_1 = \pm \frac{1}{200 \cdot \sqrt{h_1}} \quad (4)$$

---

sicherheit der waagerechten und lotrechten aussteifenden Bauteile erforderlich; dabei sind auch Maßabweichungen des Systems und ungewollte Ausmitten der lotrechten Lasten nach Abschnitt 15.8.2 zu berücksichtigen.

(2) Bei großer Nachgiebigkeit der aussteifenden Bauteile müssen darüber hinaus die Formänderungen bei der Ermittlung der Schnittgrößen berücksichtigt werden. Für die lotrechten aussteifenden Bauteile ist ein Knicksicherheitsnachweis nach Abschnitt 17.4 zu führen. Dieser Nachweis darf entfallen, wenn z. B. Wandscheiben oder Treppenhausschächte die lotrechten aussteifenden Bauteile bilden, diese annähernd symmetrisch angeordnet sind bzw. nur kleine Verdrehungen des Gebäudes um die lotrechte Achse zulassen und die Bedingung der Gleichung (3) erfüllen.

$$\alpha = h \cdot \sqrt{\frac{N}{E_b I}} \leq 0{,}6 \quad \text{für } n \geq 4 \quad (3)$$
$$\leq 0{,}2 + 0{,}1 \cdot n \text{ für } 1 \leq n \leq 4$$

In Gleichung (3) bedeuten:

h Gebäudehöhe über der Einspannebene für die lotrechten aussteifenden Bauteile

N Summe aller lotrechten Lasten des Gebäudes

$E_b I = \sum\limits_{r=1}^{k} E_b I_r$ Summe der Biegesteifigkeiten $E_b I_r$ aller k lotrechten aussteifenden Bauteile (z. B. Wandscheiben, Treppenhausschächte). Das Flächenmoment 2. Grades I_r kann unter Ansatz des vollen Betonquerschnitts jedes einzelnen lotrechten aussteifenden Bauteils r ermittelt werden. Der Elastizitätsmodul E_b des Betons darf Tabelle 11 in Abschnitt 16.2.2 entnommen werden.

Ändert sich $E_b I$ über die Gebäudehöhe h, so darf für den Nachweis nach Gleichung (3) ein mittlerer Steifigkeitswert $(E_b I)_m$ über die Kopfauslenkung der aussteifenden Bauteile ermittelt werden.

n Anzahl der Geschosse

(3) Werden Mauerwerkswände zur Aussteifung herangezogen, so gelten sie als tragende Wände nach DIN 1053 Teil 1. Sie sind für alle auf sie einwirkenden Kräfte zu bemessen.

15.8.2 Maßabweichungen des Systems und ungewollte Ausmitten der lotrechten Lasten

15.8.2.1 Rechenannahmen

(1) Als Ersatz für Maßabweichungen des Systems bei der Ausführung und für unbeabsichtigte Ausmitten des Lastangriffs ist eine Lotabweichung der Schwerachsen aller Stützen und Wände in Rechnung zu stellen. Dieser Lastfall „Lotabweichung" ist mit Vollast zu rechnen, und zwar für den Nachweis der waagerechten aussteifenden Bauteile nach Abschnitt 15.8.2.2 und für den Nachweis der lotrechten aussteifenden Bauteile nach Abschnitt 15.8.2.3.

(2) Schiefstellungen infolge größerer Setzungsunterschiede und Fundamentverdrehungen sind hiermit noch nicht erfaßt.

15.8.2.2 Waagerechte aussteifende Bauteile

(1) Bei Geschoßbauten sind die Decken als Scheiben auszubilden, sofern für die Weiterleitung der auftretenden Horizontalkräfte keine anderen Maßnahmen getroffen werden. Für die waagerechten aussteifenden Bauteile ist der Lastfall „Lotabweichung" durch eine Schiefstellung φ_1 nach Gleichung (4) aller auszusteifenden Stützen und Wände im Geschoß unter und über dem betrachteten waagerechten aussteifenden Bauteil in ungünstigster Richtung nach Bild 8 einzuführen.

$$\varphi_1 = \pm \frac{1}{200 \cdot \sqrt{h_1}} \quad (4)$$

Darin sind:

φ_1 Winkel in Bogenmaß zwischen den Achsen der auszusteifenden Stützen und Wände und der Lotrechten

h_1 Mittel aus den jeweiligen Stockwerkshöhen unter und über dem waagerechten aussteifenden Bauteil in m

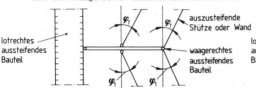

Bild 8. Schrägstellung φ_1 aller auszusteifenden Stützen und Wände

Die Einleitung der aus Gleichung (4) sich ergebenden waagerechten Kräfte aus den aussteifenden waagerechten Bauteilen in die aussteifenden lotrechten Bauteile ist nachzuweisen; ihre Weiterleitung in den lotrechten aussteifenden Bauteilen braucht dagegen rechnerisch nicht nachgewiesen zu werden.

15.8.2.3 Lotrechte aussteifende Bauteile
Bei den lotrechten aussteifenden Bauteilen (z. B. Treppenhausschächten oder Wandscheiben) ist der Lastfall „Lotabweichung" durch eine Schrägstellung φ_2 nach Gleichung (5) aller auszusteifenden und aussteifenden lotrechten Bauteile in ungünstigster Richtung nach Bild 9 einzuführen.

$$\varphi_2 = \pm \frac{1}{100 \cdot \sqrt{h}} \qquad (5)$$

Darin sind:

φ_2 Winkel in Bogenmaß zwischen der Lotrechten und den auszusteifenden sowie den aussteifenden lotrechten Bauteilen

h Gebäudehöhe in m über der Einspannebene für die lotrechten aussteifenden Bauteile

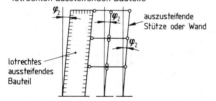

Bild 9. Schrägstellung φ_2 aller auszusteifenden und aussteifenden lotrechten Bauteile

16 Grundlagen für die Berechnung der Formänderungen

16.1 Anwendungsbereich

Die nachfolgenden Abschnitte dienen der Ermittlung der
a) Zwangschnittgrößen (siehe Abschnitt 15.1.3),
b) Knicksicherheit (siehe Abschnitt 17.4),
c) Durchbiegungen (siehe Abschnitt 17.7).
Sie beschreiben das durchschnittliche Formänderungsverhalten der Baustoffe. Auf der sicheren Seite liegende Vereinfachungen (siehe z. B. Heft 240) sind zulässig.

Darin sind:

φ_1 Winkel in Bogenmaß zwischen den Achsen der auszusteifenden Stützen und Wände und der Lotrechten

h_1 Mittel aus den jeweiligen Stockwerkshöhen unter und über dem waagerechten aussteifenden Bauteil in m.

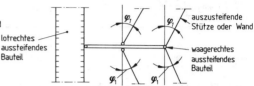

Bild 8. Schiefstellung φ_1 aller auszusteifenden Stützen und Wände

(2) Die Einleitung der aus Gleichung (4) sich ergebenden waagerechten Kräfte in die aussteifenden lotrechten Bauteile ist nachzuweisen; ihre Weiterleitung in den lotrechten aussteifenden Bauteilen braucht dagegen rechnerisch nicht nachgewiesen zu werden.

15.8.2.3 Lotrechte aussteifende Bauteile
Bei den lotrechten aussteifenden Bauteilen (z. B. Treppenhausschächten oder Wandscheiben) ist der Lastfall „Lotabweichung" durch eine Schiefstellung φ_2 nach Gleichung (5) aller auszusteifenden und aussteifenden lotrechten Bauteile in ungünstigster Richtung nach Bild 9 einzuführen.

$$\varphi_2 = \pm \frac{1}{100 \cdot \sqrt{h}} \qquad (5)$$

Darin sind:

φ_2 Winkel in Bogenmaß zwischen der Lotrechten und den auszusteifenden sowie den aussteifenden lotrechten Bauteilen

h Gebäudehöhe in m über der Einspannebene für die lotrechten aussteifenden Bauteile

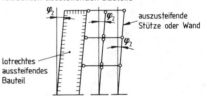

Bild 9. Schiefstellung φ_2 aller auszusteifenden und aussteifenden lotrechten Bauteile

16 Grundlagen für die Berechnung der Formänderungen

16.1 Anwendungsbereich

Die nachfolgenden Abschnitte dienen der Ermittlung der
a) Zwangschnittgrößen (siehe Abschnitt 15.1.3),
b) Knicksicherheit (siehe Abschnitt 17.4),
c) Durchbiegungen (siehe Abschnitt 17.7).
Sie beschreiben das durchschnittliche Formänderungsverhalten der Baustoffe. Auf der sicheren Seite liegende Vereinfachungen (siehe z. B. DAfStb-Heft 240) sind zulässig.

Tabelle 11. **Rechenwerte des Elastizitätsmoduls des Betons**

	1	2	3	4	5	6	7
1	Festigkeitsklasse des Betons	B 10	B 15	B 25	B 35	B 45	B 55
2	Elastizitätsmodul E_b in MN/m^2	22 000	26 000	30 000	34 000	37 000	39 000

Ausgabe Dezember 1978	DIN 1045	Ausgabe Juli 1988

16.2 Formänderungen unter Gebrauchslast

16.2.1 Stahl

Die Rechenwerte der Spannungsdehnungslinien der Betonstähle sind in Bild 12 (siehe Abschnitt 17.2.1) dargestellt. Der Elastizitätsmodul E_s des Stahls ist für Zug und Druck gleich und zu 210 000 MN/m^2 anzunehmen.

16.2.2 Beton

Für die Berechnung der Formänderungen des Betons unter Gebrauchslast ist ein konstanter, für Druck und Zug gleich großer Elastizitätsmodul nach Tabelle 11 zugrunde zu legen. Die dort angegebenen Rechenwerte gelten nur für Beton mit Betonzuschlag nach DIN 4226 Teil 1, aber nicht für Beton mit anderen, z. B. porigen Zuschlägen.

Sofern der Einfluß der Querdehnung von wesentlicher Bedeutung ist, ist er mit $\mu \approx 0{,}2$ zu berücksichtigen (siehe auch Abschnitt 15.1.2).

16.2.3 Stahlbeton

Für die Berechnung der Formänderungen von Stahlbetonbauteilen unter Gebrauchslast gelten die in den Abschnitten 16.2.1 und 16.2.2 angegebenen Grundlagen. Unter Gebrauchslast darf ein Mitwirken des Betons auf Zug näherungsweise durch Annahme eines um 10 % vergrößerten Querschnitts der Zugbewehrung berücksichtigt werden.

16.3 Formänderungen oberhalb der Gebrauchslast

Für die Berechnung der Formänderungen des Betons in bewehrten und unbewehrten Bauteilen unter kurzzeitigen Belastungen, die über der Gebrauchslast liegen (z. B. beim Nachweis der Knicksicherheit nach Abschnitt 17.4), darf an Stelle der Spannungsdehnungslinie nach Bild 11 in Abschnitt 17.2.1 auch die vereinfachte Spannungsdehnungslinie nach Bild 10 zugrunde gelegt werden.

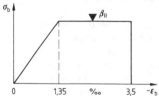

Bild 10. Spannungsdehnungslinie des Betons zum Nachweis der Formänderungen oberhalb der Gebrauchslast (wegen β_R siehe Tabelle 12, Abschnitt 17.2.1)

16.4 Kriechen und Schwinden des Betons

Das Kriechen und Schwinden des Betons hängt vor allem ab von der Feuchte der umgebenden Luft, dem Wasser- und Zementgehalt des Betons und den äußeren Maßen

16.2 Formänderungen unter Gebrauchslast

16.2.1 Stahl

Die Rechenwerte der Spannungsdehnungslinien der Betonstähle sind in Bild 12 (siehe Abschnitt 17.2.1) dargestellt. Der Elastizitätsmodul E_s des Stahls ist für Zug und Druck gleich und mit 210 000 N/mm^2 anzunehmen.

16.2.2 Beton

(1) Für die Berechnung der Formänderungen des Betons unter Gebrauchslast ist ein konstanter, für Druck und Zug gleich großer Elastizitätsmodul zugrunde zu legen. Wenn genauere Angaben nicht erforderlich sind, dürfen die Werte nach Tabelle 11 verwendet werden. Die dort angegebenen Rechenwerte gelten nur für Beton mit Betonzuschlag nach DIN 4226 Teil 1.

(2) Sofern der Einfluß der Querdehnung von wesentlicher Bedeutung ist, ist er mit $\mu \approx 0{,}2$ zu berücksichtigen (siehe auch Abschnitt 15.1.2).

16.2.3 Stahlbeton

Für die Berechnungen der Formänderungen von Stahlbetonbauteilen unter Gebrauchslast gelten die in den Abschnitten 16.2.1 und 16.2.2 angegebenen Grundlagen. Unter Gebrauchslast darf ein Mitwirken des Betons auf Zug näherungsweise durch Annahme eines um 10% vergrößerten Querschnitts der Zugbewehrung berücksichtigt werden.

16.3 Formänderungen oberhalb der Gebrauchslast

Für die Berechnung der Formänderungen des Betons in bewehrten und unbewehrten Bauteilen unter kurzzeitigen Belastungen, die über der Gebrauchslast liegen (z. B. beim Nachweis der Knicksicherheit nach Abschnitt 17.4), darf an der Stelle der Spannungsdehnungslinie nach Bild 11 in Abschnitt 17.2.1 auch die vereinfachte Spannungsdehnungslinie nach Bild 10 zugrunde gelegt werden.

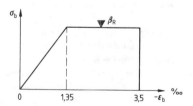

Bild 10. Spannungsdehnungslinie des Betons zum Nachweis der Formänderungen oberhalb der Gebrauchslast (β_R siehe Tabelle 12, Abschnitt 17.2.1)

16.4 Kriechen und Schwinden des Betons

(1) Das Kriechen und Schwinden des Betons hängt vor allem ab von der Feuchte der umgebenden Luft, dem Wasser- und Zementgehalt des Betons und den äußeren Maßen des

Tabelle 11. **Rechenwerte des Elastizitätsmoduls des Betons**

		1	2	3	4	5	6
1	Festigkeitsklasse des Betons	B 10	B 15	B 25	B 35	B 45	B 55
2	Elastizitätsmodul E_b in N/mm^2	22 000	26 000	30 000	34 000	37 000	39 000

Ausgabe Dezember 1978	DIN 1045	Ausgabe Juli 1988

des Bauteils. Das Kriechen wird außerdem von dem Erhärtungsgrad des Betons beim Belastungsbeginn und von der Art, Dauer und Größe der Beanspruchung des Betons beeinflußt.

Bei Stahlbetontragwerken kann im allgemeinen ein Nachweis entfallen; ist ein Nachweis erforderlich, so ist dieser nach DIN 4227 Teil 1 zu führen.

16.5 Temperaturänderung

Beim Nachweis der von Temperaturänderungen hervorgerufenen Schnittgrößen oder Verformungen darf in der Regel angenommen werden, daß die Temperatur jeweils im ganzen Tragwerk gleich ist.

Als Grenzen der durch Witterungseinflüsse hervorgerufenen mittleren Temperaturschwankungen in den Bauteilen sind in Rechnung zu stellen

a) im allgemeinen .... ± 15 K
b) bei Bauteilen, deren geringste Abmessung 70 cm und mehr beträgt .... ± 10 K
c) bei Bauteilen, die durch Überschüttung oder andere Vorkehrungen vor Temperaturänderungen geschützt sind .... ± 7,5 K

Bei Bauteilen im Freien sind die Werte unter a) und b) um je 5 K zu vergrößern, wenn der Abbau der Zwangschnittgrößen nach Zustand II in Rechnung gestellt wird.

Treten erhebliche Temperaturunterschiede innerhalb eines Bauteils oder zwischen fest miteinander verbundenen Bauteilen auf, so ist ihr Einfluß zu berücksichtigen.

Als Temperaturdehnzahl ist für den Beton und die Stahleinlagen $\alpha_T = 10^{-5}$ K^{-1} anzunehmen, wenn nicht im Einzelfall für den Beton ein anderer Wert durch Versuche nachgewiesen wird.

17 Bemessung
17.1 Allgemeine Grundlagen
17.1.1 Sicherheitsabstand

Die Bemessung muß einen ausreichenden Sicherheitsabstand zwischen Gebrauchslast und rechnerischer Bruchlast und ein einwandfreies Verhalten der Konstruktion unter Gebrauchslast gewährleisten.

Bei Biegung, bei Biegung mit Längskraft und bei Längskraft allein ist die Bemessung nach Abschnitt 17.2 durchzuführen unter Berücksichtigung des nicht proportionalen Zusammenhangs zwischen Spannung und Dehnung. Die Sicherheit ist ausreichend, wenn die Schnittgrößen, die vom Querschnitt im Bruchzustand (siehe Abschnitt 17.2.1) rechnerisch aufgenommen werden können, mindestens gleich sind den mit dem Sicherheitsbeiwert (siehe Abschnitt 17.2.2) vervielfachten Gebrauchslast. Moment und Längskraft sind im ungünstigsten Zusammenwirken anzusetzen und mit dem gleichen Sicherheitsbeiwert zu vervielfältigen.

16.5 Wärmewirkungen

(1) Beim Nachweis der von Wärmewirkungen hervorgerufenen Schnittgrößen oder Verformungen darf in der Regel angenommen werden, daß die Temperatur im ganzen Tragwerk gleich ist.

(2) Als Grenzen der durch Witterungseinflüsse hervorgerufenen Temperaturschwankungen in den Bauteilen sind in Rechnung zu stellen

a) im allgemeinen .... ± 15 K
b) bei Bauteilen, deren geringstes Maß 70 cm und mehr beträgt .... ± 10 K
c) bei Bauteilen, die durch Überschüttung oder andere Vorkehrungen vor größeren Temperaturschwankungen geschützt sind .... ± 7,5 K

(3) Bei Bauteilen im Freien sind die Werte unter a) und b) um je 5 K zu vergrößern, wenn der Abbau der Zwangschnittgrößen nach Zustand II in Rechnung gestellt wird.

(4) Treten erhebliche Temperaturunterschiede innerhalb eines Bauteils oder zwischen fest miteinander verbundenen Bauteilen auf, so ist ihr Einfluß zu berücksichtigen.

(5) Als Wärmedehnzahl ist für den Beton und die Stahleinlagen $\alpha_T = 10^{-5}$ K^{-1} anzunehmen, wenn nicht im Einzelfall für den Beton ein anderer Wert durch Versuche nachgewiesen wird.

17 Bemessung
17.1 Allgemeine Grundlagen
17.1.1 Sicherheitsabstand

(1) Die Bemessung muß einen ausreichenden Sicherheitsabstand zwischen Gebrauchslast und rechnerischer Bruchlast und ein einwandfreies Verhalten der Konstruktion unter Gebrauchslast sicherstellen.

(2) Bei Biegung, bei Biegung mit Längskraft und bei Längskraft allein ist die Bemessung nach Abschnitt 17.2 durchzuführen unter Berücksichtigung des nicht proportionalen Zusammenhangs zwischen Spannung und Dehnung. Die Sicherheit ist ausreichend, wenn die Schnittgrößen, die vom Querschnitt im Bruchzustand (siehe Abschnitt 17.2.1) rechnerisch aufgenommen werden können, mindestens gleich sind den mit den Sicherheitsbeiwerten (siehe Abschnitt 17.2.2) vervielfachten Schnittgrößen unter Gebrauchslast. Moment und Längskraft sind im ungünstigsten Zusammenwirken anzusetzen und mit dem gleichen Sicherheitsbeiwert zu vervielfältigen.

Ausgabe Dezember 1978

Bei Querkraft und Torsion wird der Sicherheitsabstand durch Begrenzung der unter Gebrauchslast auftretenden Spannungen nach Abschnitt 17.5 gewährleistet. Bei Einhaltung der Werte der Tabelle 13 kann mindestens ein Sicherheitsbeiwert von $\gamma = 1{,}75$ vorausgesetzt werden.

17.1.2 Anwendungsbereich

Die im nachfolgenden angegebenen Regeln gelten für Träger mit $l_0/h \geq 2$ und Kragträger mit $l_k/h \geq 1$. Dabei ist l_0 der Abstand der Momenten-Nullpunkte und l_k die Kraglänge. Für wandartige Träger siehe Abschnitt 23.

17.1.3 Verhalten unter Gebrauchslast

Das einwandfreie Verhalten unter Gebrauchslast ist nach den Angaben der Abschnitte 17.6 bis 17.8 nachzuweisen. Dabei werden die unter Gebrauchslast auftretenden Spannungen auf der Grundlage linear elastischen Verhaltens von Stahl und Beton berechnet, und zwar unter der Annahme, daß sich die Dehnungen wie die Abstände von der Nullinie verhalten. Das Verhältnis der Elastizitätsmoduln von Stahl und Beton darf bei der Ermittlung von Querschnittswerten und Spannungen einheitlich mit $n = 10$ angenommen werden.

Die Stahlzugspannung darf näherungsweise nach Gleichung (6) ermittelt werden, wobei z aus der Bemessung nach Abschnitt 17.2.1 übernommen werden darf. M_s ist dabei das auf die Zugbewehrung bezogene Moment.

$$\sigma_s = \frac{1}{A_s} \cdot \left(\frac{M_s}{z} + N \right) \qquad (6)$$

(N ist als Druckkraft mit negativem Vorzeichen einzusetzen.)

17.2 Bemessung für Biegung, Biegung mit Längskraft und Längskraft allein

17.2.1 Grundlagen, Ermittlung der Bruchschnittgrößen

Die folgenden Bestimmungen gelten für Tragwerke mit Biegung, Biegung mit Längskraft und Längskraft allein, bei denen vorausgesetzt werden kann, daß sich die Dehnungen der einzelnen Fasern des Querschnitts wie ihre Abstände von der Nullinie verhalten (siehe auch Abschnitt 17.1.2).

Der für die Bemessung nach Abschnitt 17.1.1 maßgebende Zusammenhang zwischen Spannung und Dehnung ist für Beton in Bild 11, für Stahl in Bild 12 dargestellt, jedoch darf bei Betonstahlmatten aus glatten Stäben die rechnerische Streckgrenze nur mit $\beta_S = 420$ MN/m² in Rechnung gestellt werden. Wie weit diese Spannungsdehnungslinien im einzelnen ausgenützt werden dürfen, zeigen die Dehnungsdiagramme in Bild 13. Diese Bemessungsgrundlagen gelten für alle Querschnittsformen.

Zur Vereinfachung darf für die Bemessung auch die Spannungsdehnungslinie des Betons nach Abschnitt 16.3, Bild 10, oder das in Heft 220 beschriebene Verfahren mit einer rechteckigen Spannungsverteilung verwendet werden.

Ein Mitwirken des Betons auf Zug darf nicht berücksichtigt werden.

Als Bewehrung dürfen im gleichen Querschnitt gleichzeitig alle in Tabelle 6 genannten Stahlsorten mit den dort angegebenen Festigkeitswerten und mit den zugeordneten Spannungsdehnungslinien nach Bild 12 in Rechnung gestellt werden.

Bei Bauteilen mit Nutzhöhen $h <$ 10 cm sind für die Bemessung die Schnittgrößen (M, N) im Verhältnis $\dfrac{15}{h+5}$ ver-

---

DIN 1045 — Ausgabe Juli 1988

(3) Bei Querkraft und Torsion wird der Sicherheitsabstand durch Begrenzung der unter Gebrauchslast auftretenden Spannungen nach Abschnitt 17.5 sichergestellt. Bei Einhaltung der Werte der Tabelle 13 kann mindestens ein Sicherheitsbeiwert von $y = 1{,}75$ vorausgesetzt werden.[23]

17.1.2 Anwendungsbereich

Die im nachfolgenden angegebenen Regeln gelten für Träger mit $l_0/h \geq 2$ und Kragträger mit $l_k/h \geq 1$. Dabei ist l_0 der Abstand der Momenten-Nullpunkte und l_k die Kraglänge. Für wandartige Träger siehe Abschnitt 23.

17.1.3 Verhalten unter Gebrauchslast

(1) Das einwandfreie Verhalten unter Gebrauchslast ist nach den Angaben der Abschnitte 17.6 bis 17.8 nachzuweisen. Dabei werden die unter Gebrauchslast auftretenden Spannungen auf der Grundlage linear elastischen Verhaltens von Stahl und Beton berechnet, und zwar unter der Annahme, daß sich die Dehnungen wie die Abstände von der Nullinie verhalten. Das Verhältnis der Elastizitätsmoduln von Stahl und Beton darf bei der Ermittlung von Querschnittswerten und Spannungen einheitlich mit $n = 10$ angenommen werden.

(2) Die Stahlzugspannung darf näherungsweise nach Gleichung (6) ermittelt werden, wobei z aus der Bemessung nach Abschnitt 17.2.1 übernommen werden darf. M_s ist dabei das auf die Zugbewehrung A_s bezogene Moment.

$$\sigma_s = \frac{1}{A_s} \left(\frac{M_s}{z} + N \right) \qquad (6)$$

(N ist als Druckkraft mit negativem Vorzeichen einzusetzen.)

17.2 Bemessung für Biegung, Biegung mit Längskraft und Längskraft allein

17.2.1 Grundlagen, Ermittlung der Bruchschnittgrößen

(1) Die folgenden Bestimmungen gelten für Tragwerke mit Biegung, Biegung mit Längskraft und Längskraft allein, bei denen vorausgesetzt werden kann, daß sich die Dehnungen der einzelnen Fasern des Querschnitts wie ihre Abstände von der Nullinie verhalten (siehe auch Abschnitt 17.1.2).

(2) Der für die Bemessung nach Abschnitt 17.1.1 maßgebende Zusammenhang zwischen Spannung und Dehnung ist für Beton in Bild 11, für Betonstahl in Bild 12 dargestellt. Wie weit diese Spannungsdehnungslinien im einzelnen ausgenützt werden dürfen, zeigen die Dehnungsdiagramme in Bild 13. Diese Bemessungsgrundlagen gelten für alle Querschnittsformen.

(3) Zur Vereinfachung darf für die Bemessung auch die Spannungsdehnungslinie des Betons nach Abschnitt 16.3, Bild 10, oder das in DAfStb-Heft 220 beschriebene Verfahren mit einer rechteckigen Spannungsverteilung verwendet werden.

(4) Ein Mitwirken des Betons auf Zug darf nicht berücksichtigt werden.

(5) Als Bewehrung dürfen im gleichen Querschnitt gleichzeitig alle in Tabelle 6 genannten Stahlsorten mit den dort angegebenen Festigkeitswerten und mit den zugeordneten Spannungsdehnungslinien nach Bild 12 in Rechnung gestellt werden.

(6) Bei Bauteilen mit Nutzhöhen $h <$ 7 cm sind für die Bemessung die Schnittgrößen (M, N) im Verhältnis $\dfrac{15}{h+8}$

---

[23] Zwangschnittgrößen brauchen nur mit dem $^1/_{1{,}75}$fachen Wert in Rechnung gestellt zu werden.

größert in Rechnung zu stellen. Bei werkmäßig hergestellten flächentragwerkartigen Bauteilen (z. B. Platten und Wänden) für eingeschossige untergeordnete Bauten (z. B. freistehende Einzel- oder Reihengaragen) brauchen die Schnittgrößen nicht vergrößert zu werden.

In Heft 220 sind Hilfsmittel für die Bemessung angegeben, die von den vorstehenden Grundlagen ausgehen.

vergrößert in Rechnung zu stellen. Bei werkmäßig hergestellten flächentragwerkartigen Bauteilen (z. B. Platten und Wänden) für eingeschossige untergeordnete Bauten (z. B. freistehende Einzel- oder Reihengaragen) brauchen die Schnittgrößen nicht vergrößert zu werden.

(7) Im DAfStb-Heft 220 sind Hilfsmittel für die Bemessung angegeben, die von den vorstehenden Grundlagen ausgehen.

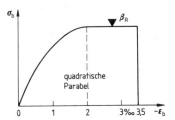

Bild 11. Rechenwerte für die Spannungsdehnungslinie des Betons (β_R siehe Tabelle 12)

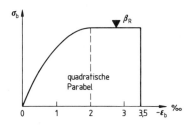

Bild 11. Rechenwerte für die Spannungsdehnungslinie des Betons (β_R siehe Tabelle 12)

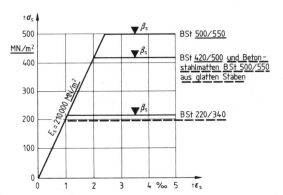

Bild 12. Rechenwerte für die Spannungsdehnungslinien der Betonstähle

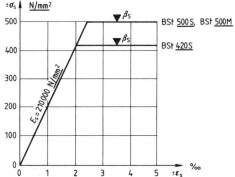

Bild 12. Rechenwerte für die Spannungsdehnungslinien der Betonstähle

17.2.2 Sicherheitsbeiwerte

Bei Lastschnittgrößen betragen die Sicherheitsbeiwerte für Stahlbeton

$\gamma = 1,75$ bei Versagen des Querschnitts mit Vorankündigung

$\gamma = 2,10$ bei Versagen des Querschnitts ohne Vorankündigung

Zwangschnittgrößen brauchen nur mit einem Sicherheitsbeiwert $\gamma = 1,0$ in Rechnung gestellt zu werden (siehe aber Abschnitt 17.6.1).

Als Vorankündigung gilt die Rißbildung, welche von der Dehnung der Zugbewehrung ausgelöst wird. Mit Vorankündigung kann gerechnet werden, wenn die rechnerische Dehnung der Bewehrung nach Bild 13 $\varepsilon_s \geq 3$‰ ist, mit Bruch ohne Ankündigung, wenn $\varepsilon_s \leq 0$‰ ist. Zwischen diesen beiden Grenzen ist der Sicherheitsbeiwert geradlinig einzuschalten (siehe Bild 13).

Wegen des Sicherheitsbeiwertes bei unbewehrtem Beton siehe Abschnitt 17.9, beim Befördern und Einbau von Fertigteilen Abschnitt 19.2.

17.2.2 Sicherheitsbeiwerte

(1) Bei Lastschnittgrößen betragen die Sicherheitsbeiwerte für Stahlbeton

$\gamma = 1,75$ bei Versagen des Querschnitts mit Vorankündigung,

$\gamma = 2,10$ bei Versagen des Querschnitts ohne Vorankündigung.

(2) Zwangschnittgrößen brauchen nur mit einem Sicherheitsbeiwert $\gamma = 1,0$ in Rechnung gestellt zu werden.

(3) Als Vorankündigung gilt die Rißbildung, welche von der Dehnung der Zugbewehrung ausgelöst wird. Mit Vorankündigung kann gerechnet werden, wenn die rechnerische Dehnung der Bewehrung nach Bild 13 $\varepsilon_s \geq 3$‰ ist, mit Bruch ohne Vorankündigung, wenn $\varepsilon_s \leq 0$‰ ist. Zwischen diesen beiden Grenzen ist der Sicherheitsbeiwert linear zu interpolieren (siehe Bild 13).

(4) Wegen des Sicherheitsbeiwertes bei unbewehrtem Beton siehe Abschnitt 17.9, beim Befördern und Einbau von Fertigteilen Abschnitt 19.2.

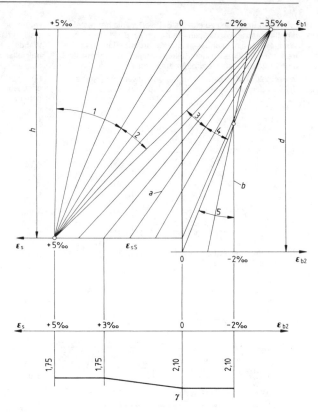

Bild 13. Dehnungsdiagramme und Sicherheitsbeiwerte

Bereich 1: Mittige Zugkraft und Zugkraft mit geringer Ausmitte.
Bereich 2: Biegung oder Biegung mit Längskraft bis zur Ausnutzung der Betonfestigkeit ($|\varepsilon_{b1}| \leq 3,5‰$) und unter Ausnutzung der Stahlstreckgrenze ($\varepsilon_s > \varepsilon_{sS}$).
Bereich 3: Biegung oder Biegung mit Längskraft bei Ausnutzung der Betonfestigkeit und der Stahlstreckgrenze.
Linie a: Grenze der Ausnutzung der Stahlstreckgrenze ($\varepsilon_s = \varepsilon_{sS}$).
Bereich 4: Biegung mit Längskraft ohne Ausnutzung der Stahlstreckgrenze ($\varepsilon_s < \varepsilon_{sS}$) bei Ausnutzung der Betonfestigkeit.
Bereich 5: Druckkraft mit geringer Ausmitte und mittige Druckkraft. Innerhalb dieses Bereiches ist $\varepsilon_{b1} = -3,5‰ - 0,75\,\varepsilon_{b2}$ in Rechnung zu stellen, für mittigen Druck (Linie b) ist somit $\varepsilon_{b1} = \varepsilon_{b2} = -2,0‰$.

Tabelle 12. **Rechenwerte β_R der Betonfestigkeit in MN/m²**

	1	2	3	4	5	6	7	8
1	Nennfestigkeit des Betons β_{WN} (s. Tabelle 1)	5,0	10	15	25	35	45	55
2	Rechenwert β_R	3,5	7,0	10,5	17,5	23	27	30

DIN 1045, Ausgabe Juli 1988

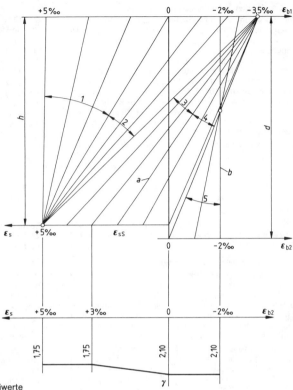

Bild 13. Dehnungsdiagramme und Sicherheitsbeiwerte

Bereich 1: Mittige Zugkraft und Zugkraft mit geringer Ausmitte.

Bereich 2: Biegung oder Biegung mit Längskraft bis zur Ausnutzung der Betondruckfestigkeit ($|\varepsilon_{b1}| \leq 3{,}5$ ‰) und unter Ausnutzung der Stahlstreckgrenze ($\varepsilon_s > \varepsilon_{sS}$).

Bereich 3: Biegung oder Biegung mit Längskraft bei Ausnutzung der Betondruckfestigkeit und der Stahlstreckgrenze.
Linie a: Grenze der Ausnutzung der Stahlstreckgrenze ($\varepsilon_s = \varepsilon_{sS}$).

Bereich 4: Biegung mit Längskraft ohne Ausnutzung der Stahlstreckgrenze ($\varepsilon_s < \varepsilon_{sS}$) bei Ausnutzung der Betondruckfestigkeit.

Bereich 5: Druckkraft mit geringer Ausmitte und mittige Druckkraft. Innerhalb dieses Bereiches ist $\varepsilon_{b1} = -3{,}5\,‰ - 0{,}75\,\varepsilon_{b2}$ in Rechnung zu stellen, für mittigen Druck (Linie b) ist somit $\varepsilon_{b1} = \varepsilon_{b2} = -2{,}0\,‰$.

Tabelle 12. **Rechenwerte β_R der Betondruckfestigkeit in N/mm^2**

		1	2	3	4	5	6	7	8
1	Nennfestigkeit β_{WN} des Betons (siehe Tabelle 1)	5,0	10	15	25	35	45	55
2	Rechenwert β_R		3,5	7,0	10,5	17,5	23	27	30

Ausgabe Dezember 1978

17.2.3 Höchstwerte der Längsbewehrung

Die Bewehrung eines Querschnitts, auch im Bereich von Übergreifungsstößen, darf höchstens 9 % von A_b bei B 15, jedoch nur 5 % von A_b betragen. Die Höchstwerte der Längsbewehrung sind aber in jedem Fall so zu begrenzen, daß das einwandfreie Einbringen und Verdichten des Betons gewährleistet bleibt. Eine Druckbewehrung A'_s darf bei der Ermittlung der Tragfähigkeit höchstens mit dem Querschnitt A_s der am gezogenen bzw. am weniger gedrückten Rand liegenden Bewehrung in Rechnung gestellt werden. Im Bereich überwiegender Biegung soll die Druckbewehrung jedoch nicht mit mehr als 1 % von A_b in Rechnung gestellt werden.

Wegen der Mindestbewehrung in Bauteilen siehe Abschnitte 18 bis 25.

17.3 Zusätzliche Bestimmungen bei Bemessung für Druck

17.3.1 Allgemeines

Bei der Bemessung für Druck sind die Abschnitte 17.4 und 25 zu beachten, soweit im nachfolgenden nichts anderes bestimmt wird.

17.3.2 Umschnürte Druckglieder

Als umschnürt gelten Druckglieder, deren Längsbewehrung durch eine kreisförmige Wendel umschlossen ist. Die Wendel muß sich auch in die anschließenden Bauteile erstrecken, soweit dort die erhöhte Tragwirkung nicht durch andere Maßnahmen gesichert ist und diese Bauteile nicht in anderer Weise gegen Querdehnung bzw. Spaltzugkräfte ausreichend gesichert sind.

Der traglaststeigernde Einfluß einer Umschnürung nach Gleichung (7) darf nur bei Druckgliedern mit mindestens der Festigkeitsklasse B 25 und nur bis zu einer Schlankheit $\lambda \leq 50$ (berechnet aus dem Gesamtquerschnitt) und bis zu einer Ausmitte der Last von $e \leq d_k/8$ in Rechnung gestellt werden.

Der Einfluß der Zusatzmomente nach der Theorie II. Ordnung ist zu berücksichtigen; hierbei darf näherungsweise nach Abschnitt 17.4.3 gerechnet werden. Soweit umschnürte Druckglieder als mittig gedrückte Innenstützen angesehen werden dürfen (siehe Abschnitt 15.4.2), darf der Nachweis der Knicksicherheit entfallen, wenn diese beiderseits eingespannt sind und $h_s/d \leq 5$ ist (h_s = Geschoßhöhe). Die Bruchlast des umschnürten Druckgliedes darf um den Wert ΔN_u nach Gleichung (7) größer angenommen werden als die eines nur verbügelten Druckgliedes (siehe Abschnitte 17.1 und 17.2) mit gleichen Außenmaßen.

$$\Delta N_u = [\nu A_w \beta_{Sw} - (A_b - A_k) \cdot \beta_R] \cdot \left(1 - \frac{8M}{Nd_k}\right) \geq 0 \quad (7)$$

worin

für:	B 25	B 35	B 45	B 55
$\nu =$	1,6	1,7	1,8	1,9

Diese ν-Werte gelten nur für Schlankheiten $\lambda \leq 10$. Für $\lambda \geq 20$ bis $\lambda \leq 50$ sind jeweils nur die halben angegebenen Werte in Rechnung zu stellen.

Für Schlankheiten $10 < \lambda < 20$ dürfen die ν-Werte linear interpoliert werden.

Außerdem muß der Wert $A_w \beta_{Sw}$ der Gleichung (8) genügen.

$$A_w \beta_{Sw} \leq \delta \cdot [(2,3 A_b - 1,4 A_k) \cdot \beta_R + A_s \beta_S] \quad (8)$$

worin

für:	B 25	B 35	B 45	B 55
$\delta =$	0,42	0,39	0,37	0,36

Ausgabe Juli 1988

17.2.3 Höchstwerte der Längsbewehrung

(1) Die Bewehrung eines Querschnitts, auch im Bereich von Übergreifungsstößen, darf höchstens 9 % von A_b, bei B 15 jedoch nur 5 % von A_b betragen. Die Höchstwerte der Längsbewehrung sind aber in jedem Fall so zu begrenzen, daß das einwandfreie Einbringen und Verdichten des Betons sichergestellt bleibt.

(2) Eine Druckbewehrung A'_s darf bei der Ermittlung der Tragfähigkeit höchstens mit dem Querschnitt A_s der am gezogenen bzw. am weniger gedrückten Rand liegenden Bewehrung in Rechnung gestellt werden. Im Bereich überwiegender Biegung soll die Druckbewehrung jedoch nicht mit mehr als 1 % von A_b in Rechnung gestellt werden.

(3) Wegen der Mindestbewehrung in Bauteilen siehe Abschnitte 17.6 und 18 bis 25.

17.3 Zusätzliche Bestimmungen bei Bemessung für Druck

17.3.1 Allgemeines

Bei der Bemessung für Druck sind die Abschnitte 17.4 und 25 zu beachten, soweit im nachfolgenden nichts anderes bestimmt wird.

17.3.2 Umschnürte Druckglieder

(1) Als umschnürt gelten Druckglieder, deren Längsbewehrung durch eine kreisförmige Wendel umschlossen ist. Die Wendel muß sich auch in die anschließenden Bauteile erstrecken, soweit dort die erhöhte Tragwirkung nicht durch andere Maßnahmen gesichert ist und diese Bauteile nicht in anderer Weise gegen Querdehnung bzw. Spaltzugkräfte ausreichend gesichert sind.

(2) Der traglaststeigernde Einfluß einer Umschnürung nach Gleichung (7) darf nur bei Druckgliedern mit mindestens der Festigkeitsklasse B 25 und bis zu einer Schlankheit $\lambda \leq 50$ (berechnet aus dem Gesamtquerschnitt) und bis zu einer Ausmitte der Last von $e \leq d_k/8$ in Rechnung gestellt werden.

(3) Der Einfluß der Zusatzmomente nach der Theorie II. Ordnung ist zu berücksichtigen; hierbei darf näherungsweise nach Abschnitt 17.4.3 gerechnet werden. Soweit umschnürte Druckglieder als mittig gedrückte Innenstützen angesehen werden dürfen (siehe Abschnitt 15.4.2), darf der Nachweis der Knicksicherheit entfallen, wenn diese beiderseits eingespannt sind und $h_s/d \leq 5$ ist (h_s = Geschoßhöhe). Die Bruchlast des umschnürten Druckgliedes darf um den Wert ΔN_u nach Gleichung (7) größer angenommen werden als die eines nur verbügelten Druckgliedes (siehe Abschnitte 17.1 und 17.2) mit gleichen Außenmaßen.

$$\Delta N_u = [\nu A_w \beta_{Sw} - (A_b - A_k) \cdot \beta_R] \cdot \left(1 - \frac{8M}{Nd_k}\right) \geq 0 \quad (7)$$

worin für:

	B 25	B 35	B 45	B 55
$\nu =$	1,6	1,7	1,8	1,9.

Diese ν-Werte gelten nur für Schlankheiten $\lambda \leq 10$. Für $\lambda \geq 20$ bis $\lambda \leq 50$ sind jeweils nur die halben angegebenen Werte in Rechnung zu stellen.

Für Schlankheiten $10 < \lambda < 20$ dürfen die ν-Werte linear interpoliert werden.

Außerdem muß der Wert $A_w \beta_{Sw}$ der Gleichung (8) genügen.

$$A_w \beta_{Sw} \leq \delta \cdot [(2,3 A_b - 1,4 A_k) \cdot \beta_R + A_s \beta_S] \quad (8)$$

worin für:

	B 25	B 35	B 45	B 55
$\delta =$	0,42	0,39	0,37	0,36.

In den Gleichungen (7) und (8) sind:

A_w $\pi \cdot d_k \cdot A_{sw}/s_w$
d_k Kerndurchmesser = Achsdurchmesser der Wendel
A_{sw} Stabquerschnitt der Wendel
s_w Ganghöhe der Wendel
β_{Sw} Streckgrenze der Wendelbewehrung
A_b Gesamtquerschnitt des Druckgliedes
A_k Kernquerschnitt des Druckgliedes = $\pi \cdot d_k^2/4$
A_s Gesamtquerschnitt der Längsbewehrung
M, N Schnittgrößen im Gebrauchszustand
β_R ist Tabelle 12 in Abschnitt 17.2.1 zu entnehmen
β_S ist Bild 12 in Abschnitt 17.2.1 entsprechend $\varepsilon_s = 2\,‰$ zu entnehmen

17.3.3 Zulässige Druckspannung bei Teilflächenbelastung

Wird nur die Teilfläche A_1 (Übertragungsfläche) eines Querschnitts durch eine Druckkraft F belastet, dann darf A_1 mit der Pressung σ_1 nach Gleichung (9) beansprucht werden, wenn im Beton unterhalb der Teilfläche die Spaltzugkräfte aufgenommen werden können (z. B. durch Bewehrung).

$$\sigma_1 = \frac{\beta_R}{2,1}\sqrt{\frac{A}{A_1}} \leq 1,4\,\beta_R \qquad (9)$$

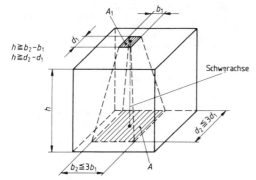

Bild 14. Rechnerische Verteilungsfläche

Die für die Aufnahme der Kraft F vorgesehene rechnerische Verteilungsfläche A muß folgenden Bedingungen genügen (siehe Bild 14):

a) Die zur Lastverteilung in Belastungsrichtung zur Verfügung stehende Höhe muß den Bedingungen des Bildes 14 genügen.
b) Der Schwerpunkt der rechnerischen Verteilungsfläche A muß in Belastungsrichtung mit dem Schwerpunkt der Übertragungsfläche A_1 übereinstimmen.
c) Die Maße der rechnerischen Verteilungsfläche A dürfen in jeder Richtung höchstens gleich dem dreifachen Betrag der entsprechenden Maße der Übertragungsfläche sein.
d) Wirken auf den Betonquerschnitt mehrere Druckkräfte F, so dürfen sich die rechnerischen Verteilungsflächen innerhalb der Höhe h nicht überschneiden.

17.3.4 Zulässige Druckspannungen im Bereich von Mörtelfugen

Bei dünnen Mörtelfugen mit Zementmörtel nach Abschnitt 6.7.1, bei denen das Verhältnis der kleinsten tragenden Fugenbreite zur Fugendicke $b/d \geq 7$ ist, dürfen Druckspannungen in den anschließenden Bauteilen nach Gleichung (9) in Rechnung gestellt werden.

In den Gleichungen (7) und (8) sind:

A_w $\pi \cdot d_k\, A_{sw}/s_w$
d_k Kerndurchmesser = Achsdurchmesser der Wendel
A_{sw} Stabquerschnitt der Wendel
s_w Ganghöhe der Wendel
β_{Sw} Streckgrenze der Wendelbewehrung
A_b Gesamtquerschnitt des Druckglieds
A_k Kernquerschnitt des Druckgliedes $\pi \cdot d_k^2/4$
A_s Gesamtquerschnitt der Längsbewehrung
M, N Schnittgrößen im Gebrauchszustand;
β_R ist Tabelle 12 in Abschnitt 17.2.1 zu entnehmen,
β_S ist Bild 12 in Abschnitt 17.2.1 entsprechend $\varepsilon_s = 2\,‰$ zu entnehmen.

17.3.3 Zulässige Druckspannung bei Teilflächenbelastung

(1) Wird nur die Teilfläche A_1 (Übertragungsfläche) eines Querschnitts durch eine Druckkraft F belastet, dann darf A_1 mit der Pressung σ_1 nach Gleichung (9) beansprucht werden, wenn im Beton unterhalb der Teilfläche die Spaltzugkräfte aufgenommen werden können (z. B. durch Bewehrung).

$$\sigma_1 = \frac{\beta_R}{2,1}\sqrt{\frac{A}{A_1}} \leq 1,4\,\beta_R \qquad (9)$$

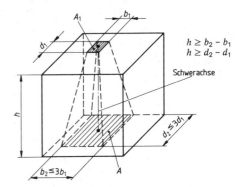

Bild 14. Rechnerische Verteilungsfläche

(2) Die für die Aufnahme der Kraft F vorgesehene rechnerische Verteilungsfläche A muß folgenden Bedingungen genügen (siehe Bild 14):

a) Die zur Lastverteilung in Belastungsrichtung zur Verfügung stehende Höhe muß den Bedingungen des Bildes 14 genügen.
b) Der Schwerpunkt der rechnerischen Verteilungsfläche A muß in Belastungsrichtung mit dem Schwerpunkt der Übertragungsfläche A_1 übereinstimmen.
c) Die Maße der rechnerischen Verteilungsfläche A dürfen in jeder Richtung höchstens gleich dem dreifachen Betrag der entsprechenden Maße der Übertragungsfläche sein.
d) Wirken auf den Betonquerschnitt mehrere Druckkräfte F, so dürfen sich die rechnerischen Verteilungsflächen innerhalb der Höhe h nicht überschneiden.

17.3.4 Zulässige Druckspannungen im Bereich von Mörtelfugen

(1) Bei dünnen Mörtelfugen mit Zementmörtel nach Abschnitt 6.7.1, bei denen das Verhältnis der kleinsten tragenden Fugenbreite zur Fugendicke $b/d \geq 7$ ist, dürfen Druckspannungen in den anschließenden Bauteilen nach Gleichung (9) in Rechnung gestellt werden.

| Ausgabe Dezember 1978 | DIN 1045 | Ausgabe Juli 1988 |

Dabei ist einzusetzen:

A_1 Querschnittsfläche des Fugenmörtels

A Querschnittsfläche des kleineren der angrenzenden Bauteile

β_R Rechenwert der Betonfestigkeit der anschließenden Bauteile nach Tabelle 12

Überschreitet die Druckspannung in der Mörtelfuge den Wert $\beta_R/2{,}1$ des Betons der anschließenden Bauteile, so muß die Aufnahme der Spaltzugkräfte in den anschließenden Bauteilen nachgewiesen werden (z. B. durch Bewehrung).

Für dickere Fugen ($b/d < 7$) gelten die Bemessungsgrundlagen nach Abschnitt 17.2.

17.4 Nachweis der Knicksicherheit

17.4.1 Grundlagen

Zusätzlich zur Bemessung nach Abschnitt 17.2 für die Schnittgrößen am unverformten System ist für Druckglieder die Tragfähigkeit unter Berücksichtigung der Stabauslenkung zu ermitteln (Nachweis der Knicksicherheit nach Theorie II. Ordnung).

Bei Druckgliedern mit mäßiger Schlankheit ($20 < \lambda \leq 70$) darf dieser Nachweis näherungsweise auch nach Abschnitt 17.4.3, bei Druckgliedern mit großer Schlankheit ($\lambda > 70$) muß er nach Abschnitt 17.4.4 geführt werden; Schlankheiten $\lambda > 200$ sind unzulässig. Kann ein Druckglied nach 2 Richtungen ausweichen, ist Abschnitt 17.4.8 zu beachten. Für Druckglieder aus unbewehrtem Beton gilt Abschnitt 17.9.

Der Nachweis der Knicksicherheit darf entfallen für bezogene Ausmitten des Lastangriffs $e/d \geq 3{,}50$ bei Schlankheiten $\lambda \leq 70$; bei Schlankheiten $\lambda > 70$ darf der Knicksicherheitsnachweis entfallen, wenn $e/d \geq 3{,}50 \, \lambda/70$ ist.

Soweit Innenstützen als mittig gedrückt angesehen werden dürfen (siehe Abschnitt 15.4.2) und beiderseits eingespannt sind, darf der Nachweis der Knicksicherheit entfallen, wenn ihre Schlankheit $\lambda \leq 45$ ist. Hierbei ist als Knicklänge s_K die Geschoßhöhe in Rechnung zu stellen. Nähere Angaben enthält Heft 220.

17.4.2 Ermittlung der Knicklänge

Die Knicklängen von geraden oder gekrümmten Druckgliedern ergibt sich in der Regel als Abstand der Wendepunkte der Knickfigur; sie darf mit Hilfe der Elastizitätstheorie nach dem Ersatzstabverfahren – gegebenenfalls unter Berücksichtigung der Verschieblichkeit der Stabenden – ermittelt werden (siehe Heft 220, Zusammenstellung der Knicklängen für häufig benötigte Fälle).

Druckglieder in hinreichend ausgesteiften Tragsystemen dürfen als unverschieblich gehalten angesehen werden. Ein Tragsystem darf ohne besonderen Nachweis als hinreichend ausgesteift angenommen werden, wenn die Bedingungen der Gleichung (3) nach Abschnitt 15.8.1 erfüllt werden.

17.4.3 Druckglieder aus Stahlbeton mit mäßiger Schlankheit

Für Druckglieder aus Stahlbeton mit gleichbleibendem Querschnitt und einer Schlankheit $\lambda = s_K/i \leq 70$ darf der Einfluß der ungewollten Ausmitte und der Stabauslenkung näherungsweise durch eine Bemessung im mittleren Drittel der Knicklänge unter Berücksichtigung einer zusätzlichen Ausmitte f nach Gleichung (10) bzw. (11) bzw. (12) erfaßt werden.

Dabei ist einzusetzen:

A_1 Querschnittsfläche des Fugenmörtels

A Querschnittsfläche des kleineren der angrenzenden Bauteile

β_R Rechenwert der Betondruckfestigkeit der anschließenden Bauteile nach Tabelle 12.

(2) Überschreitet die Druckspannung in der Mörtelfuge den Wert $\beta_R/2{,}1$ des Betons der anschließenden Bauteile, so muß die Aufnahme der Spaltzugkräfte in den anschließenden Bauteilen nachgewiesen werden (z. B. durch Bewehrung).

(3) Für dickere Fugen ($b/d < 7$) gelten die Bemessungsgrundlagen nach Abschnitt 17.9.

17.4 Nachweis der Knicksicherheit

17.4.1 Grundlagen

(1) Zusätzlich zur Bemessung nach Abschnitt 17.2 für die Schnittgrößen am unverformten System ist für Druckglieder die Tragfähigkeit unter Berücksichtigung der Stabauslenkung zu ermitteln (Nachweis der Knicksicherheit nach Theorie II. Ordnung).

(2) Bei Druckgliedern mit mäßiger Schlankheit ($20 < \lambda \leq 70$) darf dieser Nachweis näherungsweise auch nach Abschnitt 17.4.3, bei Druckgliedern mit großer Schlankheit ($\lambda > 70$) muß er nach Abschnitt 17.4.4 geführt werden; Schlankheiten $\lambda > 200$ sind unzulässig. Kann ein Druckglied nach zwei Richtungen ausweichen, ist Abschnitt 17.4.8 zu beachten. Für Druckglieder aus unbewehrtem Beton gilt Abschnitt 17.9.

(3) Der Nachweis der Knicksicherheit darf entfallen für bezogene Ausmitten des Lastangriffs $e/d \geq 3{,}50$ bei Schlankheiten $\lambda \leq 70$; bei Schlankheiten $\lambda > 70$ darf der Knicksicherheitsnachweis entfallen, wenn $e/d \geq 3{,}50 \, \lambda/70$ ist.

(4) Soweit Innenstützen als mittig gedrückt angesehen werden dürfen (siehe Abschnitt 15.4.2) und beiderseits eingespannt sind, darf der Nachweis der Knicksicherheit entfallen, wenn ihre Schlankheit $\lambda \leq 45$ ist. Hierbei ist als Knicklänge s_K die Geschoßhöhe in Rechnung zu stellen. Nähere Angaben enthält DAfStb-Heft 220.

17.4.2 Ermittlung der Knicklänge

(1) Die Knicklängen von geraden oder gekrümmten Druckgliedern ergibt sich in der Regel als Abstand der Wendepunkte der Knickfigur; sie darf mit Hilfe der Elastizitätstheorie nach dem Ersatzstabverfahren — gegebenenfalls unter Berücksichtigung der Verschieblichkeit der Stabenden — ermittelt werden (siehe DAfStb-Heft 220, Zusammenstellung der Knicklängen für häufig benötigte Fälle).

(2) Druckglieder in hinreichend ausgesteiften Tragsystemen dürfen als unverschieblich gehalten angesehen werden. Ein Tragsystem darf ohne besonderen Nachweis als hinreichend ausgesteift angenommen werden, wenn die Bedingungen der Gleichung (3) in Abschnitt 15.8.1 erfüllt werden.

17.4.3 Druckglieder aus Stahlbeton mit mäßiger Schlankheit

(1) Für Druckglieder aus Stahlbeton mit gleichbleibendem Querschnitt und einer Schlankheit $\lambda = s_K/i \leq 70$ darf der Einfluß der ungewollten Ausmitte und der Stabauslenkung näherungsweise durch eine Bemessung im mittleren Drittel der Knicklänge unter Berücksichtigung einer zusätzlichen Ausmitte f nach den Gleichungen (10) bzw. (11) bzw. (12) erfaßt werden.

Ausgabe Dezember 1978

Für f ist einzusetzen bei:

$$0 \leq e/d < 0{,}30 \quad : f = d \cdot \frac{\lambda - 20}{100} \cdot \sqrt{0{,}10 + e/d} \geq 0 \quad (10)$$

$$0{,}30 \leq e/d < 2{,}50 : f = d \cdot \frac{\lambda - 20}{160} \geq 0 \quad (11)$$

$$2{,}50 \leq e/d \leq 3{,}50 : f = d \cdot \frac{\lambda - 20}{160} \cdot (3{,}50 - e/d) \geq 0 \quad (12)$$

Hierin sind:
$\lambda = s_K/i > 20$ Schlankheit
s_K Knicklänge
$i = \sqrt{I_b/A_b}$ Trägheitsradius in Knickrichtung, bezogen auf den Betonquerschnitt
I_B Trägheitsmoment des Betonquerschnitts
A_b Fläche des Betonquerschnitts
$e = |M/N|$ größte planmäßige Ausmitte des Lastangriffs unter Gebrauchslast im mittleren Drittel der Knicklänge
d Querschnittsmaß in Knickrichtung

Bei verschieblichen Systemen liegen die Stabenden im mittleren Drittel der Knicklänge. Der Knicksicherheitsnachweis ist daher durch eine Bemessung an diesen Stabenden unter Berücksichtigung der zusätzlichen Ausmitte f zu führen.

Heft 220 zeigt vereinfachte Nachweisverfahren für die Stiele von unverschieblichen Rahmensystemen.

17.4.4 Druckglieder aus Stahlbeton mit großer Schlankheit

Die Knicksicherheit von Druckgliedern aus Stahlbeton mit einer Schlankheit $\lambda = s_K/i > 70$ gilt als ausreichend, wenn nachgewiesen wird, daß unter den in ungünstigster Anordnung einwirkenden 1,75fachen Gebrauchslasten ein stabiler Gleichgewichtszustand unter Berücksichtigung der Stabauslenkungen (Theorie II. Ordnung) möglich ist und die zulässigen Spannungen nach den Abschnitten 17.2.1 und 17.2.2 unter Gebrauchslast im unverformten System nicht überschritten werden. Es darf keine kleinere Bewehrung angeordnet werden, als für die Berechnung der Stabauslenkungen vorausgesetzt wurde.

Für die Berechnung der Schnittgrößen am verformten System zum Nachweis der Knicksicherheit gelten folgende Grundlagen:

a) Es ist von den Spannungs-Dehnungsgesetzen für Beton und Stahl nach Abschnitt 17.2.1 auszugehen. Zur Vereinfachung darf die Spannungs-Dehnungslinie des Betons nach Bild 10 in Rechnung gestellt werden. Ein Mitwirken des Betons auf Zug darf nicht berücksichtigt werden.

b) Neben den planmäßigen Ausmitten ist eine ungewollte Ausmitte bzw. Stabkrümmung nach Abschnitt 17.4.6 im ungünstigsten Sinne wirkend anzunehmen. Gegebenenfalls sind Kriechverformungen nach Abschnitt 17.4.7 zu berücksichtigen. Stabauslenkungen aus Temperatur- oder Schwindeinflüssen dürfen in der Regel vernachlässigt werden.

c) Die Beschränkung der Stahlspannungen bei nicht vorwiegend ruhender Belastung nach Abschnitt 17.8 bleibt beim Knicksicherheitsnachweis unberücksichtigt.

Näherungsverfahren für den Nachweis der Knicksicherheit und Rechenhilfen für den genaueren Nachweis sind in Heft 220 angegeben.

Ausgabe Juli 1988

(2) Für f ist einzusetzen bei:

$$0 \leq e/d < 0{,}30: \quad f = d \cdot \frac{\lambda - 20}{100} \cdot \sqrt{0{,}10 + e/d} \geq 0 \quad (10)$$

$$0{,}30 \leq e/d < 2{,}50: \quad f = d \cdot \frac{\lambda - 20}{160} \geq 0 \quad (11)$$

$$2{,}50 \leq e/d \leq 3{,}50: \quad f = d \cdot \frac{\lambda - 20}{160} \cdot (3{,}50 - e/d) \geq 0 \quad (12)$$

Hierin sind:
$\lambda = s_K/i > 20$ Schlankheit
s_K Knicklänge
$i = \sqrt{I_b/A_b}$ Trägheitsradius in Knickrichtung, bezogen auf den Betonquerschnitt
I_b Flächenmoment 2. Grades des Betonquerschnitts bezogen auf die Knickrichtung
A_b Fläche des Betonquerschnitts
$e = |M/N|$ größte planmäßige Ausmitte des Lastangriffs unter Gebrauchslast im mittleren Drittel der Knicklänge
d Querschnittsmaß in Knickrichtung.

(3) Bei verschieblichen Systemen liegen die Stabenden im mittleren Drittel der Knicklänge. Der Knicksicherheitsnachweis ist daher durch eine Bemessung an diesen Stabenden unter Berücksichtigung der zusätzlichen Ausmitte f zu führen.

(4) DAfStb-Heft 220 zeigt vereinfachte Nachweisverfahren für die Stiele von unverschieblichen Rahmensystemen.

17.4.4 Druckglieder aus Stahlbeton mit großer Schlankheit

(1) Die Knicksicherheit von Druckgliedern aus Stahlbeton mit einer Schlankheit $\lambda = s_K/i > 70$ gilt als ausreichend, wenn nachgewiesen wird, daß unter den in ungünstigster Anordnung einwirkenden 1,75fachen Gebrauchslasten ein stabiler Gleichgewichtszustand unter Berücksichtigung der Stabauslenkungen (Theorie II. Ordnung) möglich ist und die zulässigen Spannungen nach den Abschnitten 17.2.1 und 17.2.2 unter Gebrauchslast im unverformten System nicht überschritten werden. Es darf keine kleinere Bewehrung angeordnet werden, als für die Berechnung der Stabauslenkungen vorausgesetzt wurde.

(2) Für die Berechnung der Schnittgrößen am verformten System zum Nachweis der Knicksicherheit gelten folgende Grundlagen:

a) Es ist von den Spannungsdehnungsgesetzen für Beton nach Abschnitt 17.2.1 auszugehen. Zur Vereinfachung darf die Spannungsdehnungslinie des Betons nach Bild 10 in Rechnung gestellt werden. Ein Mitwirken des Betons auf Zug darf nicht berücksichtigt werden.

b) Neben den planmäßigen Ausmitten ist eine ungewollte Ausmitte bzw. Stabkrümmung nach Abschnitt 17.4.6 im ungünstigsten Sinne wirkend anzunehmen. Gegebenenfalls sind Kriechverformungen nach Abschnitt 17.4.7 zu berücksichtigen. Stabauslenkungen aus Temperatur- oder Schwindeinflüssen dürfen in der Regel vernachlässigt werden.

c) Die Beschränkung der Stahlspannungen bei nicht vorwiegend ruhender Belastung nach Abschnitt 17.8 bleibt beim Knicksicherheitsnachweis unberücksichtigt.

(3) Näherungsverfahren für den Nachweis der Knicksicherheit und Rechenhilfen für den genaueren Nachweis sind in DAfStb-Heft 220 angegeben.

17.4.5 Einspannende Bauteile

Wurde für den Knicksicherheitsnachweis eine Einspannung der Stabenden des Druckglieds durch anschließende Bauteile vorausgesetzt (z. B. durch einen Rahmenriegel), so sind bei verschieblichen Tragwerken die unmittelbar anschließenden, einspannenden Bauteile auch für diese Zusatzbeanspruchung zu bemessen. Dies gilt besonders dann, wenn die Standsicherheit des Druckglieds von der einspannenden Wirkung eines einzigen Bauteils abhängt.

Bei unverschieblichen oder hinreichend ausgesteiften Tragsystemen in üblichen Hochbauten darf auf einen rechnerischen Nachweis der Aufnahme dieser Zusatzbeanspruchungen in den unmittelbar anschließenden, aussteifenden Bauteilen verzichtet werden.

17.4.6 Ungewollte Ausmitte

Ungewollte Ausmitten des Lastangriffes und unvermeidbare Maßabweichungen sind durch Annahme einer zur Knickfigur des untersuchten Druckgliedes affinen Vorverformung mit dem Größtwert

$$e_v = s_K/300 \qquad (13)$$

(s_K = Knicklänge des Druckgliedes)

zu berücksichtigen.

Vereinfacht darf die Vorverformung durch einen abschnittsweise geradlinigen Verlauf der Stabachse wiedergegeben oder durch eine zusätzliche Ausmitte der Lasten berücksichtigt werden.

Bei Sonderbauwerken – z. B. Brückenpfeilern oder Fernsehtürmen – mit einer Gesamthöhe von mehr als 50 m und eindeutig definierter Lasteintragung, bei deren Herstellung Abweichungen von der Planform durch besondere Maßnahmen – wie z. B. optisches Lot – weitgehend vermieden werden, darf die ungewollte Ausmitte auf Grund eines besonderen Nachweises im Einzelfall abgemindert werden.

17.4.7 Berücksichtigung des Kriechens

Kriechverformungen sind in der Regel nur dann zu berücksichtigen, wenn die Schlankheit des Druckgliedes im unverschieblichen System $\lambda > 70$ und im verschieblichen System $\lambda > 45$ ist und wenn gleichzeitig die planmäßige Ausmitte der Last $e/d < 2$ ist.

Kriechverformungen sind unter den im Gebrauchszustand ständig einwirkenden Lasten (gegebenenfalls auch Verkehrslasten) und ausgehend von den ständig vorhandenen Stabauslenkungen und Ausmitten einschließlich der ungewollten Ausmitte nach Gleichung (13) zu ermitteln. Hinweise zur Abschätzung des Kriecheinflusses enthält Heft 220.

17.4.8 Knicken nach zwei Richtungen

Kann ein Druckglied nach zwei Richtungen (Hauptachsenrichtungen) x und y ausweichen, so dürfen näherungsweise die Knicksicherheitsnachweise getrennt für jede der beiden Richtungen geführt werden, wenn sich die mittleren Drittel der beiden Richtungen zugeordneten Knickfiguren nicht überschneiden. Bleibt bei Rechteckquerschnitten das Verhältnis der kleineren bezogenen planmäßigen Lastausmitte zur größeren $\left|\dfrac{e_x}{b}\right| : \left|\dfrac{e_y}{d}\right| \leq 0{,}2$, genügt es auch in diesem Falle, Knicksicherheitsnachweise getrennt für jede der beiden Hauptachsenrichtungen zu führen; die Lastausmitten e_x bzw. e_y sind auf die in ihrer Richtung verlaufende Querschnittsseite zu beziehen.

17.4.5 Einspannende Bauteile

(1) Wurde für den Knicksicherheitsnachweis eine Einspannung der Stabenden des Druckgliedes durch anschließende Bauteile vorausgesetzt (z. B. durch einen Rahmenriegel), so sind bei verschieblichen Tragwerken die unmittelbar anschließenden, einspannenden Bauteile auch für diese Zusatzbeanspruchung zu bemessen. Dies gilt besonders dann, wenn die Standsicherheit des Druckgliedes von der einspannenden Wirkung eines einzigen Bauteils abhängt.

(2) Bei unverschieblichen oder hinreichend ausgesteiften Tragsystemen in üblichen Hochbauten darf auf einen rechnerischen Nachweis der Aufnahme dieser Zusatzbeanspruchungen in den unmittelbar anschließenden, aussteifenden Bauteilen verzichtet werden.

17.4.6 Ungewollte Ausmitte

(1) Ungewollte Ausmitten des Lastangriffes und unvermeidbare Maßabweichungen sind durch Annahme einer zur Knickfigur des untersuchten Druckgliedes affinen Vorverformung mit dem Höchstwert

$$e_v = s_K/300 \qquad (13)$$

(s_K Knicklänge des Druckgliedes)

zu berücksichtigen.

(2) Vereinfacht darf die Vorverformung durch einen abschnittsweise geradlinigen Verlauf der Stabachse wiedergegeben oder durch eine zusätzliche Ausmitte der Lasten berücksichtigt werden. Für Nachweise am Gesamtsystem nach Abschnitt 17.4.9 darf die Vorverformung vereinfacht als Schiefstellung angesetzt werden; bei eingeschossigen Tragwerken mit $\alpha_v = 1/150$ und bei mehrgeschossigen Tragwerken als $\alpha_v = 1/200$.

(3) Bei Sonderbauwerken — z. B. Brückenpfeilern oder Fernsehtürmen — mit einer Gesamthöhe von mehr als 50 m und eindeutig definierter Lasteintragung, bei deren Herstellung Abweichungen von der Planform durch besondere Maßnahmen — wie z. B. optisches Lot — weitgehend vermieden werden, darf die ungewollte Ausmitte aufgrund eines besonderen Nachweises im Einzelfall abgemindert werden.

17.4.7 Berücksichtigung des Kriechens

(1) Kriechverformungen sind in der Regel nur dann zu berücksichtigen, wenn die Schlankheit des Druckgliedes im unverschieblichen System $\lambda > 70$ und im verschieblichen System $\lambda > 45$ ist und wenn gleichzeitig die planmäßige Ausmitte der Last $e/d < 2$ ist.

(2) Kriechverformungen sind unter den im Gebrauchszustand ständig einwirkenden Lasten (gegebenenfalls auch Verkehrslasten) und ausgehend von den ständig vorhandenen Stabauslenkungen und Ausmitten einschließlich der ungewollten Ausmitte nach Gleichung (13) zu ermitteln.

(3) Hinweise zur Abschätzung des Kriecheinflusses enthält DAfStb-Heft 220.

17.4.8 Knicken nach zwei Richtungen

(1) Ist die Knickrichtung eines Druckgliedes nicht eindeutig vorgegeben, so ist der Knicksicherheitsnachweis für schiefe Biegung mit Längsdruck zu führen. Dabei darf im Regelfall eine drillfreie Knickfigur angenommen werden. Die ungewollten Ausmitten e_{vy} und e_{vz} sind getrennt für beide Hauptachsenrichtungen nach Gleichung (13) zu ermitteln und zusammen mit der planmäßigen Ausmitte zu berücksichtigen.

(2) Für Druckglieder mit Rechteckquerschnitt und Schlankheiten $\lambda > 70$ darf das im DAfStb-Heft 220 angegebene Näherungsverfahren angewendet werden:

In jedem der beiden Nachweise dürfen sämtliche Bewehrungsstäbe unter Beachtung ihrer wirksamen Hebelarme in Rechnung gestellt werden.

Überschneiden sich die mittleren Drittel der Knickfiguren, so ist der Knicksicherheitsnachweis für schiefe Biegung mit Längsdruck zu führen; dabei darf im Regelfall eine drillfreie Knickfigur angenommen werden. Die ungewollte Ausmitte e_v nach Gleichung (13) liegt in der durch die

a) bei einem Seitenverhältnis $d/b \leq 1{,}5$ unabhängig von der Lage der planmäßigen Ausmitte;

b) bei einem Seitenverhältnis $d/b > 1{,}5$ nur dann, wenn die planmäßige Ausmitte im Bereich B nach Bild 14.1 liegt.

(3) Bei Druckgliedern mit Rechteckquerschnitt dürfen näherungsweise Knicksicherheitsnachweise getrennt für jede der beiden Hauptachsenrichtungen geführt werden, wenn das Verhältnis der kleineren bezogenen planmäßigen

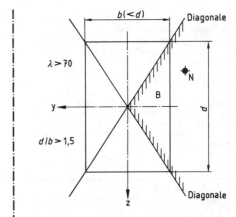

Bild 14.1. Rechteckquerschnitt unter schiefer Biegung mit Längsdruck; Anwendungsgrenzen für das Näherungsverfahren nach Abschnitt 17.4.8 b) für $d/b > 1{,}5$ und $\lambda > 70$

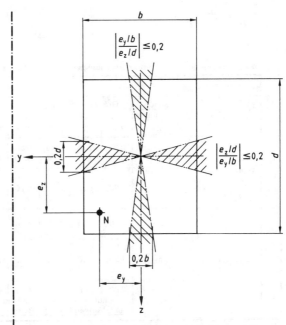

Bild 14.2. Rechteckquerschnitt unter schiefer Biegung mit Längsdruck; Anwendungsgrenzen für das Näherungsverfahren

Ausgabe Dezember 1978 — DIN 1045 — Ausgabe Juli 1988

Längskraft bestimmten Momentenebene und ist aus der größeren Knicklänge abzuleiten. Zusätzlich ist zu überprüfen, ob ein Nachweis für einachsiges Knicken in Richtung der kürzeren Querschnittsseite eine größere erforderliche Bewehrung liefert.

In Heft 220 ist ein Näherungsverfahren angegeben.

17.4.9 Nachweis am Gesamtsystem

<u>Rahmensysteme</u> dürfen zum Nachweis der Knicksicherheit abweichend von Abschnitt 17.4.2 auch als Gesamtsystem unter 1,75facher Gebrauchslast nach Theorie II. Ordnung untersucht werden; hierbei sind Schiefstellungen des Gesamtsystems bzw. Vorverformungen entsprechend Abschnitt 17.4.6 zu berücksichtigen. Die in Rechnung gestellten Biegesteifigkeiten der einzelnen Stäbe müssen ausreichend mit den vorhandenen Querschnittswerten und mit dem zugehörigen Beanspruchungszustand auf Grund der nachgewiesenen Schnittgrößen übereinstimmen.

Lastausmitte zur größeren den Wert 0,2 nicht überschreitet, d. h. wenn die Längskraft innerhalb der schraffierten Bereiche nach Bild 14.2 angreift. Die planmäßigen Lastausmitten e_y und e_z sind auf die in ihrer Richtung verlaufende Querschnittsseite zu beziehen.

(4) Bei Druckgliedern mit einer planmäßigen Ausmitte $e_z \geq 0{,}2d$ in Richtung der längeren Querschnittsseite d muß beim Nachweis in Richtung der kürzeren Querschnittsseite b die dann maßgebende Querschnittsbreite d verkleinert werden. Als maßgebende Querschnittsbreite ist die Höhe der Druckzone infolge der Lastausmitte $e_z + e_{vz}$ im Gebrauchszustand anzunehmen.

17.4.9 Nachweis am Gesamtsystem

<u>Stabtragwerke</u> dürfen zum Nachweis der Knicksicherheit abweichend von Abschnitt 17.4.2 auch als Gesamtsystem unter 1,75facher Gebrauchslast nach Theorie II. Ordnung untersucht werden; hierbei sind Schiefstellungen des Gesamtsystems bzw. Vorverformungen nach Abschnitt 17.4.6 zu berücksichtigen. Die in Rechnung gestellten Biegesteifigkeiten der einzelnen Stäbe müssen ausreichend mit den vorhandenen Querschnittswerten und mit dem zugehörigen Beanspruchungszustand aufgrund der nachgewiesenen Schnittgrößen übereinstimmen.

DIN 1045, Ausgabe Dezember 1978

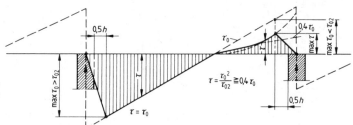

Bild 15. Grundwerte τ_0 und Bemessungswerte τ bei unmittelbarer Unterstützung (siehe Abschnitte 17.5.2 und 17.5.5)

Tabelle 13. **Grenzen der Grundwerte der Schubspannung τ_0 in MN/m² unter Gebrauchslast**

	1	2	3	4	5	6	7	8	9	10
	Bauteil	Bereich	Schubspannung max τ_0	Grenzen der Schubspannung τ_0 für Festigkeitsklasse des Betons				Nachweis der Schubdeckung	Schubdeckung	
				B 15	B 25	B 35	B 45	B 55		
1 a	Platten	1 [29])	τ_{011}	0,25	0,35	0,40	0,50	0,55	nicht erforderlich	keine
1 b				0,35	0,50	0,60	0,70	0,80	(siehe <u>aber</u> Abschnitt 17.5.5)	
2		2	τ_{02}	1,20	1,80	2,40	2,70	3,00	erforderlich	verminderte Schubdeckung nach Gleichung (17) zulässig
3	Balken	1	τ_{012}	0,50	0,75	1,00	1,10	1,25	nicht erforderlich	(siehe Abschnitt 17.5.5)
4		2	τ_{02}	1,20	1,80	2,40	2,70	3,00	erforderlich	verminderte Schubdeckung nach Gleichung (17) zulässig
5		3	τ_{03}	2,00	3,00	4,00	4,50	5,00	erforderlich	volle Schubdeckung
				nur bei d bzw. $d_0 \geq$ <u>45</u> cm und <u>Verwendung von Rippenstahl</u>						

[29]) Die Werte der Zeile 1 a gelten bei gestaffelter, d. h. teilweise im Zugbereich verankerter Bewehrung.

Ausgabe Dezember 1978 — DIN 1045 — Ausgabe Juli 1988

17.5 Bemessung für Querkraft und Torsion
17.5.1 Allgemeine Grundlage
Die Schubbewehrung ist ohne Berücksichtigung der Zugfestigkeit des Betons zu bemessen (siehe auch Abschnitt 17.1.1).

17.5.2 Maßgebende Querkraft
Im allgemeinen ist als Rechenwert der Querkraft die nach Abschnitt 15.6 ermittelte größte Querkraft am Auflagerrand zugrunde zu legen. Wenn die Auflagerkraft jedoch normal zum unteren Balkenrand mit Druckspannungen eingetragen wird (unmittelbare Stützung), darf für die Berechnung der Schubspannungen und die Bemessung der Schubbewehrung die Querkraft im Abstand $0{,}5\,h$ vom Auflagerrand zugrunde gelegt werden (siehe Bild 15); der Querkraftanteil aus einer Einzellast F im Abstand $a \leq 2\,h$ von der Auflagermitte darf dabei im Verhältnis $\dfrac{a}{2\,h}$ abgemindert werden. Der Querkraftverlauf darf von den vorgenannten Größtwerten bis zur rechnerischen Auflagermitte geradlinig auf Null abnehmend angenommen werden.

17.5 Bemessung für Querkraft und Torsion
17.5.1 Allgemeine Grundlage
Die Schubbewehrung ist ohne Berücksichtigung der Zugfestigkeit des Betons zu bemessen (siehe auch Abschnitt 17.2.1).

17.5.2 Maßgebende Querkraft
(1) Im allgemeinen ist als Rechenwert der Querkraft die nach Abschnitt 15.6 ermittelte größte Querkraft am Auflagerrand zugrunde zu legen. Wenn die Auflagerkraft jedoch normal zum unteren Balkenrand mit Druckspannungen eingetragen wird (unmittelbare Stützung), darf für die Berechnung der Schubspannungen und die Bemessung der Schubbewehrung die Querkraft im Abstand $0{,}5\,h$ vom Auflagerrand zugrunde gelegt werden (siehe Bild 15). Für die Bemessung der Schubbewehrung darf außerdem der Querkraftanteil aus einer Einzellast F im Abstand $a \leq 2\,h$ von der Auflagermitte im Verhältnis $a/2\,h$ abgemindert werden. Der Querkraftverlauf darf von den vorgenannten Höchstwerten bis zur rechnerischen Auflagermitte geradlinig auf Null abnehmend angenommen werden.

DIN 1045, Ausgabe Juli 1988

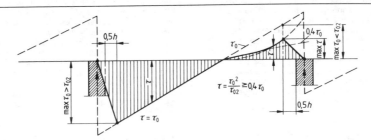

Bild 15. Grundwerte τ_0 und Bemessungswerte τ bei unmittelbarer Unterstützung (siehe Abschnitte 17.5.2 und 17.5.5)

Tabelle 13. **Grenzen der Grundwerte der Schubspannung τ_0 in N/mm² unter Gebrauchslast**

1	2	3	4	5	6	7	8	9
Bauteil	Schub-bereich		Grenzen der Grundwerte der Schubspannung τ_0 in N/mm² für die Festigkeitsklasse des Betons					Schubdeckung
			B 15	B 25	B 35	B 45	B 55	
1a 1b	Platten	1[24]	τ_{011}	0,25 0,35	0,35 0,50	0,40 0,60	0,50 0,70	0,55 0,80	siehe Abschnitt 17.5.5
2		2	τ_{02}	1,20	1,80	2,40	2,70	3,00	verminderte Schubdeckung nach Gleichung (17) zulässig
3	Balken	1	τ_{012}	0,50	0,75	1,00	1,10	1,25	siehe Abschnitt 17.5.5
4		2	τ_{02}	1,20	1,80	2,40	2,70	3,00	verminderte Schubdeckung nach Gleichung (17) zulässig
5		3	τ_{03}	2,00 nur bei d bzw. $d_0 \geq 30$ cm	3,00	4,00	4,50	5,00	volle Schubdeckung

[24]) Die Werte der Zeile 1a gelten bei gestaffelter, d. h. teilweise im Zugbereich verankerter Feldbewehrung (siehe auch Abschnitt 20.1.6.2 (1)).

Auswirkungen von Querschnittsänderungen (Balkenschrägen bzw. Aussparungen) auf die Schubspannungen müssen bei ungünstiger Wirkung bzw. dürfen bei günstiger Wirkung berücksichtigt werden.

17.5.3 Grundwerte der Schubspannung

Der Grundwert der Schubspannung darf die in Tabelle 13 angegebenen Grenzen nicht überschreiten.

Bei biegebeanspruchten Bauteilen gilt als Grundwert τ_0 die Schubspannung in Höhe der Nullinie im Zustand II. Verringert sich die Querschnittsbreite in der Zugzone, kann der Grundwert dort größer und damit maßgebend werden. Dies gilt auch bei Biegung mit Längskraft, solange die Nullinie innerhalb des Querschnittes liegt.

In Abschnitten von Bauteilen, die über den ganzen Querschnitt Längsdruckspannungen aufweisen (Biegung mit Längsdruckkraft, Nullinie außerhalb des Querschnittes), darf der Grundwert τ_0 in der Größe der nach Zustand I auftretenden größten Hauptzugspannung angenommen werden.

Bei Biegung mit Längszug und Nullinie außerhalb des Querschnittes darf auf den Nachweis der Schubdeckung verzichtet werden, wenn die nach Zustand I auftretende größte Hauptzugspannung die Werte nach Tabelle 13, Zeile 1 a und 1 b bzw. 3, nicht überschreitet. Als obere Spannungsgrenze gilt jedoch der nach Zustand II aus der Querkraft allein ermittelte Spannungsanteil τ_0; er darf die Werte der Zeile 4 nicht überschreiten. Die Bemessung der Schubbewehrung ist ebenfalls mit dem aus der Querkraft allein ermittelten Grundwert der Schubspannung τ_0 durchzuführen, jedoch ohne deren Abminderung im Schubbereich 2 (siehe Abschnitt 17.5.5).

17.5.4 Bemessungsgrundlagen für die Schubbewehrung

Die erforderliche Schubbewehrung ist für die in den Zugstreben eines gedachten Fachwerks unter der Gebrauchslast wirkenden Kräfte zu bemessen. Die Schubbewehrung ist entsprechend dem Schubspannungsdiagramm (siehe Bild 15) unter Berücksichtigung von Abschnitt 18.8 zu verteilen. Die Neigung der Zugstreben des Fachwerks gegen die Stabachse darf bei Schrägstäben zwischen 45° und 60° und bei Bügeln zwischen 45° und 90° angenommen werden. Bei Biegung mit Längszug darf die Neigung der Zugstreben der flacheren Neigung der Hauptzugspannungen angepaßt werden.

Die Neigung der Druckstreben des gedachten Fachwerks ist im allgemeinen mit 45° (volle Schubdeckung) anzunehmen. Unter den in Abschnitt 17.5.5 genannten Voraussetzungen dürfen für die dort angegebenen Bereiche 1 und 2 auch flachere Neigungen der Druckstreben angenommen werden (verminderte Schubdeckung nach Gleichung (17)), jedoch nur bei vorwiegend ruhender Belastung nach DIN 1055 Teil 3.

Die zulässige Stahlspannung ist mit $\beta_S/1,75$, jedoch nicht mehr als 240 MN/m^2 in Rechnung zu stellen. Bügel (siehe Abschnitt 18.8.2) und Schubzulagen (siehe Abschnitt 18.8.4) aus geschweißten Betonstahlmatten BSt 500/550 R dürfen mit einer zulässigen Stahlspannung von 286 MN/m^2 in Rechnung gestellt werden. Wegen der Stahlspannungen bei nicht vorwiegend ruhenden Lasten siehe Abschnitt 17.8 und wegen der Bewehrungsführung siehe auch Abschnitt 18.8.

---

(2) Auswirkungen von Querschnittsänderungen (Balkenschrägen bzw. Aussparungen) auf die Schubspannungen müssen bei ungünstiger Wirkung bzw. dürfen bei günstiger Wirkung berücksichtigt werden.

17.5.3 Grundwerte τ_0 der Schubspannung

(1) Der Grundwert der Schubspannung darf die in Tabelle 13 angegebenen Grenzen nicht überschreiten.

(2) Bei biegebeanspruchten Bauteilen gilt als Grundwert τ_0 die Schubspannung in Höhe der Nullinie im Zustand II. Verringert sich die Querschnittsbreite in der Zugzone, kann der Grundwert dort größer und damit maßgebend werden. Dies gilt auch bei Biegung mit Längskraft, solange die Nullinie innerhalb des Querschnitts liegt.

(3) In Abschnitten von Bauteilen, die über den ganzen Querschnitt Längsdruckspannungen aufweisen (Biegung mit Längsdruckkraft, Nullinie außerhalb des Querschnitts), darf der Grundwert τ_0 in der Größe der nach Zustand I auftretenden größten Haupt z u g spannung angenommen werden. Außerdem ist nachzuweisen, daß die schiefe Haupt d r u c k spannung im Zustand II den Wert $2 \cdot \tau_{03}$ nicht überschreitet; dabei ist die Neigung der Druckstrebe des gedachten Fachwerkes entsprechend der Richtung der schiefen Hauptdruckspannung im Zustand II anzunehmen.

(4) Bei Biegung mit Längszug und Nullinie außerhalb des Querschnitts darf der nach Zustand II allein aus der Querkraft ermittelte Grundwert τ_0 der Schubspannung die Werte der Tabelle 13, Zeilen 2 bzw. 4, nicht überschreiten. Die Bemessung der Schubbewehrung ist ebenfalls mit dem aus der Querkraft allein ermittelten Grundwert τ_0 der Schubspannung durchzuführen; eine Abminderung (siehe Abschnitt 17.5.5) ist nicht zulässig. Bei Platten jedoch darf auf eine Schubbewehrung verzichtet werden, wenn die nach Zustand I auftretende größte Hauptzugspannung — gegebenenfalls unter Berücksichtigung von Zwang — die Werte der Tabelle 13, Zeilen 1 a und 1 b, nicht überschreitet.

17.5.4 Bemessungsgrundlagen für die Schubbewehrung

(1) Die erforderliche Schubbewehrung ist für die in den Zugstreben eines gedachten Fachwerks unter der Gebrauchslast wirkenden Kräfte zu bemessen. Die Schubbewehrung ist entsprechend dem Schubspannungsdiagramm (siehe Bild 15) unter Berücksichtigung von Abschnitt 18.8 zu verteilen. Die Neigung der Zugstreben des Fachwerks gegen die Stabachse darf bei Schrägstreben zwischen 45° und 60° und bei Bügeln zwischen 45° und 90° angenommen werden. Bei Biegung mit Längszug darf die Neigung der Zugstreben der flacheren Neigung der Hauptzugspannungen angepaßt werden.

(2) Die Neigung der Druckstreben des gedachten Fachwerks ist im allgemeinen mit 45° (volle Schubdeckung) anzunehmen. Unter den in Abschnitt 17.5.5 genannten Voraussetzungen dürfen für die dort angegebenen Bereiche 1 und 2 auch flachere Neigungen der Druckstreben angenommen werden (verminderte Schubdeckung nach Gleichung (17)).

(3) Die zulässige Stahlspannung ist mit $\beta_S/1,75$ in Rechnung zu stellen. Wegen der Stahlspannungen bei nicht vorwiegend ruhenden Lasten siehe Abschnitt 17.8, und wegen der Bewehrungsführung siehe auch Abschnitt 18.8.

Ausgabe Dezember 1978 — DIN 1045 — Ausgabe Juli 1988

Für die Bemessung der Schubbewehrung bei Fertigteilen siehe die Abschnitte 19.4 und 19.7.2, bei Stahlsteindecken Abschnitt 20.2.6.2, bei Glasstahlbeton Abschnitt 20.3.3, bei Rippendecken Abschnitt 21.2.2.2, bei punktförmig gestützten Platten Abschnitt 22.5 und bei wandartigen Trägern Abschnitt 23.3.

17.5.5 Bemessungsregeln für die Schubbewehrung

Breite Balken mit Rechteckquerschnitt ($b > 5\,d$) dürfen wie Platten behandelt werden.
Bei mittelbarer Lasteintragung oder Auflagerung ist stets eine Aufhängebewehrung nach Abschnitt 18.10.2 bzw. 18.10.3 anzuordnen.
Je nach Größe von max. τ_0 (siehe Tabelle 13) gelten neben den Bewehrungsrichtlinien nach Abschnitt 18.8 für die Bemessung der Schubbewehrung folgende Regeln:

Bereich 1: max $\tau_0 \leq \tau_{011}$ für Platten und
max $\tau_0 \leq \tau_{012}$ für Balken

Bei Platten darf auf eine Schubbewehrung verzichtet werden, wenn der Grundwert $\tau_0 < k_1 \cdot \tau_{011}$ ist; für den Beiwert k_1 gilt die Beziehung

$$k_1 = \frac{0{,}2}{d} + 0{,}33 \geq 0{,}5 \qquad (14)$$
$$\leq 1$$

(d Plattendicke in m).

Bei Platten mit ständig vorhandener gleichmäßig verteilter Vollbelastung (z. B. durch Erdaufschüttung, Bodenpressung, Wasserdruck u. ä.) ohne wesentliche Einzellasten darf an Stelle von k_1 der Beiwert k_2 gesetzt werden, für den die Beziehung gilt:

$$k_2 = \frac{0{,}12}{d} + 0{,}6 \geq 0{,}7 \qquad (15)$$
$$\leq 1$$

In Balken (mit Ausnahme von Tür- und Fensterstürzen mit $l \leq 2{,}0$ m, die nach DIN 1053 Teil 1, Ausgabe November 1974, Abschnitt 5.5.3, belastet werden) und in Plattenbalken und Rippendecken (Ausnahmen siehe Abschnitt 21.2.2.2) ist stets eine Schubbewehrung anzuordnen, die mit dem Bemessungswert τ nach Gleichung (16) zu ermitteln ist.

$$\tau = 0{,}4\,\tau_0 \qquad (16)$$

Der Anteil der Bügel dieser Schubbewehrung richtet sich nach Abschnitt 18.8.2.2.

Bereich 2: $\tau_{011} < \max \tau_0 \leq \tau_{02}$ für Platten und
$\tau_{012} < \max \tau_0 \leq \tau_{02}$ für Balken

Der Grundwert τ_0 darf in jedem Querschnitt auf den Bemessungswert τ abgemindert werden (verminderte Schubdeckung):

$$\tau = \frac{\text{vorh } \tau_0^2}{\tau_{02}} \geq 0{,}4\,\tau_0 \qquad (17)$$

Wegen der verminderten Schubdeckung bei Fertigteilen siehe Abschnitte 19.4 und 19.7.2.

---

(4) Für die Bemessung der Schubbewehrung bei Fertigteilen siehe Abschnitte 19.4 und 19.7.2, bei Stahlsteindecken Abschnitt 20.2.6.2, bei Glasstahlbeton Abschnitt 20.3.3, bei Rippendecken Abschnitt 21.2.2.2, bei punktförmig gestützten Platten Abschnitt 22.5, bei Fundamentplatten Abschnitt 22.7 bei wandartigen Trägern Abschnitt 23.2.

17.5.5 Bemessungsregeln für die Schubbewehrung (Bemessungswerte τ)

17.5.5.1 Allgemeines

(1) Breite Balken mit Rechteckquerschnitt ($b > 5\,d$) dürfen wie Platten behandelt werden.

(2) Bei mittelbarer Lasteintragung oder Auflagerung ist stets eine Aufhängebewehrung nach den Abschnitten 18.10.2 bzw. 18.10.3 anzuordnen.

(3) Je nach Größe von max τ_0 (siehe Bild 15) gelten neben den Bewehrungsrichtlinien nach Abschnitt 18.8 für die Bemessung der Schubbewehrung die Abschnitte 17.5.5.2 bis 17.5.5.4.

17.5.5.2 Schubbereich 1

(1) Schubbereich 1:
für Platten: max $\tau_0 \leq k_1\,\tau_{011}$ bzw. $k_2\,\tau_{011}$
für Balken: max $\tau_0 \leq \tau_{012}$

(2) Bei Platten darf auf eine Schubbewehrung verzichtet werden, wenn der Grundwert max $\tau_0 < k_1\,\tau_{011}$ bzw. max $\tau_0 \leq k_2\,\tau_{011}$ ist.

(3) Für den Beiwert k_1 gilt die Beziehung

$$k_1 = \frac{0{,}2}{d} + 0{,}33 \geq 0{,}5 \qquad (14)$$
$$\leq 1$$

(d Plattendicke in m) der

(4) Bei Platten darf in Bereichen, in denen die Höchstwerte des Biegemoments und der Querkraft nicht zusammentreffen, anstelle von k_1 der Beiwert k_2 gesetzt werden. Dafür gilt:

$$k_2 = \frac{0{,}12}{d} + 0{,}6 \geq 0{,}7 \qquad (15)$$
$$\leq 1$$

(5) In Balken (mit Ausnahme von Tür- und Fensterstürzen mit $l \leq 2{,}0$ m, die nach DIN 1053 Teil 1/11.74, Abschnitt 5.5.3, belastet werden) und in Plattenbalken und Rippendecken (Ausnahmen siehe Abschnitt 21.2.2.2) ist stets eine Schubbewehrung anzuordnen. Sie ist mit dem Bemessungswert τ nach Gleichung (16) zu ermitteln:

$$\tau = 0{,}4\,\tau_0 \qquad (16)$$

(6) Der Anteil der Bügel dieser Schubbewehrung richtet sich nach Abschnitt 18.8.2.2.

17.5.5.3 Schubbereich 2

(1) Schubbereich 2:
für Platten: $k_1\,\tau_{011}$ bzw. $k_2\,\tau_{011} < \max \tau_0 \leq \tau_{02}$
für Balken: $\tau_{012} < \max \tau_0 \leq \tau_{02}$

(2) Der Grundwert τ_0 darf in jedem Querschnitt auf den Bemessungswert τ abgemindert werden (verminderte Schubdeckung):

$$\tau = \frac{\text{vorh } \tau_0^2}{\tau_{02}} \geq 0{,}4\,\tau_0 \qquad (17)$$

(3) Wegen der verminderten Schubdeckung bei Fertigteilen siehe Abschnitte 19.4 und 19.7.2.

(4) Bei Platten darf in Abschnitten, in denen die Grundwerte der Schubspannung τ_0 den Wert $k_1\,\tau_{011}$ bzw. $k_2\,\tau_{011}$ nicht überschreiten, auf die Anordnung einer Schubbewehrung verzichtet werden.

Bereich 3: $\tau_{02} <$ max $\tau_0 \leq \tau_{03}$

Liegt der Grundwert τ_0 zwischen τ_{02} und τ_{03}, so sind bei der Ermittlung der Schubbewehrung im ganzen zugehörigen Querkraftbereich gleichen Vorzeichens die Grundwerte τ_0 zugrunde zu legen (volle Schubdeckung).

17.5.6 Bemessung bei Torsion

Wegen der Notwendigkeit des Nachweises siehe Abschnitt 15.5. Der Grundwert τ_T ist mit den Querschnittswerten für Zustand I und für die Schnittgrößen unter Gebrauchslast ohne Berücksichtigung der Bewehrung zu ermitteln.

Die Grundwerte τ_T dürfen die Werte τ_{02} der Tabelle 13, Zeile 4, nicht überschreiten; Abminderungen nach Gleichung (17) sind unzulässig.

Ein Nachweis der Torsionsbewehrung ist nur erforderlich, wenn die Grundwerte τ_T die Werte $0,25\,\tau_{02}$ nach den Zeilen 2 bzw. 4 von Tabelle 13 überschreiten. Die Torsionsbewehrung ist für die schiefen Hauptzugkräfte zu bemessen, die in den Stäben eines gedachten räumlichen Fachwerkkastens mit Druckstreben unter 45° Neigung entstehen.

Die Mittellinie des gedachten räumlichen Fachwerkkastens verläuft durch die Mitten der Längsstäbe der Torsionsbewehrung (Eckstäbe).

17.5.7 Bemessung bei Querkraft und Torsion

Wirken Querkraft und Torsion gleichzeitig, so ist zunächst nachzuweisen, daß die Grundwerte τ_0 und τ_T jeder für sich die in den Abschnitten 17.5.3 und 17.5.6 angegebenen Höchstwerte nicht überschreiten. Die Summe dieser Spannungen darf die 1,3fachen Werte von τ_{02} der Tabelle 13, Zeile 4, nicht überschreiten. Die erforderliche Schubbewehrung ist getrennt für die Teilwerte τ_0 nach Abschnitt 17.5.5 und τ_T nach Abschnitt 17.5.6 zu ermitteln, sofern ihre Summe ($\tau_0 + \tau_T$) die Werte der Zeile 3 von Tabelle 13 überschreitet. Die so errechneten Querschnittswerte der Schubbewehrung sind zusammenzuzählen.

17.6 Beschränkung der Rißbreite unter Gebrauchslast

17.6.1 Grundlagen

Zur Sicherung der Gebrauchsfähigkeit und Dauerhaftigkeit der Stahlbetonteile ist die Rißbreite durch geeignete Wahl von Bewehrungsgrad, Stahlspannung und Stabdurchmesser in dem Maß zu beschränken, wie es der Verwendungszweck erfordert (siehe Tabelle 10 in Abschnitt 13.2.1).

Ein Nachweis der Beschränkung der Rißbreite nach Abschnitt 17.6.2 ist stets zu führen:

bei Zuggliedern,

bei Bauteilen unter nicht vorwiegend ruhenden Lasten,
bei wesentlichen Zwangbeanspruchungen, wenn für die Bemessung nach Abschnitt 17.2.2 der Sicherheitsbeiwert für die Zwangbeanspruchung kleiner gewählt wird als für die Lastbeanspruchung,

sowie

bei Verwendung von Betonstahlmatten mit glatten Stäben.

17.5.5.4 Schubbereich 3

(1) Schubbereich 3: $\tau_{02} <$ max $\tau_0 \leq \tau_{03}$

(2) Liegt der Grundwert τ_0 zwischen τ_{02} und τ_{03}, sind bei der Ermittlung der Schubbewehrung im ganzen zugehörigen Querkraftbereich gleichen Vorzeichens die Grundwerte τ_0 zugrunde zu legen (volle Schubdeckung).

17.5.6 Bemessung bei Torsion

(1) Wegen der Notwendigkeit des Nachweises siehe Abschnitt 15.5. Der Grundwert τ_T ist mit den Querschnittswerten für Zustand I und für die Schnittgrößen unter Gebrauchslast ohne Berücksichtigung der Bewehrung zu ermitteln.

(2) Die Grundwerte τ_T dürfen die Werte τ_{02} der Tabelle 13, Zeile 4, nicht überschreiten; Abminderungen nach Gleichung (17) sind unzulässig.

(3) Ein Nachweis der Torsionsbewehrung ist nur erforderlich, wenn die Grundwerte τ_T die Werte $0,25\,\tau_{02}$ nach Tabelle 13, Zeilen 2 bzw. 4, überschreiten. Die Torsionsbewehrung ist für die schiefen Hauptzugkräfte zu bemessen, die in den Stäben eines gedachten räumlichen Fachwerks mit Druckstreben unter 45° Neigung entstehen.

(4) Die Mittellinie des gedachten räumlichen Fachwerks verläuft durch die Mitten der Längsstäbe der Torsionsbewehrung (Eckstäbe).

17.5.7 Bemessung bei Querkraft und Torsion

(1) Wirken Querkraft und Torsion gleichzeitig, so ist zunächst nachzuweisen, daß die Grundwerte τ_0 und τ_T jeder für sich die in den Abschnitten 17.5.3 und 17.5.6 angegebenen Höchstwerte nicht überschreiten.

(2) Außerdem ist die Einhaltung von Gleichung (17.1) nachzuweisen:

$$\frac{\tau_0}{\tau_{03}} + \frac{\tau_T}{\tau_{02}} \leq 1{,}3 \qquad (17.1)$$

(3) Beträgt die Bauteildicke d bzw. d_0 weniger als 30 cm, so tritt an die Stelle des Höchstwertes τ_{03} der Höchstwert τ_{02}.

(4) Die erforderliche Schubbewehrung ist getrennt für die Teilwerte τ_0 bzw. τ nach Abschnitt 17.5.5 und τ_T nach Abschnitt 17.5.6 zu ermitteln. Die so errechneten Querschnittswerte der Schubbewehrung sind zu addieren.

17.6 Beschränkung der Rißbreite unter Gebrauchslast[25])

17.6.1 Allgemeines

(1) Zur Sicherung der Gebrauchsfähigkeit und Dauerhaftigkeit der Stahlbetonteile ist die Rißbreite durch geeignete Wahl von Bewehrungsgrad, Stahlspannung und Bewehrungsanordnung dem Verwendungszweck entsprechend zu beschränken.

(2) Wenn die Konstruktionsregeln nach den Abschnitten 17.6.2 und 17.6.3 eingehalten werden, wird die Rißbreite in dem Maße beschränkt, daß das äußere Erscheinungsbild und die Dauerhaftigkeit von Stahlbetonteilen nicht beeinträchtigt werden.

(3) Die Konstruktionsregeln unterscheiden zwischen Anforderungen an Innenbauteile (siehe Tabelle 10, Zeile 1) und Bauteile in Umweltbedingung nach Tabelle 10, Zeilen 2 bis 4. Bei Bauteilen mit Umweltbedingungen nach Tabelle 10, Zeile 4, müssen auch dann die nachfolgenden Regeln eingehalten werden, wenn besondere Schutzmaßnahmen nach Abschnitt 13.3 getroffen werden.

---

[25]) Die Grundlagen ~~sowie weitergehende~~ *für* Konstruktionsregeln und ~~Nachweise~~ *weitere Hinweise* enthält das DAfStb-Heft 400

Unter vorwiegend ruhenden Lasten ist ein Nachweis der Beschränkung der Rißbreite bei Bauteilen nach Tabelle 10,

Zeilen 3 und 4	erforderlich,
Zeile 2	empfohlen,
Zeile 1	nicht erforderlich.

Bei üblichen Hochbauten (siehe Abschnitt 2.2.4) ist jedoch ein solcher Nachweis in den folgenden Fällen nicht erforderlich:

a) bei biegebeanspruchten Vollplatten mit einer Dicke $d \leq 16$ cm;

b) bei Plattenbalken mit Platte im Zugbereich und Nullinie im Steg, wenn das Verhältnis der mitwirkenden Plattenbreite zur Stegbreite $b_m/b_0 > 3{,}0$ ist.

(4) Werden Anforderungen an die Wasserundurchlässigkeit gestellt, z. B. bei Flüssigkeitsbehältern und Weißen Wannen, sind im allgemeinen weitergehende Maßnahmen erforderlich.

(5) Bauteile, bei denen Risse zu erwarten sind, die über den gesamten Querschnitt reichen, bedürfen eines besonderen Schutzes nach Abschnitt 13.3, wenn auf sie stark chloridhaltiges Wasser (z. B. aus Tausalzanwendung) einwirkt.

(6) Als rißverteilende Bewehrung sind stets Betonrippenstähle zu verwenden.

17.6.2 Mindestbewehrung

(1) In den oberflächennahen Bereichen von Stahlbetonbauteilen, in denen Betonzugspannungen (auch unter Berücksichtigung von behinderten Verformungen, z. B. aus Schwinden, Temperatur und Bauwerksbewegungen) entstehen können, ist im allgemeinen eine Mindestbewehrung einzulegen.

(2) Auf eine Mindestbewehrung darf in den folgenden Fällen verzichtet werden:

a) in Innenbauteilen nach Tabelle 10, Zeile 1, des üblichen Hochbaus,

b) in Bauteilen, in denen Zwangauswirkungen nicht auftreten können,

c) in Bauteilen, für die nachgewiesen wird, daß die Zwangschnittgröße die Rißschnittgröße nach Absatz (3) nicht erreichen kann. Dann ist die Bewehrung für die nachgewiesene Zwangschnittgröße auf der Grundlage von Abschnitt 17.6.3 zu ermitteln,

d) wenn breite Risse unbedenklich sind.

17.6.2 Nachweis der Beschränkung der Rißbreite

Der Nachweis ist im allgemeinen nur an den Stellen der größten Stahlspannung zu führen.

Die Beschränkung der Rißbreite gilt als nachgewiesen, wenn eine der drei folgenden Bedingungen eingehalten ist:

a) $\mu_z \leq 0{,}3$ %

wenn der gesamte Querschnitt durch Zugspannungen beansprucht wird, gilt $\mu_z \leq 0{,}15$ % für jeden Bewehrungsstrang;

b) $d_s \leq$ Grenzdurchmesser nach Tabelle 14;

c) $d_s \leq r \cdot \dfrac{\mu_z}{\sigma_{sd}^2} \cdot 10^4$ (18)

Hierin sind:

d_s größter Stabdurchmesser der Längsbewehrung in mm

r Beiwert zur Berücksichtigung der Verbundeigenschaften des Stahls nach Tabelle 15

μ_z 100 A_s/A_{bz} der auf die Zugzone A_{bz} bezogene Bewehrungsgrad in %, wobei A_{bz} näherungsweise mit dem aus Heft 220 entnommenen Wert k_x für den Nachweis nach Abschnitt 17.2.1 ermittelt werden darf. Bei rechteckiger Zugzone ergibt sich $\mu_z = \mu/(1-k_x)$ mit $\mu = 100\ A_s/b_0\ h$.

σ_{sd} Stahlzugspannung in MN/m² nach Gleichung (6) in Abschnitt 17.1.3 unter dem dauernd einwirkenden Lastanteil, wobei dieser Lastanteil in der Regel mit 70 % der zulässigen Gebrauchslast, aber nicht kleiner als die ständige Last angesetzt werden darf. Bei der Ermittlung von σ_{sd} sind auch wesentliche Zwangbeanspruchungen zu berücksichtigen.

Wenn bei Biegung mit Achszug der gesamte Querschnitt durch Zugspannungen beansprucht wird, ist der Nachweis nach Gleichung (18) für beide Bewehrungsstränge getrennt zu führen. An die Stelle von μ_z tritt dabei jeweils

(3) Die Mindestbewehrung ist nach Gleichung (18) festzulegen. Mit dieser Mindestbewehrung wird die Rißschnittgröße aufgenommen. Dabei ist die Rißschnittgröße diejenige Schnittgröße M und N, die zu einer Randspannung gleich der Betonzugfestigkeit nach Gleichung (19) führt.

$$\mu_z = \frac{k_0 \cdot \beta_{bZ}}{\sigma_s} \qquad (18)$$

Hierbei sind:

μ_z der auf die Zugzone A_{bZ} nach Zustand I bezogene Bewehrungsgehalt A_s/A_{bZ}

k_0 Beiwert zur Beschränkung der Breite von Erstrissen in Bauteilen
  unter Biegezwang $k_0 = 0{,}4$
  unter zentrischem Zwang $k_0 = 1{,}0$

σ_s Betonstahlspannung im Zustand II. Sie ist in Abhängigkeit vom gewählten Stabdurchmesser der Tabelle 14 zu entnehmen, darf jedoch folgenden Wert nicht überschreiten:

$\sigma_s = 0{,}8\ \beta_S$

$\beta_{bZ} = 0{,}25\ \beta_{WN}^{2/3}$ (19)

β_{WN} Nennfestigkeit nach Abschnitt 6.5. In Gleichung (19) ist die aus statischen oder betontechnologischen Gründen vorgesehene Nennfestigkeit, jedoch mindestens $\beta_{WN} = 35$ N/mm², einzusetzen.

(4) Bei Zwang im frühen Betonalter darf mit der dann vorhandenen, geringeren wirksamen Betonzugfestigkeit β_{bZw} gerechnet werden. Dann ist jedoch der Grenzdurchmesser nach Tabelle 14 im Verhältnis $\beta_{bZw}/2{,}1$ zu verringern.

der auf den Gesamtquerschnitt bezogene Bewehrungsgehalt des betreffenden Bewehrungsstranges.

Wegen der zahlreichen und oft zufälligen Einflüsse, von denen die Rißbildung abhängt, geben die Bedingungen a) bis c) nur einen Anhalt für die zweckmäßige Wahl der Bewehrung.

Tabelle 14. **Grenzdurchmesser in mm für Rißnachweis**

	1	2		3		4	
1	Bauteile nach Tabelle 10, Zeile:	1		2		3 und 4	
	zu erwartende Rißbreite	normal		gering		sehr gering	
		a[30]	b[30]	a[30]	b[30]	a[30]	b[30]
2	glatter Betonstahl BSt 220/340 GU (I G)	28	28	28	25	28	18
3	Betonrippenstahl BSt 220/340 RU (I R)	40	40	40	40	40	32
4	Betonrippenstahl BSt 420/500 RU, RK (III U, III K)	28	16	20	12	14	8
5	glatter Betonstahl für Betonstahlmatten BSt 500/550 GK (IV G) und profilierter Betonstahl für Betonstahlmatten BSt 500/550 PK (IV P)	12	8,5	10	5	6	4
6	Betonrippenstahl für Betonstahlmatten BSt 500/550 RK (IV R)	12	12	12	7,5	8,5	5

[30] Die Werte der Spalten a gelten für $\sigma_{sd} = 0{,}7\,\beta_S/1{,}75$, die der Spalten b für $\sigma_{sd} = \beta_S/1{,}75$; bei Betonstahlmatten aus glatten Stäben BSt 500/550 GK ist jedoch $\beta_S = 420$ MN/m² zugrunde gelegt (siehe Abschnitt 17.2.1). Wegen σ_{sd} siehe Erläuterungen zu Gleichung (18).

Tabelle 15. **Beiwerte r zur Berücksichtigung der Verbundeigenschaften**

		1	2	3	4
1	Bauteile nach Tabelle 10, Zeile		1	2	3 und 4
	zu erwartende Rißbreite		normal	gering	sehr gering
2	glatter Betonstahl als Einzelstab und für Betonstahlmatten		60	40	25
3	profilierter Betonstahl für Betonstahlmatten		80	60	35
4	Betonrippenstahl (als Einzelstab und für Betonstahlmatten)		120	80	50

(5) Für Zwang aus Abfließen der Hydratationswärme ist die wirksame Betonzugfestigkeit β_{bZw} entsprechend der zeitlichen Entwicklung des Zwanges und der Betonzugfestigkeit zu wählen. Ohne genaueren Nachweis ist im Regelfall $\beta_{bZw} = 0{,}5\ \beta_{bZ}$ mit β_{bZ} nach Gleichung (19) anzunehmen.

Tabelle 14. **Grenzdurchmesser d_s** (Grenzen für den Vergleichsdurchmesser d_{sV}) **in mm**. Nur einzuhalten, wenn die Werte der Tabelle 15 nicht eingehalten sind und stets einzuhalten bei Ermittlung der Mindestbewehrung nach Abschnitt 17.6.2

		1		2	3	4	5	6	7
1	Betonstahlspannung σ_s in N/mm²			160	200	240	280	350	400[26])
2	Grenzdurchmesser in mm bei Umweltbedingungen	Zeile 1		36	36	28	25	16	10
3	nach Tabelle 10,	Zeilen 2 bis 4		28	20	16	12	8	5

Die Grenzdurchmesser dürfen im Verhältnis

$$\frac{d}{10\,(d-h)} \geq 1$$ vergrößert werden.

d Bauteildicke \
h statische Nutzhöhe $\Big\}$ jeweils rechtwinklig zur betrachteten Bewehrung

Bei Verwendung von Stabbündeln mit $d_{sV} > 36$ mm ist immer eine Hautbewehrung nach Abschnitt 18.11.3 erforderlich. Zwischenwerte dürfen linear interpoliert werden.

[26]) Hinsichtlich der Größe der Betonstahlspannung σ_s siehe Erläuterung zu Gleichung (18).

Tabelle 15. **Höchstwerte der Stababstände in cm.** Nur einzuhalten, wenn die Werte der Tabelle 14 nicht eingehalten sind.

		1		2	3	4	5	6
1	Betonstahlspannung σ_s in N/mm²			160	200	240	280	350
2	Höchstwerte der Stababstände in cm bei Umweltbedingungen	Zeile 1		25	25	25	20	15
3	nach Tabelle 10,	Zeilen 2 bis 4		25	20	15	10	7

Für Platten ist Abschnitt 20.1.6.2 zu beachten. \
Zwischenwerte dürfen linear interpoliert werden.

17.6.3 Verminderung der Rißbildung

Sollen Stahlbetonteile, z. B. Wände von Flüssigkeitsbehältern, möglichst rissefrei bleiben, so soll zusätzlich zu Abschnitt 17.6.2 nachgewiesen werden, daß die unter Gebrauchslast im Zustand I nach Gleichung (19) berechnete Vergleichzugspannung σ_V nicht größer wird als $0{,}46 \sqrt[3]{\beta_{WN}^2}$ in MN/m², bei besonders hohen Anforderungen an die Dichtigkeit nicht größer als $0{,}35 \sqrt[3]{\beta_{WN}^2}$; β_{WN} nach Tabelle 1. Treten erhebliche Zwang- und Eigenspannungen auf, sind sie bei der Ermittlung von σ_M bzw. σ_N zu berücksichtigen.

$$\sigma_V = \eta \, (\sigma_N + \sigma_M) \qquad (19)$$

Hierin sind:

σ_N Spannungsanteil aus Normalkräften (als Druckspannung negativ)

σ_M Spannungsanteil aus Biegemomenten (es ist stets nur der positive Spannungswert einzusetzen)

η von der ideellen Dicke $d_i = d \left(1 + \dfrac{\sigma_N}{\sigma_M}\right)$ abhängiger Beiwert nach Tabelle 16

Tabelle 16. **Beiwerte η zur Berechnung der Vergleichzugspannungen σ_V**

	1	2
	Ideelle Dicke des Bauteils d_i in cm	Beiwert η
1	≦ 10	1,0
2	20	1,3
3	40	1,6
4	≧ 60	1,8

17.7 Beschränkung der Durchbiegung unter Gebrauchslast

17.7.1 Allgemeine Anforderungen

Wenn durch zu große Durchbiegungen Schäden an Bauteilen entstehen können oder ihre Gebrauchsfähigkeit beeinträchtigt wird, so ist die Größe dieser Durchbiegungen entsprechend zu beschränken, soweit nicht andere bauliche Vorkehrungen zur Vermeidung derartiger Schäden getroffen werden. Der Nachweis der Beschränkung der Durchbiegung kann durch eine Begrenzung der Biegeschlankheit nach Abschnitt 17.7.2 geführt werden.

17.7.2 Vereinfachter Nachweis durch Begrenzung der Biegeschlankheit

Die Schlankheit l_i/h von biegebeanspruchten Bauteilen, die mit ausreichender Überhöhung der Schalung hergestellt sind, darf nicht größer als 35 sein. Bei Bauteilen, die Trennwände zu tragen haben, soll die Schlankheit $l_i/h \leq 150/l_i$ (l und h in m) sein, sofern störende Risse in den Trennwänden nicht durch andere Maßnahmen vermieden werden.

Bei biegebeanspruchten Bauteilen, deren Durchbiegung vorwiegend durch die im betrachteten Feld wirkende Belastung verursacht wird, kann die Ersatzstützweite $l_i = \alpha \cdot l$ in Rechnung gestellt werden als Stützweite eines frei drehbar gelagerten Balkens auf 2 Stützen mit konstantem Trägheitsmoment, der unter gleichmäßig verteilter Last das gleiche Verhältnis der Mittendurchbiegung zur Stützweite (f/l) und die gleiche Krümmung in Feldmitte (M/EI) besitzt wie das zu untersuchende Bauteil. Beim Kragträger ist die Durchbiegung am Kragende und

17.6.3 Regeln für die statisch erforderliche Bewehrung

(1) Die nach Abschnitt 17.2 ermittelte Bewehrung ist in Abhängigkeit von der Betonstahlspannung σ_s entweder nach Tabelle 14 oder nach Tabelle 15 anzuordnen. Sofern sich danach zu kleine Stabdurchmesser oder zu geringe Stababstände ergeben, ist der Bewehrungsquerschnitt gegenüber dem Wert nach Abschnitt 17.2 zu vergrößern, so daß sich eine kleinere Stahlspannung und damit größere Stabdurchmesser oder Stababstände ergeben. Diese Bewehrung braucht nicht zusätzlich zu der Bewehrung nach Abschnitt 17.6.2 eingelegt zu werden.

(2) Die Betonstahlspannung σ_s ist die Stahlspannung unter dem häufig wirkenden Lastanteil. Sie ist für Zustand II nach Gleichung (6) zu ermitteln. Zu den Schnittgrößen aus häufig wirkendem Lastanteil zählen solche aus ständiger Last, aus Zwang (wenn dessen Berücksichtigung in Normen gefordert ist), sowie nach Abschnitt 17.6.2 c) einem abzuschätzenden Anteil der Verkehrslast. Wenn für den Anteil der Verkehrslast keine Werte in Normen angegeben sind, darf der häufig wirkende Lastanteil mit 70 % der zulässigen Gebrauchslast, aber nicht kleiner als die ständige Last einschließlich Zwang, angesetzt werden.

(Tabelle 16 ist entfallen)

(3) Als Grenzdurchmesser d_s nach Tabelle 14 gilt – auch bei Betonstahlmatten mit Doppelstäben – der Durchmesser des Einzelstabes. Abweichend davon ist bei Stabbündeln nach Abschnitt 18.11 der Vergleichsdurchmesser d_{sV} zu ermitteln.

(4) Die Stababstände nach Tabelle 15 gelten für die auf der Zugseite eines Biegung (mit oder ohne Druck) beanspruchten Bauteils liegende Bewehrung. Bei auf mittigen Zug beanspruchten Bauteilen dürfen die halben Werte der Stababstände nach Tabelle 15 nicht überschritten werden. Bei Beanspruchungen auf Biegung mit Längszug darf ein Stababstand zwischen den vorgenannten Grenzen gewählt werden.

17.7 Beschränkung der Durchbiegung unter Gebrauchslast

17.7.1 Allgemeine Anforderungen

Wenn durch zu große Durchbiegungen Schäden an Bauteilen entstehen können oder ihre Gebrauchsfähigkeit beeinträchtigt wird, so ist die Größe dieser Durchbiegungen entsprechend zu beschränken, soweit nicht andere bauliche Vorkehrungen zur Vermeidung derartiger Schäden getroffen werden. Der Nachweis der Beschränkung der Durchbiegung kann durch eine Begrenzung der Biegeschlankheit nach Abschnitt 17.7.2 geführt werden.

17.7.2 Vereinfachter Nachweis durch Begrenzung der Biegeschlankheit

(1) Die Schlankheit l_i/h von biegebeanspruchten Bauteilen, die mit ausreichender Überhöhung der Schalung hergestellt sind, darf nicht größer als 35 sein. Bei Bauteilen, die Trennwände zu tragen haben, soll die Schlankheit $l_i/h \leq 150/l_i$ (l_i und h in m) sein, sofern störende Risse in den Trennwänden nicht durch andere Maßnahmen vermieden werden.

(2) Bei biegebeanspruchten Bauteilen, deren Durchbiegung vorwiegend durch die im betrachteten Feld wirkende Belastung verursacht wird, kann die Ersatzstützweite $l_i = \alpha \cdot l$ in Rechnung gestellt werden als Stützweite eines frei drehbar gelagerten Balkens auf 2 Stützen mit konstantem Flächenmoment 2. Grades, der unter gleichmäßig verteilter Last das gleiche Verhältnis der Mittendurchbiegung zur Stützweite (f/l) und die gleiche Krümmung in Feldmitte (M/EI) besitzt wie das zu untersuchende Bauteil. Beim Kragträger ist die Durchbiegung am Kragende und die Krümmung am Ein-

die Krümmung am Einspannquerschnitt für die Ermittlung der Ersatzstützweite maßgebend. Bei vierseitig gestützten Platten ist die kleinste Ersatzstützweite maßgebend, bei dreiseitig gestützten Platten die Ersatzstützweite parallel zum freien Rand.

Für häufig vorkommende Anwendungsfälle kann der Beiwert α dem Heft 240 entnommen werden.

17.7.3 Rechnerischer Nachweis der Durchbiegung

Zum Abschätzen der anfänglichen und nachträglichen Durchbiegung eines Bauteils dienen die in den Abschnitten 16.2 und 16.4 enthaltenen Grundlagen. Vereinfachte Berechnungsverfahren können Heft 240 entnommen werden.

17.8 Beschränkung der Stahlspannungen unter Gebrauchslast bei nicht vorwiegend ruhender Belastung

Bei nicht vorwiegend ruhender Belastung (siehe DIN 1055 Teil 3) dürfen nur solche Betonstahlsorten verwendet werden, deren Eignung hierfür nachgewiesen ist. Die entsprechende Eignung geschweißter Betonstahlmatten muß besonders gekennzeichnet werden; sie dürfen nur als Listen- oder Zeichnungsmatten (siehe DIN 488 Teil 4) verwendet werden.

Für Betonstahl BSt 220/340 GU (IG) gelten keine Einschränkungen für die unter Gebrauchslast auftretende Schwingbreite der Stahlspannungen[30].

Bei Betonstahl BSt 420/500 (III) darf unter der Gebrauchslast die Schwingbreite der Stahlspannungen folgende Werte nicht überschreiten:

in geraden oder schwach gekrümmten Stababschnitten (Biegerollendurchmesser $\geq 25\,d_s$) 180 MN/m²,

in allen Stäben im Bereich von Abbiegungen und in Bügeln 140 MN/m².

Bei geschweißten Betonstahlmatten BSt 500/550 (IV) darf die Schwingbreite der Stahlspannungen allgemein bis zu 80 MN/m² betragen.

Die zulässige Schwingbreite von nicht geschweißten Betonstahlmatten BSt 500/550 RK (IV RX) ist wie bei Betonstahl BSt 420/500 (III) in Rechnung zu stellen.

Zur Vereinfachung darf bei Betonstahl BSt 420/500 (III) für Biegung ohne Längskraft der Nachweis geführt werden, daß der durch häufige Lastwechsel verursachte Momentenanteil ΔM bei geraden oder nur schwach gekrümmten Stäben 75 % und an Abbiegestellen 60 % des Größtmomentes nicht überschreitet; entsprechend genügt der Nachweis bei Bügeln, wenn der durch häufige Lastwechsel verursachte Querkraftanteil ΔQ nicht mehr als 60 % der größten Querkraft beträgt.

Bei geschweißten Betonstahlmatten BSt 500/550 (IV) gilt sinngemäß für den Momentenanteil ΔM 30 % des Größtmomentes und bei Bügelmatten für den Querkraftanteil ΔQ 30 % der größten Querkraft.

Bei Biegung mit Längskraft genügt zur Vereinfachung der gleiche Nachweis für die zugbeanspruchten Bewehrungsstäbe, wenn der Momentenanteil ΔM um den Schwerpunkt der Betondruckzone gebildet wird (gegebenenfalls unter Berücksichtigung einer Druckbewehrung).

Erfährt die Bewehrung Wechselbeanspruchungen, so darf die Stahldruckspannung zur Vereinfachung gleich der 10fachen im Schwerpunkt der Bewehrung auftretenden Betondruckspannung gesetzt werden. Diese darf hierfür unter der Annahme einer geradlinigen Spannungsverteilung nach Zustand I ermittelt werden.

---

[30]) Betonstahl BSt 220/340 RU (IR) darf nur bei vorwiegend ruhender Belastung verwendet werden.

---

spannquerschnitt für die Ermittlung der Ersatzstützweite maßgebend. Bei vierseitig gestützten Platten ist die kleinste Ersatzstützweite maßgebend, bei dreiseitig gestützten Platten die Ersatzstützweite parallel zum freien Rand.

(3) Für häufig vorkommende Anwendungsfälle kann der Beiwert α DAfStb-Heft 240 entnommen werden.

17.7.3 Rechnerischer Nachweis der Durchbiegung

Zum Abschätzen der anfänglichen und nachträglichen Durchbiegung eines Bauteils dienen die in den Abschnitten 16.2 und 16.4 enthaltenen Grundlagen. Vereinfachte Berechnungsverfahren können DAfStb-Heft 240 entnommen werden.

17.8 Beschränkung der Stahlspannungen unter Gebrauchslast bei nicht vorwiegend ruhender Belastung

(1) Bei Betonstabstahl III S und IV S darf unter der Gebrauchslast die Schwingbreite der Stahlspannungen folgende Werte nicht überschreiten:
- in geraden oder schwach gekrümmten Stababschnitten (Biegerollendurchmesser $d_{br} \geq 25\,d_s$): 180 N/mm²,
- in gekrümmten Stababschnitten mit einem Biegerollendurchmesser $25\,d_s > d_{br} \gtrless 10\,d_s$: 140 N/mm²,
- in gekrümmten Stababschnitten mit einem Biegerollendurchmesser $d_{br} \leq 10\,d_s$: 100 N/mm².

(2) Beim Nachweis der Schwingbreite in der Schubbewehrung sind die Spannungen nach der Fachwerkanalogie zu ermitteln, wobei die Neigung der Druckstreben mit 45° anzusetzen ist. Der Anteil aus der nicht vorwiegend ruhenden Beanspruchung darf mit dem Faktor 0,60 abgemindert werden.

nach Tab. 24, Zeile 5 bis 7

(3) Bei Betonstahlmatten IV M und bei geschweißten Verbindungen darf die Schwingbreite der Stahlspannungen allgemein bis zu 80 N/mm² betragen.

(4) Betonstahlmatten mit tragenden Stäben $d_s \leq 4{,}5$ mm dürfen nur in Bauteilen mit vorwiegend ruhender Beanspruchung verwendet werden.

(5) Zur Vereinfachung darf bei Betonstabstahl III S und IV S für Biegung ohne Längskraft der Nachweis geführt werden, daß der durch häufige Lastwechsel verursachte Momentenanteil ΔM bei geraden oder schwach gekrümmten Stäben 75 % und an Abbiegestellen 60 % des maximalen Momentes nicht überschreitet; entsprechend genügt der Nachweis bei Bügeln, wenn der durch häufige Lastwechsel verursachte Querkraftanteil ΔQ nicht mehr als 60 % der größten Querkraft beträgt.

(6) Bei Betonstahlmatten IV M gilt sinngemäß für den Momentenanteil ΔM 30 % des maximalen Momentes und bei Bügelmatten für den Querkraftanteil ΔQ 30 % der größten Querkraft.

(7) Bei Biegung mit Längskraft genügt zur Vereinfachung der gleiche Nachweis für die zugbeanspruchten Bewehrungsstäbe, wenn der Momentenanteil ΔM um den Schwerpunkt der Betondruckzone gebildet wird (gegebenenfalls unter Berücksichtigung einer Druckbewehrung).

(8) Erfährt die Bewehrung Wechselbeanspruchungen, so darf die Stahldruckspannung zur Vereinfachung gleich der 10fachen, im Schwerpunkt der Bewehrung auftretenden Betondruckspannung gesetzt werden. Diese darf hierfür unter der Annahme einer geradlinigen Spannungsverteilung nach Zustand I ermittelt werden.

Absatz (5) ~~zu ersetzen~~: „Ein vereinfachtes Verfahren für den Nachweis der Beschränkung der Stahlspannung unter Gebrauchslast bei nicht vorwiegend ruhender Belastung kann DAfStb-Heft 400 entnommen werden. Absätze (6) und (7) entfallen."

Ausgabe Dezember 1978 — DIN 1045 — Ausgabe Juli 1988

17.9 Bauteile aus unbewehrtem Beton

Die Tragfähigkeit von Druckgliedern aus unbewehrtem Beton ist unter Zugrundelegung der in den Bildern 11 und 13 angegebenen Dehnungsdiagramme zu ermitteln, wobei die Mitwirkung des Betons auf Zug nicht in Rechnung gestellt werden darf. Dabei darf unter Gebrauchslast eine klaffende Fuge höchstens bis zum Schwerpunkt des Gesamtquerschnittes entstehen; näherungsweise darf sie unter Annahme einer geradlinigen Spannungsverteilung ermittelt werden.

Die zulässige Last wird ermittelt mit dem Sicherheitsbeiwert γ = 3,0 für Beton der Festigkeitsklassen bis B 10 und γ = 2,5 für Beton der Festigkeitsklassen B 15 und höher. Es darf rechnerisch keine höhere Festigkeitsklasse des Betons als B 35 ausgenützt werden.

Ein einfaches Näherungsverfahren für die Bemessung unbewehrter Betonrechteckquerschnitte enthält Heft 220.

Die Einflüsse von Schlankheit und ungewollter Ausmitte auf die Tragfähigkeit von Druckgliedern aus unbewehrtem Beton dürfen näherungsweise durch Verringerung der ermittelten zulässigen Last mit dem Beiwert $\varkappa$ nach Gleichung (20) berücksichtigt werden.

$$\varkappa = 1 - \frac{\lambda}{140} \cdot \left(1 + \frac{m}{3}\right) \qquad (20)$$

Hierin sind:

$m = e/k$ bezogene Ausmitte des Lastangriffs im Gebrauchszustand;

$e = M/N$ größte planmäßige Ausmitte des Lastangriffs unter Gebrauchslast im mittleren Drittel der Knicklänge;

$k = W_d/A_b$ Kernweite des Betonquerschnitts, bezogen auf den Druckrand (bei Rechteckquerschnitten $k = d/6$).

Schlankheiten $\lambda = s_K/i > 70$ sind nicht zulässig.

Für die Berechnung siehe auch Heft 220.

In Bauteilen aus unbewehrtem Beton darf eine Lastausbreitung bis zu einem Winkel von 26,5°, entsprechend einer Neigung 1 : 2 zur Lastrichtung, in Rechnung gestellt werden.

Tabelle 17. n-Werte für die Lastausbreitung

Bodenpressung σ_0 in kN/m² $\leq$	100	200	300	400	500
B 5	1,6	2,0	2,0	unzulässig	
B 10	1,1	1,6	2,0	2,0	2,0
B 15	1,0	1,3	1,6	1,8	2,0
B 25	1,0	1,0	1,2	1,4	1,6
B 35	1,0	1,0	1,0	1,2	1,3

Bei unbewehrten Fundamenten (Gründungskörpern) darf für die Lastausbreitung anstelle einer Neigung 1 : 2 zur Lastrichtung eine Neigung 1 : n in Rechnung gestellt werden. Die n-Werte sind in Abhängigkeit von der Betonfestigkeitsklasse und der Bodenpressung σ_0 in Tabelle 17 angegeben.

17.9 Bauteile aus unbewehrtem Beton

(1) Die Tragfähigkeit von Druckgliedern aus unbewehrtem Beton ist unter Zugrundelegung der in den Bildern 11 und 13 angegebenen Dehnungsdiagramme zu ermitteln, wobei die Mitwirkung des Betons auf Zug nicht in Rechnung gestellt werden darf. Dabei darf eine klaffende Fuge höchstens bis zum Schwerpunkt des Gesamtquerschnitts entstehen.

(2) Der traglastmindernde Einfluß der Bauteilauslenkung ist abweichend von Abschnitt 17.4.1 auch für Schlankheiten $\lambda \leq 20$ zu berücksichtigen. Für die ungewollte Ausmitte e_v gilt Gleichung (13). DAfStb-Heft 220 enthält Diagramme, aus welchen die Traglasten unbewehrter Rechteck- bzw. Kreisquerschnitte für $\lambda \leq 70$ in Abhängigkeit von Lastausmitte und Schlankheit entnommen werden können. Für Bauteile mit Schlankheiten $\lambda > 70$ ist stets ein genauerer Nachweis nach Abschnitt 17.4.1 (1) mit Berücksichtigung des Kriechens zu führen.

(3) Die zulässige Last ist mit dem Sicherheitsbeiwert $y = 2{,}1$ zu ermitteln. Es darf rechnerisch keine höhere Festigkeitsklasse des Betons als B 35 ausgenützt werden; unbewehrte Bauteile aus Beton einer Festigkeitsklasse niedriger als B 10 dürfen nur bis zu einer Schlankheit $\lambda \leq 20$ ausgeführt werden.

(4) Die Einflüsse von Schlankheit und ungewollter Ausmitte auf die Tragfähigkeit von Druckgliedern aus unbewehrtem Beton dürfen näherungsweise durch Verringerung der ermittelten zulässigen Last mit dem Beiwert $\varkappa$ nach Gleichung (20) berücksichtigt werden:

$$\varkappa = 1 - \frac{\lambda}{140} \cdot \left(1 + \frac{m}{3}\right) \qquad (20)$$

Hierin sind:

$m = e/k$ bezogene Ausmitte des Lastangriffs im Gebrauchszustand;

$e = M/N$ größte planmäßige Ausmitte des Lastangriffs unter Gebrauchslast im mittleren Drittel des zugrunde gelegten Knickstabes;

$k = W_d/A_b$ Kernweite des Betonquerschnitts, bezogen auf den Druckrand (bei Rechteckquerschnitten $k = d/6$).

(5) Gleichung (20) darf für bezogene Ausmitten $m \leq 1{,}20$ nur bis $\lambda \leq 70$ angewendet werden; ihre Anwendung ist für $m \leq 1{,}50$ auf den Bereich $\lambda \leq 40$ und für $m \leq 1{,}80$ auf den Bereich $\lambda \leq 20$ zu begrenzen. Zwischenwerte dürfen interpoliert werden.

(6) In Bauteilen aus unbewehrtem Beton darf eine Lastausbreitung bis zu einem Winkel von 26,5°, entsprechend einer Neigung 1 : 2 zur Lastrichtung, in Rechnung gestellt werden.

Tabelle 17. n-Werte für die Lastausbreitung

Bodenpressung σ_0 in kN/m² $\leq$	100	200	300	400	500
B 5	1,6	2,0	2,0	unzulässig	
B 10	1,1	1,6	2,0	2,0	2,0
B 15	1,0	1,3	1,6	1,8	2,0
B 25	1,0	1,0	1,2	1,4	1,6
B 35	1,0	1,0	1,0	1,2	1,3

(7) Bei unbewehrten Fundamenten (Gründungskörpern) darf für die Lastausbreitung anstelle einer Neigung 1 : 2 zur Lastrichtung eine Neigung 1 : n in Rechnung gestellt werden. Die n-Werte sind in Abhängigkeit von der Betonfestigkeitsklasse und der Bodenpressung σ_0 in Tabelle 17 angegeben.

Ausgabe Dezember 1978

18 Bewehrungsrichtlinien
18.1 Anwendungsbereich
Der Abschnitt 18 gilt, soweit nichts anderes gesagt ist, sowohl für vorwiegend ruhende als auch für nicht vorwiegend ruhende Belastung (siehe DIN 1055 Teil 3). Die in diesem Abschnitt geforderten Nachweise sind für Gebrauchslast zu führen.
Die Abschnitte 18.2 bis 18.10 gelten für Einzelstäbe und geschweißte Betonstahlmatten. Für Stabbündel ist Abschnitt 18.11 zu beachten.

18.2 Stababstände
Der lichte Abstand von gleichlaufenden Bewehrungsstäben außerhalb von Stoßbereichen muß mindestens 2 cm betragen und darf nicht kleiner als der Stabdurchmesser d_s sein. Dies gilt nicht für den Abstand zwischen einem Einzelstab und einem an die Querbewehrung (z. B. an einen Bügelschenkel) angeschweißten Längsstab mit $d_s \leq 12$ mm. Die Stäbe von Doppelstäben geschweißter Betonstahlmatten dürfen sich berühren.

18.3 Biegungen
18.3.1 Zulässige Biegerollendurchmesser
Die Biegerollendurchmesser d_{br} für Haken, Winkelhaken, Schlaufen, Bügel sowie für Aufbiegungen und andere gekrümmte Stäbe dürfen die Mindestwerte nach Tabelle 18 nicht unterschreiten.

18.3.2 Biegungen an geschweißten Bewehrungen
Werden geschweißte Bewehrungsstäbe und geschweißte Betonstahlmatten nach dem Schweißen gebogen, gelten die Werte der Tabelle 18 nur dann, wenn der Abstand zwischen Krümmungsbeginn und Schweißstelle mindestens $4\,d_s$ beträgt.
Dieser Abstand darf unter den folgenden Bedingungen unterschritten bzw. die Krümmung darf im Bereich der Schweißstelle angeordnet werden:
a) bei vorwiegend ruhender Belastung bei allen Schweißverbindungen, wenn der Biegerollendurchmesser mindestens $20\,d_s$ beträgt;
b) bei nicht vorwiegend ruhender Belastung bei Betonstahlmatten, wenn der Biegerollendurchmesser bei auf der Krümmungsaußenseite liegenden Schweißpunkten mindestens $100\,d_s$, bei auf der Krümmungsinnenseite liegenden Schweißpunkten mindestens $500\,d_s$ beträgt.

Ausgabe Juli 1988

18 Bewehrungsrichtlinien
18.1 Anwendungsbereich
(1) Der Abschnitt 18 gilt, soweit nichts anderes gesagt ist, sowohl für vorwiegend ruhende als auch für nicht vorwiegend ruhende Belastung (siehe DIN 1055 Teil 3). Die in diesem Abschnitt geforderten Nachweise sind für Gebrauchslast zu führen.
(2) Die Abschnitte 18.2 bis 18.10 gelten für Einzelstäbe und Betonstahlmatten. Für Stabbündel ist Abschnitt 18.11 zu beachten.

18.2 Stababstände
Der lichte Abstand von gleichlaufenden Bewehrungsstäben außerhalb von Stoßbereichen muß mindestens 2 cm betragen und darf nicht kleiner als der Stabdurchmesser d_s sein. Dies gilt nicht für den Abstand zwischen einem Einzelstab und einem an die Querbewehrung (z. B. an einen Bügelschenkel) angeschweißten Längsstab mit $d_s \leq 12$ mm. Die Stäbe von Doppelstäben von Betonstahlmatten dürfen sich berühren.

18.3 Biegungen
18.3.1 Zulässige Biegerollendurchmesser
Die Biegerollendurchmesser d_{br} für Haken, Winkelhaken, Schlaufen, Bügel sowie für Aufbiegungen und andere gekrümmte Stäbe dürfen die Mindestwerte nach Tabelle 18 nicht unterschreiten.

18.3.2 Biegungen an geschweißten Bewehrungen
(1) Werden geschweißte Bewehrungsstäbe und Betonstahlmatten nach dem Schweißen gebogen, gelten die Werte der Tabelle 18 nur dann, wenn der Abstand zwischen Krümmungsbeginn und Schweißstelle mindestens $4\,d_s$ beträgt.
(2) Dieser Abstand darf unter den folgenden Bedingungen unterschritten bzw. die Krümmung darf im Bereich der Schweißstelle angeordnet werden:
a) bei vorwiegend ruhender Belastung bei allen Schweißverbindungen, wenn der Biegerollendurchmesser mindestens $20\,d_s$ beträgt;
b) bei nicht vorwiegend ruhender Belastung bei Betonstahlmatten, wenn der Biegerollendurchmesser bei auf der Krümmungsaußenseite liegenden Schweißpunkten mindestens $100\,d_s$, bei auf der Krümmungsinnenseite liegenden Schweißpunkten mindestens $500\,d_s$ beträgt.

18.3.3 Hin- und Zurückbiegen
(1) Das Hin- und Zurückbiegen von Betonstählen stellt für den Betonstahl und den umgebenden Beton eine zusätzliche Beanspruchung dar.
(2) Beim Kaltbiegen von Betonstählen sind die folgenden Bedingungen einzuhalten:
a) Der Stabdurchmesser darf nicht größer als $d_s = 14$ mm sein. Ein Mehrfachbiegen, bei dem das Hin- und Zurückbiegen an derselben Stelle wiederholt wird, ist nicht zulässig.
b) Bei vorwiegend ruhender Beanspruchung muß der Biegerollendurchmesser beim Hinbiegen mindestens das 1,5fache der Werte nach Tabelle 18, Zeile 2, betragen. Die Bewehrung darf höchstens zu 80 % ausgenutzt werden.
c) Bei nicht vorwiegend ruhender Beanspruchung muß der Biegerollendurchmesser beim Hinbiegen mindestens $15\,d_s$ betragen. Die Schwingbreite der Stahlspannung darf $50\,N/mm^2$ nicht überschreiten.
d) Verwahrkästen für Bewehrungsanschlüsse sind so auszubilden, daß sie weder die Tragfähigkeit des Betonquerschnitts noch den Korrosionsschutz der Bewehrung beeinträchtigen (siehe DAfStb-Heft 400 und DBV-Merkblatt „Rückbiegen").

Tabelle 18. **Mindestwerte der Biegerollendurchmesser** d_{br}

		1	2	3	4
			BSt 220/340 GU	BSt 420/500 RU, RK 500/550 RU, RK	BSt 500/550 GK, PK
1		Stabdurchmesser d_s mm	Haken, Schlaufen, Bügel	Haken, Winkelhaken, Schlaufen, Bügel	Haken, Schlaufen, Bügel
2		< 20	2,5 d_s		4 d_s
3		20 bis 23	5 d_s		7 d_s
4		Betondeckung rechtwinklig zur Krümmungsebene	Aufbiegungen und andere Krümmungen von Stäben (z. B. in Rahmenecken) [31]		
5		> 5 cm und > 3 d_s	10 d_s		15 d_s [32]
6		≦ 5 cm oder ≦ 3 d_s	15 d_s		20 d_s

[31] Werden die Stäbe mehrerer Bewehrungslagen an einer Stelle abgebogen, sind für die Stäbe der inneren Lagen die Werte der Zeilen 5 und 6 mit dem Faktor 1,5 zu vergrößern.

[32] Der Biegerollendurchmesser darf auf d_{br} = 10 d_s vermindert werden, wenn die Betondeckung rechtwinklig zur Krümmungsebene und der Achsabstand der Stäbe mindestens 10 cm und mindestens 7 d_s betragen.

18.4 Zulässige Grundwerte der Verbundspannungen

Die zulässigen Grundwerte der Verbundspannungen sind Tabelle 19 zu entnehmen. Sie gelten nur unter der Voraussetzung, daß der Verbund während des Erhärtens des Betons nicht ungünstig beeinflußt wird (z. B. durch Bewegen der Bewehrung).

Die angegebenen Werte dürfen um 50 % erhöht werden, wenn allseits Querdruck oder eine allseitige, durch Bewehrung gesicherte Betondeckung von mindestens 10 d_s vorhanden ist. Dies gilt nicht für Übergreifungsstöße nach Abschnitt 18.6 und für Verankerungen am Endauflager nach Abschnitt 18.7.4.

Verbundbereich I gilt für
- alle Stäbe, die beim Betonieren zwischen 45° und 90° gegen die Waagerechte geneigt sind,
- flacher als 45° geneigte Stäbe, wenn sie beim Betonieren entweder höchstens 25 cm über der Unterkante des Frischbetons oder mindestens 30 cm unter der Oberseite des Bauteils oder eines Betonierabschnittes liegen.

Verbundbereich II gilt für
- alle Stäbe, die nicht dem Verbundbereich I zuzuordnen sind,
- alle horizontalen Stäbe in Bauteilen, die im Gleitbauverfahren hergestellt werden.

(3) Für das Warmbiegen von Betonstahl gilt Abschnitt 6.6.1. Bei nicht vorwiegend ruhender Beanspruchung darf die Schwingbreite der Stahlspannung 50 N/mm² nicht überschreiten.

Tabelle 18. **Mindestwerte der Biegerollendurchmesser** d_{br}

	1	2
	Stabdurchmesser d_s mm	Haken, Winkelhaken Schlaufen, Bügel
1		
2	< 20	4 d_s
3	20 bis 28	7 d_s
4	Betondeckung (Mindestmaß) rechtwinklig zur Krümmungsebene	Aufbiegungen und andere Krümmungen von Stäben (z. B. in Rahmenecken)[27]
5	> 5 cm und > 3 d_s	15 d_s[28]
6	≤ 5 cm oder ≤ 3 d_s	20 d_s

[27] Werden die Stäbe mehrerer Bewehrungslagen an einer Stelle abgebogen, sind für die Stäbe der inneren Lagen die Werte der Zeilen 5 und 6 mit dem Faktor 1,5 zu vergrößern.

[28] Der Biegerollendurchmesser darf ~~bei vorwiegend ruhender Beanspruchung~~ auf $d_{br} = 10\, d_s$ vermindert werden, wenn das Mindestmaß der Betondeckung rechtwinklig zur Krümmungsebene und der Achsabstand der Stäbe mindestens 10 cm und mindestens 7 d_s betragen.

18.4 Zulässige Grundwerte der Verbundspannungen

(1) Die zulässigen Grundwerte der Verbundspannungen sind Tabelle 19 zu entnehmen. Sie gelten nur unter der Voraussetzung, daß der Verbund während des Erhärtens des Betons nicht ungünstig beeinflußt wird (z. B. durch Bewegen der Bewehrung).

(2) Die angegebenen Werte dürfen um 50% erhöht werden, wenn allseits Querdruck oder eine allseitige durch Bewehrung gesicherte Betondeckung von mindestens 10 d_s vorhanden ist. Dies gilt nicht für die Übergreifungsstöße nach Abschnitt 18.6 und für Verankerungen am Endauflager nach Abschnitt 18.7.4.

(3) Verbundbereich I gilt für
— alle Stäbe, die beim Betonieren zwischen 45° und 90° gegen die Waagerechte geneigt sind,
— flacher als 45° geneigte Stäbe, wenn sie beim Betonieren entweder höchstens 25 cm über der Unterkante des Frischbetons oder mindestens 30 cm unter der Oberseite des Bauteils oder eines Betonierabschnittes liegen.

(4) Verbundbereich II gilt für
— alle Stäbe, die nicht dem Verbundbereich I zuzuordnen sind,
— alle Stäbe in Bauteilen, die im Gleitbauverfahren hergestellt werden. Für innerhalb der horizontalen Bewehrung angeordnete lotrechte Stäbe darf die Verbundspannung nach Tabelle 19, Zeile 2, um 30% erhöht werden.

Ausgabe Dezember 1978

Tabelle 19. Zulässige Grundwerte der Verbundspannung zul τ_1 in MN/m²

1	2	3	4	5	6	7
Verbundbereich	Oberflächengestaltung	Festigkeitsklasse des Betons				
		B 15	B 25	B 35	B 45	B 55
1	glatt BSt 220/340 GU, BSt 500/550 GK	0,6	0,7	0,8	0,9	1,0
2	I profiliert BSt 500/550 PK	0,8	1,0	1,2	1,4	1,6
3	gerippt BSt 420/500 RU, RK BSt 500/550 RU, RK	1,4	1,8	2,2	2,6	3,0
4	II 50 % der Werte von Verbundbereich I					

18.5 Verankerungen

18.5.1 Grundsätze

Soweit nichts anderes gesagt wird, gelten die folgenden Angaben sowohl für Zug- als auch für Druckstäbe.
Die Verankerung kann erfolgen durch
a) gerade Stabenden,
b) Haken, Winkelhaken, Schlaufen,
c) angeschweißte Querstäbe,
d) Ankerkörper.

Bei glatten und profilierten Stäben sind Verankerungen durch gerade Stabenden allein oder durch Winkelhaken nicht zulässig; Ausnahmen bei Schalen und Faltwerken siehe Abschnitt 24.5.

Ein der Verankerung dienender Querstab muß nach DIN 488 Teil 4 oder DIN 4099 <u>Teil 1</u> angeschweißt werden. <u>Dabei ist eine Scherfestigkeit des Knotens gemäß DIN 488 Teil 1 zu gewährleisten und ein Schweißbarkeitsverhältnis gemäß DIN 488 Teil 4 einzuhalten.</u> Bei Schweißungen nach DIN 4099 muß zusätzlich die zur Verankerung vorgesehene Fläche des Querstabes je zu verankernden Stab mindestens 5 d_s^2 betragen (d_s = Durchmesser des zu verankernden Stabes).

18.5.2 Gerade Stabenden, Haken, Winkelhaken, Schlaufen oder angeschweißte Querstäbe

18.5.2.1 Grundmaß l_0 der Verankerungslänge

Das Grundmaß l_0 ist die Verankerungslänge für voll ausgenutzte Bewehrungsstäbe mit geraden Stabenden.

Für Einzelstäbe sowie für geschweißte Betonstahlmatten aus gerippten Stäben errechnet sich l_0 nach Gleichung (21).

$$l_0 = \frac{F_s}{\gamma \cdot u \cdot \text{zul } \tau_1} = \frac{d_s}{4 \cdot \text{zul } \tau_1} \cdot \frac{\beta_S}{\gamma} = \frac{\beta_S}{7 \cdot \text{zul } \tau_1} \cdot d_s \quad (21)$$

Hierin sind:
F_s Zug- oder Druckkraft im Bewehrungsstab unter $\sigma_s = \beta_S$,
u Umfang des Bewehrungsstabes,
β_S Nennstreckgrenze des Betonstahles,
γ rechnerischer Sicherheitsbeiwert = 1,75,
d_s Durchmesser des Bewehrungsstabes. Für Doppelstäbe von <u>geschweißten</u> Betonstahlmatten ist der Durchmesser d_{sV} des querschnittsgleichen Einzelstabes einzusetzen ($d_{sV} = d_s \cdot \sqrt{2}$).

Ausgabe Juli 1988

Tabelle 19. Zulässige Grundwerte der Verbundspannung zul τ_1 in N/mm²

1	2	3	4	5	6
Verbundbereich	Zulässige Grundwerte der Verbundspannung zul τ_1 in N/mm² für Festigkeitsklassen des Betons				
	B 15	B 25	B 35	B 45	B 55
1 I	1,4	1,8	2,2	2,6	3,0
2 II	0,7	0,9	1,1	1,3	1,5

18.5 Verankerungen

18.5.1 Grundsätze

(1) Soweit nichts anderes gesagt wird, gelten die Angaben sowohl für Zug- als auch für Druckstäbe.

(2) Die Verankerung kann erfolgen durch
a) gerade Stabenden,
b) Haken, Winkelhaken, Schlaufen,
c) angeschweißte Querstäbe,
d) Ankerkörper.

(3) Ein der Verankerung dienender Querstab muß nach DIN 488 Teil 4 oder DIN 4099 angeschweißt werden. <u>Die Scherfestigkeit der Schweißknoten muß mindestens 30% der Nennstreckgrenze des dickeren Stabes betragen. Weiterhin</u> muß die zur Verankerung vorgesehene Fläche des Querstabes je zu verankernden Stab mindestens 5 d_s^2 betragen (d_s Durchmesser des zu verankernden Stabes).

18.5.2 Gerade Stabenden, Haken, Winkelhaken, Schlaufen oder angeschweißte Querstäbe

18.5.2.1 Grundmaß l_0 der Verankerungslänge

(1) Das Grundmaß l_0 ist die Verankerungslänge für voll ausgenutzte Bewehrungsstäbe mit geraden Stabenden.

(2) Für Betonstabstahl sowie für Betonstahlmatten errechnet sich l_0 nach Gleichung (21).

$$l_0 = \frac{F_s}{\gamma \cdot u \cdot \text{zul } \tau_1} = \frac{d_s}{4 \cdot \text{zul } \tau_1} \cdot \frac{\beta_S}{\gamma} = \alpha_0 \cdot d_s \quad (21)$$

Hierin sind:
F_s Zug- oder Druckkraft im Bewehrungsstab unter $\sigma_s = \beta_S$,
β_S Streckgrenze des Betonstahles <u>nach Tabelle 6</u>,
γ rechnerischer Sicherheitsbeiwert $\gamma = 1,75$,
d_s Nenndurchmesser des Bewehrungsstabes. Für Doppelstäbe von Betonstahlmatten ist der Durchmesser d_{sV} des <u>querschnittsgleichen</u> Einzelstabes einzusetzen ($d_{sV} = d_s \cdot \sqrt{2}$).
u Umfang des Bewehrungsstabes,

Ausgabe Dezember 1978

zul τ_1 Grundwert der Verbundspannung nach Abschnitt 18.4, wobei zul τ_1 über die Länge l_0 als konstant angenommen wird.

| Für geschweißte Betonstahlmatten aus glatten oder profilierten Stäben ist das Grundmaß l_0 gleich derjenigen Länge, die sich aufgrund von vier angeschweißten Querstäben ergibt. Der Achsabstand dieser Querstäbe muß mindestens $5\,d_s$ bzw. 5 cm betragen. Das Grundmaß l_0 nach Gleichung (21) für Betonstahlmatten aus gerippten Stäben darf jedoch nicht unterschritten werden.

18.5.2.2 Verankerungslänge l_1

Die Verankerungslänge l_1 für <u>Einzelstäbe</u> sowie <u>geschweißte</u> Betonstahlmatten <u>aus gerippten Stäben</u> errechnet sich nach Gleichung (22).

$$l_1 = \alpha_1 \cdot \frac{\text{erf } A_s}{\text{vorh } A_s} \cdot l_0 \quad (22)$$

$\geq 10\,d_s$ bei geraden Stabenden mit oder ohne angeschweißtem Querstab

$\geq \dfrac{d_{br}}{2} + d_s$ bei Haken, Winkelhaken oder Schlaufen mit oder ohne angeschweißtem Querstab

Hierin sind:

α_1 Beiwert zur Berücksichtigung der Art der Verankerung nach Tabelle 20,

erf A_s rechnerisch erforderlicher Bewehrungsquerschnitt,

vorh A_s vorhandener Bewehrungsquerschnitt,

d_{br} vorhandener Biegerollendurchmesser.

| Für geschweißte Betonstahlmatten aus glatten oder profilierten Stäben ist die Verankerungslänge l_1 mindestens gleich derjenigen Länge, die sich aufgrund von n angeschweißten Querstäben nach Gleichung (23) ergibt (n ist auf ganze Zahlen aufzurunden).

$$n = 4 \cdot \frac{\text{erf } A_s}{\text{vorh } A_s} \quad (23)$$

| Für den Achsabstand der Querstäbe gilt Abschnitt 18.5.2.1. Die erforderliche Verankerungslänge l_1 nach Gleichung (22) für geschweißte Betonstahlmatten aus gerippten Stäben darf jedoch nicht unterschritten werden.

18.5.2.3 Querbewehrung im Verankerungsbereich

Im Verankerungsbereich von Bewehrungsstäben müssen die infolge Sprengwirkung auftretenden örtlichen Querzugspannungen im Beton durch Querbewehrung aufgenommen werden, sofern nicht konstruktive Maßnahmen oder andere günstige Einflüsse (z. B. Querdruck) ein Aufspalten des Betons verhindern.

Bei Platten genügt die in Abschnitt 20.1.6.3, bei Wänden die in Abschnitt 25.5.5.2 vorgeschriebene Querbewehrung. Sie muß bei Stäben mit $d_s \geq 16$ mm im Bereich der Verankerung außen angeordnet werden. Bei geschweißten Betonstahlmatten darf sie innen liegen. Bei Balken, Plattenbalken und Rippendecken reichen die nach Abschnitt 18.8.2 und bei Stützen die nach Abschnitt 25.2.2.2 erforderlichen Bügel als Querbewehrung aus.

Ausgabe Juli 1988

zul τ_1 Grundwert der Verbundspannung nach Abschnitt 18.4, wobei zul τ_1 über die Länge l_0 als konstant angenommen wird,

| $\alpha_0 = \dfrac{\beta_S}{7 \cdot \text{zul } \tau_1}$ Beiwert, abhängig von Betonstahlsorte, Betonfestigkeitsklasse und Lage der Bewehrung beim Betonieren.

18.5.2.2 Verankerungslänge l_1

Die Verankerungslänge l_1 für <u>Betonstabstahl</u> sowie für Betonstahlmatten errechnet sich nach Gleichung (22).

$$l_1 = \alpha_1 \cdot \alpha_A \cdot l_0 \quad (22)$$

$\geq 10\,d_s$ bei geraden Stabenden mit oder ohne angeschweißtem Querstab

$\geq \dfrac{d_{br}}{2} + d_s$ bei Haken, Winkelhaken oder Schlaufen mit oder ohne angeschweißtem Querstab.

Hierin sind:

α_1 Beiwert zur Berücksichtigung der Art der Verankerung nach Tabelle 20,

$\alpha_A = \dfrac{\text{erf } A_s}{\text{vorh } A_s}$ Beiwert, abhängig vom Grad der Ausnutzung

erf A_s rechnerisch erforderlicher Bewehrungsquerschnitt,

vorh A_s vorhandener Bewehrungsquerschnitt,

d_{br} vorhandener Biegerollendurchmesser.

(Gleichung (23) entfällt.)

18.5.2.3 Querbewehrung im Verankerungsbereich

(1) Im Verankerungsbereich von Bewehrungsstäben müssen die infolge Sprengwirkung auftretenden örtlichen Querzugspannungen im Beton durch Querbewehrung aufgenommen werden, sofern nicht konstruktive Maßnahmen oder andere günstige Einflüsse (z. B. Querdruck) ein Aufspalten des Betons verhindern.

(2) Bei Platten genügt die in Abschnitt 20.1.6.3, bei Wänden die in Abschnitt 25.5.5.2 vorgeschriebene Querbewehrung. Sie muß bei Stäben mit $d_s \geq 16$ mm im Bereich der Verankerung außen angeordnet werden. Bei geschweißten Betonstahlmatten darf sie innen liegen. Bei Balken, Plattenbalken und Rippendecken reichen die nach Abschnitt 18.8.2 und bei Stützen die nach Abschnitt 25.2.2.2 erforderlichen Bügel als Querbewehrung aus.

Tabelle 20. **Beiwerte** α_1

	1	2	3
	Art und Ausbildung der Verankerung	Beiwert α_1 Zugstäbe	Druckstäbe
1	a) Gerade Stabenden	1,0	1,0
2	b) Haken ($\alpha \geq 150°$) c) Winkelhaken ($150° > \alpha \geq 90°$) d) Schlaufen	0,7 (1,0)	1,0
3	e) Gerade Stabenden mit mindestens einem angeschweißten Stab innerhalb l_1	0,7	0,7
4	f) Haken ($\alpha \geq 150°$) g) Winkelhaken ($150° > \alpha \geq 90°$) h) Schlaufen (Draufsicht) mit jeweils mindestens einem angeschweißten Stab innerhalb l_1 vor dem Krümmungsbeginn	0,5 (0,7)	1,0
5	i) Gerade Stabenden mit mindestens zwei angeschweißten Stäben innerhalb l_1 (Stababstand $s_q <$ 10 cm bzw. $\geq 5\,d_s$ und $\geq$ 5 cm), nur zulässig bei Einzelstäben mit $d_s \leq$ 16 mm bzw. Doppelstäben mit $d_s \leq$ 12 mm	0,5	0,5

Die in Spalte 2 in Klammern angegebenen Werte gelten, wenn im Krümmungsbereich rechtwinklig zur Krümmungsebene die Betondeckung weniger als $3\,d_s$ beträgt bzw. kein Querdruck oder keine enge Verbügelung vorhanden ist.

18.5.3 Ankerkörper

Ankerkörper sind möglichst nahe der Stirnfläche eines Bauteils, mindestens jedoch zwischen Stirnfläche und Auflagermitte anzuordnen. Sie sind so auszubilden, daß eine kraft- und formschlüssige Einleitung der Ankerkräfte gewährleistet ist. Die auftretenden Spaltkräfte sind durch Bewehrung aufzunehmen. Schweißverbindungen sind nach DIN 4099 auszuführen.

Die Tragfähigkeit von Ankerkörpern ist durch Versuche nachzuweisen, falls die Betonpressungen die für Teilflächenbelastung zulässigen Werte (siehe Abschnitt 17.3.3) überschreiten. Dies gilt auch für die Verbindung Ankerkörper-Bewehrungsstahl, wenn diese nicht rechnerisch nachweisbar ist oder nicht vorwiegend ruhende Belastung vorliegt. In diesen Fällen dürfen Ankerkörper nur verwendet werden, wenn eine allgemeine bauaufsichtliche Zulassung oder im Einzelfall die Zustimmung der zuständigen obersten Bauaufsichtsbehörde vorliegt.

Tabelle 20. **Beiwerte** α_1

	1	2	3
		\multicolumn{2}{c}{Beiwert α_1}	
	Art und Ausbildung der Verankerung	Zug-stäbe	Druck-stäbe
1	a) Gerade Stabenden	1,0	1,0
2	b) Haken ($\alpha \geq 150°$) c) Winkelhaken ($150° > \alpha \geq 90°$) d) Schlaufen	0,7 (1,0)	1,0
3	e) Gerade Stabenden mit mindestens einem angeschweißten Stab innerhalb l_1	0,7	0,7
4	f) Haken ($\alpha \geq 150°$) g) Winkelhaken ($150° > \alpha \geq 90°$) h) Schlaufen (Draufsicht) mit jeweils mindestens einem angeschweißten Stab innerhalb l_1 vor dem Krümmungsbeginn	0,5 (0,7)	1,0
5	i) Gerade Stabenden mit mindestens zwei angeschweißten Stäben innerhalb l_1 (Stababstand $s_q < 10$ cm bzw. $\geq 5\,d_s$ und ≥ 5 cm) nur zulässig bei Einzelstäben mit $d_s \leq 16$ mm bzw. Doppelstäben mit $d_s \leq 12$ mm	0,5	0,5

Die in Spalte 2 in Klammern angegebenen Werte gelten, wenn im Krümmungsbereich rechtwinklig zur Krümmungsebene die Betondeckung weniger als $3\,d_s$ beträgt bzw. kein Querdruck oder keine enge Verbügelung vorhanden ist.

18.5.3 Ankerkörper

(1) Ankerkörper sind möglichst nahe der Stirnfläche eines Bauteils, mindestens jedoch zwischen Stirnfläche und Auflagermitte anzuordnen. Sie sind so auszubilden, daß eine kraft- und formschlüssige Einleitung der Ankerkräfte sichergestellt ist. Die auftretenden Spaltkräfte sind durch Bewehrung aufzunehmen. Schweißverbindungen sind nach DIN 4099 auszuführen.

(2) Die Tragfähigkeit von Ankerkörpern ist durch Versuche nachzuweisen, falls die Betonpressungen die für Teilflächenbelastung zulässigen Werte (siehe Abschnitt 17.3.3) überschreiten. Dies gilt auch für die Verbindung Ankerkörper–Bewehrungsstahl, wenn diese nicht rechnerisch nachweisbar ist oder nicht vorwiegend ruhende Belastung vorliegt. In diesen Fällen dürfen Ankerkörper nur verwendet werden, wenn eine allgemeine bauaufsichtliche Zulassung oder im Einzelfall die Zustimmung der zuständigen obersten Bauaufsichtsbehörde vorliegt.

Ausgabe Dezember 1978 — DIN 1045 — Ausgabe Juli 1988

18.6 Stöße
18.6.1 Grundsätze

Stöße von Bewehrungen können hergestellt werden durch
a) Übergreifen von Stäben mit geraden Stabenden (Bild 16 a)), mit Haken (Bild 16 b)), Winkelhaken (Bild 16 c)) oder mit Schlaufen (Bild 16 d)) sowie mit geraden Stabenden und angeschweißten Querstäben, z. B. bei geschweißten Betonstahlmatten,
b) Verschrauben,
c) Verschweißen,
d) Muffenverbindungen nach allgemeiner bauaufsichtlicher Zulassung (z. B. Preßmuffen),
e) Kontakt der Stabstirnflächen (nur Druckstöße)

18.6 Stöße
18.6.1 Grundsätze

(1) Stöße von Bewehrungen können hergestellt werden durch
a) Übergreifen von Stäben mit geraden Stabenden (siehe Bild 16 a), mit Haken (siehe Bild 16 b), Winkelhaken (siehe Bild 16 c) oder mit Schlaufen (siehe Bild 16 d) sowie mit geraden Stabenden und angeschweißten Querstäben, z. B. bei Betonstahlmatten,
b) Verschrauben,
c) Verschweißen,
d) Muffenverbindungen nach allgemeiner bauaufsichtlicher Zulassung (z. B. Preßmuffen),
e) Kontakt der Stabstirnflächen (nur Druckstöße).

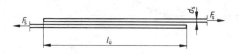

a) gerade Stabenden

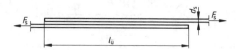

a) gerade Stabenden

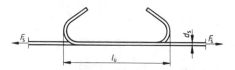

b) Haken

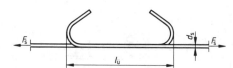

b) Haken

c) Winkelhaken

c) Winkelhaken

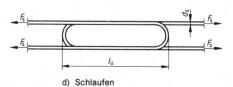

d) Schlaufen

$l_{\ddot{u}}$ siehe Abschnitt 18.6.3.2.

Bild 16. Beispiele für zugbeanspruchte Übergreifungsstöße

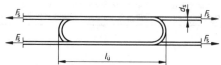

d) Schlaufen
$l_{\ddot{u}}$ siehe Abschnitt 18.6.3.2.

Bild 16. Beispiele für zugbeanspruchte Übergreifungsstöße

Bei glatten oder profilierten Stäben sind Stöße durch Übergreifen von Stäben mit geraden Enden allein oder mit Winkelhaken nicht zulässig; Ausnahmen bei Schalen und Faltwerken nach Abschnitt 24.5.

Liegen die gestoßenen Stäbe übereinander und wird die Bewehrung im Stoßbereich zu mehr als 80 % ausgenutzt, so ist für die Bemessung nach Abschnitt 17.2 die statische Nutzhöhe der innenliegenden Stäbe zu verwenden.

(2) Liegen die gestoßenen Stäbe übereinander und wird die Bewehrung im Stoßbereich zu mehr als 80 % ausgenutzt, so ist für die Bemessung nach Abschnitt 17.2 die statische Nutzhöhe der innenliegenden Stäbe zu verwenden.

Ausgabe Dezember 1978

18.6.2 Zulässiger Anteil der gestoßenen Stäbe

Bei Rippenstäben dürfen durch Übergreifen in einem Bauteilquerschnitt 100 % des Bewehrungsquerschnittes einer Lage gestoßen werden. Verteilen sich die zu stoßenden Stäbe auf mehrere Bewehrungslagen, dürfen ohne Längsversatz (siehe Abschnitt 18.6.3.1) jedoch höchstens 50 % des gesamten Bewehrungsquerschnittes an einer Stelle gestoßen werden.

Bei glatten oder profilierten Stäben dürfen durch Übergreifen in einem Bauteilquerschnitt höchstens 33 % des Querschnittes jeder Bewehrungslage gestoßen werden.

Der zulässige Anteil der gestoßenen Tragstäbe von geschweißten Betonstahlmatten wird in Abschnitt 18.6.4 geregelt.

Querbewehrungen nach den Abschnitten 20.1.6.3 und 25.5.5.2 dürfen zu 100 % in einem Schnitt gestoßen werden.

Durch Verschweißen und Verschrauben darf die gesamte Bewehrung in einem Schnitt gestoßen werden.

Durch Kontaktstoß darf in einem Bauteilquerschnitt höchstens die Hälfte der Druckstäbe gestoßen werden. Dabei müssen die nicht gestoßenen Stäbe einen Mindestquerschnitt $A_s = 0{,}008\,A_b$ (A_b = statisch erforderlicher Betonquerschnitt des Bauteils) aufweisen und sollen annähernd gleichmäßig über den Querschnitt verteilt sein. Hinsichtlich des erforderlichen Längsversatzes siehe Abschnitt 18.6.7.

18.6.3 Übergreifungsstöße mit geraden Stabenden, Haken, Winkelhaken oder Schlaufen

18.6.3.1 Längsversatz und Querabstand
Übergreifungsstöße gelten als längsversetzt, wenn der Längsabstand der Stoßmitten mindestens der 1,3fachen Übergreifungslänge $l_\text{ü}$ (siehe Abschnitte 18.6.3.2 und 18.6.3.3) entspricht. Der lichte Querabstand der Bewehrungsstäbe im Stoßbereich muß Bild 17 entsprechen.

18.6.3.2 Übergreifungslänge $l_\text{ü}$ bei Zugstößen
Die Übergreifungslänge $l_\text{ü}$ (siehe Bilder 16 a) bis d)) ist nach Gleichung (24) zu berechnen.

Tabelle 21. **Beiwerte** $\alpha_\text{ü}$ [33])

1	2	3	4	5	6
Verbundbereich	d_s	Anteil der ohne Längsversatz gestoßenen Tragstäbe am Querschnitt einer Bewehrungslage			Querbewehrung [34])
	mm	≤ 20 %	> 20 % ≤ 50 %	> 50 %	
1	I	< 16	1,2	1,4	1,6	1,0
2		≥ 16	1,4	1,8	2,2	
3	II	75 % der Werte von Verbundbereich I			1,0

[33]) Die Beiwerte $\alpha_\text{ü}$ der Spalten 3 bis 5 dürfen mit 0,7 multipliziert werden, wenn der gegenseitige Achsabstand nicht längsversetzter Stöße (siehe Bild 17) ≥ 10 d_s und bei stabförmigen Bauteilen der Randabstand (siehe Bild 17) ≥ 5 d_s betragen.

[34]) Querbewehrung n. d. Abschn. 20.1.6.3 u. 25.5.5.2.

Ausgabe Juli 1988

18.6.2 Zulässiger Anteil der gestoßenen Stäbe

(1) Bei Stäben dürfen durch Übergreifen in einem Bauteilquerschnitt 100 % des Bewehrungsquerschnitts einer Lage gestoßen werden. Verteilen sich die zu stoßenden Stäbe auf mehrere Bewehrungslagen, dürfen ohne Längsversatz (siehe Abschnitt 18.6.3.1) jedoch höchstens 50 % des gesamten Bewehrungsquerschnitts an einer Stelle gestoßen werden.

(2) Der zulässige Anteil der gestoßenen Tragstäbe von Betonstahlmatten wird in Abschnitt 18.6.4 geregelt.

(3) Querbewehrungen nach den Abschnitten 20.1.6.3 und 25.5.5.2 dürfen zu 100 % in einem Schnitt gestoßen werden.

(4) Durch Verschweißen und Verschrauben darf die gesamte Bewehrung in einem Schnitt gestoßen werden.

(5) Durch Kontaktstoß darf in einem Bauteilquerschnitt höchstens die Hälfte der Druckstäbe gestoßen werden. Dabei müssen die nicht gestoßenen Stäbe einen Mindestquerschnitt $A_s = 0{,}008\,A_b$ (A_b statisch erforderlicher Betonquerschnitt des Bauteils) aufweisen und sollen annähernd gleichmäßig über den Querschnitt verteilt sein. Hinsichtlich des erforderlichen Längsversatzes siehe Abschnitt 18.6.7.

18.6.3 Übergreifungsstöße mit geraden Stabenden, Haken, Winkelhaken oder Schlaufen

18.6.3.1 Längsversatz und Querabstand
Übergreifungsstöße gelten als längsversetzt, wenn der Längsabstand der Stoßmitten mindestens der 1,3fachen Übergreifungslänge $l_\text{ü}$ (siehe Abschnitte 18.6.3.2 und 18.6.3.3) entspricht. Der lichte Querabstand der Bewehrungsstäbe im Stoßbereich muß Bild 17 entsprechen.

18.6.3.2 Übergreifungslänge $l_\text{ü}$ bei Zugstößen
Die Übergreifungslänge $l_\text{ü}$ (siehe Bilder 16 a) bis d)) ist nach Gleichung (24) zu berechnen.

Tabelle 21. **Beiwerte** $\alpha_\text{ü}$ [29])

1	2	3	4	5	6
Verbundbereich	d_s	Anteil der ohne Längsversatz gestoßenen Tragstäbe am Querschnitt einer Bewehrungslage			Querbewehrung [30])
	mm	≤ 20 %	> 20 % ≤ 50 %	> 50 %	
1	I	< 16	1,2	1,4	1,6	1,0
2		≥ 16	1,4	1,8	2,2	
3	II	75 % der Werte von Verbundbereich I			1,0

[29]) Die Beiwerte $\alpha_\text{ü}$ der Spalten 3 bis 5 dürfen mit 0,7 multipliziert werden, wenn der gegenseitige Achsabstand nicht längsversetzter Stöße (siehe Bild 17) ≥ 10 d_s und bei stabförmigen Bauteilen der Randabstand (siehe Bild 17) ≥ 5 d_s betragen.

[30]) Querbewehrung nach den Abschnitten 20.1.6.3 und 25.5.5.2.

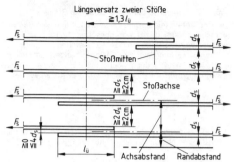

Bild 17. Längsversatz und Querabstand der Bewehrungsstäbe im Stoßbereich

$l_{ü} = \alpha_{ü} \cdot l_1$ $\geq$ 20 cm in allen Fällen
$\geq$ 15 d_s bei geraden Stabenden (24)
$\geq$ 1,5 d_{br} bei Haken, Winkelhaken, Schlaufen

Hierin sind:

$\alpha_{ü}$ Beiwert nach Tabelle 21; $\alpha_{ü}$ muß jedoch stets mindestens 1,0 betragen,

l_1 Verankerungslänge nach Abschnitt 18.5.2.2. Für den Beiwert α_1 darf jedoch kein kleinerer Wert als 0,7 in Rechnung gestellt werden.

d_{br} vorhandener Biegerollendurchmesser.

18.6.3.3 Übergreifungslänge $l_{ü}$ bei Druckstößen

Die Übergreifungslänge muß mindestens l_0 nach Abschnitt 18.5.2.1 betragen. Abminderungen für Haken, Winkelhaken oder Schlaufen sind nicht zulässig.

18.6.3.4 Querbewehrung im Übergreifungsbereich von Tragstäben

Im Bereich von Übergreifungsstößen muß zur Aufnahme

Bild 17. Längsversatz und Querabstand der Bewehrungsstäbe im Stoßbereich

$l_{ü} = \alpha_{ü} \cdot l_1$ $\geq$ 20 cm in allen Fällen
$\geq$ 15 d_s bei geraden Stabenden (24)
$\geq$ 1,5 d_{br} bei Haken, Winkelhaken, Schlaufen

Hierin sind:

$\alpha_{ü}$ Beiwert nach Tabelle 21; $\alpha_{ü}$ muß jedoch stets mindestens 1,0 betragen,

l_1 Verankerungslänge nach Abschnitt 18.5.2.2. Für den Beiwert α_1 darf jedoch kein kleinerer Wert als 0,7 in Rechnung gestellt werden.

d_{br} vorhandener Biegerollendurchmesser.

18.6.3.3 Übergreifungslänge $l_{ü}$ bei Druckstößen

Die Übergreifungslänge muß mindestens l_0 nach Abschnitt 18.5.2.1 betragen. Abminderungen für Haken, Winkelhaken oder Schlaufen sind nicht zulässig.

18.6.3.4 Querbewehrung im Übergreifungsbereich von Tragstäben

(1) Im Bereich von Übergreifungsstößen muß zur Aufnahme

DIN 1045, Ausgabe Dezember 1978

$\Sigma A_{sbü}$ Querschnittsfläche aller Bügelschenkel

(Änderungen siehe Kreise)

Bild 18. Beispiel für die Anordnung von Bügeln im Stoßbereich von übereinanderliegenden zugbeanspruchten Stäben

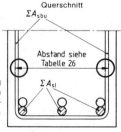
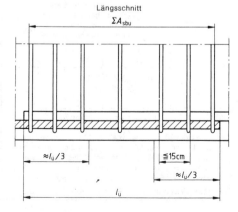

der Querzugspannungen stets eine Querbewehrung angeordnet werden. Für die Bemessung und Anordnung sind folgende Fälle zu unterscheiden, wobei eine vorhandene Querbewehrung angerechnet werden darf:
a) Bezogen auf das Bauteilinnere liegen die gestoßenen Stäbe nebeneinander und der Stabdurchmesser beträgt $d_s \geq 16$ mm:
Werden in einem Schnitt mehr als 20 % des Querschnittes einer Bewehrungslage gestoßen, ist die Querbewehrung für die Kraft e i n e s gestoßenen Stabes zu bemessen und außen anzuordnen.
Werden in einem Schnitt mehr als 50 % des Querschnittes gestoßen und beträgt der Achsabstand benachbarter Stöße weniger als 10 d_s, muß diese Querbewehrung die Stöße im Bereich der Stoßenden ($\sim l_\ddot{u}/3$) bügelartig umfassen. Die Bügelschenkel sind mit der Verankerungslänge l_1 (siehe Abschnitt 18.5.2.2) oder nach den Regeln für Bügel (siehe Abschnitt 18.8.2) im Bauteilinneren zu verankern. Das bügelartige Umfassen ist nicht erforderlich, wenn der Abstand der Stoßmitten benachbarter Stöße mit geraden Stabenden in Längsrichtung etwa 0,5 $l_\ddot{u}$ beträgt.
b) Bezogen auf das Bauteilinnere liegen die gestoßenen Stäbe übereinander und der Stabdurchmesser ist beliebig:
Die Stöße sind im Bereich der Stoßenden ($\sim l_\ddot{u}/3$) bügelartig zu umfassen (siehe Bild 18). Die Bügelschenkel sind für die Kraft a l l e r gestoßenen Stäbe zu bemessen. Für die Verankerung der Bügelschenkel gilt Absatz a) dieses Abschnittes.
c) In allen anderen Fällen genügt eine konstruktive Querbewehrung.

Im Bereich der Stoßenden darf der Abstand einer nachzuweisenden Querbewehrung in Längsrichtung höchstens 15 cm betragen. Für den Abstand der Bügelschenkel quer zur Stoßrichtung gilt Tabelle 26. Bei Druckstößen ist ein Bügel bzw. ein Stab der Querbewehrung vor dem jeweiligen Stoßende außerhalb des Stoßbereiches anzuordnen.

der Querzugspannungen stets eine Querbewehrung angeordnet werden. Für die Bemessung und Anordnung sind folgende Fälle zu unterscheiden, wobei eine vorhandene Querbewehrung angerechnet werden darf:
a) Bezogen auf das Bauteilinnere liegen die gestoßenen Stäbe nebeneinander und der Stabdurchmesser beträgt $d_s \geq 16$ mm:
Werden in einem Schnitt mehr als 20 % des Querschnitts einer Bewehrungslage gestoßen, ist die Querbewehrung für die Kraft e i n e s gestoßenen Stabes zu bemessen und außen anzuordnen.
Werden in einem Schnitt mehr als 50 % des Querschnitts gestoßen und beträgt der Achsabstand benachbarter Stöße weniger als 10 d_s, muß diese Querbewehrung die Stöße im Bereich der Stoßenden ($\approx l_\ddot{u}/3$) bügelartig umfassen. Die Bügelschenkel sind mit der Verankerungslänge l_1 (siehe Abschnitt 18.5.2.2) oder nach den Regeln für Bügel (siehe Abschnitt 18.8.2) im Bauteilinneren zu verankern. Das bügelartige Umfassen ist nicht erforderlich, wenn der Abstand der Stoßmitten benachbarter Stöße mit geraden Stabenden in Längsrichtung etwa 0,5 $l_\ddot{u}$ beträgt.
b) Bezogen auf das Bauteilinnere liegen die gestoßenen Stäbe übereinander und der Stabdurchmesser ist beliebig. Die Stöße sind im Bereich der Stoßenden ($\approx l_\ddot{u}/3$) bügelartig zu umfassen (siehe Bild 18). Die Bügelschenkel sind für die Kraft a l l e r gestoßenen Stäbe zu bemessen. Für die Verankerung der Bügelschenkel gilt a).
c) In allen anderen Fällen genügt eine konstruktive Querbewehrung.

(2) Im Bereich der Stoßenden darf der Abstand einer nachzuweisenden Querbewehrung in Längsrichtung höchstens 15 cm betragen. Für den Abstand der Bügelschenkel quer zur Stoßrichtung gilt Tabelle 26. Bei Druckstößen ist ein Bügel bzw. ein Stab der Querbewehrung vor dem jeweiligen Stoßende außerhalb des Stoßbereiches anzuordnen.

DIN 1045, Ausgabe Juli 1988

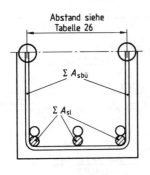
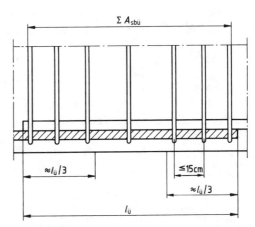

$\sum A_{sb\ddot{u}}$ Querschnittsfläche aller Bügelschenkel

Bild 18. Beispiel für die Anordnung von Bügeln im Stoßbereich von übereinanderliegenden zugbeanspruchten Stäben

Ausgabe Dezember 1978 — DIN 1045 — Ausgabe Juli 1988

18.6.4 Übergreifungsstöße geschweißter Betonstahlmatten

18.6.4.1 Ausbildung der Stöße von Tragstäben

Es werden Ein-Ebenen-Stöße (zu stoßende Stäbe liegen nebeneinander) und Zwei-Ebenen-Stöße (zu stoßende Stäbe liegen übereinander, siehe Bild 19) unterschieden. Die Anwendung dieser Stoßausbildungen ist in Tabelle 22 geregelt.

18.6.4.2 Ein-Ebenen-Stöße sowie Zwei-Ebenen-Stöße mit bügelartiger Umfassung der Tragbewehrung

Geschweißte Betonstahlmatten aus gerippten Stäben dürfen nach den Regeln für gerippte Stäbe nach den Abschnitten 18.6.2, Absätze 1, 4 und 5, und 18.6.3 gestoßen werden. Die Übergreifungslänge $l_ü$ nach Gleichung (24) ist jedoch ohne Berücksichtigung der angeschweißten Querstäbe zu berechnen. Bei Doppelstabmatten ist der Beiwert $\alpha_ü$ für den dem Doppelstab querschnittsgleichen Einzelstabdurchmesser $d_{sV} = d_s \cdot \sqrt{2}$ zu ermitteln. Für die Quer- bzw. Umfassungsbewehrung im Stoßbereich gilt Abschnitt 18.6.3.4.

18.6.4.3 Zwei-Ebenen-Stöße ohne bügelartige Umfassung der Tragbewehrung

Die Stöße sind möglichst in Bereichen anzuordnen, in denen die Bewehrung nicht mehr als 80 % ausgenutzt wird. Ist diese Forderung bei Matten mit einem Bewehrungsquerschnitt $a_s \geq 6\,cm^2/m$ nicht einzuhalten und ein Nachweis zur Beschränkung der Rißbreite erforderlich (siehe Abschnitt 17.6.1), muß dieser an der Stoßstelle mit einer um 25 % erhöhten Stahlspannung unter Dauerlast geführt werden.

Geschweißte Betonstahlmatten mit einem Bewehrungsquerschnitt $a_s \leq 12\,cm^2/m$ dürfen stets in einem Querschnitt gestoßen werden. Stöße von Matten mit größerem Bewehrungsquerschnitt sind nur in der inneren Lage bei mehrlagiger Bewehrung zulässig, wobei der gestoßene Anteil nicht mehr als 60 % des erforderlichen Bewehrungsquerschnittes betragen darf.

18.6.4 Übergreifungsstöße von Betonstahlmatten

18.6.4.1 Ausbildung der Stöße von Tragstäben

Es werden Ein-Ebenen-Stöße (zu stoßende Stäbe liegen nebeneinander) und Zwei-Ebenen-Stöße (zu stoßende Stäbe liegen übereinander) unterschieden (siehe Bild 19). Die Anwendung dieser Stoßausbildungen ist in Tabelle 22 geregelt.

18.6.4.2 Ein-Ebenen-Stöße sowie Zwei-Ebenen-Stöße mit bügelartiger Umfassung der Tragbewehrung

Betonstahlmatten dürfen nach den Regeln für Stäbe nach Abschnitt 18.6.2, (1), (3) und (4) und Abschnitt 18.6.3 gestoßen werden. Die Übergreifungslänge $l_ü$ nach Gleichung (24) ist jedoch ohne Berücksichtigung der angeschweißten Querstäbe zu berechnen. Bei Doppelstabmatten ist der Beiwert $\alpha_ü$ für den dem Doppelstab querschnittsgleichen Einzelstabdurchmesser $d_{sV} = d_s \cdot \sqrt{2}$ zu ermitteln. Für die Quer- bzw. Umfassungsbewehrung im Stoßbereich gilt Abschnitt 18.6.3.4.

18.6.4.3 Zwei-Ebenen-Stöße ohne bügelartige Umfassung der Tragbewehrung

(1) Die Stöße sind möglichst in Bereichen anzuordnen, in denen die Bewehrung nicht mehr als 80 % ausgenutzt wird. Ist diese Anforderung bei Matten mit einem Bewehrungsquerschnitt $a_s \geq 6\,cm^2/m$ nicht einzuhalten und ein Nachweis zur Beschränkung der Rißbreite erforderlich (siehe Abschnitt 17.6.1), muß dieser an der Stoßstelle mit einer um 25 % erhöhten Stahlspannung unter häufig wirkendem Lastanteil geführt werden.

(2) Betonstahlmatten mit einem Bewehrungsquerschnitt $a_s \leq 12\,cm^2/m$ dürfen stets in einem Querschnitt gestoßen werden. Stöße von Matten mit größerem Bewehrungsquerschnitt sind nur in der inneren Lage bei mehrlagiger Bewehrung zulässig, wobei der gestoßene Anteil nicht mehr als 60 % des erforderlichen Bewehrungsquerschnitts betragen darf.

DIN 1045, Ausgabe Dezember 1978

Tabelle 22. Zulässige Belastungsart und maßgebende Bestimmungen für Stöße von Tragstäben geschweißter Betonstahlmatten

1	2	3	4	5	6
		Oberflächengestaltung			
Stoßart	Querschnitt der zu stoßenden Matte a_s	gerippt		glatt oder profiliert	
		zulässige Belastungsart	Ausbildung nach Abschnitt	zulässige Belastungsart	Ausbildung nach Abschnitt
1 — Ein-Ebenen-Stoß	beliebig	vorwiegend ruhende und nicht vorwiegend ruhende Belastung	18.6.4.2	vorwiegend ruhende Belastung	18.6.4.3
2 — Zwei-Ebenen-Stoß mit bügelartiger Umfassung der Tragstäbe	beliebig	vorwiegend ruhende und nicht vorwiegend ruhende Belastung	18.6.4.2	vorwiegend ruhende Belastung	18.6.4.3
3 — Zwei-Ebenen-Stoß ohne bügelartige Umfassung der Tragstäbe	$\leq 6\,cm^2/m$	vorwiegend ruhende und nicht vorwiegend ruhende Belastung	18.6.4.3	vorwiegend ruhende Belastung	18.6.4.3
4 — Zwei-Ebenen-Stoß ohne bügelartige Umfassung der Tragstäbe	$> 6\,cm^2/m$	vorwiegend ruhende Belastung	18.6.4.3	vorwiegend ruhende Belastung	18.6.4.3

| Ausgabe Dezember 1978 | DIN 1045 | Ausgabe Juli 1988 |

Bei mehrlagiger Bewehrung sind die Stöße der einzelnen Lagen stets mindestens um die 1,3fache Übergreifungslänge in Längsrichtung gegeneinander zu versetzen.

Eine zusätzliche Querbewehrung im Stoßbereich ist nicht erforderlich.

Die Übergreifungslänge l_0 von zugbeanspruchten geschweißten Betonstahlmatten aus gerippten Stäben (siehe Bild 19 a)) ist nach Gleichung (24) zu ermitteln, wobei α_1 stets mit 1,0 einzusetzen und der Beiwert $\alpha_{ü}$ durch $\alpha_{üm}$ nach Gleichung (25) zu ersetzen ist.

$$\text{Verbundbereich I}: \alpha_{ümI} = 0{,}5 + \frac{a_s}{7} \quad \begin{matrix}\geq 1{,}1 \\ \leq 2{,}2\end{matrix} \quad (25\,\text{a})$$

$$\text{Verbundbereich II}: \alpha_{ümII} = 0{,}75 \cdot \alpha_{ümI} \geq 1{,}0 \quad (25\,\text{b})$$

Dabei ist a_s der Bewehrungsquerschnitt der zu stoßenden Matte in cm²/m.

Die Übergreifungslänge von zugbeanspruchten geschweißten Betonstahlmatten aus glatten oder profilierten Stäben muß mindestens demjenigen Maß entsprechen, das sich aufgrund der im Stoßbereich erforderlichen $\alpha_{ümI} \cdot n$ wirksamen Querstäben je Matte (n nach Gleichung (23)) ergibt, wobei $\alpha_{ümI} \cdot n$ auf ganze Zahlen aufzurunden ist. Als wirksam gelten sich gegenseitig abstützende angeschweißte Querstäbe mit einem Abstand nach Bild 19 b). Die Übergreifungslänge für Matten aus Rippenstäben darf jedoch nicht unterschritten werden.

a) Gerippte Stäbe

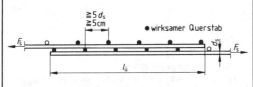

b) Glatte oder profilierte Stäbe (Beispiel mit fünf wirksamen Querstäben im Übergreifungsbereich)

Bild 19. Beispiele für Übergreifungsstöße von geschweißten Betonstahlmatten in zwei Ebenen (Zugstoß)

(3) Bei mehrlagiger Bewehrung sind die Stöße der einzelnen Lagen stets mindestens um die 1,3fache Übergreifungslänge in Längsrichtung gegeneinander zu versetzen.

(4) Eine zusätzliche Querbewehrung im Stoßbereich ist nicht erforderlich.

(5) Die Übergreifungslänge $l_ü$ von zugbeanspruchten Betonstahlmatten (siehe Bild 19 a)) ist nach Gleichung (24) zu ermitteln, wobei α_1 stets mit 1,0 einzusetzen und der Beiwert $\alpha_ü$ durch $\alpha_{üm}$ nach den Gleichungen (25a) und (25b) zu ersetzen ist.

$$\text{Verbundbereich I}: \alpha_{ümI} = 0{,}5 + \frac{a_s}{7} \quad \begin{matrix}\geq 1{,}1 \\ \leq 2{,}2\end{matrix} \quad (25a)$$

$$\text{Verbundbereich II}: \alpha_{ümII} = 0{,}75 \cdot \alpha_{ümI} \geq 1{,}0 \quad (25b)$$

Dabei ist a_s der Bewehrungsquerschnitt der zu stoßenden Matte in cm²/m.

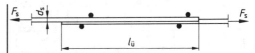

a) Ein-Ebenen-Stoß

b) Zwei-Ebenen-Stoß

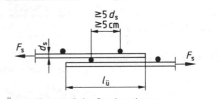

c) Übergreifungsstoß der Querbewehrung

Bild 19. Beispiele für Übergreifungsstöße von Betonstahlmatten

DIN 1045, Ausgabe Juli 1988

Tabelle 22. **Zulässige Belastungsart und maßgebende Bestimmungen für Stöße von Tragstäben bei Betonstahlmatten**

	1	2	3	4
	Stoßart	Querschnitt der zu stoßenden Matte a_s	zulässige Belastungsart	Ausbildung nach Abschnitt
1	Ein-Ebenen-Stoß	beliebig	vorwiegend ruhende und nicht vorwiegend ruhende Belastung	18.6.4.2
2	Zwei-Ebenen-Stoß mit bügelartiger Umfassung der Tragstäbe			
3	Zwei-Ebenen-Stoß ohne bügelartige Umfassung der Tragstäbe	≤ 6 cm²/m		18.6.4.3
4		> 6 cm²/m	vorwiegend ruhende Belastung	

Die Übergreifungslänge von druckbeanspruchten geschweißten Betonstahlmatten muß mindestens l_0 (siehe Abschnitt 18.5.2.1) betragen.

18.6.4.4 Übergreifungsstöße von Stäben der Querbewehrung

Übergreifungsstöße von Stäben der Querbewehrung nach Abschnitt 20.1.6.3 und 25.5.5.2 dürfen ohne bügelartige Umfassung als Ein-Ebenen- oder als Zwei-Ebenen-Stöße ausgeführt werden. Die Übergreifungslänge $l_\text{ü}$ richtet sich nach Tabelle 23.

Tabelle 23. **Erforderliche Übergreifungslänge $l_\text{ü}$ und Anzahl wirksamer Stäbe im Stoßbereich beim Stoß der Querbewehrung**

1	2	3
Stabdurchmesser der Querbewehrung d_s mm	Erforderliche Übergreifungslänge $l_\text{ü}$ und Anzahl wirksamer Stäbe [35]) im Stoßbereich	
	Betonstahlmatten aus gerippten Stäben	Betonstahlmatten aus glatten oder profilierten Stäben
1 ≤ 6,5	≥ 15 cm und mindestens ein Stab	≥ 15 cm und mindestens zwei Stäbe
2 > 6,5 ≤ 8,5	≥ 25 cm und mindestens ein Stab	≥ 25 cm und mindestens zwei Stäbe
3 > 8,5 ≤ 12,0	≥ 35 cm und mindestens ein Stab	≥ 35 cm und mindestens zwei Stäbe

[35]) Siehe Abschnitt 18.6.4.3.

18.6.5 Verschraubte Stöße

Die Verbindungsmittel (Muffen, Spannschlösser) müssen mindestens
- eine Streckgrenzlast entsprechend $1{,}0 \cdot \beta_S \cdot A_s$ und
- eine Bruchlast entsprechend $1{,}2 \cdot \beta_Z \cdot A_s$

aufweisen. Dabei sind β_S bzw. β_Z die Nennwerte der Streckgrenze bzw. Zugfestigkeit nach Tabelle 6 und A_s der Nennquerschnitt des gestoßenen Stabes. Für die Größe der Betondeckung und den lichten Abstand der Verbindungsmittel im Stoßbereich gelten die Werte nach Abschnitt 13.2 bzw. Abschnitt 18.2, wobei als Bezugsgröße der Durchmesser des gestoßenen Stabes gilt.

Aufstauchungen der gestoßenen Stäbe zur Vergrößerung des Kernquerschnitts sind mit einem Übergang mit der Neigung ≤ 1 : 3 zulässig (siehe Bild 20). Die zusätzlich zur elastischen Dehnung auftretende Verformung (Schlupf an beiden Muffenenden) darf unter Gebrauchslast höchstens 0,1 mm betragen. Bei aufgerolltem Gewinde darf der Kernquerschnitt voll, bei geschnittenem Gewinde nur mit 80 % in Rechnung gestellt werden.

(6) Die Übergreifungslänge von druckbeanspruchten Betonstahlmatten muß mindestens l_0 (siehe Abschnitt 18.5.2.1) betragen.

18.6.4.4 Übergreifungsstöße von Stäben der Querbewehrung

Übergreifungsstöße von Stäben der Querbewehrung nach Abschnitt 20.1.6.3 und 25.5.5.2 dürfen ohne bügelartige Umfassung als Ein-Ebenen- oder Zwei-Ebenen-Stöße ausgeführt werden. Die Übergreifungslänge $l_\text{ü}$ richtet sich nach Tabelle 23, wobei innerhalb $l_\text{ü}$ mindestens zwei sich gegenseitig abstützende Stäbe der Längsbewehrung mit einem Abstand von ≥ 5 d_s bzw. ≥ 5 cm vorhanden sein müssen (siehe Bild 19 c).

Tabelle 23. **Erforderliche Übergreifungslänge $l_\text{ü}$**

1	2
Stabdurchmesser der Querbewehrung d_s mm	Erforderliche Übergreifungslänge $l_\text{ü}$ cm
1 ≤ 6,5	≥ 15
2 > 6,5 ≤ 8,5	≥ 25
3 > 8,5 ≤ 12,0	≥ 35

18.6.5 Verschraubte Stöße

(1) Die Verbindungsmittel (Muffen, Spannschlösser) müssen mindestens
- eine Streckgrenzlast entsprechend $1{,}0 \cdot \beta_S \cdot A_s$ und
- eine Bruchlast entsprechend $1{,}2 \cdot \beta_Z \cdot A_s$

aufweisen. Dabei sind β_S bzw. β_Z die Nennwerte der Streckgrenze bzw. Zugfestigkeit nach Tabelle 6 und A_s der Nennquerschnitt des gestoßenen Stabes. Für die Größe der Betondeckung und den lichten Abstand der Verbindungsmittel im Stoßbereich gelten die Werte nach Abschnitt 13.2 bzw. Abschnitt 18.2, wobei als Bezugsgröße der Durchmesser des gestoßenen Stabes gilt.

(2) Aufstauchungen der gestoßenen Stäbe zur Vergrößerung des Kernquerschnitts sind mit einem Übergang mit der Neigung ≤ 1 : 3 zulässig (siehe Bild 20). Die zusätzlich zur elastischen Dehnung auftretende Verformung (Schlupf an beiden Muffenenden) darf unter Gebrauchslast höchstens 0,1 mm betragen. Bei aufgerolltem Gewinde darf der Kernquerschnitt voll, bei geschnittenem Gewinde nur mit 80 % in Rechnung gestellt werden.

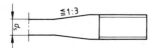

Bild 20. Aufgestauchtes Stabende mit Gewinde für verschraubten Stoß

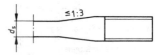

Bild 20. Aufgestauchtes Stabende mit Gewinde für verschraubten Stoß

| Ausgabe Dezember 1978 | | Ausgabe Juli 1988 |

Bei nicht vorwiegend ruhender Belastung ist stets ein Nachweis der Wirksamkeit der Stoßverbindungen durch Versuche erforderlich.

18.6.6 Geschweißte Stöße

Geschweißte Stöße sind nach DIN 4099 herzustellen. Darüber hinaus dürfen auch Schweißverfahren gemäß allgemeinen bauaufsichtlichen Zulassungen verwendet werden.

Abweichend von Tabelle 6 und DIN 4099 Teil 1 können die in Tabelle 24 aufgeführten Schweißverfahren für die genannten Anwendungsfälle eingesetzt werden.

18.6.7 Kontaktstöße

Druckstäbe mit $d_s \geq 20$ mm dürfen in Stützen durch Kontakt der Stabstirnflächen gestoßen werden, wenn sie beim Betonieren lotrecht stehen, die Stützen an beiden Enden unverschieblich gehalten sind und die gestoßenen Stäbe auch unter Berücksichtigung einer Beanspruchung nach Abschnitt 17.4 zwischen den gehaltenen Enden der Stützen nur Druck erhalten. Der zulässige Stoßanteil ist in Abschnitt 18.6.2 geregelt.

Die Stöße sind gleichmäßig über den auf Druck beanspruchten Querschnittsbereich zu verteilen und müssen in den äußeren Vierteln der Stützenlänge angeordnet werden. Sie gelten als längsversetzt, wenn der Abstand der Stoßstellen in Längsrichtung mindestens $1,3 \cdot l_0$ (l_0 nach Gleichung (21)) beträgt. Jeder Bewehrungsstab darf nur einmal innerhalb der gehaltenen Stützenenden gestoßen werden.

Die Stabstirnflächen müssen rechtwinklig zur Längsachse gesägt und entgratet sein. Ihr mittiger Sitz ist durch eine feste Führung zu sichern, die die Stoßfuge vor dem Betonieren teilweise sichtbar läßt.

18.7 Biegezugbewehrung

18.7.1 Grundsätze

Die Biegezugbewehrung ist so zu führen, daß in jedem Schnitt die Zugkraftlinie (siehe Abschnitt 18.7.2) abgedeckt ist.

Die Biegezugbewehrung darf bei Plattenbalken- und Hohlkastenquerschnitten in der Platte höchstens auf einer Breite entsprechend der halben mitwirkenden Plattenbreite nach Abschnitt 15.3 angeordnet werden. Im Steg muß jedoch zur Beschränkung der Rißbreite ein angemessener Anteil verbleiben. Die Berechnung der Anschlußbewehrung für eine in der Platte angeordnete Biegezugbewehrung richtet sich nach Abschnitt 18.8.5.

18.7.2 Deckung der Zugkraftlinie

Die Zugkraftlinie ist die in Richtung der Bauteilachse um das Versatzmaß v verschobene ($M_s/z + N$)-Linie (siehe Bilder 21 und 22 für reine Biegung). M_s ist dabei das auf die Schwerachse der Biegezugbewehrung bezogene Moment und N die Längskraft (als Zugkraft positiv). Längszugkräfte müssen, Längsdruckkräfte dürfen bei der Zugkraftlinie berücksichtigt werden. Die Zugkraftlinie ist stets so zu ermitteln, daß sich eine Vergrößerung der ($M_s/z + N$)-Fläche ergibt.

Bei veränderlicher Querschnittshöhe ist für die Bestimmung von v die Nutzhöhe h des jeweils betrachteten Schnittes anzusetzen.

(3) Bei nicht vorwiegend ruhender Belastung ist stets ein Nachweis der Wirksamkeit der Stoßverbindungen durch Versuche erforderlich.

18.6.6 Geschweißte Stöße

(1) Geschweißte Stöße sind nach DIN 4099 herzustellen. Sie dürfen mit dem Nennquerschnitt des (kleineren) gestoßenen Stabes in Rechnung gestellt werden. Die von der nicht vorwiegend ruhenden Belastung verursachte Schwingbreite der Stahlspannungen darf nicht mehr als 80 N/mm^2 betragen.

(2) Es dürfen die in Tabelle 24 aufgeführten Schweißverfahren für die genannten Anwendungsfälle eingesetzt werden. Bei übereinander liegenden Stäben von Überlappstößen gilt hinsichtlich der Verbügelung Abschnitt 18.6.3.4 b) sinngemäß. Bei allen anderen Überlappstößen genügt eine konstruktive Querbewehrung.

18.6.7 Kontaktstöße

(1) Druckstäbe mit $d_s \geq 20$ mm dürfen in Stützen durch Kontakt der Stabstirnflächen gestoßen werden, wenn sie beim Betonieren lotrecht stehen, die Stützen an beiden Enden unverschieblich gehalten sind und die gestoßenen Stäbe auch unter Berücksichtigung einer Beanspruchung nach Abschnitt 17.4 zwischen den gehaltenen Enden der Stützen nur Druck erhalten. Der zulässige Stoßanteil ist in Abschnitt 18.6.2 geregelt.

(2) Die Stöße sind gleichmäßig über den auf Druck beanspruchten Querschnittsbereich zu verteilen und müssen in den äußeren Vierteln der Stützenlänge angeordnet werden. Sie gelten als längsversetzt, wenn der Abstand der Stoßstellen in Längsrichtung mindestens $1,3 \cdot l_0$ (l_0 nach Gleichung (21)) beträgt. Jeder Bewehrungsstab darf nur einmal innerhalb der gehaltenen Stützenenden gestoßen werden.

(3) Die Stabstirnflächen müssen rechtwinklig zur Längsachse gesägt und entgratet sein. Ihr mittiger Sitz ist durch eine feste Führung zu sichern, die die Stoßfuge vor dem Betonieren teilweise sichtbar läßt.

18.7 Biegezugbewehrung

18.7.1 Grundsätze

(1) Die Biegezugbewehrung ist so zu führen, daß in jedem Schnitt die Zugkraftlinie (siehe Abschnitt 18.7.2) abgedeckt ist.

(2) Die Biegezugbewehrung darf bei Plattenbalken- und Hohlkastenquerschnitten in der Platte höchstens auf einer Breite entsprechend der halben mitwirkenden Plattenbreite nach Abschnitt 15.3 angeordnet werden. Im Steg muß jedoch zur Beschränkung der Rißbreite ein angemessener Anteil verbleiben. Die Berechnung der Anschlußbewehrung für eine in der Platte angeordnete Biegezugbewehrung richtet sich nach Abschnitt 18.8.5.

18.7.2 Deckung der Zugkraftlinie

(1) Die Zugkraftlinie ist die in Richtung der Bauteilachse um das Versatzmaß v verschobene ($M_s/z + N$)-Linie (siehe Bilder 21 und 22 für reine Biegung). M_s ist dabei das auf die Schwerachse der Biegezugbewehrung bezogene Moment und N die Längskraft (als Zugkraft positiv). Längszugkräfte müssen, Längsdruckkräfte dürfen bei der Zugkraftlinie berücksichtigt werden. Die Zugkraftlinie ist stets so zu ermitteln, daß sich eine Vergrößerung der ($M_s/z + N$)-Fläche ergibt.

(2) Bei veränderlicher Querschnittshöhe ist für die Bestimmung von v die Nutzhöhe h des jeweils betrachteten Schnittes anzusetzen.

Tabelle 24. **Zulässige Schweißverfahren und Anwendungsfälle**

	1	2	3	4
	Belastungsart	unbehandelte Stähle	kaltverformte Stähle	
		Zug- und Druckstäbe	Zugstäbe	Druckstäbe
1	vorwiegend ruhend	Widerstands-Abbrennstumpfschweißung		
2		Gaspreßschweißung [36]		
3			Metall-Lichtbogenschweißung und Metall-Schutzgasschweißung [36] bei allen RK-Stählen: – Laschen- und Übergreifungsstoß für $d_s \geq 6$ mm [37] – Stumpfstoß mit DV-Naht bei Stäben mit $d_s \geq 20$ mm	
4	nicht vorwiegend ruhend [38]	Widerstands-Abbrennstumpfschweißung		
5		Gaspreßschweißung [36]		
6			Metall-Lichtbogenschweißung und Metall-Schutzgasschweißung [36] bei allen RK-Stählen: Stumpfstoß mit DV-Naht bei Stäben mit $d_s \geq 20$ mm	

[36]) Z. Z. nach allgemeiner bauaufsichtlicher Zulassung.
[37]) Für 6 mm $\leq d_s \leq$ 12 mm z. Z. nur nach allgemeiner bauaufsichtlicher Zulassung.
[38]) Der von der nicht vorwiegend ruhenden Belastung verursachte Spannungsanteil darf nicht mehr als 100 MN/m² betragen.

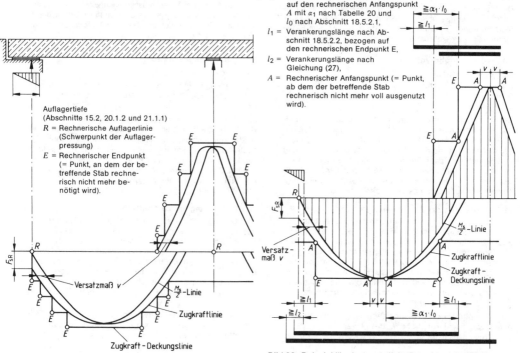

Bild 21. Beispiel für eine Zugkraftdeckungslinie bei reiner Biegung

Bild 22. Beispiel für eine gestaffelte Bewehrung bei Platten mit Bewehrungsstäben $d_s <$ 16 mm bei reiner Biegung

Tabelle 24. **Zulässige Schweißverfahren und Anwendungsfälle**

	1	2	3	4
	Belastungsart	Schweißverfahren	Zugstäbe	Druckstäbe
1	vorwiegend ruhend	Abbrennstumpfschweißen (RA)	Stumpfstoß	
2		Gaspreßschweißen (GP)	Stumpfstoß mit $d_s \geq 14$ mm	
3		Lichtbogenhandschweißen (E) [31] Metall-Aktivgasschweißen (MAG) [32]	Laschenstoß Überlappstoß Kreuzungsstoß [33] Verbindung mit anderen Stahlteilen	Stumpfstoß mit $d_s \geq 20$ mm
4		Widerstandspunktschweißen (RP) (mit Einpunktschweißmaschine)	Überlappstoß mit $d_s \leq 12$ mm Kreuzungsstoß [33]	
5	nicht vorwiegend ruhend	Abbrennstumpfschweißen (RA)	Stumpfstoß	
6		Gaspreßschweißen (GP)	Stumpfstoß mit $d_s \geq 14$ mm	
7		Lichtbogenhandschweißen (E) Metall-Aktivgasschweißen (MAG)		Stumpfstoß mit $d_s \geq 20$ mm

[31]) Der Nenndurchmesser von Mattenstäben muß mindestens 8 mm betragen.
[32]) Der Nenndurchmesser von Mattenstäben muß mindestens 6 mm betragen.
[33]) Bei tragenden Verbindungen $d_s \leq 16$ mm.

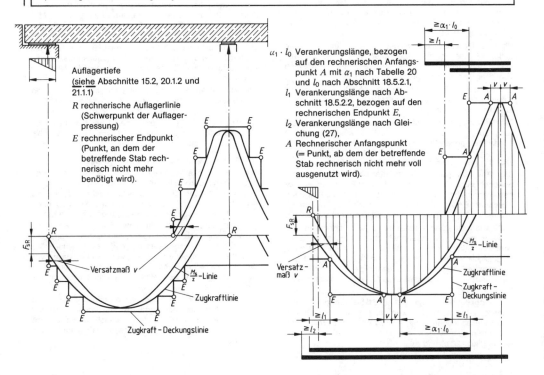

Bild 21. Beispiel für eine Zugkraft-Deckungslinie bei reiner Biegung

Bild 22. Beispiel für eine gestaffelte Bewehrung bei Platten mit Bewehrungsstäben $d_s < 16$ mm bei reiner Biegung

Ausgabe Dezember 1978 | DIN 1045 | Ausgabe Juli 1988

Das Versatzmaß v richtet sich nach Tabelle 25.

Tabelle 25. **Versatzmaß v**

	1	2	3
	Anordnung der Schubbewehrung [39])	Versatzmaß v bei voller Schubdeckung [40])	verminderter Schubdeckung [40])
1	schräg Abstand $\leq 0{,}25\,h$	$0{,}25\,h$	$0{,}5\,h$
2	schräg Abstand $> 0{,}25\,h$	$0{,}5\,h$	$0{,}75\,h$
3	schräg und annähernd rechtwinklig zur Bauteilachse		
4	annähernd rechtwinklig zur Bauteilachse	$0{,}75\,h$	$1{,}0\,h$

[39]) „schräg" bedeutet: Neigungswinkel zwischen Bauteilachse und Schubbewehrung 45° bis 60°; „annähernd rechtwinklig" bedeutet: Neigungswinkel zwischen Bauteilachse und Schubbewehrung > 60°.
[40]) Siehe Abschnitte 17.5.4 und 17.5.5.

Im Schubbereich 1 darf das Versatzmaß bei Balken und Platten mit Schubbewehrung vereinfachend zu $v = 0{,}75\,h$ angenommen werden, es muß bei Platten ohne Schubbewehrung $v = 1{,}0\,h$ betragen.

Wird bei Plattenbalken ein Teil der Biegezugbewehrung außerhalb des Steges angeordnet, so ist das Versatzmaß v der ausgelagerten Stäbe jeweils um den Abstand vom Stegrand zu vergrößern.

Zur Zugkraftdeckung nicht mehr benötigte Bewehrungsstäbe dürfen gerade enden (gestaffelte Bewehrung) oder auf- bzw. abgebogen werden.

Die Deckung der Zugkraftlinie ist bei gestaffelter Bewehrung oder im Schubbereich 3 (siehe Abschnitt 17.5.5) mindestens genähert nachzuweisen.

18.7.3 Verankerung außerhalb von Auflagern

Die Verankerungslänge gestaffelter bzw. auf- oder abgebogener Stäbe, die nicht zur Schubsicherung herangezogen werden, beträgt $\alpha_1 \cdot l_0$ (α_1 nach Tabelle 20, l_0 nach Abschnitt 18.5.2.1) und ist vom rechnerischen Endpunkt E (siehe Bild 21) entsprechend Bild 23 a) oder b) zu messen.

Bei Platten mit Stabdurchmessern $d_s < 16$ mm darf davon abweichend für die vom rechnerischen Endpunkt E gemessene Verankerungslänge das Maß l_1 nach Abschnitt 18.5.2.2 eingesetzt werden, wenn nachgewiesen wird, daß die vom rechnerischen Anfangspunkt A aus gemessene Verankerungslänge den Wert $\alpha_1 \cdot l_0$ nicht unterschreitet (siehe Bild 22).

Aufgebogene oder abgebogene Stäbe, die zur Schubsicherung herangezogen werden, sind im Bereich von Betonzugspannungen mit $1{,}3 \cdot \alpha_1 \cdot l_0$, im Bereich von Betondruckspannungen mit $0{,}6 \cdot \alpha_1 \cdot l_0$ zu verankern (siehe Bilder 23 c) und d)).

---

(3) Das Versatzmaß v richtet sich nach Tabelle 25.

Tabelle 25. **Versatzmaß v**

	1	2	3
	Anordnung der Schubbewehrung [34])	Versatzmaß v bei voller Schubdeckung [35])	verminderter Schubdeckung [35])
1	schräg Abstand $\leq 0{,}25\,h$	$0{,}25\,h$	$0{,}5\,h$
2	schräg Abstand $> 0{,}25\,h$	$0{,}5\,h$	$0{,}75\,h$
3	schräg und annähernd rechtwinklig zur Bauteilachse		
4	annähernd rechtwinklig zur Bauteilachse	$0{,}75\,h$	$1{,}0\,h$

[34]) „schräg" bedeutet: Neigungswinkel zwischen Bauteilachse und Schubbewehrung 45° bis 60°; „annähernd rechtwinklig" bedeutet: Neigungswinkel zwischen Bauteilachse und Schubbewehrung > 60°.
[35]) Siehe Abschnitte 17.5.4 und 17.5.5.

(4) Im Schubbereich 1 darf das Versatzmaß bei Balken und Platten mit Schubbewehrung vereinfachend zu $v = 0{,}75\,h$ angenommen werden, es muß bei Platten ohne Schubbewehrung $v = 1{,}0\,h$ betragen.

(5) Wird bei Plattenbalken ein Teil der Biegezugbewehrung außerhalb des Steges angeordnet, so ist das Versatzmaß v der ausgelagerten Stäbe jeweils um den Abstand vom Stegrand zu vergrößern.

(6) Zur Zugkraftdeckung nicht mehr benötigte Bewehrungsstäbe dürfen gerade enden (gestaffelte Bewehrung) oder auf- bzw. abgebogen werden.

(7) Die Deckung der Zugkraftlinie ist bei gestaffelter Bewehrung oder im Schubbereich 3 (siehe Abschnitt 17.5.5) mindestens genähert nachzuweisen.

18.7.3 Verankerung außerhalb von Auflagern

(1) Die Verankerungslänge gestaffelter bzw. auf- oder abgebogener Stäbe, die nicht zur Schubsicherung herangezogen werden, beträgt $\alpha_1 \cdot l_0$ (α_1 nach Tabelle 20, l_0 nach Abschnitt 18.5.2.1) und ist vom rechnerischen Endpunkt E (siehe Bild 21) nach den Bildern 23 a) oder b) zu messen.

(2) Bei Platten mit Stabdurchmessern $d_s < 16$ mm darf davon abweichend für die vom rechnerischen Endpunkt E gemessene Verankerungslänge das Maß l_1 nach Abschnitt 18.5.2.2 eingesetzt werden, wenn nachgewiesen wird, daß die vom rechnerischen Anfangspunkt A aus gemessene Verankerungslänge den Wert $\alpha_1 \cdot l_0$ nicht unterschreitet (siehe Bild 22).

(3) Aufgebogene oder abgebogene Stäbe, die zur Schubsicherung herangezogen werden, sind im Bereich von Betonzugspannungen mit $1{,}3 \cdot \alpha_1 \cdot l_0$, im Bereich von Betondruckspannungen mit $0{,}6 \cdot \alpha_1 \cdot l_0$ zu verankern (siehe Bilder 23 c) und d)).

18.7.4 Verankerung an Endauflagern

An frei drehbaren oder nur schwach eingespannten Endauflagern ist eine Bewehrung zur Aufnahme der Zugkraft F_{sR} nach Gleichung (26) erforderlich, es muß jedoch mindestens ein Drittel der größten Feldbewehrung vorhanden sein. Für Platten ohne Schubbewehrung ist zusätzlich Abschnitt 20.1.6.2 zu beachten.

$$F_{sR} = Q_R \cdot \frac{v}{h} + N \qquad (26)$$

Diese Bewehrung ist hinter der Auflagervorderkante bei direkter Auflagerung mit der Verankerungslänge l_2 nach Gleichung (27)

$$l_2 = \frac{2}{3} l_1 \geq 6 d_s, \qquad (27)$$

bei indirekter Lagerung mit der Verankerungslänge l_3 nach Gleichung (28), in allen Fällen jedoch mindestens über die rechnerische Auflagerlinie zu führen.

$$l_3 = l_1 \geq 10 d_s \qquad (28)$$

Dabei ist l_1 die Verankerungslänge nach Abschnitt 18.5.2.2.

Ergibt sich bei geschweißten Betonstahlmatten erf A_s/vorh $A_s \leq 1/3$, so genügt zur Verankerung mindestens ein Querstab hinter der rechnerischen Auflagerlinie. Bei Matten aus glatten oder profilierten Stäben muß dieser Querstab auch mindestens 5 cm hinter der Auflagervorderkante liegen.

a) Gestaffelte Stäbe

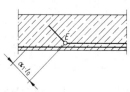

b) Aufbiegungen, die nicht zur Schubdeckung herangezogen werden

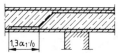

c) Schubabbiegung, verankert im Bereich von Betonzugspannungen

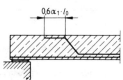

d) Schubaufbiegung, verankert im Bereich von Betondruckspannungen

Bild 23. Beispiele für Verankerungen außerhalb von Auflagern

18.7.4 Verankerung an Endauflagern

(1) An frei drehbaren oder nur schwach eingespannten Endauflagern ist eine Bewehrung zur Aufnahme der Zugkraft F_{sR} nach Gleichung (26) erforderlich, es muß jedoch mindestens ein Drittel der größten Feldbewehrung vorhanden sein. Für Platten ohne Schubbewehrung ist zusätzlich Abschnitt 20.1.6.2 zu beachten.

$$F_{sR} = Q_R \cdot \frac{v}{h} + N \qquad (26)$$

(2) Diese Bewehrung ist hinter der Auflagervorderkante bei direkter Auflagerung mit der Verankerungslänge l_2 nach Gleichung (27)

$$l_2 = \frac{2}{3} l_1 \geq 6 d_s, \qquad (27)$$

bei indirekter Lagerung mit der Verankerungslänge l_3 nach Gleichung (28) zu verankern, in allen Fällen jedoch mindestens über die rechnerische Auflagerlinie zu führen.

$$l_3 = l_1 \geq 10 d_s \qquad (28)$$

(3) Dabei ist l_1 die Verankerungslänge nach Abschnitt 18.5.2.2; d_s ist bei Betonstahlmatten aus Doppelstäben auf den Durchmesser des Einzelstabes zu beziehen.

(4) Ergibt sich bei Betonstahlmatten erf A_s/vorh $A_s \leq 1/3$, so genügt zur Verankerung mindestens ein Querstab hinter der rechnerischen Auflagerlinie.

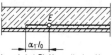

a) Gestaffelte Stäbe

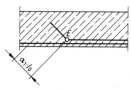

b) Aufbiegungen, die nicht zur Schubdeckung herangezogen werden

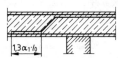

c) Schubabbiegung, verankert im Bereich von Betonzugspannungen

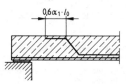

d) Schubaufbiegung, verankert im Bereich von Betondruckspannungen

Bild 23. Beispiele für Verankerungen außerhalb von Auflagern

18.7.5 Verankerung an Zwischenauflagern

An Zwischenauflagern von durchlaufenden Platten und Balken, an Endauflagern mit anschließenden Kragarmen, an eingespannten Auflagern und an Rahmenecken ist mindestens ein Viertel der größten Feldbewehrung mindestens um das Maß $6\,d_s$ bis hinter die Auflagervorderkante zu führen. Für Platten ohne Schubbewehrung ist zusätzlich Abschnitt 20.1.6.2 zu beachten.

Bei Betonstahlmatten aus glatten oder profilierten Stäben muß immer 5 cm hinter der Auflagervorderkante ein Querstab oder ein Haken liegen.

Zur Aufnahme rechnerisch nicht berücksichtigter Beanspruchungen (z. B. Brandeinwirkung, Stützensenkung) empfiehlt es sich jedoch, den im 1. Absatz geforderten Anteil der Feldbewehrung durchzuführen oder über dem Auflager kraftschlüssig zu stoßen, insbesondere bei Auflagerung auf Mauerwerk.

18.8 Schubbewehrung
18.8.1 Grundsätze

Die nach Abschnitt 17.5 erforderliche Schubbewehrung muß den Zuggurt mit der Druckzone zugfest verbinden und ist in der Zug- und Druckzone nach den Abschnitten 18.8.2 oder 18.8.3 oder 18.8.4 zu verankern. Die Verankerung muß in der Druckzone zwischen dem Schwerpunkt der Druckzonenfläche und dem Druckrand erfolgen; dies gilt als erfüllt, wenn die Schubbewehrung über die ganze Querschnittshöhe reicht. In der Zugzone müssen die Verankerungselemente möglichst nahe am Zugrand angeordnet werden.

Die Schubbewehrung kann bestehen
- aus vertikalen oder schrägen Bügeln (siehe Abschnitt 18.8.2),
- aus Schrägstäben (siehe Abschnitt 18.8.3),
- aus vertikalen oder schrägen Schubzulagen (siehe Abschnitt 18.8.4),
- aus einer Kombination der vorgenannten Elemente.

Die Schubbewehrung ist mindestens dem Verlauf der Bemessungswerte τ entsprechend zu verteilen. Dabei darf das Schubspannungsdiagramm nach Bild 24 abgestuft abgedeckt werden, wobei jedoch die Einschnittslängen l_E die Werte

$l_E = 1{,}0\,h$ für die Schubbereiche 1 und 2 bzw.

$l_E = 0{,}5\,h$ für den Schubbereich 3

nicht überschreiten dürfen und jeweils die Fläche A_A mindestens gleich der Fläche A_E sein muß.

Bild 24. Zulässiges Einschneiden des Schubspannungsdiagrammes

Für die Schubbewehrung in punktförmig gestützten Platten siehe Abschnitt 22.

18.8.2 Bügel
18.8.2.1 Ausbildung der Bügel
Bügel müssen bei Balken und Plattenbalken die Biege-

18.7.5 Verankerung an Zwischenauflagern

(1) An Zwischenauflagern von durchlaufenden Platten und Balken, an Endauflagern mit anschließenden Kragarmen, an eingespannten Auflagern und an Rahmenecken ist mindestens ein Viertel der größten Feldbewehrung mindestens um das Maß $6\,d_s$ bis hinter die Auflagervorderkante zu führen. Für Platten ohne Schubbewehrung ist zusätzlich Abschnitt 20.1.6.2 zu beachten.

(2) Zur Aufnahme rechnerisch nicht berücksichtigter Beanspruchungen (z. B. Brandeinwirkung, Stützensenkung) empfiehlt es sich jedoch, den im Absatz (1) geforderten Anteil der Feldbewehrung durchzuführen oder über dem Auflager kraftschlüssig zu stoßen, insbesondere bei Auflagerung auf Mauerwerk.

18.8 Schubbewehrung
18.8.1 Grundsätze

(1) Die nach Abschnitt 17.5 erforderliche Schubbewehrung muß den Zuggurt mit der Druckzone zugfest verbinden und ist in der Zug- und Druckzone nach den Abschnitten 18.8.2 oder 18.8.3 oder 18.8.4 zu verankern. Die Verankerung muß in der Druckzone zwischen dem Schwerpunkt der Druckzonenfläche und dem Druckrand erfolgen; dies gilt als erfüllt, wenn die Schubbewehrung über die ganze Querschnittshöhe reicht. In der Zugzone müssen die Verankerungselemente möglichst nahe am Zugrand angeordnet werden.

(2) Die Schubbewehrung kann bestehen
- aus vertikalen oder schrägen Bügeln (siehe Abschnitt 18.8.2),
- aus Schrägstäben (siehe Abschnitt 18.8.3),
- aus vertikalen oder schrägen Schubzulagen (siehe Abschnitt 18.8.4),
- aus einer Kombination der vorgenannten Elemente.

(3) Die Schubbewehrung ist mindestens dem Verlauf der Bemessungswerte τ entsprechend zu verteilen. Dabei darf das Schubspannungsdiagramm nach Bild 24 abgestuft abgedeckt werden, wobei jedoch die Einschnittslängen l_E die Werte

$l_E = 1{,}0\,h$ für die Schubbereiche 1 und 2 bzw.

$l_E = 0{,}5\,h$ für den Schubbereich 3

nicht überschreiten dürfen und jeweils die Fläche A_A mindestens gleich der Fläche A_E sein muß.

Bild 24. Zulässiges Einschneiden des Schubspannungsdiagrammes

(4) Für die Schubbewehrung in punktförmig gestützten Platten siehe Abschnitt 22.

18.8.2 Bügel
18.8.2.1 Ausbildung der Bügel
(1) Bügel müssen bei Balken und Plattenbalken die Biege-

Ausgabe Dezember 1978 — Ausgabe Juli 1988

zugbewehrung und die Druckzone umschließen. Sie können aus Einzelelementen zusammengesetzt werden. Werden in Platten Bügel angeordnet, so müssen sie mindestens die Hälfte der Stäbe der äußersten Bewehrungslage umfassen und brauchen die Druckzone nicht zu umschließen.

Bügel dürfen abweichend von Abschnitt 18.5 in der Zug- und Druckzone mit Verankerungselementen nach Bild 25 verankert werden. Verankerungen nach Bild 25 c) bis e) sind nur zulässig, wenn durch eine ausreichende Betondeckung die Sicherheit gegenüber Abplatzen gewährleistet ist. Dies gilt als erfüllt, wenn die seitliche Betondeckung der Bügel im Verankerungsbereich mindestens $3\,d_s$ (d_s = Bügeldurchmesser) und mindestens 5 cm beträgt; bei geringeren Überdeckungen ist die ausreichende Sicherheit durch Versuche nachzuweisen. Für die Scherfestigkeit der Schweißknoten gilt DIN 488 Teil 1, für die Ausführung der Schweißung DIN 488 Teil 4 bzw. DIN 4099.

Bei Balken sind die Bügel in der Druckzone nach Bild 26 a) oder b), in der Zugzone nach Bild 26 c) oder d) zu schließen.

Bei Plattenbalken dürfen die Bügel im Bereich der Platte stets mittels durchgehender Querstäbe nach Bild 26 e) geschlossen werden.

Bei Druckgliedern siehe Abschnitt 25.1.

Die Abstände der Bügel und der Querstäbe zum Schließen der Bügel nach Bild 26 e) in Richtung der Biegezugbewehrung sowie die Abstände der Bügelschenkel quer dazu dürfen die Werte der Tabelle 26 nicht überschreiten (die kleineren Werte sind maßgebend).

Übergreifungsstöße von Bügeln im Stegbereich sind nur bei Rippenstäben bzw. geschweißten Betonstahlmatten aus gerippten Stäben zulässig. Die Ausbildung der Übergreifungsstöße richtet sich nach Abschnitt 18.6.

Bei feingliedrigen Fertigteilen des üblichen Hochbaus nach Abschnitt 2.2.4 darf für Bügel auch geglühter Draht entsprechend Abschnitt 6.6 oder gezogener Draht entsprechend der Güte BSt 420/500 bzw. BSt 500/550 verwendet werden. Dabei ist die Bemessung jedoch stets wie für einen Stahl BSt 220/340 durchzuführen.

18.8.2.2 Mindestquerschnitt

In Balken, Plattenbalken und Rippendecken (Ausnahmen siehe Abschnitt 17.5.5) sind stets Bügel anzuordnen, deren Mindestquerschnitt mit dem Bemessungswert $\tau_{bü}$ nach Gleichung (29) zu ermitteln ist.

$$\tau_{bü} = 0{,}25\,\tau_0 \qquad (29)$$

Dabei ist τ_0 der Grundwert der Schubspannung nach Abschnitt 17.5.3.

18.8.3 Schrägstäbe

Schrägstäbe können als Schubbewehrung angerechnet werden, wenn ihr Abstand von der rechnerischen Auflagerlinie bzw. untereinander in Richtung der Bauteillängsachse Bild 27 entspricht.

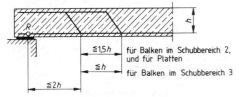

Bild 27. Zulässiger Abstand von Schrägstäben, die als Schubbewehrung dienen

---

zugbewehrung und die Druckzone umschließen. Sie können aus Einzelelementen zusammengesetzt werden. Werden in Platten Bügel angeordnet, so müssen sie mindestens die Hälfte der Stäbe der äußersten Bewehrungslage umfassen und brauchen die Druckzone nicht zu umschließen.

(2) Bügel dürfen abweichend von Abschnitt 18.5 in der Zug- und Druckzone mit Verankerungselementen nach Bild 25 verankert werden. Verankerungen nach den Bildern 25 c) und d) sind nur zulässig, wenn durch eine ausreichende Betondeckung die Sicherheit gegenüber Abplatzen sichergestellt ist. Dies gilt als erfüllt, wenn die seitliche Betondeckung (Mindestmaß) der Bügel im Verankerungsbereich mindestens $3\,d_s$ (d_s Bügeldurchmesser) und mindestens 5 cm beträgt, bei geringeren Betondeckungen ist die ausreichende Sicherheit durch Versuche nachzuweisen. Für die Scherfestigkeit der Schweißknoten gilt DIN 488 Teil 1, für die Ausführung der Schweißung DIN 488 Teil 4 bzw. DIN 4099.

(3) Bei Balken sind die Bügel in der Druckzone nach den Bildern 26 a) oder b), in der Zugzone nach den Bildern 26 c) oder d) zu schließen.

(4) Bei Plattenbalken dürfen die Bügel im Bereich der Platte stets mittels durchgehender Querstäbe nach Bild 26 e) geschlossen werden.

(5) Bei Druckgliedern siehe Abschnitt 25.1.

(6) Die Abstände der Bügel und der Querstäbe zum Schließen der Bügel nach Bild 26 e) in Richtung der Biegezugbewehrung sowie die Abstände der Bügelschenkel quer dazu dürfen die Werte der Tabelle 26 nicht überschreiten (die kleineren Werte sind maßgebend).

(7) Die Ausbildung der Übergreifungsstöße von Bügeln im Stegbereich richtet sich nach Abschnitt 18.6.

(8) Bei feingliedrigen Fertigteilen üblicher Hochbauten nach Abschnitt 2.2.4 darf für Bügel auch kaltverformter Draht nach Abschnitt 6.6.3 (2) verwendet werden. Dabei ist die Bemessung jedoch stets mit $\beta_S = 220\,\text{N/mm}^2$ durchzuführen.

18.8.2.2 Mindestquerschnitt

In Balken, Plattenbalken und Rippendecken (Ausnahmen siehe Abschnitt 17.5.5) sind stets Bügel anzuordnen, deren Mindestquerschnitt mit dem Bemessungswert $\tau_{bü}$ nach Gleichung (29) zu ermitteln ist.

$$\tau_{bü} = 0{,}25\,\tau_0 \qquad (29)$$

Dabei ist τ_0 der Grundwert der Schubspannung nach Abschnitt 17.5.3.

18.8.3 Schrägstäbe

(1) Schrägstäbe können als Schubbewehrung angerechnet werden, wenn ihr Abstand von der rechnerischen Auflagerlinie bzw. untereinander in Richtung der Bauteillängsachse Bild 27 entspricht.

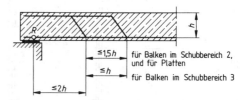

Bild 27. Zulässiger Abstand von Schrägstäben, die als Schubbewehrung dienen

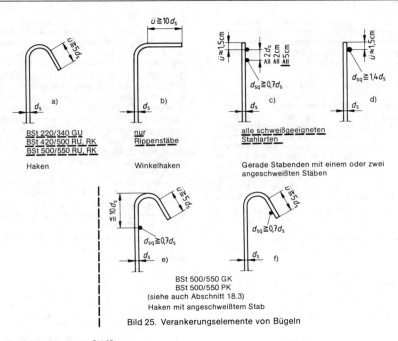

Bild 25. Verankerungselemente von Bügeln

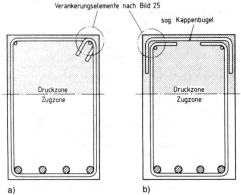

Schließen in der Druckzone

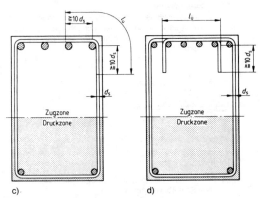

$l_ü$ nach Abschnitt 18.6.3 bzw. 18.6.4. Beiwert $α_1 = 0{,}7$ nur zulässig, wenn an den Bügelenden Haken oder Winkelhaken angeordnet werden.

$l_ü$ nach Abschnitt 18.6.3 bzw. 18.6.4 mit $α_1 = 0{,}7$.

Schließen in der Zugzone

Bild 26. Beispiele für das Schließen von Bügeln

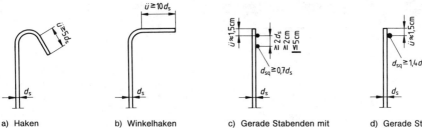

a) Haken   b) Winkelhaken   c) Gerade Stabenden mit zwei angeschweißten Stäben   d) Gerade Stabenden mit einem angeschweißten Stab

Bild 25. Verankerungselemente von Bügeln

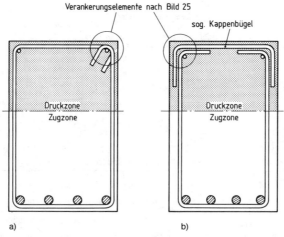

Schließen in der Druckzone

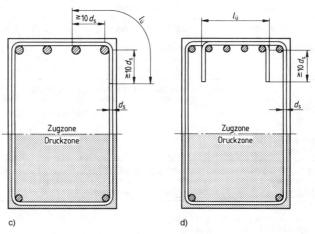

Schließen in der Zugzone

$l_ü$ nach den Abschnitten 18.6.3 bzw. 18.6.4. Beiwert $\alpha_1 = 0{,}7$ nur zulässig, wenn an den Bügelenden Haken oder Winkelhaken angeordnet werden.

$l_ü$ nach den Abschnitten 18.6.3 bzw. 18.6.4 mit $\alpha_1 = 0{,}7$.

Bild 26. Beispiele für das Schließen von Bügeln

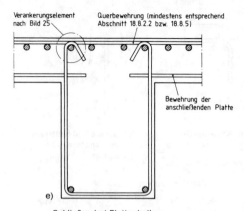

e)

Schließen bei Plattenbalken
im Bereich der Platte
(in der Druck- und Zugzone zulässig)

Tabelle 26. **Obere Grenzwerte der zulässigen Abstände der Bügel und Bügelschenkel**

	1	2	3
		Abstände der Bügel in Richtung der Biegezugbewehrung	
	Art des Bauteils und Höhe der Schubbeanspruchung	Bemessungsspannung der Schubbewehrung	
		$\sigma_s \leqq 240$ MN/m^2	$\sigma_s = 286$ MN/m^2 [41])
1	Platten im Schubbereich 2	0,6 d bzw. 80 cm	0,6 d bzw. 80 cm
2	Balken im Schubbereich 1	0,8 d_0 bzw. 30 cm [42])	0,8 d_0 bzw. 25 cm [42])
3	Balken im Schubbereich 2	0,6 d_0 bzw. 25 cm	0,6 d_0 bzw. 20 cm
4	Balken im Schubbereich 3	0,3 d_0 bzw. 20 cm [43])	0,3 d_0 bzw. 15 cm [43])
		Abstand der Bügelschenkel quer zur Biegezugbewehrung	
5	Bauteildicke d bzw. d_0 $\leqq 40$ cm	40 cm	
6	Bauteildicke d bzw. d_0 > 40 cm	d oder d_0 bzw. 80 cm	

[41]) Nur zulässig für Bügel und Schubzulagen aus geschweißten Betonstahlmatten BSt 500/550 R (siehe Abschnitt 17.5.4).
[42]) Bei Balken mit $d_0 <$ 20 cm und $\tau_0 \leqq \tau_{011}$ braucht der Abstand nicht kleiner als 15 cm zu sein.
[43]) Die Bügelabstände gelten im ganzen zugehörigen Querkraftbereich gleichen Vorzeichens.

Werden Schrägstäbe im Längsschnitt nur an einer Stelle angeordnet, so darf ihnen höchstens die in einem Längenbereich von $2{,}0 \cdot h$ vorhandene Schubkraft zugewiesen werden.

Für die Verankerung der Schrägstäbe gilt Abschnitt 18.7.3, letzter Absatz.

In Bauteilquerrichtung sollen die aufgebogenen Stäbe möglichst gleichmäßig über die Querschnittsbreite verteilt werden.

DIN 1045, Ausgabe Juli 1988

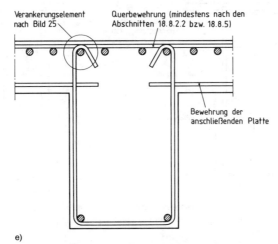

e)
Schließen bei Plattenbalken im Bereich der Platte
(in der Druck- und Zugzone zulässig)

Bild 26. Beispiele für das Schließen von Bügeln (Fortsetzung)

Tabelle 26. Obere Grenzwerte der zulässigen Abstände der Bügel und Bügelschenkel

		1	2	3
		Abstände der Bügel in Richtung der Biegezugbewehrung		
	Art des Bauteils und Höhe der Schubbeanspruchung		Bemessungsspannung der Schubbewehrung	
			$\sigma_s \leq 240\,\text{N/mm}^2$	$\sigma_s = 286\,\text{N/mm}^2$
1	Platten im Schubbereich 2		$0{,}6\,d$ bzw. 80 cm	$0{,}6\,d$ bzw. 80 cm
2	Balken im Schubbereich 1		$0{,}8\,d_0$ bzw. 30 cm[36])	$0{,}8\,d_0$ bzw. 25 cm[36])
3	Balken im Schubbereich 2		$0{,}6\,d_0$ bzw. 25 cm	$0{,}6\,d_0$ bzw. 20 cm
4	Balken im Schubbereich 3		$0{,}3\,d_0$ bzw. 20 cm	$0{,}3\,d_0$ bzw. 15 cm
		Abstand der Bügelschenkel quer zur Biegezugbewehrung		
5	Bauteildicke d bzw. $d_0 \leq 40$ cm		40 cm	
6	Bauteildicke d bzw. $d_0 > 40$ cm		d oder d_0 bzw. 80 cm	

[36]) Bei Balken mit $d_0 < 20$ cm und $\tau_0 \leq \tau_{011}$ braucht der Abstand nicht kleiner als 15 cm zu sein.

(2) Werden Schrägstäbe im Längsschnitt nur an einer Stelle angeordnet, so darf ihnen höchstens die in einem Längenbereich von 2,0 h vorhandene Schubkraft zugewiesen werden.

(3) Für die Verankerung der Schrägstäbe gilt Abschnitt 18.7.3, Absatz (3).

(4) In Bauteilquerrichtung sollen die aufgebogenen Stäbe möglichst gleichmäßig über die Querschnittsbreite verteilt werden.

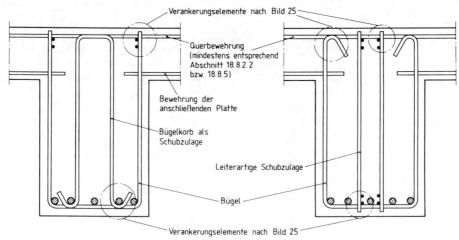

Bild 28. Beispiel für eine Schubbewehrung aus Bügeln und Schubzulagen in Plattenbalken

| Ausgabe Dezember 1978 | DIN 1045 | Ausgabe Juli 1988 |

18.8.4 Schubzulagen

Schubzulagen sind korb-, leiter- oder girlandenartige Schubbewehrungselemente, die die Biegezugbewehrung nicht umschließen (siehe Bild 28). Sie müssen aus Rippenstäben oder Betonstahlmatten aus gerippten Stäben bestehen und sind möglichst gleichmäßig über den Querschnitt zu verteilen. Sie sind beim Betonieren in ihrer planmäßigen Lage zu halten.

Schubzulagen sind entsprechend Abschnitt 18.8.2.1 wie Bügel zu verankern. Bei girlandenförmigen Schubzulagen muß der Biegerollendurchmesser jedoch mindestens $d_{br} = 10\, d_s$ betragen.

Bei Platten in Bereichen mit Schubspannungen $\tau_0 \leq 0{,}5\,\tau_{02}$ dürfen Schubzulagen auch allein verwendet werden; in Bereichen mit Schubspannungen $\tau_0 > 0{,}5\,\tau_{02}$ dürfen Schubzulagen nur in Verbindung mit Bügeln nach Abschnitt 18.8.2 angeordnet werden.

Bei feingliedrigen Fertigteilträgern (z. B. I-, T- oder Hohlquerschnitten mit Stegbreiten $b_0 \leq 8$ cm) dürfen einschnittige Schubzulagen allein als Schubbewehrung verwendet werden, wenn die Druckzone und die Biegezugbewehrung nach Abschnitt 18.8.2.2 bzw. 18.8.5 gesondert umschlossen sind.

Für die Stababstände der Schubzulagen gilt Tabelle 26.

18.8.5 Anschluß von Zug- oder Druckgurten

Bei Plattenbalken, Balken mit I-förmigen oder Hohlquerschnitten u. a. sind die außerhalb der Bügel liegenden Zugstäbe (siehe Abschnitt 18.7.1) bzw. die Druckplatten (Flansche) mit einer über die Stege durchlaufenden Querbewehrung anzuschließen.

Die Schubspannungen τ_{0a} in den Plattenanschnitten sind nach Abschnitt 17.5 zu berechnen. Sie dürfen τ_{02} nicht überschreiten.

Die erforderliche Anschlußbewehrung ist nach Abschnitt 17.5.5 zu bemessen, wobei τ_0 durch τ_{0a} zu ersetzen ist.

Sie ist bei Schubbeanspruchung allein etwa gleichmäßig auf die Plattenober- und -unterseite zu verteilen, wobei

18.8.4 Schubzulagen

(1) Schubzulagen sind korb-, leiter- oder girlandenartige Schubbewehrungselemente, die die Biegezugbewehrung nicht umschließen (siehe Bild 28). Sie müssen aus Rippenstäben oder Betonstahlmatten bestehen und sind möglichst gleichmäßig über den Querschnitt zu verteilen. Sie sind beim Betonieren in ihrer planmäßigen Lage zu halten.

(2) Schubzulagen sind nach Abschnitt 18.8.2.1 wie Bügel zu verankern. Bei girlandenförmigen Schubzulagen muß der Biegerollendurchmesser jedoch mindestens $d_{br} = 10\, d_s$ betragen.

(3) Bei Platten in Bereichen mit Schubspannungen $\tau_0 \leq 0{,}5\,\tau_{02}$ dürfen Schubzulagen auch allein verwendet werden; in Bereichen mit Schubspannungen $\tau_0 > 0{,}5\,\tau_{02}$ dürfen Schubzulagen nur in Verbindung mit Bügeln nach Abschnitt 18.8.2 angeordnet werden.

(4) Bei feingliedrigen Fertigteilträgern (z. B. I-, T- oder Hohlquerschnitten mit Stegbreiten $b_0 \leq 8$ cm) dürfen einschnittige Schubzulagen allein als Schubbewehrung verwendet werden, wenn die Druckzone und die Biegezugbewehrung nach den Abschnitten 18.8.2.2 bzw. 18.8.5 gesondert umschlossen sind.

(5) Für die Stababstände der Schubzulagen gilt Tabelle 26.

18.8.5 Anschluß von Zug- oder Druckgurten

(1) Bei Plattenbalken, Balken mit I-förmigen oder Hohlquerschnitten u. a. sind die außerhalb der Bügel liegenden Zugstäbe (siehe Abschnitt 18.7.1 (2)) bzw. die Druckplatten (Flansche) mit einer über die Stege durchlaufenden Querbewehrung anzuschließen.

(2) Die Schubspannungen τ_{0a} in den Plattenanschnitten sind nach Abschnitt 17.5 zu berechnen. Sie dürfen τ_{02} nicht überschreiten.

(3) Die erforderliche Anschlußbewehrung ist nach Abschnitt 17.5.5 zu bemessen, wobei τ_0 durch τ_{0a} zu ersetzen ist.

(4) Sie ist bei Schubbeanspruchung allein etwa gleichmäßig auf die Plattenober- und -unterseite zu verteilen, wobei

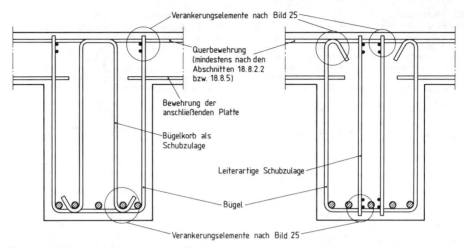

Bild 28. Beispiel für eine Schubbewehrung aus Bügeln und Schubzulagen in Plattenbalken

Ausgabe Dezember 1978	DIN 1045	Ausgabe Juli 1988

eine über den Steg durchlaufende oder dort mit l_1 nach Abschnitt 18.5.2.2 verankerte Plattenbewehrung auf die Anschlußbewehrung angerechnet werden darf. Wird die Platte außer durch Schubkräfte auch durch Querbiegemomente beansprucht, so genügt es, außer der Bewehrung infolge Querbiegung 50 % der Anschlußbewehrung infolge Schubbeanspruchung auf der Biegezugseite der Platte anzuordnen.

Bei Bauteilen des üblichen Hochbaus nach Abschnitt 2.2.4 mit beidseits des Steges anschließenden Platten darf auf einen rechnerischen Nachweis der Anschlußbewehrung verzichtet werden, wenn ihr Querschnitt mindestens gleich der Hälfte der Schubbewehrung im Steg ist. Für Druckgurte ist darüber hinaus ein Nachweis der Schubspannung τ_{0a} im Plattenanschnitt entbehrlich.

Bei konzentrierter Lasteinleitung an Trägerenden ohne Querträger und einer in der Platte angeordneten Biegezugbewehrung ist die Anschlußbewehrung auf einer Strecke entsprechend der halben mitwirkenden Plattenbreite b_m nach Abschnitt 15.3 jedoch immer für τ_{0a} zu bemessen und stets auf die Plattenober- und -unterseite zu verteilen.

Für die größten zulässigen Stababstände der Anschlußbewehrung gilt Tabelle 26, Zeilen 2 bis 4, wobei die im Steg vorhandene Schubspannung zugrunde zu legen ist.

18.9 Andere Bewehrungen

18.9.1 Randbewehrung bei Platten

Freie, ungestützte Ränder von Platten und breiten Balken (siehe Abschnitt 17.5.5) mit Ausnahme von Fundamenten und Bauteilen des üblichen Hochbaus nach Abschnitt 2.2.4 im Gebäudeinneren sind durch eine konstruktive Bewehrung (z. B. Steckbügel) einzufassen.

18.9.2 Unbeabsichtigte Einspannungen

Zur Aufnahme rechnerisch nicht berücksichtigter Einspannungen sind geeignete Bewehrungen anzuordnen (siehe z. B. Abschnitt 20.1.6.2, 3. Absatz und Abschnitt 20.1.6.4).

eine über den Steg durchlaufende oder dort mit l_1 nach Abschnitt 18.5.2.2 verankerte Plattenbewehrung auf die Anschlußbewehrung angerechnet werden darf. Wird die Platte außer durch Schubkräfte auch durch Querbiegemomente beansprucht, so genügt es, außer der Bewehrung infolge Querbiegung 50 % der Anschlußbewehrung infolge Schubbeanspruchung auf der Biegezugseite der Platte anzuordnen.

(5) Bei Bauteilen üblicher Hochbauten nach Abschnitt 2.2.4 mit beidseits des Steges anschließenden Platten darf auf einen rechnerischen Nachweis der Anschlußbewehrung verzichtet werden, wenn ihr Querschnitt mindestens gleich der Hälfte der Schubbewehrung im Steg ist. Für Druckgurte ist darüber hinaus ein Nachweis der Schubspannung τ_{0a} im Plattenanschnitt entbehrlich.

(6) Bei konzentrierter Lasteinleitung an Trägerenden ohne Querträger und einer in der Platte angeordneten Biegezugbewehrung ist die Anschlußbewehrung auf einer Strecke entsprechend der halben mitwirkenden Plattenbreite b_m nach Abschnitt 15.3 jedoch immer für τ_{0a} zu bemessen und stets auf die Plattenober- und -unterseite zu verteilen.

(7) Für die größten zulässigen Stababstände der Anschlußbewehrung gilt Tabelle 26, Zeilen 2 bis 4, wobei die im Steg vorhandene Schubspannung zugrunde zu legen ist.

18.9 Andere Bewehrungen

18.9.1 Randbewehrung bei Platten

Freie, ungestützte Ränder von Platten und breiten Balken (siehe Abschnitt 17.5.5) mit Ausnahme von Fundamenten und Bauteilen üblicher Hochbauten nach Abschnitt 2.2.4 im Gebäudeinneren sind durch eine konstruktive Bewehrung (z. B. Steckbügel) einzufassen.

18.9.2 Unbeabsichtigte Einspannungen

Zur Aufnahme rechnerisch nicht berücksichtigter Einspannungen sind geeignete Bewehrungen anzuordnen (siehe z. B. Abschnitt 20.1.6.2,(2) und Abschnitt 20.1.6.4).

Ausgabe Dezember 1978 — DIN 1045 — Ausgabe Juli 1988

18.9.3 Umlenkkräfte

Bei Bauteilen mit gebogenen oder geknickten Leibungen ist die Aufnahme der durch die Richtungsänderung der Zug- oder Druckkräfte hervorgerufenen Zugkräfte nachzuweisen; in der Regel sind diese Umlenkkräfte durch zusätzliche Bewehrungselemente (z. B. Bügel, siehe Bilder 29 a) und b)) oder durch eine besondere Bewehrungsführung (z. B. Schlaufen nach Bild 30) abzudecken.

18.9.3 Umlenkkräfte

(1) Bei Bauteilen mit gebogenen oder geknickten Leibungen ist die Aufnahme der durch die Richtungsänderung der Zug- oder Druckkräfte hervorgerufenen Zugkräfte nachzuweisen; in der Regel sind diese Umlenkkräfte durch zusätzliche Bewehrungselemente (z. B. Bügel, siehe Bilder 29 a) und b)) oder durch eine besondere Bewehrungsführung (z. B. nach Bild 30) abzudecken.

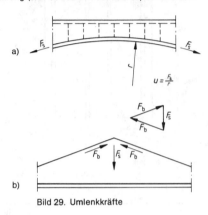

Bild 29. Umlenkkräfte

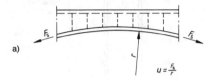

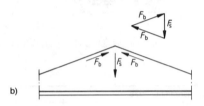

Bild 29. Umlenkkräfte

ausgeführt werden

Stark geknickte Leibungen ($\alpha \geq 45°$, siehe Bild 30) wie z. B. Rahmenecken dürfen in der Regel nur unter Verwendung von Beton der Festigkeitsklasse B 25 und höher sowie Rippenstahl ausgeführt werden, anderenfalls sind die nach Abschnitt 17.2 aufnehmbaren Schnittgrößen am Anschnitt zum Eckbereich (siehe Bild 30) auf ⅔ zu verringern, d. h., die Bemessungsschnittgrößen sind um den Faktor 1,5 zu erhöhen. Bei Rahmen aus balkenartigen Bauteilen sind Stiele und Riegel auch im Eckbereich konstruktiv zu verbügeln; dies kann dort z. B. durch sich orthogonal kreuzende, haarnadelförmige Bügel (Steckbügel) oder durch eine andere gleichwertige Bewehrung erfolgen. Bei Rahmentragwerken aus plattenartigen Bauteilen ist zumindest die nach Abschnitt 20.1.6.3 bzw. 25.5.5.2 vorgeschriebene Querbewehrung auch im Eckbereich anzuordnen.

a) Bei Bauteilen mit geknicktem Zuggurt (positives Moment, siehe Bild 30) und einem Knickwinkel $\alpha \geq 45°$ ist stets eine Schrägbewehrung A_{ss} anzuordnen, wenn ein Biegemoment, das einem Bewehrungsanteil von $\mu \geq 0{,}4\%$ entspricht, umgeleitet werden soll. Dabei ist μ der größere der beiden Bewehrungsprozentsätze der anschließenden Bauteile. Für $\mu \leq 1\%$ muß A_{ss} mindestens der Hälfte dieses Bewehrungsanteils, für $\mu > 1\%$ dem gesamten Bewehrungsanteil entsprechen. Überschreitet der Knickwinkel $\alpha = 100°$, ist zur Aufnahme dieser Schrägbewehrung eine Voute auszubilden und A_{ss} stets für das gesamte umzuleitende Moment auszulegen.

Bei Bauteilen mit einer Dicke bis etwa $d = 100$ cm genügt zur Aufnahme der Umlenkkräfte eine schlaufenartig die Biegedruckzone umfassende Führung der beiden Biegezugbewehrungen nach Bild 30. Bei dickeren Bauteilen oder Verzicht auf eine schlaufenartige Führung der Biegezugbewehrung müssen die gesamten Umlenkkräfte durch Bügel oder eine gleichwertige Bewehrung oder andere Maßnahmen aufgenommen werden.

(2) Stark geknickte Leibungen ($\alpha \geq 45°$, siehe Bild 30) wie z. B. Rahmenecken dürfen in der Regel nur unter Verwendung von Beton der Festigkeitsklasse B 25 oder höher, anderenfalls sind die nach Abschnitt 17.2 aufnehmbaren Schnittgrößen am Anschnitt zum Eckbereich (siehe Bild 30) auf ⅔ zu verringern, d. h. die Bemessungsschnittgrößen sind um den Faktor 1,5 zu erhöhen. Bei Rahmen aus balkenartigen Bauteilen sind Stiele und Riegel auch im Eckbereich konstruktiv zu verbügeln; dies kann dort z. B. durch sich orthogonal kreuzende, haarnadelförmige Bügel (Steckbügel) oder durch eine andere gleichwertige Bewehrung erfolgen. Bei Rahmentragwerken aus plattenartigen Bauteilen ist zumindest die nach den Abschnitten 20.1.6.3 bzw. 25.5.5.2 vorgeschriebene Querbewehrung auch im Eckbereich anzuordnen.

a) Bei Bauteilen mit geknicktem Zuggurt (positives Moment, siehe Bild 30) und einem Knickwinkel $\alpha \geq 45°$ ist stets eine Schrägbewehrung A_{ss} anzuordnen, wenn ein Biegemoment, das einem Bewehrungsanteil von $\mu \geq 0{,}4\%$ entspricht, umgeleitet werden soll. Dabei ist μ der größere der beiden Bewehrungsprozentsätze der anschließenden Bauteile. Für $\mu \leq 1\%$ muß A_{ss} mindestens der Hälfte dieses Bewehrungsanteils, für $\mu > 1\%$ dem gesamten Bewehrungsanteil entsprechen. Überschreitet der Knickwinkel $\alpha = 100°$, ist zur Aufnahme dieser Schrägbewehrung eine Voute auszubilden und A_{ss} stets für das gesamte umzuleitende Moment auszulegen.

Bei Bauteilen mit einer Dicke bis etwa $d = 100$ cm genügt zur Aufnahme der Umlenkkräfte eine schlaufenartig die Biegedruckzone umfassende Führung der beiden Biegezugbewehrungen nach Bild 30. Bei dickeren Bauteilen oder bei Verzicht auf eine schlaufenartige Führung der Biegezugbewehrung müssen die gesamten Umlenkkräfte durch Bügel oder eine gleichwertige Bewehrung oder andere Maßnahmen aufgenommen werden.

Bei einer schlaufenartigen Bewehrungsführung und Einhaltung der Angaben in Bild 30 kann ein Nachweis der Verankerungslängen für die Biegezugbewehrungen entfallen. In allen anderen Fällen sind diese jeweils ab der Kreuzungsstelle A mit dem Maß l_0 nach Gleichung (21) zu verankern.

Wird die Bewehrung nicht schlaufenartig geführt, ist entlang des gedrückten Außenrandes im Eckbereich eine über die Querschnittsbreite verteilte Bewehrung anzuordnen, die in den anschließenden Bauteilen mit der Verankerungslänge l_0 nach Abschnitt 18.5.2.1 zu verankern ist.

Bei einer schlaufenartigen Bewehrungsführung und Einhaltung der Angaben in Bild 30 kann ein Nachweis der Verankerungslängen für die Biegezugbewehrungen entfallen. In allen anderen Fällen sind diese jeweils ab der Kreuzungsstelle A mit dem Maß l_0 nach Gleichung (21) zu verankern.

Wird die Bewehrung nicht schlaufenartig geführt, ist entlang des gedrückten Außenrandes im Eckbereich eine über die Querschnittsbreite verteilte Bewehrung anzuordnen, die in den anschließenden Bauteilen mit der Verankerungslänge l_0 nach Abschnitt 18.5.2.1 zu verankern ist.

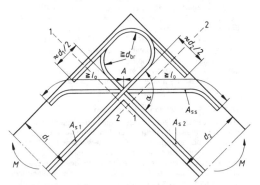

d_{br} nach Tabelle 18, Zeile 5 oder 6
d_1 bzw. $d_2 \leq 100$ cm
Bemessungsschnitte 1--1 und 2--2
Querbewehrung bzw. Bügel nicht dargestellt

Bild 30. Beispiel für die Ausbildung einer Rahmenecke bei positivem Moment mit einer schlaufenartigen Bewehrungsführung

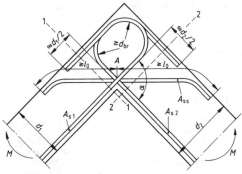

d_{br} nach Tabelle 18, Zeilen 5 oder 6
d_1 bzw. $d_2 \leq 100$ cm
Bemessungsschnitte $1--1$ und $2--2$
Querbewehrung bzw. Bügel nicht dargestellt

Bild 30. Beispiel für die Ausbildung einer Rahmenecke bei positivem Moment mit einer schlaufenartigen Bewehrungsführung

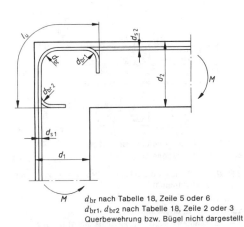

d_{br} nach Tabelle 18, Zeile 5 oder 6
d_{br1}, d_{br2} nach Tabelle 18, Zeile 2 oder 3
Querbewehrung bzw. Bügel nicht dargestellt

Bild 31. Beispiel für die Ausbildung einer Rahmenecke bei negativem Moment und Bewehrungsstoß in der Rahmenecke

b) Wird bei Rahmenecken mit negativem Moment die Bewehrung im Bereich der Ecke gestoßen, darf die Übergreifungslänge $l_ü$ (siehe Abschnitt 18.6.3) gemäß Bild 31 gerechnet werden. Dabei darf der Beiwert

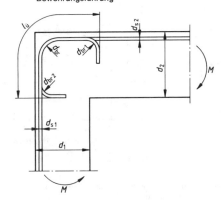

d_{br} nach Tabelle 18, Zeilen 5 oder 6
d_{br1}, d_{br2} nach Tabelle 18, Zeilen 2 oder 3
Querbewehrung bzw. Bügel nicht dargestellt

Bild 31. Beispiel für die Ausbildung einer Rahmenecke bei negativem Moment und Bewehrungsstoß der Rahmenecke

b) Wird bei Rahmenecken mit negativem Moment die Bewehrung im Bereich der Ecke gestoßen, darf die Übergreifungslänge $l_ü$ (siehe Abschnitt 18.6.3) nach Bild 31 berechnet werden. Dabei darf der Beiwert $\alpha_1 = 0{,}7$ nur in

$\alpha_1 = 0{,}7$ nur in Ansatz gebracht werden, wenn an den Stabenden Haken oder Winkelhaken angeordnet werden. Für die Querbewehrung gilt Abschnitt 18.6.3.4.

Die in Abschnitt 21.1.2 geforderte Zusatzbewehrung zur Beschränkung der Rißbreite bei hohen Stegen ist bei Rahmenecken ab Bauhöhen $d > 70$ cm erforderlich.

18.10 Besondere Bestimmungen für einzelne Bauteile

18.10.1 Kragplatten, Kragbalken

Die Biegezugbewehrung ist im einspannenden Bauteil nach Abschnitt 18.5 zu verankern oder gegebenenfalls nach Abschnitt 18.6 an dessen Bewehrung anzuschließen. Bei Einzellasten am Kragende ist die Bewehrung nach Abschnitt 18.7.4, Gleichungen (26) bis (28) zu verankern.

Am Ende von Kragplatten ist an ihrer Unterseite stets eine konstruktive Randquerbewehrung anzuordnen. Bei Verkehrslasten $p > 5{,}0$ kN/m² ist eine untere Querbewehrung nach Abschnitt 20.1.6.3, Absatz 1, anzuordnen. Bei Einzellasten siehe auch Abschnitt 20.1.6.3, Absatz 3.

18.10.2 Anschluß von Nebenträgern

Die Last von Nebenträgern, die in den Hauptträger einbinden (indirekte Auflagerung), ist durch Aufhängebügel oder Schrägstäbe aufzunehmen. Der überwiegende Teil dieser Aufhängebewehrung ist dabei im unmittelbaren Durchdringungsbereich anzuordnen. Die Aufhängebügel oder Schrägstäbe sind für die volle aufzunehmende Auflagerlast des Nebenträgers zu bemessen. Die im Kreuzungsbereich (siehe Bild 32) vorhandene Schubbewehrung darf auf die Aufhängebewehrung angerechnet werden, sofern der Nebenträger auf ganzer Höhe in den Hauptträger einmündet. Die Aufhängebügel sind nach Abschnitt 18.8.2, die Schrägstäbe nach Abschnitt 18.7.3, letzter Absatz, zu verankern.

Der größtmögliche, nach Bild 32 definierte Kreuzungsbereich darf zugrunde gelegt werden.

Ansatz gebracht werden, wenn an den Stabenden Haken oder Winkelhaken angeordnet werden. Für die Querbewehrung gilt Abschnitt 18.6.3.4.

(3) Die in Abschnitt 21.1.2 geforderte Zusatzbewehrung zur Beschränkung der Rißbreite bei hohen Stegen ist bei Rahmenecken ab Bauhöhen $d > 70$ cm erforderlich.

18.10 Besondere Bestimmungen für einzelne Bauteile

18.10.1 Kragplatten, Kragbalken

(1) Die Biegezugbewehrung ist im einspannenden Bauteil nach Abschnitt 18.5 zu verankern oder gegebenenfalls nach Abschnitt 18.6 an dessen Bewehrung anzuschließen. Bei Einzellasten am Kragende ist die Bewehrung nach Abschnitt 18.7.4, Gleichungen (26) bis (28) zu verankern.

(2) Am Ende von Kragplatten ist an ihrer Unterseite stets eine konstruktive Randquerbewehrung anzuordnen. Bei Verkehrslasten $p > 5{,}0$ kN/m² ist eine Querbewehrung nach Abschnitt 20.1.6.3 (1) anzuordnen. Bei Einzellasten siehe auch Abschnitt 20.1.6.3 (3).

18.10.2 Anschluß von Nebenträgern

(1) Die Last von Nebenträgern, die in den Hauptträger einbinden (indirekte Lagerung), ist durch Aufhängebügel oder Schrägstäbe aufzunehmen. Der überwiegende Teil dieser Aufhängebewehrung ist dabei im unmittelbaren Durchdringungsbereich anzuordnen. Die Aufhängebügel oder Schrägstäbe sind für die volle aufzunehmende Auflagerlast des Nebenträgers zu bemessen. Die im Kreuzungsbereich (siehe Bild 32) vorhandene Schubbewehrung darf auf die Aufhängebewehrung angerechnet werden, sofern der Nebenträger auf ganzer Höhe in den Hauptträger einmündet. Die Aufhängebügel sind nach Abschnitt 18.8.2, die Schrägstäbe nach Abschnitt 18.7.3 (3) zu verankern.

(2) Der größtmögliche, nach Bild 32 definierte Kreuzungsbereich darf zugrunde gelegt werden.

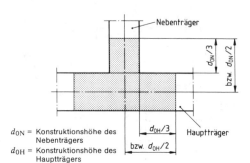

d_{0N} = Konstruktionshöhe des Nebenträgers
d_{0H} = Konstruktionshöhe des Hauptträgers

Bild 32. Größe des Kreuzungsbereiches beim Anschluß von Nebenträgern

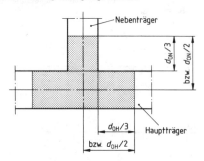

d_{0N} Konstruktionshöhe des Nebenträgers
d_{0H} Konstruktionshöhe des Hauptträgers

Bild 32. Größe des Kreuzungsbereiches beim Anschluß von Nebenträgern

18.10.3 Angehängte Lasten

Bei angehängten Lasten sind die Aufhängevorrichtungen mit der erforderlichen Verankerungslänge l_1 nach Abschnitt 18.5 in der Querschnittshälfte der lastabgewandten Seite zu verankern oder nach Abschnitt 18.6 mit Bügeln zu stoßen.

18.10.4 Torsionsbeanspruchte Bauteile

Für die nach Abschnitt 17.5.6 erforderliche Torsionsbewehrung ist bevorzugt ein rechtwinkliges Bewehrungsnetz aus Bügeln (siehe Abschnitt 18.8.2) und Längsstäben

18.10.3 Angehängte Lasten

Bei angehängten Lasten sind die Aufhängevorrichtungen mit der erforderlichen Verankerungslänge l_1 nach Abschnitt 18.5 in der Querschnittshälfte der lastabgewandten Seite zu verankern oder nach Abschnitt 18.6 mit Bügeln zu stoßen.

18.10.4 Torsionsbeanspruchte Bauteile

(1) Für die nach Abschnitt 17.5.6 erforderliche Torsionsbewehrung ist bevorzugt ein rechtwinkliges Bewehrungsnetz aus Bügeln (siehe Abschnitt 18.8.2) und Längsstäben zu ver-

Ausgabe Dezember 1978	Ausgabe Juli 1988
zu verwenden. Die Bügel sind in Balken und Plattenbalken nach Bild 26 c) oder d) zu schließen oder im Stegbereich nach Abschnitt 18.6 zu stoßen.	wenden. Die Bügel sind in Balken und Plattenbalken nach den Bildern 26 c) oder d) zu schließen oder im Stegbereich nach Abschnitt 18.6 zu stoßen.
Die Bügelabstände dürfen im torsionsbeanspruchten Bereich das Maß $u_k/8$ bzw. 20 cm nicht überschreiten. Hierin ist u_k der Umfang – gemessen in der Mittellinie – eines gedachten räumlichen Fachwerkes nach Abschnitt 17.5.6.	(2) Die Bügelabstände dürfen im torsionsbeanspruchten Bereich das Maß $u_k/8$ bzw. 20 cm nicht überschreiten. Hierin ist u_k der Umfang – gemessen in der Mittellinie – eines gedachten räumlichen Fachwerkes nach Abschnitt 17.5.6.
Die Längsstäbe sind im Einleitungsbereich der Torsionsbeanspruchung nach Abschnitt 18.5 zu verankern. Sie können gleichmäßig über den Umfang verteilt oder in den Ecken konzentriert werden. Ihr Abstand darf jedoch nicht mehr als 35 cm betragen.	(3) Die Längsstäbe sind im Einleitungsbereich der Torsionsbeanspruchung nach Abschnitt 18.5 zu verankern. Sie können gleichmäßig über den Umfang verteilt oder in den Ecken konzentriert werden. Ihr Abstand darf jedoch nicht mehr als 35 cm betragen.
Wirken Querkraft und Torsion gleichzeitig, so darf bei einer aus Bügeln und Schubzulagen bestehenden Schubbewehrung die Torsionsbeanspruchung den Bügeln und die Querkraftbeanspruchung den Schubzulagen zugewiesen werden.	(4) Wirken Querkraft und Torsion gleichzeitig, so darf bei einer aus Bügeln und Schubzulagen bestehenden Schubbewehrung die Torsionsbeanspruchung den Bügeln und die Querkraftbeanspruchung den Schubzulagen zugewiesen werden.

18.11 Stabbündel

18.11.1 Grundsätze	**18.11.1 Grundsätze**
Stabbündel bestehen aus zwei oder drei Einzelstäben mit $d_s \leq 28$ mm, die sich berühren und die für die Montage und das Betonieren durch geeignete Maßnahmen zusammengehalten werden. Sie sind nur bei Verwendung von Rippenstäben zulässig.	(1) Stabbündel bestehen aus zwei oder drei Einzelstäben mit $d_s \leq 28$ mm, die sich berühren und die für die Montage und das Betonieren durch geeignete Maßnahmen zusammengehalten werden.
Sofern nichts anderes bestimmt wird, gelten die Abschnitte 18.1 bis 18.10 unverändert und es ist bei allen Nachweisen, bei denen der Stabdurchmesser eingeht, anstelle des Einzelstabdurchmessers d_s der Vergleichsdurchmesser d_{sV} einzusetzen. Der Vergleichsdurchmesser d_{sV} ist der Durchmesser eines mit dem Bündel flächengleichen Einzelstabes und ergibt sich für ein Bündel aus n Einzelstäben gleichen Durchmessers d_s zu $d_{sV} = d_s \cdot \sqrt{n}$.	(2) Sofern nichts anderes bestimmt wird, gelten die Abschnitte 18.1 bis 18.10 unverändert und es ist bei allen Nachweisen, bei denen der Stabdurchmesser eingeht, anstelle des Einzelstabdurchmessers d_s der Vergleichsdurchmesser d_{sV} einzusetzen. Der Vergleichsdurchmesser d_{sV} ist der Durchmesser eines mit dem Bündel flächengleichen Einzelstabes und ergibt sich für ein Bündel aus n Einzelstäben gleichen Durchmessers d_s zu $d_{sV} = d_s \cdot \sqrt{n}$.
Der Vergleichsdurchmesser darf in Bauteilen mit überwiegendem Zug ($e/d \leq 0{,}5$) den Wert $d_{sV} = 36$ mm nicht überschreiten.	(3) Der Vergleichsdurchmesser darf in Bauteilen mit überwiegendem Zug ($e/d \leq 0{,}5$) den Wert $d_{sV} = 36$ mm nicht überschreiten.
18.11.2 Anordnung, Abstände, Betondeckung	**18.11.2 Anordnung, Abstände, Betondeckung**
Die Anordnung der Stäbe im Bündel sowie die Mindestwerte für die Betondeckung c_{sb} und für den lichten Abstand der Stabbündel a_{sb} richten sich nach Bild 33. Für die Betondeckung der Hautbewehrung (siehe Abschnitt 18.11.3) gilt Abschnitt 13.2.	Die Anordnung der Stäbe im Bündel sowie die Mindestmaße für die Betondeckung c_{sb} und für den lichten Abstand der Stabbündel a_{sb} richten sich nach Bild 33. Das Nennmaß der Betondeckung richtet sich entweder nach Tabelle 10 oder ist dadurch zu ermitteln, daß das Mindestmaß $c_{sb} = d_{sV}$ um 1,0 cm erhöht wird. Für die Betondeckung der Hautbewehrung (siehe Abschnitt 18.11.3) gilt Abschnitt 13.2.

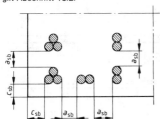

Gegenseitige Mindestabstände:
$a_{sb} \geq d_{sV}$
$a_{sb} \geq 2$ cm

Mindestbetondeckung:
c_{sb} entsprechend Tabelle 10 bzw. $\geq d_{sV}$

Bild 33. Anordnung, Mindestabstände und Mindestbetondeckung bei Stabbündeln

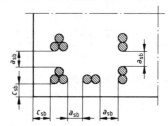

Gegenseitige Mindestabstände
$a_{sb} \geq d_{sV}$
$a_{sb} \geq 2$ cm

Nennmaß der Betondeckung:
c_{sb} nach Tabelle 10 bzw. $\geq d_{sV} + 1{,}0$ cm

Bild 33. Anordnung, Mindestabstände und Mindestbetondeckung bei Stabbündeln

18.11.3 Beschränkung der Rißbreite	**18.11.3 Beschränkung der Rißbreite**
Ist nach Abschnitt 17.6.1 ein Nachweis der Beschränkung der Rißbreite erforderlich, ist dieser bei Stabbündeln mit $d_{sV} \geq 36$ mm mit dem Vergleichsdurchmesser d_{sV} zu führen.	(1) Der Nachweis der Beschränkung der Rißbreite ist bei Stabbündeln mit dem Vergleichsdurchmesser d_{sV} zu führen.

Bei Stabbündeln in vorwiegend auf Biegung beanspruchten Bauteilen mit $d_{sV} > 36$ mm ist zur Gewährleistung eines ausreichenden Rißverhaltens immer eine Hautbewehrung in der Zugzone des Bauteils einzulegen; <u>ein Nachweis der Beschränkung der Rißbreite nach Abschnitt 17.6 kann dann entfallen.</u>
Als Hautbewehrung sind nur <u>geschweißte</u> Betonstahlmatten <u>aus gerippten Stäben</u> mit Längs- und Querstababständen von jeweils höchstens 10 cm zulässig. Der Querschnitt der Hautbewehrung muß in Richtung der Stabbündel Gleichung (30) entsprechen und quer dazu mindestens 2,0 cm²/m betragen.

$$a_{sh} \geq 2\, c_{sb} \text{ in cm}^2/\text{m} \qquad (30)$$

Hierin sind:

a_{sh} Querschnitt der Hautbewehrung in Richtung der Stabbündel in cm²/m,

c_{sb} Betondeckung der Stabbündel in cm.

Die Hautbewehrung muß mindestens um das Maß $5\, d_{sV}$ an den Bauteilseiten über die innerste Lage der Stab-

(2) Bei Stabbündeln in vorwiegend auf Biegung beanspruchten Bauteilen mit $d_{sV} > 36$ mm ist zur Sicherstellung eines ausreichenden Rißverhaltens immer eine Hautbewehrung in der Zugzone des Bauteils einzulegen.

(3) Als Hautbewehrung sind nur Betonstahlmatten mit Längs- und Querstababständen von jeweils höchstens 10 cm zulässig. Der Querschnitt der Hautbewehrung muß in Richtung der Stabbündel Gleichung (30) entsprechen und quer dazu mindestens 2,0 cm²/m betragen.

$$a_{sh} \geq 2\, c_{sb} \text{ in cm}^2/\text{m} \qquad (30)$$

Hierin sind:

a_{sh} Querschnitt der Hautbewehrung in Richtung der Stabbündel in cm²/m,

c_{sb} Mindestmaß der Betondeckung der Stabbündel in cm.

(4) Die Hautbewehrung muß mindestens um das Maß $5\, d_{sV}$ an den Bauteilseiten über die innerste Lage der Stabbündel

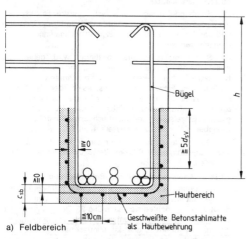

a) Feldbereich

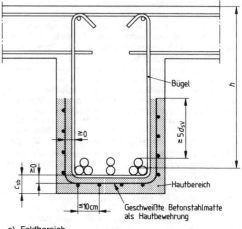

a) Feldbereich

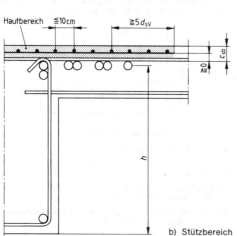

b) Stützbereich

Bild 34. Beispiele für die Anordnung der Hautbewehrung im Querschnitt eines Plattenbalkens

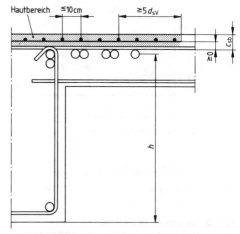

b) Stützbereich

Bild 34. Beispiele für die Anordnung der Hautbewehrung im Querschnitt eines Plattenbalkens

bündel (siehe Bild 34 a)) bzw. bei Plattenbalken im Stützbereich über das äußerste Stabbündel reichen (siehe Bild 34 b)). Die Hautbewehrung ist auf die Biegezug-, Quer- oder Schubbewehrung anrechenbar, wenn die für diese Bewehrungen geforderten Bedingungen eingehalten werden. Stöße der Längsstäbe sind jedoch in jedem Fall mindestens nach den Regeln für Querstäbe nach Abschnitt 18.6.3 bzw. 18.6.4.4 auszubilden.

18.11.4 Verankerung von Stabbündeln
Zugbeanspruchte Stabbündel dürfen unabhängig von d_{sV} über dem End- und Zwischenauflager, bei $d_{sV} \leq 28$ mm auch vor dem Auflager ohne Längsversatz der Einzelstäbe an einer Stelle enden. Ab $d_{sV} > 28$ mm sind bei einer Verankerung der Stabbündel vor dem Auflager die Stabenden gegenseitig in Längsrichtung zu versetzen (siehe Bild 35 oder Bild 36).

Bei einer Verankerung der Stäbe nach Bild 35 darf für die Berechnung der Verankerungslänge der Durchmesser des Einzelstabes d_s eingesetzt werden; in allen anderen Fällen ist d_{sV} zugrunde zu legen.

Bei druckbeanspruchten Stabbündeln dürfen alle Stäbe an einer Stelle enden. Ab einem Vergleichsdurchmesser $d_{sV} > 28$ mm sind im Bereich der Bündelenden mindestens vier Bügel mit $d_s = 12$ mm anzuordnen, sofern der Spitzendruck nicht durch andere Maßnahmen (z. B. Anordnung der Stabenden innerhalb einer Deckenscheibe) aufgenommen wird; ein Bügel ist dabei vor den Stabenden anzuordnen.

(siehe Bild 34 a)) bzw. bei Plattenbalken im Stützbereich über das äußerste Stabbündel reichen (siehe Bild 34 b)). Die Hautbewehrung ist auf die Biegezug-, Quer- oder Schubbewehrung anrechenbar, wenn die für diese Bewehrungen geforderten Bedingungen eingehalten werden. Stöße der Längsstäbe sind jedoch in jedem Fall mindestens nach den Regeln für Querstäbe nach den Abschnitten 18.6.3 bzw. 18.6.4.4 auszubilden.

18.11.4 Verankerung von Stabbündeln
(1) Zugbeanspruchte Stabbündel dürfen unabhängig von d_{sV} über dem End- und Zwischenauflager, bei $d_{sV} \leq 28$ mm auch vor dem Auflager ohne Längsversatz der Einzelstäbe an einer Seite enden. Ab $d_{sV} > 28$ mm sind bei einer Verankerung der Stabbündel vor dem Auflager die Stabenden gegenseitig in Längsrichtung zu versetzen (siehe Bild 35 oder Bild 36).

(2) Bei einer Verankerung der Stäbe nach Bild 35 darf für die Berechnung der Verankerungslänge der Durchmesser des Einzelstabes d_s eingesetzt werden; in allen anderen Fällen ist d_{sV} zugrunde zu legen.

(3) Bei druckbeanspruchten Stabbündeln dürfen alle Stäbe an einer Stelle enden. Ab einem Vergleichsdurchmesser $d_{sV} > 28$ mm sind im Bereich der Bündelenden mindestens vier Bügel mit $d_s = 12$ mm anzuordnen, sofern der Spitzendruck nicht durch andere Maßnahmen (z. B. Anordnung der Stabenden innerhalb einer Deckenscheibe) aufgenommen wird; ein Bügel ist dabei vor den Stabenden anzuordnen.

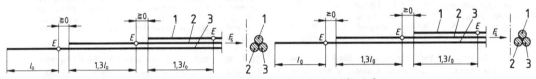

Ermittlung von l_0 mit d_s

Bild 35. Beispiel für die Verankerung von Stabbündeln vor dem Auflager bei auseinandergezogenen rechnerischen Endpunkten E

Ermittlung von l_0 mit d_s

Bild 35. Beispiel für die Verankerung von Stabbündeln vor dem Auflager bei auseinandergezogenen rechnerischen Endpunkten E

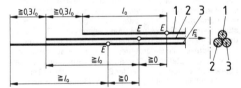

Ermittlung von l_0 mit d_{sV}

Bild 36. Beispiel für die Verankerung von Stabbündeln vor dem Auflager bei dicht beieinanderliegenden rechnerischen Endpunkten E

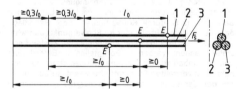

Ermittlung von l_0 mit d_{sV}

Bild 36. Beispiel für die Verankerung von Stabbündeln vor dem Auflager bei dicht beieinander liegenden rechnerischen Endpunkten E

18.11.5 Stoß von Stabbündeln
Die Übergreifungslänge $l_ü$ errechnet sich nach Abschnitt 18.6.3.2 bzw. 18.6.3.3. Stabbündel aus zwei Stäben mit $d_{sV} \leq 28$ mm dürfen ohne Längsversatz der Einzelstäbe gestoßen werden; für die Berechnung von $l_ü$ ist dann d_{sV} zugrunde zu legen.

Bei Stabbündeln aus zwei Stäben mit $d_{sV} > 28$ mm bzw. bei Stabbündeln aus drei Stäben sind die Einzelstäbe stets um mindestens $1,3 \cdot l_ü$ in Längsrichtung zu stoßen (siehe Bild 37), wobei jedoch in jedem Schnitt eines gestoßenen Bündels höchstens vier Stäbe vorhanden sein dürfen; für die Berechnung von $l_ü$ ist dann der Durchmesser des Einzelstabes einzusetzen.

18.11.5 Stoß von Stabbündeln
(1) Die Übergreifungslänge $l_ü$ errechnet sich nach den Abschnitten 18.6.3.2 bzw. 18.6.3.3. Stabbündel aus zwei Stäben mit $d_{sV} \leq 28$ mm dürfen ohne Längsversatz der Einzelstäbe gestoßen werden; für die Berechnung von $l_ü$ ist dann d_{sV} zugrunde zu legen.

(2) Bei Stabbündeln aus zwei Stäben mit $d_{sV} > 28$ mm bzw. bei Stabbündeln aus drei Stäben sind die Einzelstäbe stets um mindestens $1,3 \cdot l_ü$ in Längsrichtung versetzt zu stoßen (siehe Bild 37), wobei jedoch in jedem Schnitt eines gestoßenen Bündels höchstens vier Stäbe vorhanden sein dürfen; für die Berechnung von $l_ü$ ist dann der Durchmesser des Einzelstabes einzusetzen.

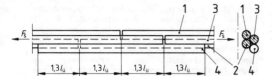

Bild 37. Beispiel für einen zugbeanspruchten Übergreifungsstoß durch Zulage eines Stabes bei einem Bündel aus drei Stäben

18.11.6 Verbügelung druckbeanspruchter Stabbündel

Bei Verwendung von Stabbündeln mit $d_{sV} > 28$ mm als Druckbewehrung muß abweichend von Abschnitt 25.2.2.2 der Mindeststabdurchmesser für Einzelbügel oder Bügelwendeln 12 mm betragen.

19 Stahlbetonfertigteile

19.1 Bauten aus Stahlbetonfertigteilen

Für Bauten aus Stahlbetonfertigteilen und für die Fertigteile selbst gelten die Bestimmungen für entsprechende Bauten und Bauteile aus Ortbeton, soweit in den folgenden Abschnitten nichts anderes gesagt ist.

Auf die Einhaltung der Konstruktionsgrundsätze nach Abschnitt 15.8.1 ist bei Bauten aus Fertigteilen besonders zu achten. Tragende und aussteifende Fertigbauteile sind durch Bewehrung oder gleichwertige Maßnahmen miteinander und gegebenenfalls mit Bauteilen aus Ortbeton so zu verbinden, daß sie auch durch außergewöhnliche Beanspruchungen (Bauwerkssetzungen, starke Erschütterungen, bei Bränden usw.) ihren Halt nicht verlieren.

19.2 Allgemeine Anforderungen an die Fertigteile

Stahlbetonfertigteile gelten als werkmäßig hergestellt, wenn sie in einem Betonfertigteilwerk (Betonwerk) hergestellt sind, das die Anforderungen des Abschnitts 5.3 erfüllt.

Bei der Bemessung der Stahlbetonfertigteile nach den Abschnitten 17.1 bis 17.5 sind die ungünstigsten Beanspruchungen zu berücksichtigen, die beim Lagern und Befördern (z. B. durch Kopf-, Schräg- oder Seitenlage oder durch Unterstützung nur im Schwerpunkt) und während des Bauzustandes und im endgültigen Zustand entstehen können. Werden bei Fertigteilen die Beförderung und der Einbau ständig von einer mit den statischen Verhältnissen vertrauten Fachkraft überwacht, so genügt es, bei der Bemessung dieser Teile nur die planmäßigen Beförderungs- und Montagezustände zu berücksichtigen.

Für die ungünstigsten Beanspruchungen, die beim Befördern der Fertigteile bis zum Absetzen in die endgültige Lage entstehen können, darf der Sicherheitsbeiwert γ für die Bemessung bei Biegung und Biegung mit Längskraft nach Abschnitt 17.2.2 vermindert werden auf $\gamma_M = 1,3$. Fertigteile mit wesentlichen Schäden dürfen nicht eingebaut werden.

Die Bemessung für den Lastfall „Befördern" darf entfallen, wenn die Fertigteile nicht länger als 4 m sind. Bei stabförmigen Bauteilen ist jedoch die Druckzone stets mit mindestens einem 5 mm dicken Bewehrungsstab zu bewehren.

Zur Erzielung einer genügenden Seitensteifigkeit müssen Fertigteile, deren Verhältnis Länge/Breite größer als 20 ist, in der Zug- oder Druckzone mindestens zwei Bewehrungsstäbe mit möglichst großem Abstand besitzen.

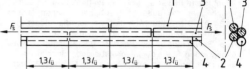

Bild 37. Beispiel für einen zugbeanspruchten Übergreifungsstoß durch Zulage eines Stabes bei einem Bündel aus drei Stäben

18.11.6 Verbügelung druckbeanspruchter Stabbündel

Bei Verwendung von Stabbündeln mit $d_{sV} > 28$ mm als Druckbewehrung muß abweichend von Abschnitt 25.2.2.2 der Mindeststabdurchmesser für Einzelbügel oder Bügelwendeln 12 mm betragen.

19 Stahlbetonfertigteile

19.1 Bauten aus Stahlbetonfertigteilen

(1) Für Bauten aus Stahlbetonfertigteilen und für die Fertigteile selbst gelten die Bestimmungen für entsprechende Bauten und Bauteile aus Ortbeton, soweit in den folgenden Abschnitten nichts anderes gesagt ist.

(2) Auf die Einhaltung der Konstruktionsgrundsätze nach Abschnitt 15.8.1 ist bei Bauten aus Fertigteilen besonders zu achten. Tragende und aussteifende Fertigbauteile sind durch Bewehrung oder gleichwertige Maßnahmen miteinander und gegebenenfalls mit Bauteilen aus Ortbeton so zu verbinden, daß sie auch durch außergewöhnliche Beanspruchungen (Bauwerkssetzungen, starke Erschütterungen, bei Bränden usw.) ihren Halt nicht verlieren.

19.2 Allgemeine Anforderungen an die Fertigteile

(1) Stahlbetonfertigteile gelten als werkmäßig hergestellt, wenn sie in einem Betonfertigteilwerk (Betonwerk) hergestellt sind, das die Anforderungen des Abschnitts 5.3 erfüllt.

(2) Bei der Bemessung der Stahlbetonfertigteile nach den Abschnitten 17.1 bis 17.5 sind die ungünstigsten Beanspruchungen zu berücksichtigen, die beim Lagern und Befördern (z. B. durch Kopf-, Schräg- oder Seitenlage oder durch Unterstützung nur im Schwerpunkt) und während des Bauzustandes und im endgültigen Zustand entstehen können. Werden bei Fertigteilen die Beförderung und der Einbau ständig von einer mit den statischen Verhältnissen vertrauten Fachkraft überwacht, so genügt es, bei der Bemessung dieser Teile nur die planmäßigen Beförderungs- und Montagezustände zu berücksichtigen.

(3) Für die ungünstigsten Beanspruchungen, die beim Befördern der Fertigteile bis zum Absetzen in die endgültige Lage entstehen können, darf der Sicherheitsbeiwert y für die Bemessung bei Biegung und Biegung mit Längskraft nach Abschnitt 17.2.2 auf $y_M = 1,3$ vermindert werden. Fertigteile mit wesentlichen Schäden dürfen nicht eingebaut werden.

(4) Die Bemessung für den Lastfall „Befördern" darf entfallen, wenn die Fertigteile nicht länger als 4 m sind. Bei stabförmigen Bauteilen ist jedoch die Druckzone stets mit mindestens einem 5 mm dicken Bewehrungsstab zu bewehren.

(5) Zur Erzielung einer genügenden Seitensteifigkeit müssen Fertigteile, deren Verhältnis Länge/Breite größer als 20 ist, in der Zug- oder Druckzone mindestens zwei Bewehrungsstäbe mit möglichst grossem Abstand besitzen.

Ausgabe Dezember 1978

19.3 Mindestmaße

Die Mindestdicke darf bei werkmäßig hergestellten Fertigteilen um 2 cm kleiner sein als bei entsprechenden Bauteilen aus Ortbeton, jedoch nicht kleiner als 4 cm. Die Plattendicke von vorgefertigten Rippendecken muß jedoch mindestens 5 cm sein. Wegen der Maße von Druckgliedern siehe Abschnitt 25.2.1.

Unbewehrte Plattenspiegel von Kassettenplatten dürfen abweichend hiervon mit einer Mindestdicke von 2,5 cm ausgeführt werden, wenn sie nur bei Reinigungs- und Ausbesserungsarbeiten begangen werden und der Rippenabstand in der einen Richtung höchstens 65 cm und in der anderen bei B 25 höchstens 65 cm, bei B 35 höchstens 100 cm und bei B 45 oder Beton höherer Festigkeit höchstens 150 cm ist. Die Plattenspiegel dürfen keine Löcher haben.

Die Dicke d von Stahlbetonhohldielen muß für Geschoßdecken mindestens 6 cm, für Dachdecken, die nur bei Reinigungs- und Ausbesserungsarbeiten betreten werden, mindestens 5 cm sein. Das Maß d_1 muß mindestens ¼ d, das Maß d_2 mindestens ⅕ d sein (siehe Bild 38). Die nach Abzug der Hohlräume verbleibende kleinste Querschnittsbreite $b_0 = b - \Sigma a$ muß mindestens ⅓ b sein, sofern nach Abschnitt 17.5.3 keine größere Breite erforderlich ist.

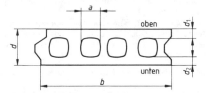

Bild 38. Stahlbetonhohldielen

19.4 Zusammenwirken von Fertigteilen und Ortbeton

Bei der Bemessung von durch Ortbeton ergänzten Fertigteilquerschnitten nach den Abschnitten 17.1 bis 17.5 darf so vorgegangen werden, als ob der Gesamtquerschnitt von Anfang an einheitlich hergestellt worden wäre; das gilt auch für nachträglich anbetonierte Auflagerenden. Voraussetzung hierfür ist, daß die unter dieser Annahme in der Fuge wirkenden Schubkräfte durch Bewehrungen nach den Abschnitten 17.5.4 und 17.5.5 aufgenommen werden und die Fuge zwischen dem ursprünglichen Querschnitt und der Ergänzung rauh oder ausreichend profiliert ausgeführt wird. Die Schubsicherung kann auch durch bewehrte Verzahnungen oder geeignete stahlbaumäßige Verbindungen vorgenommen werden.

Bei der Bemessung für Querkraft darf von der in Abschnitt 17.5.5 angegebenen Abminderung der Grundwerte τ_0 nur in den in Abschnitt 19.7.2 angegebenen Fällen Gebrauch gemacht werden. Der Grundwert τ_0 darf τ_{02} (siehe Tabelle 13, Zeile 2 bzw. 4) nicht überschreiten.

Werden im gleichen Querschnitt Fertigteile und Ortbeton oder auch Zwischenbauteile unterschiedlicher Festigkeit verwendet, so ist für die Bemessung des gesamten Querschnitts die geringste Festigkeit dieser Teile in Rechnung zu stellen, sofern nicht das unterschiedliche Tragverhalten der einzelnen Teile rechnerisch berücksichtigt wird.

19.5 Zusammenbau der Fertigteile
19.5.1 Sicherung im Montagezustand
Fertigteile sind so zu versetzen, daß sie vom Augenblick des Absetzens an – auch bei Erschütterungen – sicher

Ausgabe Juli 1988

19.3 Mindestmaße

(1) Die Mindestdicke darf bei werkmäßig hergestellten Fertigteilen um 2 cm kleiner sein, als bei entsprechenden Bauteilen aus Ortbeton, jedoch nicht kleiner als 4 cm. Die Plattendicke von vorgefertigten Rippendecken muß jedoch mindestens 5 cm sein. Wegen der Maße von Druckgliedern siehe Abschnitt 25.2.1.

(2) Unbewehrte Plattenspiegel von Kassettenplatten dürfen abweichend hiervon mit einer Mindestdicke von 2,5 cm ausgeführt werden, wenn sie nur bei Reinigungs- und Ausbesserungsarbeiten begangen werden und der Rippenabstand in der einen Richtung höchstens 65 cm und in der anderen bei B 25 höchstens 65 cm, bei B 35 höchstens 100 cm und bei B 45 oder Beton höherer Festigkeit höchstens 150 cm beträgt. Die Plattenspiegel dürfen keine Löcher haben.

(3) Die Dicke d von Stahlbetonhohldielen muß für Geschoßdecken mindestens 6 cm, für Dachdecken, die nur bei Reinigungs- und Ausbesserungsarbeiten betreten werden, mindestens 5 cm sein. Das Maß d_1 muß mindestens ¼ d, das Maß d_2 mindestens ⅕ d sein (siehe Bild 38). Die nach Abzug der Hohlräume verbleibende kleinste Querschnittsbreite $b_0 = b - \Sigma a$ muß mindestens ⅓ b sein, sofern nach Abschnitt 17.5.3 keine größere Breite erforderlich ist.

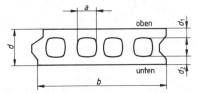

Bild 38. Stahlbetonhohldielen

19.4 Zusammenwirken von Fertigteilen und Ortbeton

(1) Bei der Bemessung von durch Ortbeton ergänzten Fertigteilquerschnitten nach den Abschnitten 17.1 bis 17.5 darf so vorgegangen werden, als ob der Gesamtquerschnitt von Anfang an einheitlich hergestellt worden wäre; das gilt auch für nachträglich anbetonierte Auflagerenden. Voraussetzung hierfür ist, daß die unter dieser Annahme in der Fuge wirkenden Schubkräfte durch Bewehrungen nach den Abschnitten 17.5.4 und 17.5.5 aufgenommen werden und die Fuge zwischen dem ursprünglichen Querschnitt und der Ergänzung rauh oder ausreichend profiliert ausgeführt wird. Die Schubsicherung kann auch durch bewehrte Verzahnungen oder geeignete stahlbaumäßige Verbindungen vorgenommen werden.

(2) Bei der Bemessung für Querkraft darf von der in Abschnitt 17.5.5 angegebenen Abminderung der Grundwerte τ_0 nur in den in Abschnitt 19.7.2 angegebenen Fällen Gebrauch gemacht werden. Der Grundwert τ_0 darf τ_{02} (siehe Tabelle 13, Zeilen 2 bzw. 4) nicht überschreiten.

(3) Werden im gleichen Querschnitt Fertigteile und Ortbeton oder auch Zwischenbauteile unterschiedlicher Festigkeit verwendet, so ist für die Bemessung des gesamten Querschnitts die geringste Festigkeit dieser Teile in Rechnung zu stellen, sofern nicht das unterschiedliche Tragverhalten der einzelnen Teile rechnerisch berücksichtigt wird.

19.5 Zusammenbau der Fertigteile
19.5.1 Sicherung im Montagezustand
Fertigteile sind so zu versetzen, daß sie vom Augenblick des Absetzens an – auch bei Erschütterungen – sicher in ihrer

in ihrer Lage gehalten werden; z. B. sind hohe Träger auch gegen Umkippen zu sichern.

19.5.2 Montagestützen
Fertigteile sollen so bemessen sein, daß sich keine kleineren Abstände der Montagestützen als 150 cm, bei Platten 100 cm, ergeben.

Die Aufnahme negativer Momente über den Montagestützen braucht bei Plattendecken nach Abschnitt 19.7.6, Balkendecken nach Abschnitt 19.7.7, Plattenbalkendecken nach Abschnitt 19.7.5, Tabelle 27, Zeile 5, und Rippendecken nach Abschnitt 19.7.8 nicht nachgewiesen zu werden, wenn die Feldmomente unter Annahme frei drehbar gelagerter Balken auf zwei Stützen ermittelt werden. Decken mit biegesteifer Bewehrung nach Abschnitt 2.1.3.7 sind im Montagezustand stets als Balken auf zwei Stützen zu rechnen.

19.5.3 Auflagertiefe
Für die Mindestauflagertiefe im endgültigen Zustand gelten die Bestimmungen für entsprechende Bauteile aus Ortbeton. Bei nachträglicher Ergänzung des Auflagerbereichs durch Ortbeton muß die Auflagertiefe im Montagezustand unter Berücksichtigung möglicher Maßabweichungen mindestens 3,5 cm betragen. Diese Auflagerung kann durch Hilfsunterstützungen in unmittelbarer Nähe des endgültigen Auflagers ersetzt werden.

Die Auflagertiefe von Zwischenbauteilen muß mindestens 2,5 cm betragen. In tragende Wände dürfen nur Zwischenbauteile ohne Hohlräume eingreifen, deren Festigkeit mindestens gleich der des Wandmauerwerks ist.

19.5.4 Ausbildung von Auflagern und druckbeanspruchten Fugen
Fertigteile müssen im Endzustand an den Auflagern in Zementmörtel oder Beton liegen. Hierauf darf bei Bauteilen mit kleinen Maßen und geringen Auflagerkräften, z. B. bei Zwischenbauteilen von Decken und bei schmalen Fertigteilen für Dächer, verzichtet werden. An Stelle von Mörtel oder Beton dürfen andere geeignete ausgleichende Zwischenlagen verwendet werden, wenn nachteilige Folgen für Standsicherheit (z. B. Aufnahme der Querzugspannungen), Verformung, Schallschutz und Brandschutz ausgeschlossen sind.

Für die Berechnung der Mörtelfugen gilt Abschnitt 17.3.4. Die Zusammensetzung des Zementmörtels muß die Bedingungen von Abschnitt 6.7.1, die des Betons von Abschnitt 6.5 erfüllen.

Druckbeanspruchte Fugen zwischen Fertigteilen sollen mindestens 2 cm dick sein, damit sie sorgfältig mit Mörtel oder Beton ausgefüllt werden können. Wenn sie mit Mörtel ausgepreßt werden, müssen sie mindestens 0,5 cm dick sein.

Waagerechte Fugen dürfen dünner sein, wenn das obere Fertigteil auf einem frischen Mörtelbett abgesetzt wird, in dem die planmäßige Höhenlage des Fertigteils durch geeignete Vorrichtungen (Abstandhalter) sichergestellt wird.

19.6 Kennzeichnung
Auf jedem Fertigteil sind deutlich lesbar der Hersteller und der Herstellungstag anzugeben. Abkürzungen sind zulässig. Die Einbaulage ist zu kennzeichnen, wenn Verwechslungsgefahr besteht. Fertigteile von gleichen äußeren Maßen, aber mit verschiedener Bewehrung, Betonfestigkeitsklasse oder Betondeckung, sind unterschiedlich zu kennzeichnen.

Dürfen Fertigteile nur in bestimmter Lage, z. B. nicht auf der Seite liegend, befördert werden, so ist hierauf in geeigneter Weise, z. B. durch Aufschriften, hinzuweisen.

Lage gehalten werden; z. B. sind hohe Träger auch gegen Umkippen zu sichern.

19.5.2 Montagestützen
(1) Fertigteile sollen so bemessen sein, daß sich keine kleineren Abstände der Montagestützen als 150 cm, bei Platten 100 cm, ergeben.

(2) Die Aufnahme negativer Momente über den Montagestützen braucht bei Plattendecken nach Abschnitt 19.7.6, Balkendecken nach Abschnitt 19.7.7, Plattenbalkendecken nach Abschnitt 19.7.5, Tabelle 27, Zeile 5, und Rippendecken nach Abschnitt 19.7.8, nicht nachgewiesen zu werden, wenn die Feldmomente unter Annahme frei drehbar gelagerter Balken auf zwei Stützen ermittelt werden. Decken mit biegesteifer Bewehrung nach Abschnitt 2.1.3.7 sind im Montagezustand stets als Balken auf zwei Stützen zu rechnen.

19.5.3 Auflagertiefe
(1) Für die Mindestauflagertiefe im endgültigen Zustand gelten die Bestimmungen für entsprechende Bauteile aus Ortbeton. Bei nachträglicher Ergänzung des Auflagerbereichs durch Ortbeton muß die Auflagertiefe im Montagezustand unter Berücksichtigung möglicher Maßabweichungen mindestens 3,5 cm betragen. Diese Auflagerung kann durch Hilfsunterstützungen in unmittelbarer Nähe des endgültigen Auflagers ersetzt werden.

(2) Die Auflagertiefe von Zwischenbauteilen muß mindestens 2,5 cm betragen. In tragende Wände dürfen nur Zwischenbauteile ohne Hohlräume eingreifen, deren Festigkeit mindestens gleich der des Wandmauerwerks ist.

19.5.4 Ausbildung von Auflagern und druckbepruchten Fugen
(1) Fertigteile müssen im Endzustand an den Auflagern in Zementmörtel oder Beton liegen. Hierauf darf bei Bauteilen mit kleinen Maßen und geringen Auflagerkräften, z. B. bei Zwischenbauteilen von Decken und bei schmalen Fertigteilen für Dächer, verzichtet werden. Anstelle von Mörtel oder Beton dürfen andere geeignete ausgleichende Zwischenlagen verwendet werden, wenn nachteilige Folgen für Standsicherheit (z. B. Aufnahme der Querzugspannungen), Verformung, Schallschutz und Brandschutz ausgeschlossen sind.

(2) Für die Berechnung der Mörtelfugen gilt Abschnitt 17.3.4. Die Zusammensetzung des Zementmörtels muß die Bedingungen von Abschnitt 6.7.1, die des Betons von Abschnitt 6.5 erfüllen.

(3) Druckbeanspruchte Fugen zwischen Fertigteilen sollen mindestens 2 cm dick sein, damit sie sorgfältig mit Mörtel oder Beton ausgefüllt werden können. Wenn sie mit Mörtel ausgepreßt werden, müssen sie mindestens 0,5 cm dick sein.

(4) Waagerechte Fugen dürfen dünner sein, wenn das obere Fertigteil auf einem frischen Mörtelbett abgesetzt wird, in dem die planmäßige Höhenlage des Fertigteils durch geeignete Vorrichtungen (Abstandhalter) sichergestellt wird.

19.6 Kennzeichnung
(1) Auf jedem Fertigteil sind deutlich lesbar der Hersteller und der Herstellungstag anzugeben. Abkürzungen sind zulässig. Die Einbaulage ist zu kennzeichnen, wenn Verwechslungsgefahr besteht. Fertigteile von gleichen äußeren Maßen, aber mit verschiedener Bewehrung, Betonfestigkeitsklasse oder Betondeckung, sind unterschiedlich zu kennzeichnen.

(2) Dürfen Fertigteile nur in bestimmter Lage, z. B. nicht auf der Seite liegend, befördert werden, so ist hierauf in geeigneter Weise, z. B. durch Aufschriften, hinzuweisen.

Ausgabe Dezember 1978

19.7 Geschoßdecken, Dachdecken und vergleichbare Bauteile mit Fertigteilen

19.7.1 Anwendungsbereich und allgemeine Bestimmungen

Geschoßdecken, Dachdecken und vergleichbare Bauteile mit Fertigteilen dürfen verwendet werden
bei vorwiegend ruhender, gleichmäßig verteilter Verkehrslast (siehe DIN 1055 Teil 3),
bei ruhenden Einzellasten, wenn hinsichtlich ihrer Verteilung der 1. Absatz von Abschnitt 20.2.5 eingehalten ist, und bei Radlasten bis 7,5 kN (z. B. Personenkraftwagen), bei Fabriken und Werkstätten nur nach den Bedingungen von Tabelle 27 in Abschnitt 19.7.5.
Für Decken mit Fertigteilen gelten die in den Abschnitten 19.7.2 bis 19.7.10 angegebenen zusätzlichen Bestimmungen und Vereinfachungen. Angaben über Regelausführungen für die Querverbindung von Fertigteilen in Abschnitt 19.7.5 gestatten die Wahl ausreichender Querverbindungsmittel in Abhängigkeit von der Höhe der Verkehrslast und der Deckenbauart.

19.7.2 Zusammenwirken von Fertigteilen und Ortbeton in Decken

Bei vorwiegend ruhenden Lasten, nicht aber in Fabriken und Werkstätten, darf der Grundwert τ_0 der Schubspannung bei Decken für die Bemessung der Schub- und der Verbundbewehrung (siehe Abschnitt 19.7.3) zwischen Fertigteilen und Ortbeton nach Abschnitt 17.5.5 abgemindert werden, wenn die Verkehrslast nicht größer als 5,0 kN/m² ist, die Berührungsflächen der Fertigteile rauh sind und der Grundwert τ_0 bei Platten 0,7 τ_{011} (Zeile 1 b von Tabelle 13), bei anderen Bauteilen 0,7 τ_{012} (Zeile 3 von Tabelle 13) nicht überschreitet. In diesem Fall ist Gleichung (17) zu ersetzen durch Gleichung (31) bzw. Gleichung (32).

$$\tau = \frac{\text{vorh } \tau_0^2}{0{,}7\,\tau_{011}} \geq 0{,}4\,\tau_0 \qquad (31)$$

$$\tau = \frac{\text{vorh } \tau_0^2}{0{,}7\,\tau_{012}} \geq 0{,}4\,\tau_0 \qquad (32)$$

Das Zusammenwirken von Ortbeton und statisch mitwirkenden Zwischenbauteilen braucht bei Verkehrslasten bis zu 5,0 kN/m² nicht nachgewiesen zu werden, wenn die Zwischenbauteile eine rauhe Oberfläche haben oder aus gebranntem Ton bestehen. Von solchen Zwischenbauteilen dürfen jedoch nur die äußeren, unmittelbar am Ortbeton haftenden Stege bis zu 2,5 cm je Rippe und die Druckplatte als mitwirkend angesehen werden.

19.7.3 Verbundbewehrung zwischen Fertigteilen und Ortbeton

Die Verbundbewehrung zwischen Fertigteilen und Ortbeton ist nach Abschnitt 19.4 bzw. 19.7.2 zu bemessen. Sie braucht nicht auf alle Fugenbereiche verteilt zu werden, die zwischen Fertigteil und Ortbeton im Querschnitt entstehen (siehe Bild 39).

Bügelförmige Verbundbewehrungen müssen ab der Fuge nach Abschnitt 18.5 verankert werden; dies gilt als erfüllt, wenn die Ausführung nach Abschnitt 18.8.2.1 erfolgt. Die Verbundbewehrungen müssen <u>verankert werden</u>, mit Längsstäben kraftschlüssig verbunden werden oder aber in der Druck- und Zugzone mindestens je einen Längsstab umschließen.

Der größte in Spannrichtung gemessene Abstand von Verbundbewehrungen bei Decken soll nicht mehr als das Doppelte der Deckendicke d betragen.

Ausgabe Juli 1988

19.7 Geschoßdecken, Dachdecken und vergleichbare Bauteile mit Fertigteilen

19.7.1 Anwendungsbereich und allgemeine Bestimmungen

(1) Geschoßdecken, Dachdecken und vergleichbare Bauteile mit Fertigteilen dürfen verwendet werden
– bei vorwiegend ruhender, gleichmäßig verteilter Verkehrslast (siehe DIN 1055 Teil 3),
– bei ruhenden Einzellasten, wenn hinsichtlich ihrer Verteilung Abschnitt 20.2.5 (1) eingehalten ist,
– bei Radlasten bis 7,5 kN (z. B. Personenkraftwagen),
– bei Fabriken und Werkstätten nur nach den Bedingungen von Tabelle 27 in Abschnitt 19.7.5.

(2) Für Decken mit Fertigteilen gelten die in den Abschnitten 19.7.2 bis 19.7.10 angegebenen zusätzlichen Bestimmungen und Vereinfachungen. Angaben über Regelausführungen für die Querverbindung von Fertigteilen in Abschnitt 19.7.5 gestatten die Wahl ausreichender Querverbindungsmittel in Abhängigkeit von der Höhe der Verkehrslast und der Deckenbauart.

19.7.2 Zusammenwirken von Fertigteilen und Ortbeton in Decken

(1) Bei vorwiegend ruhenden Lasten, nicht aber in Fabriken und Werkstätten, darf der Grundwert τ_0 der Schubspannung bei Decken für die Bemessung der Schub- und der Verbundbewehrung (siehe Abschnitt 19.7.3) zwischen Fertigteilen und Ortbeton nach Abschnitt 17.5.5 abgemindert werden, wenn die Verkehrslast nicht größer als 5,0 kN/m² ist, die Berührungsflächen der Fertigteile rauh sind und der Grundwert τ_0 bei Platten 0,7 τ_{011} (siehe Tabelle 13, Zeile 1 b), bei anderen Bauteilen 0,7 τ_{012} (siehe Tabelle 13, Zeile 3) nicht überschreitet. In diesem Fall ist Gleichung (17) zu ersetzen durch Gleichung (31) bzw. Gleichung (32).

$$\tau = \frac{\text{vorh } \tau_0^2}{0{,}7\,\tau_{011}} \geq 0{,}4\,\tau_0 \qquad (31)$$

$$\tau = \frac{\text{vorh } \tau_0^2}{0{,}7\,\tau_{012}} \geq 0{,}4\,\tau_0 \qquad (32)$$

(2) Das Zusammenwirken von Ortbeton und statisch mitwirkenden Zwischenbauteilen braucht bei Verkehrslasten bis 5,0 kN/m² nicht nachgewiesen zu werden, wenn die Zwischenbauteile eine rauhe Oberfläche haben oder aus gebranntem Ton bestehen. Von solchen Zwischenbauteilen dürfen jedoch nur die äußeren, unmittelbar am Ortbeton haftenden Stege bis 2,5 cm je Rippe und die Druckplatte als mitwirkend angesehen werden.

19.7.3 Verbundbewehrung zwischen Fertigteilen und Ortbeton

(1) Die Verbundbewehrung zwischen Fertigteilen und Ortbeton ist nach Abschnitt 19.4 bzw. 19.7.2 zu bemessen. Sie braucht nicht auf alle Fugenbereiche verteilt zu werden, die zwischen Fertigteil und Ortbeton im Querschnitt entstehen (siehe Bild 39).

(2) Bügelförmige Verbundbewehrungen müssen ab der Fuge nach Abschnitt 18.5 verankert werden; dies gilt als erfüllt, wenn die Ausführung nach Abschnitt 18.8.2.1 erfolgt. Die Verbundbewehrungen müssen mit Längsstäben kraftschlüssig verbunden werden oder aber in der Druck- und Zugzone mindestens je einen Längsstab umschließen.

(3) Der größte in Spannrichtung gemessene Abstand von Verbundbewehrungen bei Decken soll nicht mehr als das Doppelte der Deckendicke d betragen.

| Ausgabe Dezember 1978 | Ausgabe Juli 1988 |

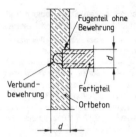

Bild 39. Verbundbewehrung in Fugen

Bei Fertigplatten mit Ortbetonschicht (siehe Abschnitt 19.7.6) darf der Abstand der Verbundbewehrung quer zur Spannrichtung höchstens das 5fache der Deckendicke d, jedoch höchstens 75 cm, der größte Abstand vom Längsrand der Platten höchstens 37,5 cm betragen.

19.7.4 Deckenscheiben aus Fertigteilen
19.7.4.1 Allgemeine Vorschriften
Eine aus Fertigteilen zusammengesetzte Decke gilt als tragfähige Scheibe, wenn sie im endgültigen Zustand eine zusammenhängende, ebene Fläche bildet, die Einzelteile der Decke in den Fugen druckfest miteinander verbunden sind und wenn die in der Scheibenebene wirkenden Lasten durch Bogen- oder Fachwerkwirkung zusammen mit den dafür bewehrten Randgliedern und Zugpfosten aufgenommen werden können. Die für die Fachwerkwirkung erforderlichen Zugpfosten können durch Bewehrungen gebildet werden, die in den Fugen zwischen den Fertigteilen verlegt und in den Randgliedern entsprechend Abschnitt 18 verankert werden. Die Bewehrung der Randglieder und Zugpfosten ist rechnerisch nachzuweisen.

Bei Deckenscheiben, die zur Ableitung der Windkräfte eines Geschosses dienen, darf auf die Anordnung von Zugpfosten verzichtet werden, wenn die Länge der kleineren Seite der Scheibe höchstens 10 m und die Länge der größeren Seite höchstens das 1,5fache der kleineren Seite beträgt, und wenn die Scheibe auf allen Seiten von einem Stahlbetonringanker umschlossen wird, dessen Bewehrung unter Gebrauchslast eine Zugkraft von mindestens 30 kN aufnehmen kann (z. B. mindestens 2 Stäbe mit dem Durchmesser 12 mm oder eine Bewehrung mit gleicher Querschnittsfläche).

Fugen, die von Druckstreben des Ersatztragwerks (Bogen oder Fachwerk) gekreuzt werden, müssen nach Abschnitt 19.4 ausgebildet werden, wenn die rechnerische Schubspannung unter Annahme gleichmäßiger Verteilung in den Fugen größer als $0,1\ MN/m^2$ ist.

19.7.4.2 Deckenscheiben in Bauten aus vorgefertigten Wand- und Deckentafeln
Bei Bauten aus vorgefertigten Wand- und Deckentafeln ohne Traggerippe sind zusätzlich zu der in Abschnitt 19.7.4.1 geforderten Scheibenbewehrung auch in allen Fugen über tragenden und aussteifenden Innenwänden Bewehrungen anzuordnen, die für eine Zugkraft von mindestens 15 kN zu bemessen sind. Diese Bewehrungen sind mit der Scheibenbewehrung nach Abschnitt 19.7.4.1 und untereinander nach den Bestimmungen der Abschnitte 18.5 und 18.6 zu verbinden. Bei nicht raumgroßen Deckentafeln ist in den Zwischenfugen ebenfalls eine Bewehrung einzulegen, die für eine Zugkraft von mindestens 15 kN zu bemessen und mit den übrigen Bewehrungen nach den Abschnitten 18.5 und 18.6 zu verbinden ist.

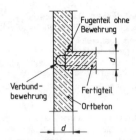

Bild 39. Verbundbewehrung in Fugen

(4) Bei Fertigplatten mit Ortbetonschicht (siehe Abschnitt 19.7.6) darf der Abstand der Verbundbewehrung quer zur Spannrichtung höchstens das 5fache der Deckendicke d, jedoch höchstens 75 cm, der größte Abstand vom Längsrand der Platten höchstens 37,5 cm betragen.

19.7.4 Deckenscheiben aus Fertigteilen
19.7.4.1 Allgemeine Bestimmungen
(1) Eine aus Fertigteilen zusammengesetzte Decke gilt als tragfähige Scheibe, wenn sie im endgültigen Zustand eine zusammenhängende, ebene Fläche bildet, die Einzelteile der Decke in Fugen druckfest miteinander verbunden sind und wenn die in der Scheibenebene wirkenden Lasten durch Bogen- oder Fachwerkwirkung zusammen mit den dafür bewehrten Randgliedern und Zugpfosten aufgenommen werden können. Die zur Fachwerkwirkung erforderlichen Zugpfosten können durch Bewehrungen gebildet werden, die in den Fugen zwischen den Fertigteilen verlegt und in den Randgliedern nach Abschnitt 18 verankert werden. Die Bewehrung der Randglieder und Zugpfosten ist rechnerisch nachzuweisen.

(2) Bei Deckenscheiben, die zur Ableitung der Windkräfte eines Geschosses dienen, darf auf die Anordnung von Zugpfosten verzichtet werden, wenn die Länge der kleineren Seite der Scheibe höchstens 10 m und die Länge der größeren Seite höchstens das 1,5fache der kleineren Seite beträgt und wenn die Scheibe auf allen Seiten von einem Stahlbetonringanker umschlossen wird, dessen Bewehrung unter Gebrauchslast eine Zugkraft von mindestens 30 kN aufnehmen kann. (z. B. mindestens 2 Stäbe mit dem Durchmesser $d_s = 12$ mm oder eine Bewehrung mit gleicher Querschnittsfläche).

(3) Fugen, die von Druckstreben des Ersatztragwerks (Bögen oder Fachwerk) gekreuzt werden, müssen nach Abschnitt 19.4 ausgebildet werden, wenn die rechnerische Schubspannung unter Annahme gleichmäßiger Verteilung in den Fugen größer als $0,1\ N/mm^2$ ist.

19.7.4.2 Deckenscheiben in Bauten aus vorgefertigten Wand- und Deckentafeln
(1) Bei Bauten aus vorgefertigten Wand- und Deckentafeln ohne Traggerippe sind zusätzlich zu der in Abschnitt 19.7.4.1 geforderten Scheibenbewehrung auch in allen Fugen über tragenden und aussteifenden Innenwänden Bewehrungen anzuordnen, die für eine Zugkraft von mindestens 15 kN zu bemessen sind. Diese Bewehrungen sind mit der Scheibenbewehrung nach Abschnitt 19.7.4.1 und untereinander nach den Bestimmungen der Abschnitte 18.5 und 18.6 zu verbinden. Bei nicht raumgroßen Deckentafeln ist in den Zwischenfugen ebenfalls eine Bewehrung einzulegen, die für eine Zugkraft von mindestens 15 kN zu bemessen und mit den übrigen Bewehrungen nach den Abschnitten 18.5 und 18.6 zu verbinden ist.

Ausgabe Dezember 1978 — DIN 1045 — Ausgabe Juli 1988

Ist bei den vorgenannten Bewehrungen wegen einspringender Ecken o. ä. eine geradlinige Führung nicht möglich, so ist die Weiterleitung ihrer Zugkraft durch geeignete Maßnahmen sicherzustellen.

19.7.5 Querverbindung der Fertigteile

Wird eine Decke, Rampe oder ein ähnliches Bauteil durch nebeneinanderliegende Fertigteile gebildet, so muß durch geeignete Maßnahmen gewährleistet werden, daß an den Fugen aus unterschiedlicher Belastung der einzelnen Fertigteile keine Durchbiegungsunterschiede entstehen.

Ohne Nachweis darf eine ausreichende Querverteilung der Verkehrslasten vorausgesetzt werden, wenn die Mindestanforderungen der Tabelle 27 erfüllt sind; die notwendigen konstruktiven Maßnahmen dürfen auch durch wirksamere (z. B. IV statt III) ersetzt werden.

In den übrigen Fällen ist die Übertragung der Querkräfte in den Fugen unter Ausschluß der Zugfestigkeit des Betons (siehe Abschnitt 17.2.1) nachzuweisen. Dabei sind die Lasten in jeweils ungünstigster Stellung anzunehmen. Bei Decken, die unter der Annahme gleichmäßig verteilter Verkehrslast berechnet werden, darf der rechnerische Nachweis der Querverbindung für eine entlang der Fugen wirkende Querkraft in Größe der auf 0,5 m Einzugsbreite wirkenden Verkehrslast geführt werden. Die Weiterführung dieser Kraft braucht in den anschließenden Bauteilen im allgemeinen nicht nachgewiesen zu werden. Nur wenn bei Plattenbalken die Fuge in die Platte fällt, ist nachzuprüfen, ob das von der Fugenkraft in der Platte ausgelöste Kragmoment das unter Vollast entstehende Moment übersteigt.

Bei Fertigteilen, die bei asymmetrischer Belastung instabil werden (z. B. bei einstegigen Plattenbalken, die keine Torsionsmomente abtragen können), ist die Querverbindung zur Sicherung des Gleichgewichts biegesteif auszubilden.

Die Kurzzeichen I bis V der Tabelle 27 bedeuten, geordnet nach ihrer Wirksamkeit für die Querverteilung, folgende konstruktive Maßnahmen:

I Mindestens 2 cm tiefe Nuten in den Fertigteilen an der Seite der Fugen nach Bild 40, die mit Mörtel nach Abschnitt 6.7.1 oder mit Beton mindestens der Festigkeitsklasse B 15 ausgefüllt werden, so daß die Querkräfte auch ohne Inanspruchnahme der Haftung zwischen Mörtel und Fertigteil übertragen werden können.

Bei $p \geq 2{,}75\,\text{kN/m}^2$ sind stets Ringanker anzuordnen.

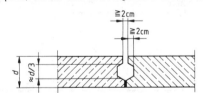

Bild 40. Beispiel für Fugen zwischen Fertigteilen

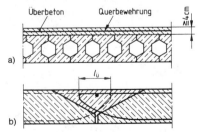

a)

b)

Bild 41. Beispiele für die Anordnung einer Querbewehrung

---

(2) Ist bei den vorgenannten Bewehrungen wegen einspringender Ecken o. ä. eine geradlinige Führung nicht möglich, so ist die Weiterleitung ihrer Zugkraft durch geeignete Maßnahmen sicherzustellen.

19.7.5 Querverbindung der Fertigteile

(1) Wird eine Decke, Rampe oder ein ähnliches Bauteil durch nebeneinanderliegende Fertigteile gebildet, so muß durch geeignete Maßnahmen sichergestellt werden, daß an den Fugen aus unterschiedlicher Belastung der einzelnen Fertigteile keine Durchbiegungsunterschiede entstehen.

(2) Ohne Nachweis darf eine ausreichende Querverteilung der Verkehrslasten vorausgesetzt werden, wenn die Mindestanforderungen der Tabelle 27 erfüllt sind; die notwendigen konstruktiven Maßnahmen dürfen auch durch wirksamere (z. B. IV statt III) ersetzt werden.

(3) In den übrigen Fällen ist die Übertragung der Querkräfte in den Fugen unter Ausschluß der Zugfestigkeit des Betons (siehe Abschnitt 17.2.1) nachzuweisen. Dabei sind die Lasten in jeweils ungünstigster Stellung anzunehmen. Bei Decken, die unter der Annahme gleichmäßig verteilter Verkehrslasten berechnet werden, darf der rechnerische Nachweis der Querverbindung für eine entlang der Fugen wirkende Querkraft in Größe der auf 0,5 m Einzugsbreite wirkenden Verkehrslast geführt werden. Die Weiterführung dieser Kraft braucht in den anschließenden Bauteilen im allgemeinen nicht nachgewiesen zu werden. Nur wenn bei Plattenbalken die Fuge in die Platte fällt, ist nachzuprüfen, ob das von der Fugenkraft in der Platte ausgelöste Kragmoment das unter Vollast entstehende Moment übersteigt.

(4) Bei Fertigteilen, die bei asymmetrischer Belastung instabil werden (z. B. bei einstegigen Plattenbalken, die keine Torsionsmomente abtragen können), ist die Querverbindung zur Sicherung des Gleichgewichts biegesteif auszubilden.

(5) Die Kurzzeichen I bis V der Tabelle 27 bedeuten, geordnet nach ihrer Wirksamkeit für die Querverteilung, folgende konstruktive Maßnahmen:

I Mindestens 2 cm tiefe Nuten in den Fertigteilen an der Seite der Fugen nach Bild 40, die mit Mörtel nach Abschnitt 6.7.1 oder mit Beton mindestens der Festigkeitsklasse B 15 ausgefüllt werden, so daß die Querkräfte auch ohne Inanspruchnahme der Haftung zwischen Mörtel und Fertigteil übertragen werden können.

Bei $p \geq 2{,}75\,\text{kN/m}^2$ sind stets Ringanker anzuordnen.

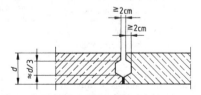

Bild 40. Beispiel für Fugen zwischen Fertigteilen

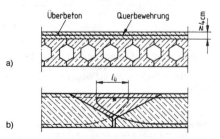

a)

b)

Bild 41. Beispiele für Anordnung einer Querbewehrung

Tabelle 27. **Maßnahmen für die Querverbindung von Fertigteilen**

	1	2	3	4	5
	Deckenart	vorwiegend ruhende Verkehrslasten			vorwiegend ruhende und nicht vorwiegend ruhende Verkehrslasten
		$p \leq 3{,}5$ kN/m² [44]	$p \leq 5{,}0$ kN/m²	$p \leq 10$ kN/m²	p unbeschränkt
		nicht in Fabriken und Werkstätten	auch in Fabriken und Werkstätten mit leichtem Betrieb	nicht in Fabriken mit schwerem Betrieb	auch in Fabriken und Werkstätten mit schwerem Betrieb
1	Dicht verlegte Fertigteile aller Art (Platten, Stahlbetonhohldielen, Balken, Plattenbalken) mit Ausnahme von Rippendecken	I	II	nur mit Nachweis	
2	Fertigplatten mit statisch mitwirkender Ortbetonschicht (siehe Abschnitt 19.7.6)	III	III	III	III nur mit durchlaufender Querbewehrung
3	Rippendecken mit ganz oder teilweise vorgefertigten Rippen und Ortbetonplatte oder mit statisch mitwirkenden Zwischenbauteilen und Rippendecken nach Abschnitt 21.2.1 mit Ortbetonrippen und statisch mitwirkenden Zwischenbauteilen oder Deckenziegeln	IV	IV	nicht zulässig	
4	Balkendecken aus ganz oder teilweise vorgefertigten Balken im Achsabstand von höchstens 1,25 m mit statisch nicht mitwirkenden Zwischenbauteilen	V	V	nicht zulässig	
5	Plattenbalkendecken a) mit Balken aus Ortbeton und Fertigplatten b) mit ganz oder teilweise vorgefertigten Balken und Ortbetonplatten c) mit vorgefertigten Balken und Fertigplatten	keine Maßnahme außer Nachweis der Durchlaufwirkung der Platte und ihrer biege- und schubfesten Verbindung mit dem Balken			
6	Raumgroße Fertigteile aller Art ohne Ergänzung durch Ortbeton	Bestimmungen für Bauteile aus Ortbeton maßgebend			

[44]) Gilt auch für die dazugehörigen Flure.

II Querbewehrung nach Abschnitt 20.1.6.3, 3. Satz, in einer mindestens 4 cm dicken Ortbetonschicht (z. B. nach Bild 41 a)) oder im Fertigteil mit Stoßausbildung (z. B. nach Bild 41 b)).

III Querbewehrung nach Abschnitt 20.1.6.3, 1. Satz, im Ortbeton unter Beachtung des Abschnitts 13.2 möglichst weit unten liegend (siehe Bild 42 a)) oder nach Abschnitt 19.7.6 gestoßen (siehe Bild 42 b)).

Tabelle 27. **Maßnahmen für die Querverbindung von Fertigteilen**

	1	2	3	4	5
		vorwiegend ruhende Verkehrslasten			vorwiegend ruhende und nicht vorwiegend ruhende Verkehrslasten
	Deckenart	$p \leq 3{,}5\,\text{kN/m}^2$ [37)]	$p \leq 5{,}0\,\text{kN/m}^2$	$p \leq 10\,\text{kN/m}^2$	p unbeschränkt
		nicht in Fabriken und Werkstätten	auch in Fabriken und Werkstätten mit leichtem Betrieb		auch in Fabriken und Werkstätten mit schwerem Betrieb
1	Dicht verlegte Fertigteile aller Art (Platten, Stahlbetonhohldielen, Balken, Plattenbalken) mit Ausnahme von Rippendecken	I	II	\multicolumn{2}{c}{nur mit Nachweis}
2	Fertigplatten mit statisch mitwirkender Ortbetonschicht (siehe Abschnitt 19.7.6)	III	III	III	III nur mit durchlaufender Querbewehrung
3	Rippendecken mit ganz oder teilweise vorgefertigten Rippen und Ortbetonplatte oder mit statisch mitwirkenden Zwischenbauteilen und Rippendecken nach Abschnitt 21.2.1 mit Ortbetonrippen und statisch mitwirkenden Zwischenbauteilen oder Deckenziegeln	IV	IV	nicht zulässig	
4	Balkendecken aus ganz oder teilweise vorgefertigten Balken im Achsabstand von höchstens 1,25 m mit statisch nicht mitwirkenden Zwischenbauteilen	V	V	nicht zulässig	
5	Plattenbalkendecken a) mit Balken aus Ortbeton und Fertigplatten b) mit ganz oder teilweise vorgefertigten Balken und Ortbetonplatten c) mit vorgefertigten Balken und Fertigplatten	keine Maßnahme außer Nachweis der Durchlaufwirkung der Platte und ihrer biege- und schubfesten Verbindung mit dem Balken			
6	Raumgroße Fertigteile aller Art ohne Ergänzung durch Ortbeton	Bestimmungen für Bauteile aus Ortbeton maßgebend			

[37)] Gilt auch für dazugehörige Flure

II Querbewehrung nach Abschnitt 20.1.6.3, Absatz (1), in einer mindestens 4 cm dicken Ortbetonschicht (z. B. nach Bild 41 a)) oder im Fertigteil mit Stoßausbildung (z. B. nach Bild 41 b)).

III Querbewehrung nach Abschnitt 20.1.6.3, Absatz (1), im Ortbeton unter Beachtung des Abschnitts 13.2 möglichst weit unten liegend (siehe Bild 42 a)) oder nach Abschnitt 19.7.6 gestoßen (siehe Bild 42 b)).

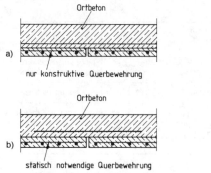

Bild 42. Beispiele für die Anordnung einer Querbewehrung

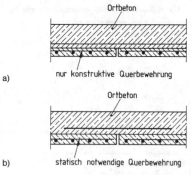

Bild 42. Beispiele für die Anordnung einer Querbewehrung

IV Querrippen nach Abschnitt 21.2.2.3. Die Querrippen sind bei Verkehrslasten über 3,5 kN/m^2 für die vollen, sonst für die halben Schnittgrößen der Längsrippe zu bemessen. Sie sind etwa so hoch wie die Längsrippen auszubilden und zu verbügeln.

V wie IV, bei Stützweiten über 4 m jedoch stets mindestens 1 Querrippe.

19.7.6 Fertigplatten mit statisch mitwirkender Ortbetonschicht

Die Dicke der Ortbetonschicht muß mindestens 5 cm betragen. Die Oberfläche der Fertigplatten im Anschluß an die Ortbetonschicht muß rauh sein.

Bei einachsig gespannten Platten muß die Hauptbewehrung stets in der Fertigplatte liegen. Die Querbewehrung richtet sich nach Abschnitt 20.1.6.3. Sie kann in der Fertigplatte oder im Ortbeton angeordnet werden. Liegt die Querbewehrung in der Fertigplatte, so ist sie an den Plattenstößen nach den Abschnitten 18.5 und 18.6 zu verbinden, z. B. durch zusätzlich in den Ortbeton eingelegte oder dorthin aufgebogene Bewehrungsstäbe mit beidseitiger Übergreifungslänge $l_ü$ nach Abschnitt 18.6.3.2. Liegt die Querbewehrung im Ortbeton, so muß auch in der Fertigplatte eine Mindestquerbewehrung nach Abschnitt 20.1.6.3, 3. Satz, liegen.

Bei zweiachsig gespannten Platten ist die Feldbewehrung einer Richtung in der Fertigplatte, die der anderen im Ortbeton anzuordnen. Bei der Ermittlung der Schnittgrößen solcher Platten darf die günstige Wirkung einer Drillsteifigkeit nicht in Rechnung gestellt werden.

Bei raumgroßen Fertigplatten kann die Bewehrung beider Richtungen in die Fertigplatten gelegt werden.

Wegen des Nachweises der Schubsicherung zwischen Fertigplatten und Ortbeton siehe Abschnitt 19.7.2.

19.7.7 Balkendecken mit Zwischenbauteilen und ohne solche

Balkendecken sind Decken aus ganz oder teilweise vorgefertigten Balken im Achsabstand von höchstens 1,25 m mit Zwischenbauteilen, die in der Längsrichtung der Balken nicht mittragen oder Decken aus Balken ohne solche Zwischenbauteile, z. B. aus unmittelbar nebeneinander verlegten Stahlbetonfertigteilen.

Werden Balken am Auflager durch daraufstehende Wände (mit Ausnahme von leichten Trennwänden nach DIN 4103) belastet und ist der lichte Abstand der Balkenstege kleiner als 25 cm, so muß der Zwischenraum zwischen den Balken am Auflager mit Beton gefüllt, darf also nicht ausgemauert

19.7.6 Fertigplatten mit statisch mitwirkender Ortbetonschicht

(1) Die Dicke der Ortbetonschicht muß mindestens 5 cm betragen. Die Oberfläche der Fertigplatten im Anschluß an die Ortbetonschicht muß rauh sein.

(2) Bei einachsig gespannten Platten muß die Hauptbewehrung stets in der Fertigplatte liegen. Die Querbewehrung richtet sich nach Abschnitt 20.1.6.3. Sie kann in der Fertigplatte oder im Ortbeton angeordnet werden. Liegt die Querbewehrung in der Fertigplatte, so ist sie an den Plattenstößen nach den Abschnitten 18.5 und 18.6 zu verbinden, z. B. durch zusätzlich in den Ortbeton eingelegte oder dorthin aufgebogene Bewehrungsstäbe mit beidseitiger Übergreifungslänge $l_ü$ nach Abschnitt 18.6.3.2. Liegt die Querbewehrung im Ortbeton, so muß auch in der Fertigplatte eine Mindestquerbewehrung nach Abschnitt 20.1.6.3 (3) liegen.

(3) Bei zweiachsig gespannten Platten ist die Feldbewehrung einer Richtung in der Fertigplatte, die der anderen im Ortbeton anzuordnen. Bei der Ermittlung der Schnittgrößen solcher Platten darf die günstige Wirkung einer Drillsteifigkeit nur dann in Rechnung gestellt werden, wenn sich innerhalb des Drillbereichs nach Abschnitt 20.1.6.4 keine Stoßfuge der Fertigplatte befindet.

(4) Bei raumgroßen Fertigplatten kann die Bewehrung beider Richtungen in die Fertigplatten gelegt werden.

(5) Wegen des Nachweises der Schubsicherung zwischen Fertigplatten und Ortbeton siehe Abschnitt 19.7.2.

19.7.7 Balkendecken mit und ohne Zwischenbauteile

(1) Balkendecken sind Decken aus ganz oder teilweise vorgefertigten Balken im Achsabstand von höchstens 1,25 m mit Zwischenbauteilen, die in der Längsrichtung der Balken nicht mittragen oder Decken aus Balken ohne solche Zwischenbauteile, z. B. aus unmittelbar nebeneinander verlegten Stahlbetonfertigteilen.

(2) Werden Balken am Auflager durch daraufstehende Wände (mit Ausnahme von leichten Trennwänden nach den Normen der Reihe DIN 4103) belastet und ist der lichte Abstand der Balkenstege kleiner als 25 cm, so muß der Zwischenraum zwischen den Balken am Auflager mit Beton

Ausgabe Dezember 1978 — DIN 1045 — Ausgabe Juli 1988

werden. Balken mit obenliegendem Flansch und Hohlbalken müssen daher auf der Länge des Auflagers mit vollen Köpfen geliefert oder so ausgebildet werden, z. B. durch Ausklinken eines oberen Flanschteils, daß der Raum zwischen den Stegen am Auflager nach dem Verlegen mit Beton ausgefüllt werden kann.

Ortbeton zur seitlichen Vergrößerung der Druckzone der Balken darf bis zu einer Breite gleich der 1,5fachen Deckendicke und nicht mehr als 35 cm als statisch mitwirkend in Rechnung gestellt werden für die Aufnahme von Lasten, die aufgebracht werden, wenn der Ortbeton mindestens die Druckfestigkeit eines Betons B 15 erreicht hat und der Balken an den Anschlußfugen ausreichend rauh ist. Wegen des Nachweises des Verbundes zwischen Fertigteilbalken und Ortbeton siehe Abschnitt 19.7.2.

19.7.8 Stahlbetonrippendecken mit ganz oder teilweise vorgefertigten Rippen

19.7.8.1 Allgemeine Bestimmungen

Wegen der Begriffsbestimmung und der zulässigen Verkehrslast siehe Abschnitt 21.2.1. Vorgefertigte Streifen von Rippendecken müssen an jedem Längs- und Querrand eine Rippe haben.

19.7.8.2 Stahlbetonrippendecken mit statisch mitwirkenden Zwischenbauteilen

Die Stoßfugenaussparungen statisch mitwirkender Zwischenbauteile (siehe Begriffsbestimmung, Abschnitt 2.1.3.8) sind in einem Arbeitsgang mit den Längsrippen sorgfältig mit Beton auszufüllen.

Bei Rippendecken (siehe Abschnitt 21.2) mit statisch mitwirkenden Zwischenbauteilen darf eine Ortbetondruckschicht über den Zwischenbauteilen statisch nicht in Rechnung gestellt werden.

Als wirksamer Druckquerschnitt gelten die im Druckbereich liegenden Querschnittsteile der Stahlbetonfertigteile, des Ortbetons und von den statisch mitwirkenden Zwischenbauteilen der vermörtelbare Anteil der Druckzone. Für die Dicke der Druckplatte ist das Maß s_t (siehe DIN 4158 und DIN 4159) in Rechnung zu stellen, für die Stegbreite bei der Biegebemessung nur die Breite der Betonrippe, bei der Schubbemessung die Breite der Betonrippe zuzüglich 2,5 cm.

Sollen in einem Bereich, in dem die Druckzone unten liegt, Zwischenbauteile als statisch mitwirkend in Rechnung gestellt werden, so dürfen nur solche mit voll vermörtelbarer Stoßfuge nach DIN 4159 oder untenliegende Schalungsplatten, Form GM, nach DIN 4158, Ausgabe Mai 1978, verwendet werden. Beim Übergang zu diesem Bereich sind die offenen Querschnittsteile der über die ganze Deckendicke reichenden Zwischenbauteile aus Beton zu verschalen. Schalungsplatten müssen ebenfalls voll vermörtelbare Stoßfugen haben. Auf die sorgfältige Ausfüllung der Stoßfugen mit Beton ist in diesen Fällen ganz besonders zu achten. Die statische Nutzhöhe der Rippendecken ist für diesen Bereich in der Rechnung um 1 cm zu vermindern.

Die Bemessung ist nach Abschnitt 17 so durchzuführen, als ob die ganze mitwirkende Druckplatte aus Beton der in Tabelle 28, Spalte 1, angegebenen Festigkeitsklasse bestünde. Wegen des Zusammenwirkens von Ortbeton und Fertigteil ist Abschnitt 19.4 zu beachten.

Die Mindestquerbewehrung gemäß Abschnitt 21.2.2.1 ist in den Stoßfugenaussparungen der Zwischenbauteile anzuordnen. Wegen Querrippen siehe Abschnitt 21.2.2.3.

---

gefüllt, darf also nicht ausgemauert werden. Balken mit obenliegendem Flansch und Hohlbalken müssen daher auf der Länge des Auflagers mit vollen Köpfen geliefert oder so ausgebildet werden, z. B. durch Ausklinken eines oberen Flanschteils, daß der Raum zwischen den Stegen am Auflager nach dem Verlegen mit Beton ausgefüllt werden kann.

(3) Ortbeton zur seitlichen Vergrößerung der Druckzone der Balken darf bis zu einer Breite gleich der 1,5fachen Deckendicke und nicht mehr als 35 cm als statisch mitwirkend in Rechnung gestellt werden für die Aufnahme von Lasten, die aufgebracht werden, wenn der Ortbeton mindestens die Druckfestigkeit eines Betons B 15 erreicht hat und der Balken an den Anschlußfugen ausreichend rauh ist. Wegen des Nachweises des Verbundes zwischen Fertigteilbalken und Ortbeton siehe Abschnitt 19.7.2.

19.7.8 Stahlbetonrippendecken mit ganz oder teilweise vorgefertigten Rippen

19.7.8.1 Allgemeine Bestimmungen

Wegen der Definition und der zulässigen Verkehrslast siehe Abschnitt 21.2.1. Vorgefertigte Streifen von Rippendecken müssen an jedem Längs- und Querrand eine Rippe haben.

19.7.8.2 Stahlbetonrippendecken mit statisch mitwirkenden Zwischenbauteilen

(1) Die Stoßfugenaussparungen statisch mitwirkender Zwischenbauteile (siehe Definition nach Abschnitt 2.1.3.8) sind in einem Arbeitsgang mit den Längsrippen sorgfältig mit Beton auszufüllen.

(2) Bei Rippendecken (siehe Abschnitt 21.2) mit statisch mitwirkenden Zwischenbauteilen darf eine Ortbetondruckschicht über den Zwischenbauteilen statisch nicht in Rechnung gestellt werden.

(3) Als wirksamer Druckquerschnitt gelten die im Druckbereich liegenden Querschnittsteile der Stahlbetonfertigteile, des Ortbetons und von den statisch mitwirkenden Zwischenbauteilen der vermörtelbare Anteil der Druckzone. Für die Dicke der Druckplatte ist das Maß s_t (siehe DIN 4158 und DIN 4159) in Rechnung zu stellen, für die Stegbreite bei der Biegebemessung nur die Breite der Betonrippe, bei der Schubbemessung die Breite der Betonrippe zuzüglich 2,5 cm.

(4) Sollen in einem Bereich, in dem die Druckzone unten liegt, Zwischenbauteile als statisch mitwirkend in Rechnung gestellt werden, so dürfen nur solche mit voll vermörtelbarer Stoßfuge nach DIN 4159 oder untenliegende Schalungsplatten, Form GM nach DIN 4158/05.78, verwendet werden. Beim Übergang zu diesem Bereich sind die offenen Querschnittsteile der über die ganze Deckendicke reichenden Zwischenbauteile aus Beton zu verschalen. Schalungsplatten müssen ebenfalls voll vermörtelbare Stoßfugen haben. Auf die sorgfältige Ausfüllung der Stoßfugen mit Beton ist in diesen Fällen ganz besonders zu achten. Die statische Nutzhöhe der Rippendecken ist für diesen Bereich in der Rechnung um 1 cm zu vermindern.

(5) Die Bemessung ist nach Abschnitt 17 so durchzuführen, als ob die ganze mitwirkende Druckplatte aus Beton der in Tabelle 28, Spalte 1, angegebenen Festigkeitsklasse bestünde. Wegen des Zusammenwirkens von Ortbeton und Fertigteil ist Abschnitt 19.4 zu beachten.

(6) Die Mindestquerbewehrung nach Abschnitt 21.2.2.1 ist in den Stoßfugenaussparungen der Zwischenbauteile anzuordnen. Wegen Querrippen siehe Abschnitt 21.2.2.3.

Tabelle 28. **Druckfestigkeiten der Zwischenbauteile und des Betons**

	1	2	3
	Festigkeitsklasse des Betons in Rippen und Stoßfugen	Erforderliche Druckfestigkeit der Zwischenbauteile nach	
		DIN 4158 (Ausg. Mai 1978) N/mm^2	DIN 4159 (Ausg. April 1978) N/mm^2
1	B 15	20	22,5
2	B 25	–	30

19.7.9 Stahlbetonhohldielen
Bei Stahlbetonhohldielen (Mindestmaße siehe Abschnitt 19.3) mit einer Verkehrslast bis zu 3,5 kN/m² darf auf Bügel und bei Breiten bis zu 50 cm auch auf eine Querbewehrung verzichtet werden, wenn die Schubspannungen die Werte der Tabelle 13, Zeile 1 b, nicht überschreiten.

19.7.10 Vorgefertigte Stahlsteindecken
Bilden mehrere vorgefertigte Streifen von Stahlsteindecken die Decke eines Raumes, so sind zur Querverbindung Maßnahmen erforderlich, die denen nach Abschnitt 19.7.5 gleichwertig sind.

19.8 Wände aus Fertigteilen
19.8.1 Allgemeines
Für Wände aus Fertigteilen gelten die Bestimmungen für Wände aus Ortbeton (siehe Abschnitt 25.5), sofern in den folgenden Abschnitten nichts anderes gesagt ist.

Tragende und aussteifende Wände (siehe Abschnitt 25.5) dürfen nur aus geschoßhohen Fertigteilen zusammengesetzt werden, mit Ausnahme von Paßstücken im Bereich von Treppenpodesten. Wird zur Aufnahme senkrechter und waagerechter Lasten ein Zusammenwirken der einzelnen Fertigteile vorausgesetzt, so sind die Beanspruchungen in den Fugen nachzuweisen (siehe auch Abschnitt 19.8.5).

Bei Wänden aus zwei oder mehr nicht raumgroßen Wandtafeln gelten die einzelnen Wandtafeln als zwei- oder dreiseitig gehalten nach Abschnitt 25.5.2.

19.8.2 Mindestdicken
19.8.2.1 Fertigteilwände mit vollem Rechteckquerschnitt
Für die Mindestdicke tragender Fertigteilwände gilt Abschnitt 25.5.3.2, Tabelle 32.

19.8.2.2 Fertigteilwände mit aufgelöstem Querschnitt oder mit Hohlräumen
Fertigteilwände mit aufgelöstem Querschnitt (z. B. Wände mit lotrechten Hohlräumen) müssen mindestens das gleiche Trägheitsmoment haben wie Vollwände mit der Mindestdicke nach Tabelle 32.
Die kleinste Dicke von Querschnittsteilen solcher Wände muß mindestens gleich ¹⁄₁₀ des lichten Rippen- oder Stegabstandes, mindestens aber 5 cm sein.

Tabelle 28. **Druckfestigkeiten der Zwischenbauteile und des Betons**

	1	2	3
	Festigkeitsklasse des Betons in Rippen und Stoßfugen	Erforderliche Druckfestigkeit der Zwischenbauteile nach	
		DIN 4158 N/mm^2	DIN 4159 N/mm^2
1	B 15	20	22,5
2	B 25	–	30

19.7.9 Stahlbetonhohldielen
Bei Stahlbetonhohldielen (Mindestmaße siehe Abschnitt 19.3) mit einer Verkehrslast bis 3,5 kN/m² darf auf Bügel und bei Breiten bis 50 cm auch auf eine Querbewehrung verzichtet werden, wenn die Schubspannungen die Werte der Tabelle 13, Zeile 1b, nicht überschreiten.

19.7.10 Vorgefertigte Stahlsteindecken
Bilden mehrere vorgefertigte Streifen von Stahlsteindecken die Decke eines Raumes, so sind zur Querverbindung Maßnahmen erforderlich, die denen nach Abschnitt 19.7.5 gleichwertig sind.

19.8 Wände aus Fertigteilen
19.8.1 Allgemeines
(1) Für Wände aus Fertigteilen gelten die Bestimmungen für Wände aus Ortbeton (siehe Abschnitt 25.5), sofern in den folgenden Abschnitten nichts anderes gesagt ist.

(2) Tragende und aussteifende Wände (siehe Abschnitt 25.5) dürfen nur aus geschoßhohen Fertigteilen zusammengesetzt werden, mit Ausnahme von Paßstücken im Bereich von Treppenpodesten. Wird zur Aufnahme senkrechter und waagerechter Lasten ein Zusammenwirken der einzelnen Fertigteile vorausgesetzt, so sind die Beanspruchungen in den Fugen nachzuweisen (siehe auch Abschnitt 19.8.5).

(3) Bei Wänden aus zwei oder mehr nicht raumgroßen Wandtafeln gelten die einzelnen Wandtafeln als zwei- oder dreiseitig gehalten nach Abschnitt 25.5.2.

19.8.2 Mindestdicken
19.8.2.1 Fertigteilwände mit vollem Rechteckquerschnitt
Für die Mindestwanddicke tragender Fertigteilwände gilt Abschnitt 25.5.3.2, Tabelle 33.

19.8.2.2 Fertigteilwände mit aufgelöstem Querschnitt oder mit Hohlräumen
(1) Fertigteilwände mit aufgelöstem Querschnitt (z. B. Wände mit lotrechten Hohlräumen) müssen mindestens das gleiche Flächenmoment 2. Grades haben wie Vollwände mit der Mindestwanddicke nach Tabelle 33.
(2) Die kleinste Dicke von Querschnittsteilen solcher Wände muß mindestens gleich ¹⁄₁₀ des lichten Rippen- oder Stegabstandes, mindestens aber 5 cm sein.

Ausgabe Dezember 1978 — DIN 1045 — Ausgabe Juli 1988

19.8.3 Lotrechte Stoßfugen zwischen tragenden und aussteifenden Wänden

Wird die Wand beim Nachweis der Knicksicherheit nach Abschnitt 17.4 als drei- oder vierseitig gehalten angesehen, so müssen die tragenden Wände mit den sie aussteifenden Wänden verbunden sein, z. B. durch Vergußfugen und Bewehrung. Diese Bewehrung soll möglichst in den Drittelpunkten der Wandhöhe angeordnet werden und jeweils $^1/_{100}$ der senkrechten Last der auszusteifenden tragenden Wand übertragen können. Mindestens sind jedoch in den Drittelpunkten Schlaufen mit Stäben von 8 mm Durchmesser aus BSt 220/340 (I) oder gleichwertige stahlbaumäßige Verbindungen anzuordnen. Anschlüsse, die auf die ganze Wandhöhe verteilt den gleichen Bewehrungsquerschnitt aufweisen, gelten als gleichwertig.

Die Fugenbewehrung ist so auszubilden, daß der Fugenbeton einwandfrei eingebracht und verdichtet werden kann.

Werden tragende Wände von beiden Seiten durch in einer Flucht liegende oder höchstens um die 6fache Dicke der tragenden Wand gegeneinander versetzte Wände gehalten, so darf auf eine Fugenbewehrung zwischen der tragenden Wand und den aussteifenden Wänden verzichtet werden.

19.8.4 Waagerechte Stoßfugen

Steht eine Wand über dem Stoß zweier Deckenplatten oder über einer in einen Außenwandknoten einbindenden Deckenplatte, so dürfen bei der Bemessung ohne Berücksichtigung des Knickens nur 50 % des tragenden Wandquerschnitts in Rechnung gestellt werden, sofern nicht durch Versuche – unter Beachtung der Auflagerbedingungen – nachgewiesen wird, daß ein höherer Anteil zulässig ist.

Abweichend davon dürfen bei der Bemessung ohne Berücksichtigung des Knickens am Anschnitt zu Knoten von Außen- und Innenwänden 60 % des tragenden Wandquerschnittes in Rechnung gestellt werden, wenn im anschließenden Wandfuß und Wandkopf mindestens die im Bild 43 dargestellte Querbewehrung angeordnet wird. Bei der Bemessung der Wand im Knoten beträgt hierbei der Sicherheitsbeiwert $\gamma = 2{,}1$.

Der Querschnitt der Querbewehrung muß bei BSt 420/500 und BSt 500/550 mindestens betragen:

$$a_{sbü} \, [\text{cm}^2/\text{m}] = b_w/8 \qquad b_w \text{ in [cm]}$$

Der Abstand der Querbewehrung $s_{bü}$ muß in Richtung der Wandlängsachse betragen:

$$s_{bü} \leq b_w$$
$$\leq 20 \text{ cm}$$

Der Durchmesser der Längsstäbe d_{sl} darf bei BSt 420/500 8 mm und bei BSt 500/550 6 mm nicht unterschreiten.

Bei Betonstahlmatten BSt 500/550 GK und PK sind auch an den oberen Bügelschenkeln Längsstäbe anzuschweißen.

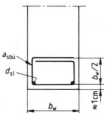

Bild 43. Zusätzliche Querbewehrung

19.8.3 Lotrechte Stoßfugen zwischen tragenden und aussteifenden Wänden

(1) Wird die Wand beim Nachweis der Knicksicherheit nach Abschnitt 17.4 als drei- oder vierseitig gehalten angesehen, so müssen die tragenden Wände mit den sie aussteifenden Wänden verbunden sein, z. B. durch Vergußfugen und Bewehrung. Diese Bewehrung soll möglichst in den Drittelpunkten der Wandhöhe angeordnet werden und jeweils $^1/_{100}$ der senkrechten Last der auszusteifenden tragenden Wand übertragen können. Mindestens sind jedoch in den Drittelpunkten Schlaufen mit 8 mm Durchmesser nach Abschnitt 6.6.2 oder gleichwertige stahlbaumäßige Verbindungen anzuordnen. Anschlüsse, die auf die ganze Wandhöhe verteilt den gleichen Bewehrungsquerschnitt aufweisen, gelten als gleichwertig.

(2) Die Fugenbewehrung ist so auszubilden, daß der Fugenbeton einwandfrei eingebracht und verdichtet werden kann.

(3) Werden tragende Wände von beiden Seiten durch in einer Flucht liegende oder höchstens um die 6fache Dicke der tragenden Wand gegeneinander versetzte Wände gehalten, so darf auf eine Fugenbewehrung zwischen der tragenden Wand und den aussteifenden Wänden verzichtet werden.

19.8.4 Waagerechte Stoßfugen

(1) Steht eine Wand über dem Stoß zweier Deckenplatten oder über einer in einen Außenwandknoten einbindenden Deckenplatte, so dürfen bei der Bemessung ohne Berücksichtigung des Knickens nur 50 % des tragenden Wandquerschnitts in Rechnung gestellt werden, sofern nicht durch Versuche — unter Beachtung der Auflagerbedingungen — nachgewiesen wird, daß ein höherer Anteil zulässig ist.

(2) Abweichend davon dürfen bei der Bemessung ohne Berücksichtigung des Knickens am Anschnitt zu Knoten von Außen- und Innenwänden 60 % des tragenden Wandquerschnitts in Rechnung gestellt werden, wenn im anschließenden Wandfuß und Wandkopf mindestens die in Bild 43 dargestellte Querbewehrung angeordnet wird. Bei der Bemessung der Wand im Knoten beträgt hierbei der Sicherheitsbeiwert $\gamma = 2{,}1$.

(3) Der Querschnitt der Querbewehrung muß mindestens betragen:

$$a_{sbü} = b_w/8$$
$$a_{sbü} \text{ in cm}^2/\text{m}, \, b_w \text{ in cm}$$

(4) Der Abstand der Querbewehrung $s_{bü}$ muß in Richtung der Wandlängsachse betragen:

$$s_{bü} \leq b_w$$
$$\leq 20 \text{ cm}$$

(5) Der Durchmesser der Längsstäbe d_{sl} darf bei Betonstabstahl III S 8 mm und bei Betonstabstahl IV S bzw. Betonstahlmatten IV M 6 mm nicht unterschreiten.

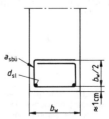

Bild 43. Zusätzliche Querbewehrung

Ausgabe Dezember 1978 — DIN 1045 — Ausgabe Juli 1988

19.8.5 Scheibenwirkung von Wänden

Werden mehrere Wandtafeln zu einer für die Steifigkeit des Bauwerks notwendigen Scheibe zusammengefügt, so ist auch die Übertragung der in den lotrechten und waagerechten Fugen auftretenden Schubkräfte nachzuweisen. Dabei ist die Zugkomponente der Schubkraft, die sich bei einer Zerlegung der Schubkraft in eine horizontale Zugkomponente und eine unter 45° gegen die Stoßfuge geneigte Druckkomponente ergibt, stets durch Bewehrung aufzunehmen; diese darf in Höhe der Decken zusammengefaßt werden, wenn die Gesamtbreite der Scheibe mindestens gleich der Geschoßhöhe ist. Bei Schubspannungen, die größer als 0,2 MN/m^2 sind, ist auch die Übertragung der Druckkomponente der Schubkraft von einer Wandtafel zur anderen nachzuweisen.

Aussteifende Wandscheiben können bei Gerippebauten auch aus nichttragenden und nichtgeschoßhohen Wandtafeln zusammengefügt werden, wenn Gerippestützen als Randglieder der Scheibe wirken und die Wandscheiben wie eine Deckenscheibe nach Abschnitt 19.7.4 ausgeführt werden.

Bei großer Nachgiebigkeit der Wandscheiben müssen deren Formänderungen bei der Ermittlung der Schnittgrößen berücksichtigt werden. Dieser Nachweis darf entfallen, wenn Gleichung (3) aus Abschnitt 15.8.1 erfüllt ist.

19.8.6 Anschluß der Wandtafeln an Deckenscheiben

Bei Hochhäusern[45]) sind sämtliche tragenden und aussteifenden Außenwandtafeln an ihrem oberen und unteren Rand mit den anschließenden Deckenscheiben aus Fertigteilen oder Ortbeton durch Bewehrung oder andere Stahlteile zu verbinden. Jede dieser Verbindungen ist für eine rechtwinklig zur Wandebene wirkende Zugkraft von 7,0 kN je laufendem Meter zugehöriger Wandlänge unter Einhaltung der zulässigen Spannungen zu bemessen und zu verankern. Der waagerechte Abstand dieser Verbindungen darf nicht größer als 2 m, ihr Abstand von den senkrechten Tafelrändern nicht größer als 1 m sein.

Bei Außenwandtafeln, die zwischen ihren aussteifenden Wänden nicht gestoßen sind und deren Länge zwischen diesen Wänden höchstens das Doppelte ihrer Höhe ist, dürfen die Verbindungen am unteren Rand ersetzt werden durch Verbindungen gleicher Gesamtzugkraft, die in der unteren Hälfte der lotrechten Fugen zwischen der Außenwand und ihren aussteifenden Wänden anzuordnen sind.

Am oberen Rand tragender Innenwandtafeln muß mindestens eine Bewehrung von 0,7 cm^2/m in den Zwischenraum zwischen den Deckentafeln eingreifen. Diese Bewehrung darf an zwei Punkten vereinigt werden, bei Wandtafeln mit einer Länge bis zu 2,50 m genügt ein Anschlußpunkt etwa in Wandmitte.

Bei allen anderen Gebäuden ist die Verbindung sämtlicher tragenden und aussteifenden Außenwandtafeln mit den anschließenden Deckenscheiben nur am oberen Rand erforderlich.

Die Bewehrung darf durch andere gleichwertige Maßnahmen ersetzt werden.

19.8.5 Scheibenwirkung von Wänden

(1) Werden mehrere Wandtafeln zu einer für die Steifigkeit des Bauwerks notwendigen Scheibe zusammengefügt, so ist auch die Übertragung der in den lotrechten und waagerechten Fugen auftretenden Schubkräfte nachzuweisen. Dabei ist die Zugkomponente der Schubkraft, die sich bei einer Zerlegung der Schubkraft in eine horizontale Zugkomponente und eine unter 45° gegen die Stoßfuge geneigte Druckkomponente ergibt, stets durch Bewehrung aufzunehmen; diese darf in Höhe der Decken zusammengefaßt werden, wenn die Gesamtbreite der Scheibe mindestens gleich der Geschoßhöhe ist. Bei Schubspannungen, die größer als 0,2 N/mm^2 sind, ist auch die Übertragung der Druckkomponente der Schubkraft von einer Wandtafel zur anderen nachzuweisen.

(2) Aussteifende Wandscheiben können bei Gerippebauten auch aus nichttragenden und nichtgeschoßhohen Wandtafeln zusammengefügt werden, wenn Gerippestützen als Randglieder der Scheibe wirken und die Wandscheiben wie eine Deckenscheibe nach Abschnitt 19.7.4 ausgeführt werden.

(3) Bei großer Nachgiebigkeit der Wandscheiben müssen deren Formänderungen bei der Ermittlung der Schnittgrößen berücksichtigt werden. Dieser Nachweis darf entfallen, wenn Gleichung (3) aus Abschnitt 15.8.1 erfüllt ist.

19.8.6 Anschluß der Wandtafeln an Deckenscheiben

(1) Sämtliche tragenden und aussteifenden Außenwandtafeln sind an ihrem oberen Rand — bei Hochhäusern[38]) auch an ihrem unteren Rand — mit den anschließenden Deckenscheiben aus Fertigteilen oder Ortbeton durch Bewehrung oder andere Stahlteile zu verbinden. Jede dieser Verbindungen ist für eine rechtwinklig zur Wandebene wirkende Zugkraft von 7,0 kN je m unter Einhaltung der zulässigen Spannungen zu bemessen und zu verankern. Der waagerechte Abstand dieser Verbindungen darf nicht größer als 2 m, ihr Abstand von den senkrechten Tafelrändern nicht größer als 1 m sein.

(2) Bei Außenwandtafeln von Hochhäusern, die zwischen ihren aussteifenden Wänden nicht gestoßen sind und deren Länge zwischen diesen Wänden höchstens das Doppelte ihrer Höhe ist, dürfen die Verbindungen am unteren Rand ersetzt werden durch Verbindungen gleicher Gesamtzugkraft, die in der unteren Hälfte der lotrechten Fugen zwischen der Außenwand und ihren aussteifenden Wänden anzuordnen sind.

(3) Am oberen Rand tragender Innenwandtafeln muß mindestens eine Bewehrung von 0,7 cm^2/m in den Zwischenraum zwischen den Deckentafeln eingreifen. Diese Bewehrung darf an zwei Punkten vereinigt werden, bei Wandtafeln mit einer Länge bis 2,50 m genügt ein Anschlußpunkt etwa in Wandmitte. Die Bewehrung darf durch andere gleichwertige Maßnahmen ersetzt werden.

---

[45]) Auszug aus den „Bauordnungen" der Länder: Hochhäuser sind Gebäude, bei denen der Fußboden mindestens eines Aufenthaltsraumes mehr als 22 m über der festgelegten Geländeoberfläche liegt.

[38]) Auszug aus den „Bauordnungen" der Länder: Hochhäuser sind Gebäude, bei denen der Fußboden mindestens eines Aufenthaltsraumes mehr als 22 m über der festgelegten Geländeoberfläche liegt.

Ausgabe Dezember 1978 — DIN 1045 — Ausgabe Juli 1988

19.8.7 Metallische Verankerungs- und Verbindungsmittel bei mehrschichtigen Wandtafeln

Für Verankerungs- und Verbindungsmittel mehrschichtiger Wandtafeln ist nichtrostender Stahl zu verwenden, der ausreichend alkali- und säurebeständig und ausreichend kaltverformbar ist [46]).

Die zulässige Spannung beträgt 110 MN/m^2, sofern nicht höhere Werte in allgemeinen bauaufsichtlichen Zulassungen festgelegt sind.

Für eine etwa erforderliche Schweißbarkeit ist die Eignung dieses Stahles durch das Herstellwerk zu gewährleisten. Dabei sind auch die zu verwendenden Schweißelektroden anzugeben; im übrigen gilt DIN 4099 Teil 1 sinngemäß.

20 Platten und plattenartige Bauteile
20.1 Platten
20.1.1 Begriff und Plattenarten

Platten sind ebene Flächentragwerke, die quer zu ihrer Ebene belastet sind; sie können linienförmig oder auch punktförmig gelagert sein.

Form und Anordnung der stützenden Ränder oder Punkte bestimmen Größe und Richtung der Plattenschnittgrößen. Die folgenden Abschnitte beziehen sich auf Rechteckplatten. Für Platten abweichender Form (z. B. schiefwinklige oder kreisförmige Platten) mit linienförmiger Lagerung sind diese Bestimmungen sinngemäß anzuwenden. Für punktförmig gestützte Platten und für gemischt gestützte Platten im Bereich der punktförmigen Stützung siehe auch Abschnitt 22.

Je nach ihrer statischen Wirkung werden einachsig und zweiachsig gespannte Platten unterschieden.

Einachsig gespannte Platten tragen ihre Last im wesentlichen in e i n e r Richtung ab (Spannrichtung). Beanspruchungen quer zur Spannrichtung, die aus der Behinderung der Querdehnung, aus der Querverteilung von Einzel- oder Streckenlasten oder durch eine in der Rechnung nicht berücksichtigte Auflagerung parallel zur Spannrichtung entstehen, brauchen nicht nachgewiesen zu werden. Diese Beanspruchungen sind jedoch durch konstruktive Maßnahmen zu berücksichtigen (siehe Abschnitt 20.1.6.3).

Bei zweiachsig gespannten Platten werden beide Richtungen für die Tragwirkung herangezogen. Vierseitig gelagerte Rechteckplatten, deren größere Stützweite nicht größer als das Zweifache der kleineren ist, sowie dreiseitig oder an zwei benachbarten Rändern gelagerte Rechteckplatten sind im allgemeinen als zweiachsig gespannt zu berechnen und auszubilden.

Werden sie zur Vereinfachung des statischen Systems als einachsig gespannt berechnet, so sind die aus den vernachlässigten Tragwirkungen herrührenden Beanspruchungen durch eine geeignete konstruktive Bewehrung zu berücksichtigen.

Bei Hohlplatten sind besonders die Abschnitte 17.5 (Schub), 22.5 (Durchstanzen), 20.1.5 und 20.1.6.4 (Abheben von den Ecken) sinngemäß zu beachten.

---

[46]) Hierfür sind z. B. folgende nichtrostende Stahlsorten nach DIN 17 440, Ausgabe Dezember 1972, mit den Werkstoffnummern 1.4401, 1.4571 und 1.4580 geeignet.

19.8.7 Metallische Verankerungs- und Verbindungsmittel bei mehrschichtigen Wandtafeln

Für Verankerungs- und Verbindungsmittel mehrschichtiger Wandtafeln ist nichtrostender Stahl zu verwenden, der ausreichend alkali- und säurebeständig und ausreichend kaltverformbar ist [39]).

20 Platten und plattenartige Bauteile
20.1 Platten
20.1.1 Begriff und Plattenarten

(1) Platten sind ebene Flächentragwerke, die quer zu ihrer Ebene belastet sind; sie können linienförmig oder auch punktförmig gelagert sein.

(2) Form und Anordnung der stützenden Ränder oder Punkte bestimmen Größe und Richtung der Plattenschnittgrößen. Die folgenden Abschnitte beziehen sich auf Rechteckplatten. Für Platten abweichender Form (z. B. schiefwinklige oder kreisförmige Platten) mit linienförmiger Lagerung sind diese Bestimmungen sinngemäß anzuwenden. Für punktförmig gestützte Platten und für gemischt gestützte Platten im Bereich der punktförmigen Stützung siehe auch Abschnitt 22.

(3) Je nach ihrer statischen Wirkung werden einachsig und zweiachsig gespannte Platten unterschieden.

(4) Einachsig gespannte Platten tragen ihre Last im wesentlichen in e i n e r Richtung ab (Spannrichtung). Beanspruchungen quer zur Spannrichtung, die aus der Behinderung der Querdehnung, aus der Querverteilung von Einzel- oder Streckenlasten oder durch eine in der Rechnung nicht berücksichtigte Auflagerung parallel zur Spannrichtung entstehen, brauchen nicht nachgewiesen zu werden. Diese Beanspruchungen sind jedoch durch konstruktive Maßnahmen zu berücksichtigen (siehe Abschnitt 20.1.6.3).

(5) Bei zweiachsig gespannten Platten werden beide Richtungen für die Tragwirkung herangezogen. Vierseitig gelagerte Rechteckplatten, deren größere Stützweiten nicht größer als das Zweifache der kleineren ist, sowie dreiseitig oder an zwei benachbarten Rändern gelagerte Rechteckplatten sind im allgemeinen als zweiachsig gespannt zu berechnen und auszubilden.

(6) Werden sie zur Vereinfachung des statischen Systems als einachsig berechnet, so sind die aus den vernachlässigten Tragwirkungen herrührenden Beanspruchungen durch eine geeignete konstruktive Bewehrung zu berücksichtigen.

(7) Bei Hohlplatten sind besonders die Abschnitte 17.5 (Schub), 22.5 (Durchstanzen), 20.1.5 und 20.1.6 (Abheben von den Ecken) sinngemäß zu beachten.

---

[39]) Hierfür sind z. B. folgende nichtrostende Stähle nach DIN 17 440 mit den Werkstoffnummern 1.4401 und 1.4571 und für Verbindungselemente (Schrauben, Muttern und ähnliche Gewindeteile) die Stahlgruppe A 4 nach DIN 267 Teil 11 entsprechend den Bedingungen der allgemeinen bauaufsichtlichen Zulassung („Nichtrostende Stähle") geeignet. Sie dürfen jedoch nicht in chlorhaltiger Atmosphäre (z. B. über gechlortem Schwimmbadwasser) verwendet werden.

Ausgabe Dezember 1978

Wegen der Stützweite siehe Abschnitt 15.2.

Wegen vorgefertigter Bauteile siehe Abschnitt 19, insbesondere für Fertigteilplatten mit statisch mitwirkender Ortbetonschicht Abschnitt 19.7.6, für Balkendecken mit Zwischenbauteilen oder ohne solche Abschnitt 19.7.7.

20.1.2 Auflager

Die Auflagertiefe ist so zu wählen, daß die zulässigen Pressungen in der Auflagerfläche nicht überschritten werden (für Beton siehe die Abschnitte 17.3.3 und 17.3.4, für Mauerwerk DIN 1053 Teil 1, Ausgabe November 1974, Abschnitt 7.4) und die erforderlichen Verankerungslängen der Bewehrung (siehe die Abschnitte 18.7.4 und 18.7.5) untergebracht werden können.

Die Auflagertiefe muß mindestens sein bei Auflagerung

a) auf Mauerwerk und auf Beton B 5 oder B 10 . .   7 cm

b) auf Bauteilen aus Beton B 15 bis B 55
und auf Stahl . . . . 5 cm

c) auf Trägern aus Stahlbeton oder Stahl, wenn seitliches Ausweichen der Auflager durch konstruktive Maßnahmen verhindert und die Stützweite der Platte nicht größer als 2,50 m ist . . .   3 cm

Auf geneigten Flanschen ist trockene Auflagerung unzulässig.

20.1.3 Plattendicke

Die Plattendicke muß mindestens sein

a) im allgemeinen . . . . 7 cm

b) bei befahrbaren Platten für Personenkraftwagen   10 cm
für schwerere Fahrzeuge . . . . 12 cm

c) bei Platten, die nur ausnahmsweise, z. B. bei Ausbesserungs- oder Reinigungsarbeiten, begangen werden, z. B. Dachplatten . . . . 5 cm

Wegen der Abhängigkeit der Plattendicke von der zulässigen Durchbiegung siehe Abschnitt 17.7.

20.1.4 Lastverteilung bei Punkt-, Linien- und Rechtecklasten in einachsig gespannten Platten

Wird kein genauerer Nachweis erbracht, so darf bei Punkt-, Linien- und gleichförmig verteilten Rechtecklasten die mitwirkende Lastverteilungsbreite b_m quer zur Tragrichtung nach Heft 240 ermittelt werden.

Die Lasteintragungsbreite t darf angenommen werden zu

$$t = b_0 + 2 d_1 + d \qquad (33)$$

Hierin sind:
b_0 Lastaufstandsbreite
d_1 lastverteilende Deckschicht
d Plattendicke

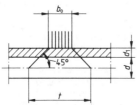

Bild 44. Lasteintragungsbreite

Für die Berechnung des Biegemomentes gilt

$$m = \frac{M}{b_m} \qquad (34)$$

Ausgabe Juli 1988

(8) Wegen der Stützweite siehe Abschnitt 15.2.

(9) Wegen vorgefertigter Bauteile siehe Abschnitt 19, insbesondere für Fertigteilplatten mit statisch mitwirkender Ortbetonschicht siehe Abschnitt 19.7.6 für Balkendecken mit oder ohne Zwischenbauteile siehe Abschnitt 19.7.7.

20.1.2 Auflager

(1) Die Auflagertiefe ist so zu wählen, daß die zulässigen Pressungen in der Auflagerfläche nicht überschritten werden (für Beton siehe die Abschnitte 17.3.3 und 17.3.4, für Mauerwerk DIN 1053 Teil 1 /11.74, Abschnitt 7.4) und die erforderlichen Verankerungslängen der Bewehrung (siehe Abschnitte 18.7.4 und 18.7.5) untergebracht werden können.

(2) Die Auflagertiefe muß mindestens sein bei Auflagerung

a) auf Mauerwerk und Beton B 5 oder B 10 . . . . . . 7 cm

b) auf Bauteilen aus Beton B 15 bis B 55
und Stahl . . . . 5 cm

c) auf Trägern aus Stahlbeton oder Stahl, wenn seitliches Ausweichen der Auflager durch konstruktive Maßnahmen verhindert und die Stützweite der Platte nicht größer als 2,50 m
ist . . . . 3 cm

(3) Auf geneigten Flanschen ist trockene Auflagerung unzulässig.

20.1.3 Plattendicke

(1) Die Plattendicke muß mindestens sein

a) im allgemeinen . . . . 7 cm

b) bei befahrbaren Platten
für Personenkraftwagen . . . . 10 cm
für schwere Fahrzeuge . . . . 12 cm

c) bei Platten, die nur ausnahmsweise, z. B. bei Ausbesserungs- oder Reinigungsarbeiten begangen werden, z. B. Dachplatten . . . . 5 cm

(2) Wegen der Abhängigkeit der Plattendicke von der zulässigen Durchbiegung siehe Abschnitt 17.7.

20.1.4 Lastverteilung bei Punkt-, Linien- und Rechtecklasten in einachsig gespannten Platten

(1) Wird kein genauerer Nachweis erbracht, so darf bei Punkt-, Linien- und gleichförmig verteilten Rechtecklasten die mitwirkende Lastverteilungsbreite b_m quer zur Tragrichtung nach DAfStb-Heft 240 ermittelt werden.

(2) Die Lasteintragungsbreite t darf angenommen werden zu

$$t = b_0 + 2d_1 + d \qquad (33)$$

Hierin sind:
b_0 Lastaufstandsbreite
d_1 lastverteilende Deckschicht
d Plattendicke

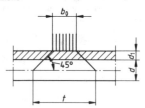

Bild 44. Lasteintragungsbreite

(3) Für die Berechnung des Biegemomentes gilt

$$m = \frac{M}{b_m} \qquad (34)$$

Für die Berechnung der Querkraft gilt

$$q = \frac{Q}{b_m} \quad (35)$$

Es bedeuten:

M größtes Balkenmoment (Feldmoment M_F bzw. Stützmoment M_S) infolge der auf die Länge t gleichmäßig verteilten Last
m Plattenmoment je Meter Breite
Q Balkenquerkraft am Auflager
q Plattenquerkraft je Meter Breite am Auflager
b_m mitwirkende Lastverteilungsbreite an der Stelle des größten Feldmomentes bzw. am Auflager
t Lasteintragungsbreite

Die mitwirkende Lastverteilungsbreite der Platte darf nicht größer als die mögliche angesetzt werden (z. B. unter einer Last nahe am ungestützten Rand, siehe Bild 45).

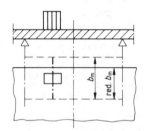

Bild 45. Reduzierte mitwirkende Lastverteilungsbreite bei Lasten in Randnähe

Für den Nachweis gegen Durchstanzen gilt Abschnitt 22.5.

20.1.5 Schnittgrößen

Für die Ermittlung der Schnittgrößen in Platten jeder Form und Lagerungsart gelten die Bestimmungen des Abschnitts 15. Auf der sicheren Seite liegende Näherungsverfahren sind zulässig, z. B. darf für zweiachsig gespannte Rechteckplatten die Berechnung näherungsweise mit sich kreuzenden Plattenstreifen gleicher größter Durchbiegung erfolgen. Zur Ermittlung der Schnittgrößen aus Punkt-, Linien- und Rechtecklasten darf die mitwirkende Lastverteilungsbreite nach Heft 240 ermittelt werden.

Die nach der Plattentheorie ermittelten Feldmomente sind angemessen zu erhöhen (siehe z. B. Heft 240), wenn

a) die Ecken nicht gegen Abheben gesichert sind oder

b) bei Ecken, an denen zwei frei drehbar gelagerte Ränder bzw. ein frei aufliegender und ein eingespannter Rand zusammenstoßen, keine Eckbewehrung nach Abschnitt 20.1.6.4 eingelegt wird,

c) Aussparungen in den Ecken vorhanden sind, die die Drillsteifigkeit wesentlich beeinträchtigen.

Ausreichende Sicherung gegen Abheben von Ecken kann angenommen werden, wenn mindestens eine der an die Ecke anschließenden Seiten der Platte mit der Unterstützung oder der benachbarten Platte biegesteif verbunden ist oder ausreichende Auflast vorhanden ist, d. h. mindestens $1/16$ der auf die Gesamtplatte entfallenden Last.

Durchlaufende, zweiachsig gespannte Platten (siehe auch Heft 240), deren Stützweitenverhältnis min l/max l in einer Durchlaufrichtung nicht kleiner als 0,75 ist, dürfen bei der Ermittlung der Stützmomente als über den Stützen voll

Für die Berechnung der Querkraft gilt

$$q = \frac{Q}{b_m} \quad (35)$$

Es bedeuten:

M größtes Balkenmoment (Feldmoment M_F bzw. Stützmoment M_S infolge der auf der Länge t gleichmäßig verteilten Last
m Plattenmoment je m Breite
Q Balkenquerkraft am Auflager
q Plattenquerkraft je m Breite am Auflager
b_m mitwirkende Lastverteilungsbreite an der Stelle des größten Feldmomentes bzw. am Auflager
t Lasteintragungsbreite

(4) Die mitwirkende Lastverteilungsbreite der Platte darf nicht größer als die mögliche angesetzt werden (z. B. unter einer Last nahe am ungestützten Rand, siehe Bild 45).

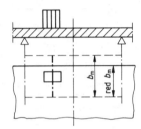

Bild 45. Reduzierte mitwirkende Lastverteilungsbreite bei Lasten in Randnähe

(5) Für den Nachweis gegen Durchstanzen gilt Abschnitt 22.5.

20.1.5 Schnittgrößen

(1) Für die Ermittlung der Schnittgrößen in Platten jeder Form und Lagerungsart gelten die Bestimmungen des Abschnitts 15. Auf der sicheren Seite liegende Näherungsverfahren sind zulässig, z. B. darf für zweiachsig gespannte Rechteckplatten die Berechnung näherungsweise mit sich kreuzenden Plattenstreifen gleicher größter Durchbiegung erfolgen. Zur Ermittlung der Schnittgrößen aus Punkt-, Linien- und Rechtecklasten darf die mitwirkende Lastverteilungsbreite nach DAfStb-Heft 240 ermittelt werden.

(2) Die nach der Plattentheorie ermittelten Feldmomente sind angemessen zu erhöhen (siehe z. B. DAfStb-Heft 240), wenn

a) die Ecken nicht gegen Abheben gesichert sind oder

b) bei Ecken, an denen zwei frei drehbar gelagerte Ränder bzw. ein frei aufliegender und ein eingespannter Rand zusammenstoßen, keine Eckbewehrung nach Abschnitt 20.1.6.4 eingelegt wird.

c) Aussparungen in den Ecken vorhanden sind, die die Drillsteifigkeit wesentlich beeinträchtigen.

(3) Ausreichende Sicherung gegen Abheben von Ecken kann angenommen werden, wenn mindestens eine der an die Ecke anschließenden Seiten der Platte mit der Unterstützung oder der benachbarten Platte biegesteif verbunden ist oder ausreichende Auflast vorhanden ist, d. h. mindestens $1/16$ der auf die Gesamtplatte entfallenden Last.

(4) Durchlaufende, zweiachsig gespannte Platten (siehe auch DAfStb-Heft 240), deren Stützweitenverhältnis min l/max l in einer Durchlaufrichtung nicht kleiner als 0,75 ist, dürfen bei der Ermittlung der Stützmomente als über den

eingespannt betrachtet werden. Die größten und kleinsten Feldmomente dürfen dadurch ermittelt werden, daß für die Vollbelastung mit $q' = g + p/2$ volle Einspannung und für die feldweise wechselnde Belastung mit $q'' = \pm p/2$ freie Drehbarkeit über den Stützen angenommen wird.

Die Stützkräfte, die von gleichmäßig belasteten zweiachsig gespannten Platten auf die Balken abgegeben werden und die zur Ermittlung der Schnittgrößen dieser Balken dienen, dürfen aus den Lastanteilen berechnet werden, die sich aus der Zerlegung der Grundrißfläche in Trapeze und Dreiecke nach Bild 46 ergeben.

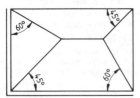

Bild 46. Lastverteilung zur Ermittlung der Stützkräfte

Stoßen an einer Ecke zwei Plattenränder mit gleichartiger Stützung zusammen, so beträgt der Zerlegungswinkel 45°. Stößt ein voll eingespannter mit einem frei aufliegenden Rand zusammen, so beträgt der Zerlegungswinkel auf der Seite der Einspannung 60°. Bei teilweiser Einspannung dürfen die Winkel zwischen 45° und 60° angenommen werden.

20.1.6 Bewehrung
20.1.6.1 Allgemeine Anforderungen
Neben den Bestimmungen des Abschnitts 18 sind die nachstehenden Bewehrungsrichtlinien anzuwenden, soweit nicht bei genauerer Berechnung eine entsprechende Bewehrung eingelegt wird.

20.1.6.2 Hauptbewehrung
Bei Platten ohne Schubbewehrung darf die Längsbewehrung nur dann nach der Zugkraftlinie (siehe Abschnitt 18.7.2) abgestuft werden, wenn der Grundwert $\tau_0 \leq k_1 \cdot \tau_{011}$ bzw. $\tau_0 \leq k_2 \cdot \tau_{011}$ ist (τ_{011} gemäß Zeile 1 a von Tabelle 13 und k_1 nach Gleichung (14) bzw. k_2 nach Gleichung (15) in Abschnitt 17.5.5), und wenn mindestens die Hälfte der Feldbewehrung über das Auflager geführt wird. Sollen für τ_{011} die Werte der Zeile 1 b von Tabelle 13 ausgenutzt werden, so ist in Platten ohne Schubbewehrung die volle Feldbewehrung von Auflager zu Auflager durchzuführen.

Zur Deckung des Moments aus einer rechnerisch nicht berücksichtigten Einspannung ist eine Bewehrung von etwa ⅓ der Feldbewehrung anzuordnen.

Der Abstand der Bewehrungsstäbe s in cm darf in der Gegend der größten Momente bei Platten mit einer Dicke d in cm nicht größer sein als

$$s = 15 + \frac{d}{10} \qquad (36)$$

Bei zweiachsig gespannten Platten darf der Abstand der Bewehrungsstäbe in der minderbeanspruchten Stützrichtung nicht größer sein als $2d$ bzw. höchstens 25 cm.

Wird bei zweiachsig gespannten Platten die Deckung der Momente nicht genauer nachgewiesen, so darf in den Randstreifen von der Breite $c = 0.2 \min l$ die parallel zum stützenden Rand verlaufende Bewehrung auf die Hälfte der in der gleichen Richtung liegenden Bewehrung des mittleren Plattenbereichs abgemindert werden ($a_{s\,Rand} = 0.5\,a_{s\,Mitte}$).

Der durch Einzel- oder Streckenlasten bedingte Anteil der Längsbewehrung ist auf eine Breite $b = 0.5\,b_m$, jedoch

---

Stützen voll eingespannt betrachtet werden. Die größten und kleinsten Feldmomente dürfen dadurch ermittelt werden, daß für die Vollbelastung mit $q' = g + p/2$ volle Einspannung und für die feldweise wechselnde Belastung mit $q'' = \pm p/2$ freie Drehbarkeit über den Stützen angenommen wird.

(5) Die Stützkräfte, die von gleichmäßig belasteten zweiachsig gespannten Platten auf die Balken abgegeben werden und die zur Ermittlung der Schnittgrößen dieser Balken dienen, dürfen aus den Lastanteilen berechnet werden, die sich aus der Zerlegung der Grundrißfläche in Trapeze und Dreiecke nach Bild 46 ergeben.

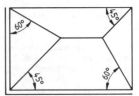

Bild 46. Lastverteilung zur Ermittlung der Stützkräfte

(6) Stoßen an einer Ecke zwei Plattenränder mit gleichartiger Stützung zusammen, so beträgt der Zerlegungswinkel 45°. Stößt ein voll eingespannter mit einem frei aufliegenden Rand zusammen, so beträgt der Zerlegungswinkel auf der Seite der Einspannung 60°. Bei teilweiser Einspannung dürfen die Winkel zwischen 45° und 60° angenommen werden.

20.1.6 Bewehrung
20.1.6.1 Allgemeine Anforderungen
Neben den Bestimmungen des Abschnitts 18 sind die nachstehenden Bewehrungsrichtlinien anzuwenden, soweit nicht bei genauerer Berechnung eine entsprechende Bewehrung eingelegt wird.

20.1.6.2 Hauptbewehrung
(1) Bei Platten ohne Schubbewehrung darf die Feldbewehrung nur dann nach der Zugkraftlinie (siehe Abschnitt 18.7.2) abgestuft werden, wenn der Grundwert $\tau_0 \leq k_1 \cdot \tau_{011}$ bzw. $\tau_0 \leq k_2 \cdot \tau_{011}$ ist (τ_{011} nach Tabelle 13, Zeile 1a, und k_1 nach Gleichung (14) bzw. k_2 nach Gleichung (15) in Abschnitt 17.5.5), und wenn mindestens die Hälfte der Feldbewehrung über das Auflager geführt wird. Sollen für τ_{011} die Werte der Tabelle 13, Zeile 1b, ausgenutzt werden, so ist in Platten ohne Schubbewehrung die volle Feldbewehrung von Auflager zu Auflager durchzuführen.

(2) Zur Deckung des Moments aus einer rechnerisch nicht berücksichtigten Einspannung ist eine Bewehrung von etwa ⅓ der Feldbewehrung anzuordnen.

(3) Der Abstand der Bewehrungsstäbe s darf im Bereich der größten Momente in Abhängigkeit von der Plattendicke d höchstens betragen:

$$\begin{array}{c} d \geq 25\,\text{cm}: s \leq 25\,\text{cm}, \\ d \leq 15\,\text{cm}: s \leq 15\,\text{cm} \end{array} \qquad (36)$$

Zwischenwerte sind linear zu interpolieren.

(4) Bei zweiachsig gespannten Platten darf der Abstand der Bewehrungsstäbe in der minderbeanspruchten Stützrichtung nicht größer sein als $2d$ bzw. 25 cm.

(5) Wird bei zweiachsig gespannten Platten die Deckung der Momente nicht genauer nachgewiesen, so darf in den Randstreifen von der Breite $c = 0.2 \min l$ die parallel zum stützenden Rand verlaufende Bewehrung auf die Hälfte der in der gleichen Richtung liegenden Bewehrung des mittleren Plattenbereichs abgemindert werden ($a_{s\,Rand} = 0.5\,a_{s\,Mitte}$).

(6) Der durch Einzel- oder Streckenlasten bedingte Anteil der Längsbewehrung ist auf eine Breite $b = 0.5\,b_m$, jedoch

Ausgabe Dezember 1978 — DIN 1045 — Ausgabe Juli 1988

mindestens auf t_y nach Gleichung (33), zu verteilen (siehe Bild 47).

Die Bestimmungen dieses Abschnitts gelten auch bei Verwendung von biegesteifer Bewehrung.

20.1.6.3 Querbewehrung einachsig gespannter Platten

Einachsig gespannte Platten sind mit einer Querbewehrung zu versehen, deren Querschnitt je Meter mindestens 20 % der für gleichmäßig verteilte Belastung im Feld erforderlichen Hauptbewehrung sein muß. Besteht die Querbewehrung aus einer anderen Stahlgruppe als die Hauptbewehrung, so ist ihr Querschnitt im umgekehrten Verhältnis ihrer Streckgrenzen zu vergrößern. Mindestens sind aber bei BSt 220/340 (I) drei Bewehrungsstäbe mit Durchmesser $d_s = 7$ mm, bei BSt 420/500 (III) drei Stäbe mit Durchmesser $d_s = 6$ mm und bei BSt 500/550 (IV) drei Stäbe mit Durchmesser $d_s = 4,5$ mm je Meter oder eine größere Anzahl von dünneren Stäben mit gleichem Gesamtquerschnitt je Meter anzuordnen.

Diese Querbewehrung genügt in der Regel auch zur Aufnahme der Querzugspannungen nach Abschnitt 18.5.2.3. Bei durchlaufenden Platten ist im Bereich der Zwischenauflager eine geeignete obere konstruktive Querbewehrung anzuordnen.

Unter Einzel- oder Streckenlasten ist – sofern kein genauerer Nachweis geführt wird – zusätzlich eine untere Querbewehrung einzulegen, deren Querschnitt je Meter mindestens 60 % des durch die Strecken- oder Einzellast bedingten Anteils der Hauptbewehrung sein muß. Auch bei Kragplatten sind 60 % der Bewehrung, die zur Aufnahme des durch die Einzellast verursachten Stützmomentes erforderlich ist, auf der Unterseite einzulegen. Die Länge l_q dieser zusätzlichen Querbewehrung darf dabei nach Gleichung (37) ermittelt werden.

$$l_q \geq b_m + 2\, l_1 \quad (37)$$

Hierin sind:

b_m mitwirkende Lastverteilungsbreite nach Abschnitt 20.1.4

l_1 Verankerungslänge nach Abschnitt 18.5.2.2.

Diese Querbewehrung ist auf eine Breite $b = 0,5\, b_m$, jedoch mindestens auf t_x nach Gleichung (33) zu verteilen und soll um $b_m/4$ gestaffelt werden (siehe Bild 47).

20.1.6.3 Querbewehrung einachsig gespannter Platten

(1) Einachsig gespannte Platten sind mit einer Querbewehrung zu versehen, deren Querschnitt je Meter mindestens 20 % der für gleichmäßig verteilte Belastung im Feld erforderlichen Hauptbewehrung sein muß. Besteht die Querbewehrung aus einer anderen Stahlsorte als die Hauptbewehrung, so ist ihr Querschnitt im umgekehrten Verhältnis ihrer Streckgrenzen zu vergrößern. Mindestens sind aber bei Betonstabstahl III S und bei Betonstabstahl IV S drei Stäbe mit Durchmesser $d_s = 6$ mm, und bei Betonstahlmatten IV M drei Stäbe mit Durchmesser $d_s = 4,5$ mm je Meter oder eine größere Anzahl von dünneren Stäben mit gleichem Gesamtquerschnitt je Meter anzuordnen.

(2) Diese Querbewehrung genügt in der Regel auch zur Aufnahme der Querzugspannungen nach Abschnitt 18.5.2.3. Bei durchlaufenden Platten ist im Bereich der Zwischenauflager eine geeignete obere konstruktive Querbewehrung anzuordnen.

(3) Unter Einzel- oder Streckenlasten ist – sofern kein genauerer Nachweis geführt wird – zusätzlich eine untere Querbewehrung einzulegen, deren Querschnitt je Meter mindestens 60 % des durch die Strecken- oder Einzellast bedingten Anteils der Hauptbewehrung sein muß. Auch bei Kragplatten sind 60 % der Bewehrung, die zur Aufnahme des durch die Einzellast verursachten Stützmoments erforderlich ist, auf der Unterseite einzulegen. Die Länge l_q dieser zusätzlichen Querbewehrung darf dabei nach Gleichung (37) ermittelt werden.

$$l_q \geq b_m + 2\, l_1 \quad (37)$$

Hierin sind:

b_m mitwirkende Lastverteilungsbreite nach Abschnitt 20.1.4

l_1 Verankerungslänge nach Abschnitt 18.5.2.2.

(4) Diese Querbewehrung ist auf eine Breite $b = 0,5\, b_m$, jedoch mindestens auf t_x nach Gleichung (33) zu verteilen und soll um $b_m/4$ gestaffelt werden (siehe Bild 47).

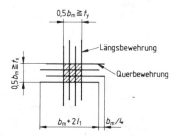

Bild 47. Zusätzliche Bewehrung unter einer Einzellast

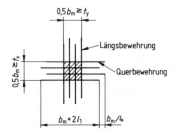

Bild 47. Zusätzliche Bewehrung unter einer Einzellast

Liegt die Hauptbewehrung gleichlaufend mit einer in der Rechnung nicht berücksichtigten Stützung (z. B. Steg, Balken, Wand), so sind die dort auftretenden Zugspannungen durch eine besondere rechtwinklig zu dieser Stützung verlaufende obere Querbewehrung aufzunehmen, die das Abreißen der Platte verhindert. Wird diese Bewehrung nicht besonders ermittelt, so ist je Meter Stützung 60 % der Hauptbewehrung a_s der Platte in Feldmitte anzu-

(5) Liegt die Hauptbewehrung gleichlaufend mit einer in der Rechnung nicht berücksichtigten Stützung (z. B. Steg, Balken, Wand), so sind die dort auftretenden Zugspannungen durch eine besondere rechtwinklig zu dieser Stützung verlaufende obere Querbewehrung aufzunehmen, die das Abreißen der Platte verhindert. Wird diese Bewehrung nicht besonders ermittelt, so ist je Meter Stützung 60 % der Hauptbewehrung a_s der Platte in Feldmitte anzuordnen. Mindestens aber sind

ordnen. Mindestens aber sind fünf Bewehrungsstäbe je Meter anzuordnen, und zwar bei BSt 220/340 (I) mit Durchmesser d_s = 8 mm, bei BSt 420/500 (III) mit Durchmesser d_s = 7 mm und bei BSt 500/550 (IV) mit Durchmesser d_s = 6 mm oder eine größere Anzahl von dünneren Stäben mit gleichem Gesamtquerschnitt je Meter Stützung. Diese Bewehrung muß mindestens um ein Viertel der in der Berechnung zugrunde gelegten Plattenstützweite über die Stützung hinausreichen.

Für die nicht mittragend gerechneten Stützungen ist zusätzlich ein angemessener Lastanteil zu berücksichtigen.

20.1.6.4 Eckbewehrung

Wird eine Eckbewehrung (Drillbewehrung) angeordnet, dann ist diese bei vierseitig gelagerten Platten nach Abschnitt 20.1.5 auf eine Breite von 0,2 min l und auf eine Länge von 0,4 min l an der Oberseite in Richtung der Winkelhalbierenden und an der Unterseite rechtwinklig dazu zu verlegen. Ihr Querschnitt je Meter muß in beiden Richtungen gleich dem der größten unteren Feldbewehrung sein. Diese Eckbewehrung darf am Auflager und im Feld am Hakenanfang bzw. am ersten Querstab als verankert angesehen werden. Bei Rippenstahl darf hier der Haken durch eine Verankerungslänge von 20 d_s ersetzt werden.

fünf Bewehrungsstäbe je Meter anzuordnen, und zwar bei Betonstabstahl III S, Betonstabstahl IV S und Betonstahlmatten IV M mit Durchmesser d_s = 6 mm oder eine größere Anzahl von dünneren Stäben mit gleichem Gesamtquerschnitt je Meter Stützung. Diese Bewehrung muß mindestens um ein Viertel der in der Berechnung zugrunde gelegten Plattenstützweite über die Stützung hinausreichen.

(6) Für die nicht mittragend gerechneten Stützungen ist zusätzlich ein angemessener Lastanteil zu berücksichtigen.

20.1.6.4 Eckbewehrung

(1) Wird eine Eckbewehrung (Drillbewehrung) angeordnet, dann ist diese bei vierseitig gelagerten Platten nach Abschnitt 20.1.5 auf eine Breite von 0,2 min l und auf eine Länge von 0,4 min l an der Oberseite in Richtung der Winkelhalbierenden und an der Unterseite rechtwinklig dazu zu verlegen. Ihr Querschnitt je Meter muß in beiden Richtungen gleich dem der größten unteren Feldbewehrung sein.

Diese Eckbewehrung darf am Auflager und im Feld am Hakenanfang bzw. am ersten Querstab als verankert angesehen werden. Bei Rippenstahl darf hier der Haken durch eine Verankerungslänge von 20 d_s ersetzt werden.

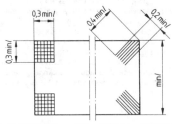

Bild 48. Rechtwinklige und schräge Eckbewehrung, Oberseite

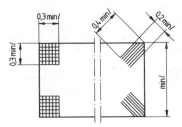

Bild 48. Rechtwinklige und schräge Eckbewehrung, Oberseite

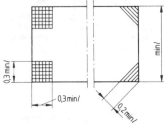

Bild 49. Rechtwinklige und schräge Eckbewehrung, Unterseite

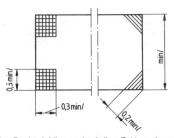

Bild 49. Rechtwinklige und schräge Eckbewehrung, Unterseite

Die Eckbewehrung darf durch eine parallel zu den Seiten verlaufende obere und untere Netzbewehrung ersetzt werden, die in jeder Richtung den gleichen Querschnitt wie die Feldbewehrung hat und 0,3 min l (siehe Bilder 48 und 49) lang ist.

In Plattenecken, in denen ein frei aufliegender und ein eingespannter Rand zusammenstoßen, ist die Hälfte der in Absatz 2 dieses Abschnittes angegebenen Eckbewehrung rechtwinklig zum freien Rand einzulegen.

Bei vierseitig gelagerten Platten, die einachsig gespannt gerechnet werden, empfiehlt es sich, zur Beschränkung der Rißbildung in den Ecken ebenfalls eine Eckbewehrung nach Absatz 1 oder 2 dieses Abschnittes anzuordnen.

Ist die Platte mit Randbalken oder benachbarten Deckenfeldern biegefest verbunden, so brauchen die zugehörigen

(2) Die Eckbewehrung darf durch eine parallel zu den Seiten verlaufende obere und untere Netzbewehrung ersetzt werden, die in jeder Richtung den gleichen Querschnitt wie die Feldbewehrung hat und 0,3 min l (siehe Bilder 48 und 49) lang ist.

(3) In Plattenecken, in denen ein frei aufliegender und ein eingespannter Rand zusammenstoßen, ist die Hälfte der in Absatz (2) angegebenen Eckbewehrung rechtwinklig zum freien Rand einzulegen.

(4) Bei vierseitig gelagerten Platten, die einachsig gespannt gerechnet werden, empfiehlt es sich, zur Beschränkung der Rißbildung in den Ecken ebenfalls eine Eckbewehrung nach Absatz (1) oder Absatz (2) anzuordnen.

(5) Ist die Platte mit Randbalken oder benachbarten Deckenfeldern biegefest verbunden, so brauchen die zuge-

Ausgabe Dezember 1978

Drillmomente nicht nachgewiesen und keine Drillbewehrung angeordnet zu werden.
Bei anderen, z. B. dreiseitig frei gelagerten Platten, ist eine nach der Elastizitätstheorie sich ergebende Eckbewehrung anzuordnen.

20.2 Stahlsteindecken

20.2.1 Begriff
Stahlsteindecken sind Decken aus Deckenziegeln, Beton oder Zementmörtel und Betonstahl, bei denen das Zusammenwirken der genannten Baustoffe zur Aufnahme der Schnittgrößen nötig ist. Der Zementmörtel muß wie Beton verdichtet werden.

Stahlsteindecken sind aus Deckenziegeln mit einer Druckfestigkeit in Strangrichtung von 22,5 N/mm^2 oder von 30 N/mm^2 nach DIN 4159, Ausgabe Oktober 1972, und Beton mindestens der Festigkeitsklasse B 15 (siehe auch Abschnitt 19.7.8.2, Tabelle (28)) und mit einem Achsabstand der Bewehrung von höchstens 25 cm herzustellen.

Stahlsteindecken dürfen nur als einachsig gespannt gerechnet werden.

Für sie gelten die Bestimmungen von Abschnitt 20.1, soweit in den folgenden Abschnitten nichts anderes gesagt ist. Stahlsteindecken, die den Vorschriften dieses Abschnitts entsprechen, gelten als Decken mit ausreichender Querverteilung im Sinne von DIN 1055 Teil 3.

Für vorgefertigte Stahlsteindecken ist außerdem Abschnitt 19, insbesondere 19.7.10, zu beachten.

20.2.2 Anwendungsbereich
Stahlsteindecken dürfen verwendet werden bei den unter a) bis c) angegebenen gleichmäßig verteilten und vorwiegend ruhenden Verkehrslasten nach DIN 1055 Teil 3 und bei Decken, die nur mit Personenkraftwagen befahren werden. Decken mit Querbewehrung nach Absatz b) und c) dürfen auch bei Fabriken und Werkstätten mit leichtem Betrieb verwendet werden.

a) $p \leq 3,5$ kN/m^2 einschließlich dazugehöriger Flure bei voll- und teilvermörtelten Decken ohne Querbewehrung;
b) $p \leq 5,0$ kN/m^2
bei teilvermörtelten Decken mit obenliegender Mindestquerbewehrung nach Abschnitt 20.1.6.3 in den Stoßfugenaussparungen der Deckenziegel;
c) p unbeschränkt
bei vollvermörtelten Decken mit untenliegender Mindestquerbewehrung nach Abschnitt 20.1.6.3 in den Stoßfugenaussparungen der Deckenziegel.

Stahlsteindecken dürfen als tragfähige Scheiben, z. B. für die Aufnahme von Windlasten, verwendet werden, wenn sie den Bedingungen des Abschnitts 19.7.4.1 entsprechen.

20.2.3 Auflager
Wegen der Auflagertiefe siehe Abschnitt 20.1.2. Werden Stahlsteindecken am Auflager durch daraufstehende Wände mit Ausnahme von leichten Trennwänden nach DIN 4103 belastet, so sind die Deckenauflager aus Beton mindestens der Festigkeitsklasse B 15 herzustellen.

Bei Stahlträgern muß der Auflagerstreifen über den Unterflanschen der Stahlträger voll aus Beton hergestellt werden. Stelzungen am Auflager müssen gleichzeitig mit der Stahlsteindecke hergestellt werden. Schmale, hohe Stelzungen sind zu bewehren.

20.2.4 Deckendicke
Die Dicke von Stahlsteindecken muß mindestens 9 cm betragen.

Ausgabe Juli 1988

hörigen Drillmomente nicht nachgewiesen und keine Drillbewehrung angeordnet zu werden.
(6) Bei anderen, z. B. dreiseitig frei gelagerten Platten, ist eine nach der Elastizitätstheorie sich ergebende Eckbewehrung anzuordnen.

20.2 Stahlsteindecken

20.2.1 Begriff
(1) Stahlsteindecken sind Decken aus Deckenziegeln, Beton oder Zementmörtel und Betonstahl, bei denen das Zusammenwirken der genannten Baustoffe zur Aufnahme der Schnittgrößen nötig ist. Der Zementmörtel muß wie Beton verdichtet werden.

(2) Stahlsteindecken sind aus Deckenziegeln mit einer Druckfestigkeit in Strangrichtung von 22,5 N/mm^2 oder von 30 N/mm^2 nach DIN 4159 und Beton mindestens der Festigkeitsklasse B 15 (siehe auch Abschnitt 19.7.8.2, Tabelle 28) und mit einem Achsabstand der Bewehrung von höchstens 25 cm herzustellen.

(3) Stahlsteindecken dürfen nur als einachsig gespannt gerechnet werden.

(4) Für sie gelten die Bestimmungen von Abschnitt 20.1, soweit in den folgenden Abschnitten nichts anderes gesagt ist. Stahlsteindecken, die den Vorschriften dieses Abschnitts entsprechen, gelten als Decken mit ausreichender Querverteilung im Sinne von DIN 1055 Teil 3.

(5) Für vorgefertigte Stahlsteindecken ist außerdem Abschnitt 19, insbesondere 19.7.10, zu beachten.

20.2.2 Anwendungsbereich
(1) Stahlsteindecken dürfen verwendet werden bei den unter a) bis c) angegebenen gleichmäßig verteilten und vorwiegend ruhenden Verkehrslasten nach DIN 1055 Teil 3 und bei Decken, die nur mit Personenkraftwagen befahren werden. Decken mit Querbewehrung nach b) und c) dürfen auch bei Fabriken und Werkstätten mit leichtem Betrieb verwendet werden.

a) $p \leq 3,5$ kN/m^2 einschließlich dazugehöriger Flure bei voll- und teilvermörtelten Decken ohne Querbewehrung;
b) $p \leq 5,0$ kN/m^2
bei teilvermörtelten Decken mit obenliegender Mindestquerbewehrung nach Abschnitt 20.1.6.3 in den Stoßfugenaussparungen der Deckenziegel;
c) p unbeschränkt
bei vollvermörtelten Decken mit untenliegender Mindestquerbewehrung nach Abschnitt 20.1.6.3 in den Stoßfugenaussparungen der Deckenziegel.

(2) Stahlsteindecken dürfen als tragfähige Scheiben z. B. für die Aufnahme von Windlasten, verwendet werden, wenn sie den Bedingungen des Abschnitts 19.7.4.1 entsprechen.

20.2.3 Auflager
(1) Wegen der Auflagertiefe siehe Abschnitt 20.1.2. Werden Stahlsteindecken am Auflager durch daraufstehende Wände mit Ausnahme von leichten Trennwänden nach den Normen der Reihe DIN 4103 belastet, so sind die Deckenauflager aus Beton mindestens der Festigkeitsklasse B 15 herzustellen.

(2) Bei Stahlträgern muß der Auflagerstreifen über den Unterflanschen der Stahlträger voll aus Beton hergestellt werden. Stelzungen am Auflager müssen gleichzeitig mit der Stahlsteindecke hergestellt werden. Schmale, hohe Stelzungen sind zu bewehren.

20.2.4 Deckendicke
Die Dicke von Stahlsteindecken muß mindestens 9 cm betragen.

Ausgabe Dezember 1978 — DIN 1045 — Ausgabe Juli 1988

20.2.5 Lastverteilung bei Einzel- und Streckenlasten

Sind Einzellasten größer als die auf 1 m² entfallende gleichmäßig verteilte Verkehrslast p oder größer als 7,5 kN, so sind sie durch geeignete Maßnahmen auf eine größere Aufstandsfläche zu verteilen. Ihre Aufnahme ist nachzuweisen.

Der Nachweis bei Stahlsteindecken mit vollvermörtelbaren und nach Abschnitt 20.1.6.3 bewehrten Querfugen kann nach Abschnitt 20.1.4 geführt werden.

Für alle übrigen Stahlsteindecken darf als mitwirkende Lastverteilungsbreite nur die Lasteintragungsbreite t nach Gleichung (33) angenommen werden.

20.2.6 Bemessung

20.2.6.1 Biegebemessung

Die Bemessung für Biegung ist nach Abschnitt 17 so durchzuführen, als ob der ganze mitwirkende Druckquerschnitt aus Beton bestünde, und zwar aus Beton B 15 bei Deckenziegeln mit einer mittleren Druckfestigkeit in Strangrichtung vor mindestens 22,5 N/mm² nach DIN 4159 und aus Beton B 25 bei Deckenziegeln mit einer Druckfestigkeit von mindestens 30 N/mm². Eine etwa oberhalb der Deckenziegel aufgebrachte Betonschicht darf bei der Ermittlung des Druckquerschnitts nicht in Rechnung gestellt werden.

Bei Stahlsteindecken aus Deckenziegeln mit vollvermörtelbaren Stoßfugen nach DIN 4159, Ausgabe April 1978, gilt als wirksamer Druckquerschnitt der im Druckbereich liegende Querschnitt der Betonstege und der Deckenziegel ohne Abzug der Hohlräume. Liegt die Druckzone unten, so ist die statische Nutzhöhe h in der Rechnung um 1 cm zu vermindern.

Bei Stahlsteindecken aus Deckenziegeln mit teilvermörtelbaren Stoßfugen nach DIN 4159 gilt als wirksamer Druckquerschnitt der im Druckbereich liegende Querschnitt der Betonstege sowie der Querschnittsteil der Deckenziegel von der Höhe s_t ohne Abzug der Hohlräume. Im Bereich negativer Momente etwa vorhandene Schalungsziegel, z. B. zur Verbreiterung der Betondruckzone, dürfen auf die statische Nutzhöhe nicht angerechnet werden.

20.2.6.2 Schubnachweis

Die Schubspannungen sind nach Abschnitt 17.5 nachzuweisen. Bei der Ermittlung des Grundwertes der Schubspannung τ_0 ist die Breite der Betonrippen und die der in halber Deckenhöhe vorhandenen Stege der Deckenziegel anzusetzen, wobei aber der in Rechnung zu stellende Anteil der Stege der Deckenziegel nicht größer als 5 cm je Betonrippe sein darf.

Eine Schubbewehrung ist nicht erforderlich. Der Grundwert der Schubspannung τ_0 darf die für Beton zugelassenen Werte τ_{011} nach Abschnitt 17.5.3, Tabelle 13, Zeile 1 b, nicht überschreiten. Wird bei Stahlsteindecken aus Deckenziegeln mit einer mittleren Druckfestigkeit in Strangrichtung von mindestens 22,5 N/mm² an Stelle eines Betons B 15 ein Beton B 25 verwendet, so darf die zulässige Schubspannung nach Tabelle 13, Zeile 1 b, Spalte 4, um 0,07 MN/m² erhöht werden.

Aufbiegungen der Zugbewehrungen sind nicht zulässig.

20.2.7 Bauliche Ausbildung

Die Deckenziegel sind mit durchgehenden Stoßfugen unvermauert zu verlegen. Sie müssen vor dem Einbringen des Betons so durchfeuchtet sein, daß sie nur wenig Wasser aus dem Beton oder Mörtel aufsaugen. Auf die volle Ausfüllung der Fugen und Rippen ist sorgfältig zu achten, besonders, wenn die Druckzone unten liegt.

In Bereichen, in denen die Druckzone unten liegt, müssen Deckenziegel mit vollvermörtelbarer Stoßfuge nach

Ausgabe Dezember 1978

DIN 4159 verwendet werden, soweit hier nicht an Stelle der Deckenziegel Vollbeton verwendet wird. Das Eindringen des Betons in die Hohlräume der Deckenziegel ist durch geeignete Maßnahmen zu verhüten, damit eine ausreichende Verdichtung des Betons möglich ist und das Berechnungsgewicht der Decke nicht überschritten wird.

Stahlsteindecken zwischen Stahlträgern dürfen nur dann als durchlaufende Decken behandelt werden, wenn ihre Oberkante mindestens 4 cm über der Trägeroberkante liegt, so daß die oberen Stahleinlagen mit ausreichender Betondeckung durchgeführt werden können.

20.2.8 Bewehrung

Die Hauptbewehrung ist möglichst gleichmäßig auf alle Längsrippen zu verteilen. Sie muß mit Ausnahme des Größtabstandes der Bewehrung Abschnitt 20.1.6.2 entsprechen.

Wegen der Querbewehrung siehe die Abschnitte 20.2.2 und 20.2.5.

20.3 Glasstahlbeton
20.3.1 Begriff und Anwendungsbereich

Glasstahlbeton ist eine Bauart aus Beton, Betongläsern und Betonstahl, bei der das Zusammenwirken dieser Baustoffe zur Aufnahme der Schnittgrößen nötig ist.

Für Glasstahlbeton gelten die Bestimmungen für Stahlbetonplatten (siehe Abschnitt 20.1), soweit in den folgenden Abschnitten nichts anderes gesagt ist. Die Betongläser müssen DIN 4243 entsprechen.

Bauteile aus Glasstahlbeton dürfen nur als Abschluß gegen die Außenluft (Oberlicht, Abdeckung von Lichtschächten usw.) mit einer Verkehrslast von höchstens 5,0 kN/m² und im allgemeinen nur für überwiegend auf Biegung beanspruchte Teile verwendet werden. Jedoch dürfen auch räumliche Bauteile (siehe Abschnitt 24) aus Glasstahlbeton ausgeführt werden, wenn zylindrische, über die ganze Dicke reichende Betongläser verwendet werden. Eine Verwendung für Durchfahrten und befahrbare Decken ist ausgeschlossen.

Werden Bauteile aus Glasstahlbeton in Sonderfällen befahren, so dürfen nur Betongläser nach DIN 4243, <u>Ausgabe April 1978, Tabelle 1</u>, Form C und D, verwendet werden. Diese dürfen jedoch nicht als statisch mitwirkend in Rechnung gestellt werden.

Bauteile aus Glasstahlbeton dürfen mit Ortbeton oder als Fertigteile ausgeführt werden. Hierzu siehe Abschnitt 19, insbesondere 19.7.9 sinngemäß.

20.3.2 Mindestanforderungen, bauliche Ausbildung und Herstellung

Die Betongläser müssen unmittelbar ohne Zwischenschaltung nachgiebiger Stoffe, wie Asphalt oder dergleichen, in den Beton eingebettet sein, so daß ein ausreichender Verbund zwischen Glas und Beton <u>gewährleistet</u> ist.

Hohlgläser müssen über die ganze Plattendicke reichen.

Betonrippen müssen bei einachsig gespannten Tragwerken mindestens 6 cm hoch, bei zweiachsig gespannten Tragwerken mindestens 8 cm hoch und in Höhe der Bewehrung mindestens 3 cm breit sein.

Alle Längs- und Querrippen müssen mindestens einen Bewehrungsstab mit einem Durchmesser von mindestens 6 mm erhalten.

Bauteile aus Glasstahlbeton müssen einen umlaufenden Stahlbetonringbalken mit geschlossener Ringbewehrung erhalten. Der Ringbalken darf innerhalb eines anschließenden Stahlbetonbauteils liegen. Breite und Dicke des Bal-

Ausgabe Juli 1988

DIN 4159 verwendet werden, soweit hier nicht an Stelle der Deckenziegel Vollbeton verwendet wird. Das Eindringen des Betons in die Hohlräume der Deckenziegel ist durch geeignete Maßnahmen zu verhüten, damit eine ausreichende Verdichtung des Betons möglich ist und das Berechnungsgewicht der Decke nicht überschritten wird.

(3) Stahlsteindecken zwischen Stahlträgern dürfen nur dann als durchlaufende Decken behandelt werden, wenn ihre Oberkante mindestens 4 cm über der Trägeroberkante liegt, so daß die oberen Stahleinlagen mit ausreichender Betondeckung durchgeführt werden können.

20.2.8 Bewehrung

(1) Die Hauptbewehrung ist möglichst gleichmäßig auf alle Längsrippen zu verteilen. Sie muß mit Ausnahme des Höchstabstandes der Bewehrung nach Abschnitt 20.1.6.2 entsprechen.

(2) Wegen der Querbewehrung siehe die Abschnitte 20.2.2 und 20.2.5.

20.3 Glasstahlbeton
20.3.1 Begriff und Anwendungsbereich

(1) Glasstahlbeton ist eine Bauart aus Beton, Betongläsern und Betonstahl, bei der das Zusammenwirken dieser Baustoffe zur Aufnahme der Schnittgrößen nötig ist.

(2) Für Glasstahlbeton gelten die Bestimmungen für Stahlbetonplatten (siehe Abschnitt 20.1), soweit in den folgenden Abschnitten nichts anderes gesagt ist. Die Betongläser müssen DIN 4243 entsprechen.

(3) Bauteile aus Glasstahlbeton dürfen nur als Abschluß gegen die Außenluft (Oberlicht, Abdeckung von Lichtschächten usw.) mit einer Verkehrslast von höchstens 5,0 kN/m² und im allgemeinen nur für überwiegend auf Biegung beanspruchte Teile verwendet werden. Jedoch dürfen auch räumliche Bauteile (siehe Abschnitt 24) aus Glasstahlbeton ausgeführt werden, wenn zylindrische, über die ganze Dicke reichende Betongläser verwendet werden. Eine Verwendung für Durchfahrten und befahrbare Decken ist ausgeschlossen.

(4) Werden Bauteile aus Glasstahlbeton in Sonderfällen befahren, so dürfen nur Betongläser nach DIN 4243, Form C und <u>Form</u> D, verwendet werden. Diese dürfen jedoch nicht als statisch mitwirkend in Rechnung gestellt werden.

(5) Bauteile aus Glasstahlbeton dürfen mit Ortbeton oder als Fertigteile ausgeführt werden. Hierzu siehe Abschnitt 19, insbesondere Abschnitt 19.7.9 sinngemäß.

20.3.2 Mindestanforderungen, bauliche Ausbildung und Herstellung

(1) Die Betongläser müssen unmittelbar ohne Zwischenschaltung nachgiebiger Stoffe wie Asphalt oder dergleichen, in den Beton eingebettet sein, so daß ein ausreichender Verbund zwischen Glas und Beton <u>sichergestellt</u> ist.

(2) Hohlgläser müssen über die ganze Plattendicke reichen.

(3) Betonrippen müssen bei einachsig gespannten Tragwerken mindestens 6 cm hoch, bei zweiachsig gespannten Tragwerken mindestens 8 cm hoch und in Höhe der Bewehrung mindestens 3 cm breit sein.

(4) Alle Längs- und Querrippen müssen mindestens einen Bewehrungsstab mit einem Durchmesser von mindestens 6 mm erhalten.

(5) Bauteile aus Glasstahlbeton müssen einen umlaufenden Stahlbetonringbalken mit geschlossener Ringbewehrung erhalten. Der Ringbalken darf innerhalb eines anschließenden Stahlbetonbauteils liegen. Breite und Dicke des Balkens

Ausgabe Dezember 1978	Ausgabe Juli 1988
kens müssen mindestens so groß wie die Dicke des Bauteils selbst sein. Die Ringbewehrung muß so groß sein wie die Bewehrung der Längsrippen. Die Bewehrung aller Rippen ist bis an die äußeren Ränder des umlaufenden Balkens zu führen. Bauteile aus Glasstahlbeton sind durch besondere Maßnahmen vor erheblichen Zwangkräften aus der Gebäudekonstruktion zu schützen, z. B. durch nachgiebige Fugen. **20.3.3 Bemessung** Bauteile aus Glasstahlbeton können als einachsig oder zweiachsig gespannte Tragwerke berechnet werden. Im letzten Fall darf die größere Stützweite höchstens doppelt so groß wie die kleinere sein. Die Bemessung auf Biegung ist nach Abschnitt 17 so durchzuführen, als ob ein einheitlicher Stahlbetonquerschnitt vorläge. Dabei dürfen die in der Druckzone liegenden Querschnittsteile der Glaskörper als statisch mitwirkend in Rechnung gestellt werden (siehe jedoch Abschnitt 20.3.1, vorletzter Absatz). Hohlräume brauchen bei allseitig geschlossenen Hohlgläsern nicht abgezogen zu werden. Als Druckfestigkeit ist die des Rippenbetons in Rechnung zu stellen, jedoch keine größere als die von B 25. Der Bewehrungsgrad $\mu = A_s/b\,h$ darf bei Verwendung von Hohlgläsern 1,2 % nicht überschreiten. Für b ist hierbei die volle Breite, d. h. ohne Abzug der Gläser oder Hohlräume, einzusetzen. Bei der Berechnung des Grundwerts der Schubspannung τ_0 (siehe Abschnitt 17.5.3) dürfen die Stege der Betongläser nicht in Rechnung gestellt werden. Die Schubbewehrung ist nach Abschnitt 17.5.4 und 17.5.5 zu bemessen.	müssen mindestens so groß wie die Dicke des Bauteils selbst sein. Die Ringbewehrung muß so groß sein wie die Bewehrung der Längsrippen. Die Bewehrung aller Rippen ist bis an die äußeren Ränder des umlaufenden Balkens zu führen. (6) Bauteile aus Glasstahlbeton sind durch besondere Maßnahmen vor erheblichen Zwangkräften aus der Gebäudekonstruktion zu schützen, z. B. durch nachgiebige Fugen. **20.3.3 Bemessung** (1) Bauteile aus Glasstahlbeton können als einachsig oder zweiachsig gespannte Tragwerke berechnet werden. Im letzten Fall darf die größere Stützweite höchstens doppelt so groß wie die kleinere sein. (2) Die Bemessung auf Biegung ist nach Abschnitt 17 so durchzuführen, als ob ein einheitlicher Stahlbetonquerschnitt vorläge. Dabei dürfen die in der Druckzone liegenden Querschnittsteile der Glaskörper als statisch mitwirkend in Rechnung gestellt werden (siehe jedoch Abschnitt 20.3.1 (4)). Hohlräume brauchen bei allseitig geschlossenen Hohlgläsern nicht abgezogen zu werden. Als Druckfestigkeit ist die des Rippenbetons in Rechnung zu stellen, jedoch keine größere als die von B 25. Der Bewehrungsgrad $\mu = A_s/b\,h$ darf bei Verwendung von Hohlgläsern 1,2 % nicht überschreiten. Für b ist hierbei die volle Breite, d. h. ohne Abzug der Gläser oder Hohlräume, einzusetzen. (3) Bei Berechnung des Grundwerts der Schubspannung τ_0 (siehe Abschnitt 17.5.3) dürfen die Stege der Betongläser nicht in Rechnung gestellt werden. Die Schubbewehrung ist nach den Abschnitten 17.5.4 und 17.5.5 zu bemessen.
21 Balken, Plattenbalken und Rippendecken **21.1 Balken und Plattenbalken** **21.1.1 Begriffe, Auflagertiefe, Stabilität** Balken sind überwiegend auf Biegung beanspruchte stabförmige Träger beliebigen Querschnitts. Plattenbalken sind stabförmige Tragwerke, bei denen kraftschlüssig miteinander verbundene Platten und Balken (Rippen) bei der Aufnahme der Schnittgrößen zusammenwirken. Sie können als einzelne Träger oder als Plattenbalkendecken ausgeführt werden. Für die Auflagertiefe von Balken und Plattenbalken gilt der erste Absatz des Abschnitts 20.1.2; sie muß jedoch mindestens 10 cm betragen. Für die Dicke der Platten von Plattenbalken gilt Abschnitt 20.1.3; sie muß jedoch mindestens 7 cm betragen. Bei sehr schlanken Bauteilen ist auf die Stabilität gegen Kippen und Beulen zu achten. **21.1.2 Bewehrung** Wegen des Mindestabstandes der Bewehrung siehe Abschnitt 18.2, wegen unbeabsichtigter Einspannung Abschnitt 18.9.2 und wegen der Anordnung einer Abreißbewehrung in angrenzenden Platten Abschnitt 20.1.6.3. Wegen der Anordnung der Schubbewehrung in Balken, Plattenbalken und Rippendecken siehe die Abschnitte 17.5 und 18.8. In Balken und in Stegen von Plattenbalken mit mehr als 1 m Höhe sind an den Seitenflächen Längsstäbe anzuordnen, die über die Höhe der Zugzone zu verteilen sind. Der Gesamtquerschnitt dieser Bewehrung muß mindestens 8 % des Querschnitts der Biegezugbewehrung betragen. Diese Bewehrung darf als Zugbewehrung mitgerechnet werden, wenn ihr Abstand zur Nullinie berücksichtigt und wenn sie nach Abschnitt 18.7 ausgebildet wird.	**21 Balken, Plattenbalken und Rippendecken** **21.1 Balken und Plattenbalken** **21.1.1 Begriffe, Auflagertiefe, Stabilität** (1) Balken sind überwiegend auf Biegung beanspruchte stabförmige Träger beliebigen Querschnitts. (2) Plattenbalken sind stabförmige Tragwerke, bei denen kraftschlüssig miteinander verbundene Platten und Balken (Rippen) bei der Aufnahme der Schnittgrößen zusammenwirken. Sie können als einzelne Träger oder als Plattenbalkendecken ausgeführt werden. (3) Für die Auflagertiefe von Balken und Plattenbalken gilt Abschnitt 20.1.2 (1); sie muß jedoch mindestens 10 cm betragen. Für die Dicke der Platten von Plattenbalken gilt Abschnitt 20.1.3; sie muß jedoch mindestens 7 cm betragen. (4) Bei sehr schlanken Bauteilen ist auf die Stabilität gegen Kippen und Beulen zu achten. **21.1.2 Bewehrung** (1) Wegen des Mindestabstandes der Bewehrung siehe Abschnitt 18.2, wegen unbeabsichtigter Einspannung Abschnitt 18.9.2 und wegen der Anordnung einer Abreißbewehrung in angrenzenden Platten Abschnitt 20.1.6.3. (2) Wegen der Anordnung der Schubbewehrung in Balken, Plattenbalken und Rippendecken siehe die Abschnitte 17.5 und 18.8. (3) In Balken und in Stegen von Plattenbalken mit mehr als 1 m Höhe sind an den Seitenflächen Längsstäbe anzuordnen, die über die Höhe der Zugzone zu verteilen sind. Der Gesamtquerschnitt dieser Bewehrung muß mindestens 8 % des Querschnitts der Biegezugbewehrung betragen. Diese Bewehrung darf als Zugbewehrung mitgerechnet werden, wenn ihr Abstand zur Nullinie berücksichtigt und wenn sie nach Abschnitt 18.7 ausgebildet wird.

Ausgabe Dezember 1978 — DIN 1045 — Ausgabe Juli 1988

21.2 Stahlbetonrippendecken (Ausgabe Dezember 1978)

21.2.1 Begriff und Anwendungsbereich

Stahlbetonrippendecken sind Plattenbalkendecken mit einem lichten Abstand der Rippen von höchstens 70 cm, bei denen kein statischer Nachweis für die Platten erforderlich ist. Zwischen den Rippen können unterhalb der Platte statisch nicht mitwirkende Zwischenbauteile nach DIN 4158 oder DIN 4160 liegen. An die Stelle der Platte können ganz oder teilweise Zwischenbauteile nach DIN 4158 oder DIN 4159 oder Deckenziegel nach DIN 4159 treten, die in Richtung der Rippen mittragen. Diese Decken sind für Verkehrslasten $p \leq 5{,}0$ kN/m^2 zulässig, und zwar auch bei Fabriken und Werkstätten mit leichtem Betrieb, aber nicht bei Decken, die von Fahrzeugen befahren werden, die schwerer als Personenkraftwagen sind. Einzellasten über 7,5 kN sind durch bauliche Maßnahmen (z. B. Querrippen) unmittelbar auf die Rippen zu übertragen.

Wegen der Rippendecken mit ganz oder teilweise vorgefertigten Rippen siehe Abschnitt 19.7.8. Dieser gilt sinngemäß auch für Abschnitt 21.2, soweit nachstehend nichts anderes gesagt ist.

21.2.2 Einachsig gespannte Stahlbetonrippendecken

21.2.2.1 Platte

Ein statischer Nachweis ist für die Druckplatte nicht erforderlich. Ihre Dicke muß mindestens $^1/_{10}$ des lichten Rippenabstandes, mindestens aber 5 cm betragen. Als Querbewehrung sind mindestens bei BSt 220/340 (I) drei Bewehrungsstäbe mit Durchmesser $d_s = 7$ mm, bei BSt 420/500 (III) drei Stäbe mit Durchmesser $d_s = 6$ mm und bei BSt 500/550 (IV) drei Stäbe mit Durchmesser $d_s = 4{,}5$ mm oder eine größere Anzahl von dünneren Stäben mit gleichem Gesamtquerschnitt je Meter anzuordnen.

21.2.2.2 Längsrippen

Die Rippen müssen mindestens 5 cm breit sein. Soweit sie zur Aufnahme negativer Momente unten verbreitert werden, darf die Zunahme der Rippenbreite b_0 nur mit der Neigung 1 : 3 in Rechnung gestellt werden.

Die Längsbewehrung ist möglichst gleichmäßig auf die einzelnen Rippen zu verteilen.

Am Auflager darf jeder zweite Bewehrungsstab aufgebogen werden, wenn in jeder Rippe mindestens zwei Stäbe liegen. Über den Innenstützen von durchlaufenden Rippendecken darf nur die durchgeführte Feldbewehrung als Druckbewehrung mit $\mu_d \leq 1\%$ von A_b in Rechnung gestellt werden.

Die Druckbewehrung ist gegen Ausknicken, z. B. durch Bügel, zu sichern.

In den Rippen sind Bügel nach Abschnitt 18.8.2 anzuordnen. Auf Bügel darf verzichtet werden, wenn die Verkehrslast 2,75 kN/m^2 und der Durchmesser der Längsbewehrung 16 mm nicht überschreiten, die Feldbewehrung von Auflager zu Auflager durchgeführt wird und die Schubbeanspruchung $\tau_0 \leq \tau_{011}$ nach Abschnitt 17.5.4, Tabelle 13, Zeile 1 b, ist.

Im Bereich der Innenstützen durchlaufender Decken und bei Decken, die feuerbeständig sein müssen, sind stets Bügel anzuordnen.

Für die Auflagertiefe der Längsrippen gilt Abschnitt 21.1.1. Wird die Decke am Auflager durch daraufstehende Wände (mit Ausnahme von leichten Trennwänden) belastet, so ist am Auflager zwischen den Rippen ein Vollbetonstreifen anzuordnen, dessen Breite gleich der Auflagertiefe und dessen Höhe gleich der Rippenhöhe ist. Er kann auch als Ringanker nach Abschnitt 19.7.4.1 ausgebildet werden.

21.2 Stahlbetonrippendecken (Ausgabe Juli 1988)

21.2.1 Begriff und Anwendungsbereich

(1) Stahlbetonrippendecken sind Plattenbalkendecken mit einem lichten Abstand der Rippen von höchstens 70 cm, bei denen kein statischer Nachweis für die Platten erforderlich ist. Zwischen den Rippen können unterhalb der Platte statisch nicht mitwirkende Zwischenbauteile nach DIN 4158 oder DIN 4160 liegen. An die Stelle der Platte können ganz oder teilweise Zwischenbauteile nach DIN 4158 oder DIN 4159 oder Deckenziegel nach DIN 4159 treten, die in Richtung der Rippen mittragen. Diese Decken sind für Verkehrslasten $p \leq 5{,}0$ kN/m^2 zulässig, und zwar auch bei Fabriken und Werkstätten mit leichtem Betrieb, aber nicht bei Decken, die von Fahrzeugen befahren werden, die schwerer als Personenkraftwagen sind. Einzellasten über 7,5 kN sind durch bauliche Maßnahmen (z. B. Querrippen) unmittelbar auf die Rippen zu übertragen.

(2) Wegen der Rippendecken mit ganz oder teilweise vorgefertigten Rippen siehe Abschnitt 19.7.8. Dieser gilt sinngemäß auch für Abschnitt 21.2, soweit nachstehend nichts anderes gesagt ist.

21.2.2 Einachsig gespannte Stahlbetonrippendecken

21.2.2.1 Platte

Ein statischer Nachweis ist für die Druckplatte nicht erforderlich. Ihre Dicke muß mindestens $^1/_{10}$ des lichten Rippenabstandes, mindestens aber 5 cm betragen. Als Querbewehrung sind mindestens bei Betonstahl III S und Betonstahl IV S drei Stäbe mit Durchmesser $d_s = 6$ mm und bei Betonstahlmatten IV M drei Stäbe mit Durchmesser $d_s = 4{,}5$ mm oder eine größere Anzahl von dünneren Stäben mit gleichem Gesamtquerschnitt je Meter anzuordnen.

21.2.2.2 Längsrippen

(1) Die Rippen müssen mindestens 5 cm breit sein. Soweit sie zur Aufnahme negativer Momente unten verbreitert werden, darf die Zunahme der Rippenbreite b_0 nur mit der Neigung 1 : 3 in Rechnung gestellt werden.

(2) Die Längsbewehrung ist möglichst gleichmäßig auf die einzelnen Rippen zu verteilen.

(3) Am Auflager darf jeder zweite Bewehrungsstab aufgebogen werden, wenn in jeder Rippe mindestens zwei Stäbe liegen. Über den Innenstützen von durchlaufenden Rippendecken darf nur die durchgeführte Feldbewehrung als Druckbewehrung mit $\mu_d \leq 1\%$ von A_b in Rechnung gestellt werden.

(4) Die Druckbewehrung ist gegen Ausknicken, z. B. durch Bügel, zu sichern.

(5) In den Rippen sind Bügel nach Abschnitt 18.8.2 anzuordnen. Auf Bügel darf verzichtet werden, wenn die Verkehrslast 2,75 kN/m^2 und der Durchmesser der Längsbewehrung 16 mm nicht überschreiten, die Feldbewehrung von Auflager zu Auflager durchgeführt wird und die Schubbeanspruchung $\tau_0 \leq \tau_{011}$ nach Tabelle 13, Zeile 1 b, ist.

(6) Im Bereich der Innenstützen durchlaufender Decken und bei Decken, die feuerbeständig sein müssen, sind stets Bügel anzuordnen.

(7) Für die Auflagertiefe der Längsrippen gilt Abschnitt 21.1.1. Wird die Decke am Auflager durch daraufstehende Wände (mit Ausnahme von leichten Trennwänden) belastet, so ist am Auflager zwischen den Rippen ein Vollbetonstreifen anzuordnen, dessen Breite gleich der Auflagertiefe und dessen Höhe gleich der Rippenhöhe ist. Er kann auch als Ringanker nach Abschnitt 19.7.4.1 ausgebildet werden.

Ausgabe Dezember 1978

21.2.2.3 Querrippen
In Rippendecken sind Querrippen anzuordnen, deren Mittenabstände bzw. deren Abstände vom Rand der Vollbetonstreifen die Werte s_q der Tabelle 29 nicht überschreiten.

Bei Decken, die eine Verkehrslast $p \leq 2{,}75\,kN/m^2$ und eine Stützweite bzw. eine Lichtweite zwischen den Rändern der Vollbetonstreifen bis zu 6 m haben, und bei den zugehörigen Fluren mit $p \leq 3{,}5\,kN/m^2$ sind Querrippen entbehrlich; bei Verkehrslasten $p > 2{,}75\,kN/m^2$ oder bei Stützweiten bzw. Lichtweiten über 6 m ist mindestens eine Querrippe erforderlich.

Die Querrippen sind bei Verkehrslasten über 3,5 kN/m² für die vollen, sonst für die halben Schnittgrößen der Längsrippe zu bemessen. Diese Bewehrung ist unten, besser unten und oben anzuordnen. Querrippen sind etwa so hoch wie Längsrippen auszubilden und zu verbügeln.

Tabelle 29. **Größter Querrippenabstand** s_q

1	2	3
Verkehrslast p kN/m²	Abstand der Querrippen bei $s_l \leq \dfrac{l}{8}$	$s_l > \dfrac{l}{8}$
1 $\leq 2{,}75$	–	$12\,d_0$
2 $> 2{,}75$	$10\,d_0$	$8\,d_0$

Hierin sind:
s_l Achsabstand der Längsrippen
l Stützweite der Längsrippen
d_0 Dicke der Rippendecke

21.2.3 Zweiachsig gespannte Stahlbetonrippendecken
Bei zweiachsig gespannten Rippendecken sind die Regeln für einachsig gespannte Rippendecken sinngemäß anzuwenden. Insbesondere müssen in beiden Achsrichtungen die Höchstabstände und die Mindestmaße der Rippen und Platten nach den Abschnitten 21.2.2.1 bis 21.2.2.3 eingehalten werden.

Die Schnittgrößen sind nach Abschnitt 20.1.5 zu ermitteln. Die günstige Wirkung der Drillmomente darf nicht in Rechnung gestellt werden.

22 Punktförmig gestützte Platten

22.1 Begriff
Punktförmig gestützte Platten sind Platten, die unmittelbar auf Stützen mit oder ohne verstärkten Kopf aufgelagert und mit den Stützen biegefest oder gelenkig verbunden sind. Lochrandgestützte Platten (z. B. Hubdecken) sind keine punktförmig gestützten Platten im Sinne dieser Norm.

22.2 Mindestmaße
Die Platten müssen mindestens 15 cm dick sein.
Für die Stützen gilt Abschnitt 25.2.

22.3 Schnittgrößen
22.3.1 Näherungsverfahren
Punktförmig gestützte Platten mit einem rechteckigen Stützenraster dürfen für vorwiegend lotrechte Lasten nach dem in Heft 240 angegebenen Näherungsverfahren berechnet werden.

Ausgabe Juli 1988

21.2.2.3 Querrippen
(1) In Rippendecken sind Querrippen anzuordnen, deren Mittenabstände bzw. deren Abstände vom Rand der Vollbetonstreifen die Werte s_q der Tabelle 29 nicht überschreiten.

(2) Bei Decken, die eine Verkehrslast $p \leq 2{,}75\,kN/m^2$ und eine Stützweite bzw. eine lichte Weite zwischen den Rändern der Vollbetonstreifen bis zu 6 m haben, und bei den zugehörigen Fluren mit $p \leq 3{,}5\,kN/m^2$ sind Querrippen entbehrlich; bei Verkehrslasten $p > 2{,}75\,kN/m^2$ oder bei Stützweiten bzw. lichten Weiten über 6 m ist mindestens eine Querrippe erforderlich.

(3) Die Querrippen sind bei Verkehrslasten über 3,5 kN/m² für die vollen, sonst für die halben Schnittgrößen der Längsrippen zu bemessen. Diese Bewehrung ist unten, besser unten und oben anzuordnen. Querrippen sind etwa so hoch wie Längsrippen auszubilden und zu verbügeln.

Tabelle 29. **Größter Querrippenabstand** s_q

1	2	3
Verkehrslast p kN/m²	Abstand der Querrippen bei $s_l \leq \dfrac{l}{8}$	$s_l > \dfrac{l}{8}$
1 $\leq 2{,}75$	–	$12\,d_0$
2 $> 2{,}75$	$10\,d_0$	$8\,d_0$

Hierin sind:
s_l Achsabstand der Längsrippen
l Stützweite der Längsrippen
d_0 Dicke der Rippendecke

21.2.3 Zweiachsig gespannte Stahlbetonrippendecken
(1) Bei zweiachsig gespannten Rippendecken sind die Regeln für einachsig gespannte Rippendecken sinngemäß anzuwenden. Insbesondere müssen in beiden Achsrichtungen die Höchstabstände und die Mindestmaße der Rippen und Platten nach den Abschnitten 21.2.2.1 bis 21.2.2.3 eingehalten werden.

(2) Die Schnittgrößen sind nach Abschnitt 20.1.5 zu ermitteln. Die günstige Wirkung der Drillmomente darf nicht in Rechnung gestellt werden.

22 Punktförmig gestützte Platten

22.1 Begriff
Punktförmig gestützte Platten sind Platten, die unmittelbar auf Stützen mit oder ohne verstärktem Kopf aufgelagert und mit den Stützen biegefest oder gelenkig verbunden sind. Lochrandgestützte Platten (z. B. Hubdecken) sind keine punktförmig gestützten Platten im Sinne dieser Norm.

22.2 Mindestmaße
(1) Die Platten müssen mindestens 15 cm dick sein.
(2) Für die Stützen gilt Abschnitt 25.2.

22.3 Schnittgrößen
22.3.1 Näherungsverfahren
(1) Punktförmig gestützte Platten mit einem rechteckigen Stützenraster dürfen für vorwiegend lotrechte Lasten nach dem in DAfStb-Heft 240 angegebenen Näherungsverfahren berechnet werden.

Für die Verteilung der Schnittgrößen ist dabei jedes Deckenfeld in beiden Richtungen in einen inneren Streifen mit einer Breite von 0,6 l (Feldstreifen) und zwei äußere Streifen mit einer Breite von je 0,2 l (½ Gurtstreifen) zu zerlegen.

22.3.2 Stützenkopfverstärkungen

Bei der Ermittlung der Schnittgrößen muß der Einfluß einer Stützenkopfverstärkung berücksichtigt werden, wenn der Durchmesser der Verstärkung größer als 0,3 min l und die Neigung eines in die Stützenkopfverstärkung eingeschriebenen Kegels oder einer Pyramide gegen die Plattenmittelfläche $\geq 1 : 3$ ist (siehe Bild 50). Als min l ist die kleinere Stützweite einzusetzen.

22.4 Biegebewehrung

Ist eine Stützenkopfverstärkung mit einer Neigung $\geq 1 : 3$ vorhanden, so darf für die Ermittlung der Biegebewehrung nur diejenige Nutzhöhe angesetzt werden, die sich für eine Neigung dieser Verstärkung gleich 1 : 3 ergeben würde (siehe Bild 51).

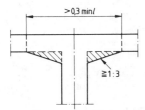

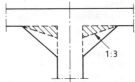

Bild 50. Berücksichtigung einer Stützenkopfverstärkung bei der Ermittlung der Schnittgrößen

Bild 51. Berücksichtigung einer Stützenkopfverstärkung bei der Biegebemessung

Von der Bewehrung zur Deckung der Feldmomente sind an der Plattenunterseite jeweils 50 % mindestens bis zu den Stützenachsen gerade durchzuführen.

Wird eine punktförmig gestützte Platte an einem Rand stetig unterstützt, so darf bei Anwendung des Näherungsverfahrens nach Heft 240 in dem unmittelbar an diesem Rand liegenden halben Gurtstreifen und in dem benachbarten Feldstreifen die Bewehrung gegenüber derjenigen des Feldstreifens eines Innenfeldes um 25 % vermindert werden.

Der Biegebewehrungsgrad μ_r muß im Bereich des Rundschnittes (siehe Abschnitt 22.5.1.1) in jeder der sich an der Plattenoberseite kreuzenden Bewehrungsrichtungen mindestens 0,5 % betragen.

(2) Für die Verteilung der Schnittgrößen ist dabei jedes Deckenfeld in beiden Richtungen in einen inneren Streifen mit einer Breite von 0,6 l (Feldstreifen) und zwei äußere Streifen mit einer Breite von je 0,2 l (½ Gurtstreifen) zu zerlegen.

22.3.2 Stützenkopfverstärkungen

Bei der Ermittlung der Schnittgrößen muß der Einfluß einer Stützenkopfverstärkung berücksichtigt werden, wenn der Durchmesser der Verstärkung größer als 0,3 min l und die Neigung eines in die Stützenkopfverstärkung eingeschriebenen Kegels oder einer Pyramide gegen die Plattenmittelfläche $\geq 1 : 3$ ist (siehe Bild 50). Als min l ist die kleinere Stützweite einzusetzen.

22.4 Nachweis der Biegebewehrung

(1) Ist eine Stützenkopfverstärkung mit einer Neigung $\geq 1 : 3$ vorhanden, so darf für die Ermittlung der Biegebewehrung nur diejenige Nutzhöhe angesetzt werden, die sich für eine Neigung dieser Verstärkung gleich 1 : 3 ergeben würde (siehe Bild 50 b).

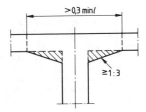

a) bei der Ermittlung der Schnittgrößen

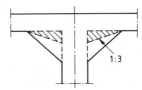

b) bei der Biegebemessung

Bild 50. Berücksichtigung einer Stützenkopfverstärkung

(2) Von der Bewehrung zur Deckung der Feldmomente sind an der Plattenunterseite je Tragrichtung 50 % mindestens bis zu den Stützenachsen gerade durchzuführen. Bei Platten ohne Schubbewehrung muß über den Innenstützen eine durchgehende untere Bewehrung (siehe Bild 55) mit dem Querschnitt $A_s = \max Q_r/\beta_S$ vorhanden sein (Q_r siehe Gleichung (38)).

(3) Wird eine punktförmig gestützte Platte an einem Rand stetig unterstützt, so darf bei Anwendung des Näherungsverfahrens nach DAfStb-Heft 240 in dem unmittelbar an diesem Rand liegenden halben Gurtstreifen und in dem benachbarten Feldstreifen die Bewehrung gegenüber derjenigen des Feldstreifens eines Innenfeldes um 25 % vermindert werden.

(4) An freien Plattenrändern ist die Bewehrung der Gurtstreifen kraftschlüssig zu verankern (siehe Bild 51). Bei Eck- und Randstützen mit biegefester Verbindung zwischen Platte und Stütze ist eine Einspannbewehrung anzuordnen.

(5) Die Biegetragfähigkeit im Bereich des Rundschnitts (siehe Abschnitt 22.5.1.1) ist nachzuweisen; der Biegebewehrungsgrad μ muß hier in jeder der sich an der Plattenoberseite kreuzenden Bewehrungsrichtungen mindestens 0,5 % betragen.

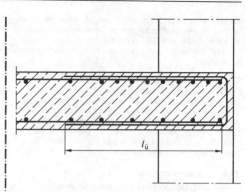

Bild 51. Beispiel für eine schlaufenartige Bewehrungsführung an freien Rändern neben Eck- und Randstützen

22.5 Sicherheit gegen Durchstanzen
22.5.1 Ermittlung der Schubspannung τ_r
22.5.1.1 Punktförmig gestützte Platten ohne Stützenkopfverstärkungen

Zum Nachweis der Sicherheit gegen Durchstanzen der Platten ist die größte rechnerische Schubspannung τ_r in einem Rundschnitt (siehe Bild 52) nach Gleichung (38) zu ermitteln.

$$\tau_r = \frac{\max Q_r}{u \cdot h_m} \quad (38)$$

In Gleichung (38) sind:

max Q_r größte Querkraft im Rundschnitt der Stütze

u u_0 für Innenstützen
     0,6 u_0 für Randstützen
     0,3 u_0 für Eckstützen

u_0 Umfang des um die Stütze geführten Rundschnittes mit dem Durchmesser d_r

d_r $d_{st} + h_m$

d_{st} Durchmesser bei Rundstützen

d_{st} 1,13 $\sqrt{b \cdot d}$ bei rechteckigen Stützen mit den Seitenlängen b und d; dabei darf für die größere Seitenlänge nicht mehr als der 1,5fache Betrag der kleineren in Rechnung gestellt werden.

h_m Nutzhöhe der Platte im betrachteten Rundschnitt, Mittelwert aus beiden Richtungen.

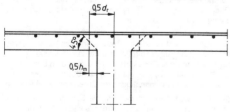

Bild 52. Platte ohne Stützenkopfverstärkung

In Gleichung (38) ist für u auch dann u_0 einzusetzen, wenn der Abstand der Achse einer Randstütze vom Plattenrand mindestens 0,5 l_x bzw. 0,5 l_y beträgt. Ist der Abstand einer Stützenachse vom Plattenrand kleiner, so dürfen für u Zwischenwerte <u>geradlinig eingeschaltet</u> werden.

22.5 Sicherheit gegen Durchstanzen
22.5.1 Ermittlung der Schubspannung τ_r
22.5.1.1 Punktförmig gestützte Platten ohne Stützenkopfverstärkungen

(1) Zum Nachweis der Sicherheit gegen Durchstanzen der Platten ist die größte rechnerische Schubspannung τ_r in einem Rundschnitt (siehe Bild 52) nach Gleichung (38) zu ermitteln.

$$\tau_r = \frac{\max Q_r}{u \cdot h_m} \quad (38)$$

in Gleichung (38) sind:

max Q_r größte Querkraft im Rundschnitt der Stütze

u u_0 für Innenstützen
     0,6 u_0 für Randstützen
     0,3 u_0 für Eckstützen

u_0 Umfang des um die Stütze geführten Rundschnitts mit dem Durchmesser d_r

$d_r =$ $d_{st} + h_m$

d_{st} Durchmesser bei Rundstützen

d_{st} 1,13 $\sqrt{b \cdot d}$ bei rechteckigen Stützen mit den Seitenlängen b und d; dabei darf für die größere Seitenlänge nicht mehr als der 1,5fache Betrag der kleineren in Rechnung gestellt werden.

h_m Nutzhöhe der Platte im betrachteten Rundschnitt, Mittelwert aus beiden Richtungen.

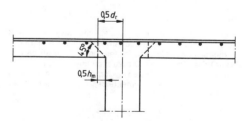

Bild 52. Platte ohne Stützenkopfverstärkung

(2) In Gleichung (38) ist für u auch dann u_0 einzusetzen, wenn der Abstand der Achse einer Randstütze vom Plattenrand mindestens 0,5 l_x bzw. 0,5 l_y beträgt. Ist der Abstand einer Stützenachse vom Plattenrand kleiner, so dürfen für u Zwischenwerte <u>linear interpoliert</u> werden.

Die Wirkung einer nicht rotationssymmetrischen Biegebeanspruchung der Platte ist bei der Ermittlung von τ_r zu berücksichtigen. Liegen die Voraussetzungen des Näherungsverfahrens nach Heft 240 vor, so darf im Falle einer Biegebeanspruchung aus gleichmäßig verteilter lotrechter Belastung bei Randstützen auf eine genaue Ermittlung verzichtet werden, wenn die sich aus Gleichung (38) ergebende rechnerische Schubspannung τ_r um 40 % erhöht wird. Bei Innenstützen darf in diesem Fall auf die Untersuchung der Wirkung einer Biegebeanspruchung verzichtet, also mit τ_r gerechnet werden.

22.5.1.2 Punktförmig gestützte Platten mit Stützenkopfverstärkungen

a) Wird eine Stützenkopfverstärkung ausgebildet, deren Länge $l_s \leq h_s$ (siehe Bild 53) ist, so ist ein Nachweis der Sicherheit gegen Durchstanzen im Bereich der Verstärkung nicht erforderlich. Entsprechend Abschnitt 22.5.1.1 ist τ_r für die Platte außerhalb der Verstärkung in einem Rundschnitt mit dem Durchmesser d_{ra} nach Bild 53 zu ermitteln. Für die Ermittlung von u gelten die Angaben des Abschnittes 22.5.1.1 sinngemäß mit

$$d_{ra} = d_{st} + 2\, l_s + h_m \quad (39)$$

Bei rechteckigen Stützen mit den Seitenlängen b und d ist

$$d_{ra} = h_m + 1{,}13\sqrt{(b + 2\, l_{sx})(d + 2\, l_{sy})} \quad (40)$$

Hierin bedeuten:

l_s \quad Länge der Stützenkopfverstärkung bei Rundstützen

l_{sx} und l_{sy} \quad Längen der Stützenkopfverstärkung bei rechteckigen Stützen

In Gleichung (40) darf für den größeren Klammerwert nicht mehr als der 1,5fache Betrag des kleineren Klammerwertes in Rechnung gestellt werden.

(3) Die Wirkung einer nicht rotationssymmetrischen Biegebeanspruchung der Platte ist bei der Ermittlung von τ_r zu berücksichtigen. Liegen die Voraussetzungen des Näherungsverfahrens nach DAfStb-Heft 240 vor, so darf im Falle einer Biegebeanspruchung aus gleichmäßig verteilter lotrechter Belastung bei Randstützen auf eine genaue Ermittlung verzichtet werden, wenn die sich aus der Gleichung (38) ergebende rechnerische Schubspannung τ_r um 40 % erhöht wird. Bei Innenstützen darf in diesem Fall auf die Untersuchung der Wirkung einer Biegebeanspruchung verzichtet, also mit τ_r gerechnet werden.

22.5.1.2 Punktförmig gestützte Platten mit Stützenkopfverstärkungen

(1) Wird eine Stützenkopfverstärkung ausgebildet, deren Länge $l_s \leq h_s$ (siehe Bild 53) ist, so ist ein Nachweis der Sicherheit gegen Durchstanzen im Bereich der Verstärkung nicht erforderlich. Nach Abschnitt 22.5.1.1 ist τ_r für die Platte außerhalb der Stützenkopfverstärkung in einem Rundschnitt mit dem Durchmesser d_{ra} nach Bild 53 zu ermitteln. Für die Ermittlung von u gelten die Angaben des Abschnitts 22.5.1.1 sinngemäß mit

$$d_{ra} = d_{st} + 2\, l_s + h_m \quad (39)$$

Bei rechteckigen Stützen mit den Seitenlängen b und d ist

$$d_{ra} = h_m + 1{,}13\sqrt{(b + 2\, l_{sx})(d + 2\, l_{sy})} \quad (40)$$

Hierin bedeuten:

l_s \quad Länge der Stützenkopfverstärkung bei Rundstützen

l_{sx} und l_{sy} \quad Längen der Stützenkopfverstärkung bei rechteckigen Stützen

In Gleichung (40) darf für den größeren Klammerwert nicht mehr als der 1,5fache Betrag des kleineren Klammerwertes in Rechnung gestellt werden.

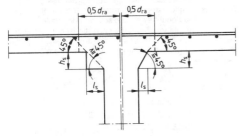

Bild 53. Platte mit Stützenkopfverstärkung nach Absatz a) mit $l_s \leq h_s$

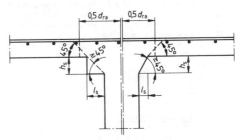

Bild 53. Platte mit Stützenkopfverstärkung nach Absatz (1) mit $l_s \leq h_s$

b) Wird eine Stützenkopfverstärkung ausgebildet, deren Länge $l_s > h_s$ und $\leq 1{,}5 \cdot (h_m + h_s)$ ist, so ist die rechnerische Schubspannung τ_r so zu ermitteln, als ob entsprechend Absatz a) $l_s = h_s$ wäre.

c) Wird eine Stützenkopfverstärkung ausgebildet, deren Länge $l_s > 1{,}5\,(h_m + h_s)$ ist (siehe Bild 54), so ist τ_r sowohl im Bereich der Verstärkung als auch außerhalb der Verstärkung im Bereich der Platte zu ermitteln. Für beide Rundschnitte ist die Sicherheit gegen Durchstanzen nachzuweisen. Für den Nachweis im Bereich der Verstärkung gilt Abschnitt 22.5.1.1, wobei h_m durch h_r und d_r durch d_{ri} zu ersetzen ist; für die Ermittlung von τ_r gilt Gleichung (38). Bei schrägen oder ausgerundeten Stützenkopfverstärkungen darf für h_r nur die im Rundschnitt vorhandene Nutzhöhe eingesetzt werden.

(2) Wird eine Stützenkopfverstärkung ausgebildet, deren Länge $l_s > h_s$ und $\leq 1{,}5\,(h_m + h_s)$ ist, so ist die rechnerische Schubspannung τ_r so zu ermitteln, als ob nach Absatz (1) $l_s = h_s$ wäre.

(3) Wird eine Stützenkopfverstärkung ausgebildet, deren Länge $l_s > 1{,}5\,(h_m + h_s)$ ist (siehe Bild 54), so ist τ_r sowohl im Bereich der Verstärkung als auch außerhalb der Verstärkung im Bereich der Platte zu ermitteln. Für beide Rundschnitte ist die Sicherheit gegen Durchstanzen nachzuweisen. Für den Nachweis im Bereich der Verstärkung gilt Abschnitt 22.5.1.1, wobei h_m durch h_r und d_r durch d_{ri} zu ersetzen ist; für die Ermittlung von τ_r gilt Gleichung (38). Bei schrägen oder ausgerundeten Stützenkopfverstärkungen darf für h_r nur die im Rundschnitt vorhandene Nutzhöhe eingesetzt werden.

Dabei ist zu setzen:
$$d_{ra} = d_{st} + 2\,l_s + h_m$$
$$d_{ri} = d_{st} + h_s + h_m$$

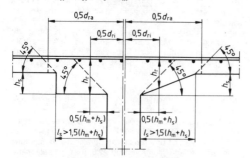

Bild 54. Platte mit Stützenkopfverstärkung nach Absatz c) mit $l_s > 1{,}5 \cdot (h_m + h_s)$

Dabei ist zu setzen:
$$d_{ra} = d_{st} + 2\,l_s + h_m$$
$$d_{ri} = d_{st} + h_s + h_m$$

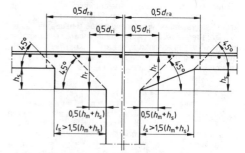

Bild 54. Platte mit Stützenkopfverstärkung nach Absatz (3) mit $l_s > 1{,}5\,(h_m + h_s)$

22.5.2 Nachweis der Sicherheit gegen Durchstanzen

Die nach Gleichung (38) ermittelte rechnerische Schubspannung τ_r ist den mit den Beiwerten $\varkappa_1$ und $\varkappa_2$ versehenen zulässigen Schubspannungen τ_{011} und τ_{02} nach Tabelle 13 in Abschnitt 17.5.3 gegenüberzustellen.

Dabei muß

$$\tau_r \leq \varkappa_2 \cdot \tau_{02} \qquad (41)$$

sein.

Für $\tau_r \leq \varkappa_1 \cdot \tau_{011}$ ist keine Schubbewehrung erforderlich; dabei brauchen die Beiwerte k_1 und k_2 nach den Gleichungen 14 und 15 in Abschnitt 17.5.5 nicht berücksichtigt zu werden.

Ist $\varkappa_1 \cdot \tau_{011} < \tau_r \leq \varkappa_2 \cdot \tau_{02}$, so muß eine Schubbewehrung angeordnet werden, die für 0,75 max Q_r (wegen max Q_r siehe Erläuterung zu Gleichung (38)) zu bemessen ist. Die Stahlspannung ist dabei nach Abschnitt 17.5.4 in Rechnung zu stellen. Die Schubbewehrung soll 45° oder steiler geneigt sein und den Bildern 55 und 56 entsprechend im Bereich c verteilt werden. Bügel müssen mindestens je eine Lage der oberen und unteren Bewehrung der Platte umgreifen.

Im vorstehenden bedeuten:

$\varkappa_1$	$1{,}3\,\alpha_s \cdot \sqrt{\mu_g}$
$\varkappa_2$	$0{,}45\,\alpha_s \cdot \sqrt{\mu_g}$

(μ_g ist in % einzusetzen)

α_s <u>1,0 für BSt 220/340 (I)</u>
     <u>1,3 für BSt 420/500 (III)</u>
     1,4 für <u>BSt 500/550 (IV)</u>

$\underline{a_s}$ das Mittel der Bewehrung $\underline{a_{sx}}$ und $\underline{a_{sy}}$ in den beiden sich über der Stütze kreuzenden Gurtstreifen an der betrachteten Stütze in cm²/m.

$\underline{a_{sx}}, \underline{a_{sy}}$ $A_{s\text{Gurt}}$ in cm², dividiert durch die Gurtstreifenbreite, auch wenn die Schnittgrößen nicht nach dem Näherungsverfahren berechnet werden.

μ_g $\dfrac{a_s}{h_m} \leq 25\,\dfrac{\beta_{WN}}{\beta_S} \leq 1{,}5\,\%$ vorhandener Bewehrungsgrad, jedoch mit in Rechnung zu stellen.

h_m Nutzhöhe der Platte im betrachteten Rundschnitt, Mittelwert aus beiden Richtungen.

22.6 Deckendurchbrüche

Werden in den Bereichen, <u>in denen nach den Bildern 55 und 56 eine Schubbewehrung anzuordnen ist</u>, Deckendurchbrüche vorgesehen, so dürfen ihre Grundrißmaße in Richtung des Umfanges bei Rundstützen bzw. der

22.5.2 Nachweis der Sicherheit gegen Durchstanzen

(1) Die nach Gleichung (38) ermittelte rechnerische Schubspannung τ_r ist den mit den Beiwerten $\varkappa_1$ und $\varkappa_2$ versehenen zulässigen Schubspannungen τ_{011} und τ_{02} nach Tabelle 13 in Abschnitt 17.5.3 gegenüberzustellen.

Dabei muß

$$\tau_r \leq \varkappa_2 \cdot \tau_{02} \qquad (41)$$

sein.

(2) Für $\tau_r \leq \varkappa_1 \cdot \tau_{011}$ ist keine Schubbewehrung erforderlich; dabei brauchen die Beiwerte k_1 und k_2 nach den Gleichungen (14) und (15) in Abschnitt 17.5.5 nicht berücksichtigt zu werden.

(3) Ist $\varkappa_1 \cdot \tau_{011} < \tau_r \leq \varkappa_2 \cdot \tau_{02}$, so muß eine Schubbewehrung angeordnet werden, die für 0,75 max Q_r (wegen max Q_r siehe Erläuterung zu Gleichung (38)) zu bemessen ist. Die Stahlspannung ist dabei nach Abschnitt 17.5.4 in Rechnung zu stellen. Die Schubbewehrung soll 45° oder steiler geneigt sein und den Bildern 55 und 56 entsprechend im Bereich c verteilt werden. Bügel müssen mindestens je eine Lage der oberen und unteren Bewehrung der Platte umgreifen.

<u>Es</u> bedeuten:

$\varkappa_1 =$	$1{,}3\ \alpha_s \cdot \sqrt{\mu_g}$	
$\varkappa_2 =$	$0{,}45\ \alpha_s \cdot \sqrt{\mu_g}$	(μ_g ist in % einzusetzen)
$\alpha_s =$	1,3 für <u>Betonstabstahl III S</u>	
	1,4 für <u>Betonstabstahl IV S und</u>	
	<u>Betonstahlmatten IV M</u>	

$\underline{a_s}$ das Mittel der Bewehrung $\underline{a_{sx}}$ und $\underline{a_{sy}}$ in den beiden sich über der Stütze kreuzenden Gurtstreifen an der betrachteten Stütze in cm²/m.

$\underline{a_{sx}}, \underline{a_{sy}}$ $A_{s\,Gurt}$ in cm², dividiert durch die Gurtstreifenbreite, auch wenn die Schnittgrößen nicht nach dem Näherungsverfahren berechnet werden.

μ_g $\dfrac{a_s}{h_m} \leq 25\,\dfrac{\beta_{WN}}{\beta_S} \leq 1{,}5\,\%$ vorhandener Bewehrungsgrad, jedoch mit in Rechnung zu stellen.

h_m Nutzhöhe der Platte im betrachteten Rundschnitt, Mittelwert aus beiden Richtungen.

22.6 Deckendurchbrüche

(1) Werden in den Bereichen c (siehe Bilder 55 und 56) Deckendurchbrüche vorgesehen, so dürfen ihre Grundrißmaße in Richtung des Umfanges bei Rundstützen bzw. der

Ausgabe Dezember 1978 | DIN 1045 | Ausgabe Juli 1988

Seitenlängen bei rechteckigen Stützen nicht größer als $1/3\,d_{st}$ (siehe Erläuterung zu Gleichung (38)), die Summe der Flächen der Durchbrüche nicht größer als ein Viertel des Stützenquerschnitts sein.

Seitenlängen bei rechteckigen Stützen nicht größer als $1/3\,d_{st}$ (siehe Erläuterung zu Gleichung (38)), die Summe der Flächen der Durchbrüche nicht größer als ein Viertel des Stützenquerschnitts sein.

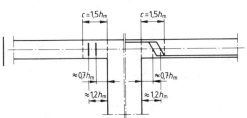

Bild 55. Platte ohne Stützenkopfverstärkung bei Durchstanzgefahr (Beispiel für Schubbewehrung)

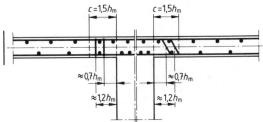

Bild 55. Beispiele für die Schubbewehrung einer Platte ohne Stützenkopfverstärkung

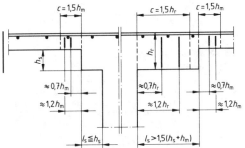

Bild 56. Platte mit Stützenkopfverstärkung bei Durchstanzgefahr (Beispiel für Schubbewehrung)

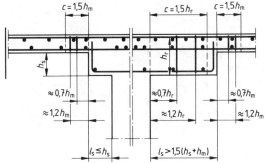

Bild 56. Beispiele für die Schubbewehrung einer Platte mit Stützenkopfverstärkung

Der lichte Abstand zweier Durchbrüche bei Rundstützen muß auf dem Umfang der Stütze gemessen mindestens d_{st} betragen. Bei rechteckigen Stützen dürfen Durchbrüche nur im mittleren Drittel der Seitenlängen und nur jeweils an höchstens zwei gegenüberliegenden Seiten angeordnet werden.

Die nach Gleichung (38) ermittelte rechnerische Schubspannung τ_r ist um 50 % zu erhöhen, wenn die größtzulässige Summe der Flächen der Durchbrüche ausgenutzt wird. Ist die Summe der Flächen der Durchbrüche kleiner als ein Viertel des Stützenquerschnitts, so darf der Zuschlag zu τ_r entsprechend linear vermindert werden.

(2) Der lichte Abstand zweier Durchbrüche bei Rundstützen muß auf dem Umfang der Stütze gemessen mindestens d_{st} betragen. Bei rechteckigen Stützen dürfen Durchbrüche nur im mittleren Drittel der Seitenlängen und nur jeweils an höchstens zwei gegenüberliegenden Seiten angeordnet werden.

(3) Die nach Gleichung (38) ermittelte rechnerische Schubspannung τ_r ist um 50 % zu erhöhen, wenn die größtzulässige Summe der Flächen der Durchbrüche ausgenutzt wird. Ist die Summe der Flächen der Durchbrüche kleiner als ein Viertel des Stützenquerschnitts, so darf der Zuschlag zu τ_r entsprechend linear vermindert werden.

22.7 Bemessung bewehrter Fundamentplatten

Der Verlauf der Schnittgrößen ist nach der Plattentheorie zu ermitteln. Daraus ergibt sich die Größe der erforderlichen Biegebewehrung und ihre Verteilung über die Breite der Fundamentplatten. Die in Abschnitt 22.4, letzter Absatz, geltende Begrenzung des Biegebewehrungsgrades darf bei Bemessung dieser Fundamente unberücksichtigt bleiben.

Für die Ermittlung von max Q_r darf eine Lastausbreitung unter einem Winkel von 45° bis zur unteren Bewehrungslage angenommen werden (siehe Bild 57). Es gilt daher:

$$\max Q_r = N_{st} - \frac{\pi \cdot d_k^2}{4} \cdot \sigma_0 \qquad (42)$$

mit $d_k = d_r + h_m$

Bei bewehrten Streifenfundamenten darf sinngemäß verfahren werden.

22.7 Bemessung bewehrter Fundamentplatten

(1) Der Verlauf der Schnittgrößen ist nach der Plattentheorie zu ermitteln. Daraus ergibt sich die Größe der erforderlichen Biegebewehrung und ihre Verteilung über die Breite der Fundamentplatten. Die in Abschnitt 22.4 (5) geltende Begrenzung des Biegebewehrungsgrades darf bei Bemessung dieser Fundamente unberücksichtigt bleiben.

(2) Für die Ermittlung von max Q_r darf eine Lastausbreitung unter einem Winkel von 45° bis zur unteren Bewehrungslage angenommen werden (siehe Bild 57). Es gilt daher:

$$\max Q_r = N_{st} - \frac{\pi \cdot d_k^2}{4} \sigma_0 \qquad (42)$$

mit $d_k = d_r + h_m$

(3) Bei bewehrten Streifenfundamenten darf sinngegemäß verfahren werden.

Bei der Bemessung auf Durchstanzen nach Abschnitt 22.5.2 ist bei der Ermittlung der Beiwerte $\varkappa_1$ bzw. $\varkappa_2$ als Bewehrungsgehalt der im Bereich des Rundschnittes mit dem Durchmesser d_r vorhandene Wert einzusetzen.

Nähere Angaben sind in Heft 240 enthalten.

(4) Bei der Bemessung auf Durchstanzen nach Abschnitt 22.5.2 ist bei der Ermittlung der Beiwerte $\varkappa_1$ bzw. $\varkappa_2$ als Bewehrungsgehalt der im Bereich des Rundschnitts mit dem Durchmesser d_r vorhandene Wert einzusetzen.

(5) Nähere Angaben sind in DAfStb-Heft 240 enthalten.

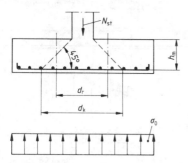

Bild 57. Lastausbreitung

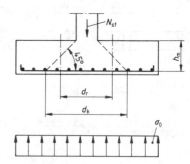

Bild 57. Lastausbreitung

23 Wandartige Träger

23.1 Begriff

Wandartige Träger sind in Richtung ihrer Mittelfläche belastete ebene Flächentragwerke, für die die Voraussetzungen des Abschnitts 17.2.1 nicht mehr zutreffen, sie sind deshalb nach der Scheibentheorie zu behandeln. Heft 240 enthält entsprechende Angaben für einfache Fälle.

23.2 Bemessung

Der Sicherheitsabstand zwischen Gebrauchslast und Bruchlast ist ausreichend, wenn unter Gebrauchslast die Hauptdruckspannungen im Beton den Wert $\beta_R/2{,}1$ und die Hauptzugspannungen im Stahl den Wert $\beta_S/1{,}75$ bzw. 240 MN/m^2 nicht überschreiten (siehe Abschnitt 17.2). Die Hauptzugspannungen sind voll durch Bewehrung aufzunehmen. Die Spannungsbegrenzung nach Abschnitt 17.5.3 gilt hier nicht.

23.3 Bauliche Durchbildung

Wandartige Träger müssen mindestens 10 cm dick sein.

Bei der Bewehrungsführung ist zu beachten, daß durchlaufende wandartige Träger wegen ihrer großen Steifigkeit besonders empfindlich gegen ungleiche Stützensenkungen sind.

Die im Feld erforderliche Längsbewehrung soll nicht vor den Auflagern enden, ein Teil der Feldbewehrung darf jedoch aufgebogen werden. Auf die Verankerung der Bewehrung an den Endauflagern ist besonders zu achten (siehe Abschnitt 18.7.4).

Wandartige Träger müssen stets beidseitig eine waagerechte und lotrechte Bewehrung (Netzbewehrung) erhalten, die auch zur Abdeckung der Hauptzugspannungen nach Abschnitt 23.2 herangezogen werden darf. Ihr Gesamtquerschnitt je Netz und Bewehrungsrichtung darf folgende Werte nicht unterschreiten:

a) bei BSt 220/340 (I) 2,4 cm^2/m bzw. 0,08 % des Betonquerschnitts,

b) bei BSt 420/500 (III) und BSt 500/550 (IV) 1,5 cm^2/m bzw. 0,05 % des Betonquerschnitts.

Die Maschenweite des Bewehrungsnetzes darf nicht größer als die doppelte Wanddicke und nicht größer als etwa 30 cm sein.

23 Wandartige Träger

23.1 Begriff

Wandartige Träger sind in Richtung ihrer Mittelfläche belastete ebene Flächentragwerke, für die die Voraussetzungen des Abschnitts 17.2.1 nicht mehr zutreffen, sie sind deshalb nach der Scheibentheorie zu behandeln, DAfStb-Heft 240 enthält entsprechende Angaben für einfache Fälle.

23.2 Bemessung

(1) Der Sicherheitsabstand zwischen Gebrauchslast und Bruchlast ist ausreichend, wenn unter Gebrauchslast die Hauptdruckspannungen im Beton den Wert $\beta_R/2{,}1$ und die Zugspannungen im Stahl den Wert $\beta_S/1{,}75$ nicht überschreiten (siehe Abschnitt 17.2).

(2) Die Hauptzugspannungen sind voll durch Bewehrung aufzunehmen. Die Spannungsbegrenzung nach Abschnitt 17.5.3 gilt hier nicht.

23.3 Bauliche Durchbildung

(1) Wandartige Träger müssen mindestens 10 cm dick sein.

(2) Bei der Bewehrungsführung ist zu beachten, daß durchlaufende wandartige Träger wegen ihrer großen Steifigkeit besonders empfindlich gegen ungleiche Stützensenkungen sind.

(3) Die im Feld erforderliche Längsbewehrung soll nicht vor den Auflagern enden, ein Teil der Feldbewehrung darf jedoch aufgebogen werden. Auf die Verankerung der Bewehrung an den Endauflagern ist besonders zu achten (siehe Abschnitt 18.7.4).

(4) Wandartige Träger müssen stets beidseitig eine waagerechte und lotrechte Bewehrung (Netzbewehrung) erhalten, die auch zur Abdeckung der Hauptzugspannungen nach Abschnitt 23.2 herangezogen werden darf. Ihr Gesamtquerschnitt je Netz und Bewehrungsrichtung darf 1,5 cm^2/m bzw. 0,05 % des Betonquerschnitts nicht unterschreiten.

(5) Die Maschenweite des Bewehrungsnetzes darf nicht größer als die doppelte Wanddicke und nicht größer als etwa 30 cm sein.

Ausgabe Dezember 1978 | Ausgabe Juli 1988

24 Schalen und Faltwerke
24.1 Begriffe und Grundlagen der Berechnung

Schalen sind einfach oder doppelt gekrümmte Flächentragwerke geringer Dicke mit oder ohne Randaussteifung.

Faltwerke sind räumliche Flächentragwerke, die aus ebenen, kraftschlüssig miteinander verbundenen Scheiben bestehen.

Für die Ermittlung der Verformungsgrößen und Schnittgrößen ist elastisches Tragverhalten zugrunde zu legen.

24.2 Vereinfachungen bei den Belastungsannahmen
24.2.1 Schneelast

Auf Dächern darf Vollbelastung mit Schnee nach DIN 1055 Teil 5 im allgemeinen mit der gleichen Verteilung wie die ständige Last in Rechnung gestellt werden. Falls erforderlich, sind außerdem die Bildung von Schneesäcken und einseitige Schneebelastung zu berücksichtigen.

24.2.2 Windlast

Bei Schalen und Faltwerken ist die Windverteilung durch Modellversuche im Windkanal zu ermitteln, falls keine ausreichenden Erfahrungen vorliegen. Soweit die Windlast die Wirkung der Eigenlast erhöht, darf sie als verhältnisgleicher Zuschlag zur ständigen Last angesetzt werden.

24.3 Beuluntersuchungen

Schalen und Faltwerke sind, sofern die Beulsicherheit nicht offensichtlich ist, unter Berücksichtigung der elastischen Formänderungen infolge von Lasten auf Beulen zu untersuchen. Die Formänderungen infolge von Kriechen und Schwinden, die Verminderung der Steifigkeit beim Übergang vom Zustand I in Zustand II und Ausführungsungenauigkeiten, insbesondere ungewollte Abweichungen von der planmäßigen Krümmung und von der planmäßigen Bewehrungslage, sind abzuschätzen. Bei einem nur mittig angeordneten Bewehrungsnetz ist die Verminderung der Steifigkeit beim Übergang vom Zustand I in Zustand II besonders groß.

Die Beulsicherheit darf nicht kleiner als 5 sein. Ist die näherungsweise Erfassung aller vorgenannten Einflüsse bei der Übertragung der am isotropen Baustoff – theoretisch oder durch Modellversuche – gefundenen Ergebnisse auf den anisotropen Stahlbeton nicht ausreichend gesichert oder bestehen größere Unsicherheiten hinsichtlich der möglichen Beulformen, muß die Beulsicherheit um ein entsprechendes Maß größer als 5 gewählt werden.

24.4 Bemessung

Für die Betondruckspannungen und die Stahlzugspannungen gilt Abschnitt 23.2, wobei gegebenenfalls eine weitergehende Begrenzung der Stahlspannungen zweckmäßig sein kann.

Die Bemessung der Schalen und Faltwerke auf Biegung (z. B. im Bereich der Randstörungsmomente) ist nach Abschnitt 17.2 durchzuführen.

Die Zugspannungen im Beton, die sich für Gebrauchslast unter Annahme voller Mitwirkung des Betons in der Zugzone aus den in der Mittelfläche von Schalen und Faltwerken wirkenden Längskräften und Schubkräften rechnerisch ergeben, sind zu ermitteln.

Die in den Mittelflächen wirkenden Hauptzugspannungen sind sinnvoll zu begrenzen, um Spannungsumlagerungen und Verformungen durch den Übergang vom Zustand I in Zustand II klein zu halten; sie sind durch Bewehrung aufzunehmen. Diese ist – insbesondere bei größeren Zugbeanspruchungen – möglichst in Richtung der Hauptlängskräfte zu führen (Trajektorienbewehrung). Dabei darf die

24 Schalen und Faltwerke
24.1 Begriffe und Grundlagen der Berechnung

(1) Schalen sind einfach oder doppelt gekrümmte Flächentragwerke geringerer Dicke mit oder ohne Randaussteifung.

(2) Faltwerke sind räumliche Flächentragwerke, die aus ebenen, kraftschlüssig miteinander verbundenen Scheiben bestehen.

(3) Für die Ermittlung der Verformungsgrößen und Schnittgrößen ist elastisches Tragverhalten zugrunde zu legen.

24.2 Vereinfachungen bei den Belastungsannahmen
24.2.1 Schneelast

Auf Dächern darf Vollbelastung mit Schnee nach DIN 1055 Teil 5 im allgemeinen mit der gleichen Verteilung wie die ständige Last in Rechnung gestellt werden. Falls erforderlich, sind außerdem die Bildung von Schneesäcken und einseitige Schneebelastung zu berücksichtigen.

24.2.2 Windlast

Bei Schalen und Faltwerken ist die Windverteilung durch Modellversuche im Windkanal zu ermitteln, falls keine ausreichenden Erfahrungen vorliegen. Soweit die Windlast die Wirkung der Eigenlast erhöht darf sie als verhältnisgleicher Zuschlag zur ständigen Last angesetzt werden.

24.3 Beuluntersuchungen

(1) Schalen und Faltwerke sind, sofern die Beulsicherheit nicht offensichtlich ist, unter Berücksichtigung der elastischen Formänderungen infolge von Lasten auf Beulen zu untersuchen. Die Formänderungen infolge von Kriechen und Schwinden, die Verminderung der Steifigkeit bei Übergang vom Zustand I in Zustand II und Ausführungsungenauigkeiten, insbesondere ungewollte Abweichungen von der planmäßigen Krümmung und von der planmäßigen Bewehrungslage sind abzuschätzen. Bei einem nur mittig angeordneten Bewehrungsnetz ist die Verminderung der Steifigkeit beim Übergang vom Zustand I in Zustand II besonders groß.

(2) Die Beulsicherheit darf nicht kleiner als 5 sein. Ist die näherungsweise Erfassung aller vorgenannten Einflüsse bei der Übertragung der am isotropen Baustoff — theoretisch oder durch Modellversuche — gefundenen Ergebnisse auf den anisotropen Stahlbeton nicht ausreichend gesichert oder bestehen größere Unsicherheiten hinsichtlich der möglichen Beulformen, muß die Beulsicherheit um ein entsprechendes Maß größer als 5 gewählt werden.

24.4 Bemessung

(1) Für die Betondruckspannungen und die Stahlzugspannungen gilt Abschnitt 23.2, wobei gegebenenfalls eine weitergehende Begrenzung der Stahlspannungen zweckmäßig sein kann.

(2) Die Bemessung der Schalen und Faltwerke auf Biegung (z. B. im Bereich der Randstörungsmomente) ist nach Abschnitt 17.2 durchzuführen.

(3) Die Zugspannungen im Beton, die sich für Gebrauchslast unter Annahme voller Mitwirkung des Betons in der Zugzone aus den in der Mittelfläche von Schalen und Faltwerken wirkenden Längskräften und Schubkräften rechnerisch ergeben, sind zu ermitteln.

(4) Die in den Mittelflächen wirkenden Hauptzugspannungen sind sinnvoll zu begrenzen, um Spannungsumlagerungen und Verformungen durch den Übergang vom Zustand I in Zustand II klein zu halten; sie sind durch Bewehrung aufzunehmen. Diese ist – insbesondere bei größeren Zugbeanspruchungen – möglichst in Richtung der Hauptlängskräfte

Bewehrung auch dann noch als Trajektorienbewehrung gelten und als solche bemessen werden, wenn ihre Richtung um einen Winkel $\alpha \leq 10°$ von der Richtung der Hauptlängskräfte abweicht. Bei größeren Abweichungen ($\alpha > 10°$) ist die Bewehrung entsprechend zu verstärken. Abweichungen von $\alpha > 25°$ sind möglichst zu vermeiden, sofern nicht die Zugspannungen des Betons geringer als $0{,}16 \sqrt[3]{\beta_{WN}^2}$ (β_{WN} nach Tabelle 1) sind oder in beiden Hauptspannungsrichtungen nahezu gleich große Zugspannungen auftreten.

24.5 Bauliche Durchbildung

Auf die planmäßige Form und Lage der Schalung ist besonders zu achten.

Bei Dicken über 6 cm soll die Bewehrung unter Berücksichtigung von Tabelle 30 gleichmäßig auf je ein Bewehrungsnetz jeder Leibungsseite aufgeteilt werden. Eine zusätzliche Trajektorienbewehrung nach Abschnitt 24.4 ist möglichst symmetrisch zur Mittelfläche anzuordnen. Bei Dicken $d \leq 6$ cm darf die gesamte Bewehrung in einem mittig angeordneten Bewehrungsnetz zusammengefaßt werden.

Wird auf beiden Seiten eine Netzbewehrung angeordnet, so darf bei den innenliegenden Stäben der Höchstabstand nach Tabelle 30, Zeile 1 und 2, um 50 % vergrößert werden (siehe Bild 58).

zu führen (Trajektorien-Bewehrung). Dabei darf die Bewehrung auch dann noch als Trajektorien-Bewehrung gelten und als solche bemessen werden, wenn ihre Richtung um einen Winkel $\alpha \leq 10°$ von der Richtung der Hauptlängskräfte abweicht. Bei größeren Abweichungen ($\alpha > 10°$) ist die Bewehrung entsprechend zu verstärken. Abweichungen von $\alpha > 25°$ sind möglichst zu vermeiden, sofern nicht die Zugspannung des Betons geringer als $0{,}16 \cdot (\beta_{WN})^{2/3}$ (β_{WN} nach Tabelle 1) sind oder in beiden Hauptspannungsrichtungen nahezu gleich große Zugspannungen auftreten.

24.5 Bauliche Durchbildung

(1) Auf die planmäßige Form und Lage der Schalung ist besonders zu achten.

(2) Bei Dicken über 6 cm soll die Bewehrung unter Berücksichtigung von Tabelle 30 gleichmäßig auf je ein Bewehrungsnetz jeder Leibungsseite aufgeteilt werden. Eine zusätzliche Trajektorien-Bewehrung nach Abschnitt 24.4 ist möglichst symmetrisch zur Mittelfläche anzuordnen. Bei Dicken $d \leq 6$ cm darf die gesamte Bewehrung in einem mittig angeordneten Bewehrungsnetz zusammengefaßt werden.

(3) Wird auf beiden Seiten eine Netzbewehrung angeordnet, so darf bei den innenliegenden Stäben der Höchstabstand nach Tabelle 30, Zeilen 1 und 2, um 50 % vergrößert werden (siehe Bild 58).

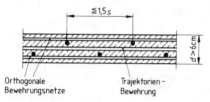

Bild 58. Bewehrungsabstände

Tabelle 30. **Mindestbewehrung von Schalen und Faltwerken**

	1	2	3	4
			Bewehrung	
	Betondicke cm	Art	Mindestdurchmesser in mm	Höchstabstand s der außenliegenden Stäbe in cm
1	Schalen und Faltwerke $d > 6$	im allgemeinen	5	20
2		bei Betonstahlmatten	4	20
3	Schalen und Faltwerke $d \leq 6$	im allgemeinen	5	15 [47]
4		bei Betonstahlmatten	4	15 [47]

[47] Jedoch nicht mehr als die dreifache Schalendicke

Bei nichtgeripptem Betonstahl darf auf Haken verzichtet werden, wenn Stäbe mit höchstens 8 mm Durchmesser verwendet und die Verankerungs- und Übergreifungslängen nach den Abschnitten 18.5.2.2 und 18.6.3.2 eingehalten werden.

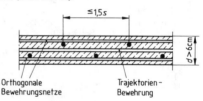

Bild 58. Bewehrungsabstände

Tabelle 30. **Mindestbewehrung von Schalen und Faltwerken**

	1	2	3	4
			Bewehrung	
	Betondicke d cm	Art	Stabdurchmesser mm min.	Abstand s der außenliegenden Stäbe cm max.
1	$d > 6$	im allgemeinen	6	20
		bei Betonstahlmatten	5	
2	$d \leq 6$	im allgemeinen	6	15 bzw. $3d$
		bei Betonstahlmatten	5	

Ausgabe Dezember 1978

25 Druckglieder

25.1 Geltungsbereich

Es wird zwischen stabförmigen Druckgliedern mit $b \leq 5\,d$ und Wänden mit $b > 5\,d$ unterschieden, wobei $b \geq d$ ist. Wegen der Bemessung siehe Abschnitt 17, wegen der Betondeckung Abschnitt 13.2. Druckglieder mit Lastausmitten nach Abschnitt 17.4.1, vorletzter Absatz, sind hinsichtlich ihrer baulichen Durchbildung wie Balken oder Platten zu behandeln. Druckglieder, deren Bewehrungsgehalt die Grenzen nach Abschnitt 17.2.3 überschreitet, fallen nicht in den Geltungsbereich dieser Norm.

25.2 Bügelbewehrte, stabförmige Druckglieder

25.2.1 Mindestdicken

Die Mindestdicke bügelbewehrter, stabförmiger Druckglieder ist in Tabelle 31 festgelegt.

Bei aufgelösten Querschnitten nach Tabelle 31, Zeile 2, darf die kleinste gesamte Flanschbreite nicht geringer sein als die Werte der Zeile 1.

Beträgt die freie Flanschbreite mehr als das 5fache der kleinsten Flanschdicke, so ist der Flansch als Wand nach Abschnitt 25.5 zu behandeln.

Die Wandungen von Hohlquerschnitten sind als Wände nach Abschnitt 25.5 zu behandeln, wenn ihre lichte Seitenlänge größer ist als die 10fache Wanddicke.

Tabelle 31. **Mindestdicken bügelbewehrter, stabförmiger Druckglieder**

	1	2	3
	Querschnittsform	stehend hergestellte Druckglieder aus Ortbeton cm	Fertigteile und liegend hergestellte Druckglieder cm
1	Vollquerschnitt, Dicke	20	14
2	Aufgelöster Querschnitt, z.B. I-, T- und L-förmig (Flansch- und Stegdicke)	14	7
3	Hohlquerschnitt (Wanddicke)	10	5

Bei Stützen und anderen Druckgliedern, die liegend hergestellt werden und untergeordneten Zwecken dienen, dürfen die Mindestwerte der Tabelle 31 unterschritten werden. Als Stützen und Druckglieder für untergeordnete Zwecke gelten nur solche, deren vereinzelter Ausfall weder die Standsicherheit des Gesamtbauwerks noch die Tragfähigkeit der durch sie abgestützten Bauteile gefährdet.

25.2.2 Bewehrung

25.2.2.1 Längsbewehrung

Die Längsbewehrung A_s muß auf der Zugseite bzw. am weniger gedrückten Rand mindestens 0,4 %, im Gesamtquerschnitt mindestens 0,8 % des statisch erforderlichen Betonquerschnitts sein und darf – auch im Bereich von Übergreifungsstößen – 9 % von A_b (siehe Abschnitte 17.2.3 und 25.3.3) nicht überschreiten. Bei statisch nicht voll ausgenutztem Betonquerschnitt darf die aus dem vorhandenen Betonquerschnitt ermittelte Mindestbewehrung im Verhältnis der vorhandenen zur zulässigen Normalkraft abgemindert werden; für die Ermittlung dieser Normalkräfte sind Lastausmitte und Schlankheit unverändert beizubehalten.

Ausgabe Juli 1988

25 Druckglieder

25.1 Anwendungsbereich

Es wird zwischen stabförmigen Druckgliedern mit $b \leq 5\,d$ und Wänden mit $b > 5\,d$ unterschieden, wobei $b \geq d$ ist. Wegen der Bemessung siehe Abschnitt 17, wegen der Betondeckung Abschnitt 13.2. Druckglieder mit Lastausmitten nach Abschnitt 17.4.1 (3) sind hinsichtlich ihrer baulichen Durchbildung wie Balken oder Platten zu behandeln. Druckglieder, deren Bewehrungsgehalt die Grenzen nach Abschnitt 17.2.3 überschreitet, fallen nicht in den Anwendungsbereich dieser Norm.

25.2 Bügelbewehrte, stabförmige Druckglieder

25.2.1 Mindestdicken

(1) Die Mindestdicke bügelbewehrter, stabförmiger Druckglieder ist in Tabelle 31 festgelegt.

(2) Bei aufgelösten Querschnitten nach Tabelle 31, Zeile 2, darf die kleinste gesamte Flanschbreite nicht geringer sein als die Werte der Zeile 1.

(3) Beträgt die freie Flanschbreite mehr als das 5fache der kleinsten Flanschdicke, so ist der Flansch als Wand nach Abschnitt 25.5 zu behandeln.

(4) Die Wandungen von Hohlquerschnitten sind als Wände nach Abschnitt 25.5 zu behandeln, wenn ihre lichte Seitenlänge größer ist als die 10fache Wanddicke.

Tabelle 31. **Mindestdicken bügelbewehrter, stabförmiger Druckglieder**

	1	2	3
	Querschnittsform	stehend hergestellte Druckglieder aus Ortbeton cm	Fertigteile und liegend hergestellte Druckglieder cm
1	Vollquerschnitt, Dicke	20	14
2	Aufgelöster Querschnitt, z.B. I-, T- und L-förmig (Flansch- und Stegdicke)	14	7
3	Hohlquerschnitt (Wanddicke)	10	5

(5) Bei Stützen und anderen Druckgliedern, die liegend hergestellt werden und untergeordneten Zwecken dienen, dürfen die Mindestdicken der Tabelle 31 unterschritten werden. Als Stützen und Druckglieder für untergeordnete Zwecke gelten nur solche, deren vereinzelter Ausfall weder die Standsicherheit des Gesamtbauwerks noch die Tragfähigkeit der durch sie abgestützten Bauteile gefährdet.

25.2.2 Bewehrung

25.2.2.1 Längsbewehrung

(1) Die Längsbewehrung A_s muß auf der Zugseite bzw. am weniger gedrückten Rand mindestens 0,4 %, im Gesamtquerschnitt mindestens 0,8 % des statisch erforderlichen Betonquerschnitts sein und darf – auch im Bereich von Übergreifungsstößen – 9 % von A_b (siehe Abschnitte 17.2.3 und 25.3.3) nicht überschreiten. Bei statisch nicht voll ausgenutztem Betonquerschnitt darf die aus dem vorhandenen Betonquerschnitt ermittelte Mindestbewehrung im Verhältnis der vorhandenen zur zulässigen Normalkraft abgemindert werden; für die Ermittlung dieser Normalkräfte sind Lastausmitte und Schlankheit unverändert beizubehalten.

Die Druckbewehrung A'_s darf höchstens mit dem Querschnitt A_s der im gleichen Betonquerschnitt am gezogenen bzw. weniger gedrückten Rand angeordneten Bewehrung in Rechnung gestellt werden.

Die Mindestdurchmesser der Längsbewehrung sind in Tabelle 32 festgelegt.

Tabelle 32. **Mindestdurchmesser** d_{sl} **der Längsbewehrung**

	1	2	3
	Kleinste Querschnittsdicke der Druckglieder cm	Mindestdurchmesser d_{sl} in mm bei BSt 220/340 (I)	BSt 420/500 (III) BSt 500/550 (IV)
1	< 10	10	8
2	≧ 10 bis < 20	12	10
3	≧ 20	14	12

Bei Druckgliedern für untergeordnete Zwecke (siehe Abschnitt 25.2.1) dürfen die Durchmesser nach Tabelle 32 unterschritten werden.

Der Abstand der Längsbewehrungsstäbe darf höchstens 30 cm betragen, jedoch genügt für Querschnitte mit $b ≦ 40$ cm je ein Bewehrungsstab in den Ecken.

Gerade endende, druckbeanspruchte Bewehrungsstäbe dürfen erst im Abstand l_1 (siehe Abschnitt 18.5.2.2) vom Stabende als tragend mitgerechnet werden. Kann diese Verankerungslänge nicht ganz in dem anschließenden

(2) Die Druckbewehrung A'_s darf höchstens mit dem Querschnitt A_s der im gleichen Betonquerschnitt am gezogenen bzw. weniger gedrückten Rand angeordneten Bewehrung in Rechnung gestellt werden.

(3) Die Nenndurchmesser der Längsbewehrung sind in Tabelle 32 festgelegt.

Tabelle 32. **Nenndurchmesser** d_{sl} **der Längsbewehrung**

	1	2
	Kleinste Querschnittsdicke der Druckglieder cm	Nenndurchmesser d_{sl} mm
1	< 10	8
2	≧ 10 bis < 20	10
3	≧ 20	12

(4) Bei Druckgliedern für untergeordnete Zwecke (siehe Abschnitt 25.2.1) dürfen die Durchmesser nach Tabelle 32 unterschritten werden.

(5) Der Abstand der Längsbewehrungsstäbe darf höchstens 30 cm betragen, jedoch genügt für Querschnitte mit $b ≤ 40$ cm je ein Bewehrungsstab in den Ecken.

(6) Gerade endende, druckbeanspruchte Bewehrungsstäbe dürfen erst im Abstand l_1 (siehe Abschnitt 18.5.2.2) vom Stabende als tragend mitgerechnet werden. Kann diese Verankerungslänge nicht ganz in dem anschließenden Bauteil

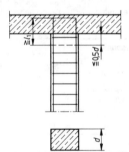

Bild 59. Verankerungsbereich der Stütze ohne besondere Verbundmaßnahmen

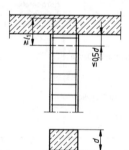

Bild 59. Verankerungsbereich der Stütze ohne besondere Verbundmaßnahmen

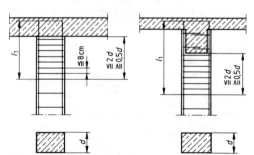

Bild 60 a und 60 b. Verstärkung der Bügelbewehrung im Verankerungsbereich der Stützenbewehrung

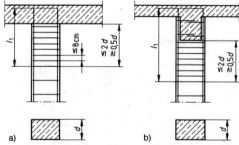

Bild 60. Verstärkung der Bügelbewehrung im Verankerungsbereich der Stützenbewehrung

Bauteil untergebracht werden, so darf auch ein höchstens 2 d (siehe Bild 60) langer Abschnitt der Stütze bei der Verankerungslänge in Ansatz gebracht werden. Wenn mehr als 0,5 d als Verankerungslänge benötigt werden (siehe Bilder 59 und 60 a und 60 b), ist in diesem Bereich die Verbundwirkung durch allseitige Behinderung der Querdehnung des Betons sicherzustellen (z. B. durch Bügel bzw. Querbewehrung im Abstand von höchstens 8 cm.

25.2.2.2 Bügelbewehrung in Druckgliedern

Bügel sind nach Bild 61 zu schließen und die Haken über die Stützenlänge möglichst zu versetzen. Die Haken müssen versetzt oder die Bügelenden nach Bild 26 c) oder 26 d) geschlossen werden, wenn mehr als drei Längsstäbe in einer Querschnittsecke liegen.

Der Mindeststabdurchmesser beträgt für Einzelbügel oder Bügelwendel 5 mm, für Betonstahlmatten 4 mm, bei Längsstäben mit $d_{sl} > 20$ mm Durchmesser mindestens 8 mm.

Bügel und Wendel mit dem Mindeststabdurchmesser von 8 mm dürfen jedoch durch eine größere Zahl dünnerer Stäbe bis zu den vorgenannten Mindeststabdurchmessern mit gleichem Querschnitt ersetzt werden.

Der Abstand $s_{bü}$ der Bügel und die Ganghöhe s_w der Bügelwendel dürfen höchstens gleich der kleinsten Dicke d des Druckgliedes oder dem 12fachen Durchmesser der Längsbewehrung sein. Der kleinere Wert ist maßgebend (siehe Bild 61).

Mit Bügeln können in jeder Querschnittsecke bis zu fünf Längsstäbe gegen Knicken gesichert werden. Der größte Achsabstand des äußersten dieser Stäbe vom Eckstab darf höchstens gleich dem 15fachen Bügeldurchmesser sein (siehe Bild 62).

untergebracht werden, so darf auch ein höchstens 2 d (siehe Bild 60) langer Abschnitt der Stütze bei der Verankerungslänge in Ansatz gebracht werden. Wenn mehr als 0,5 d als Verankerungslänge benötigt werden (siehe Bilder 59 und 60 a) und b)), ist in diesem Bereich die Verbundwirkung durch allseitige Behinderung der Querdehnung des Betons sicherzustellen (z. B. durch Bügel bzw. Querbewehrung im Abstand von höchstens 8 cm).

25.2.2.2 Bügelbewehrung in Druckgliedern

(1) Bügel sind nach Bild 61 zu schließen und die Haken über die Stützenlänge möglichst zu versetzen. Die Haken müssen versetzt oder die Bügelenden nach den Bildern 26 c) oder d) geschlossen werden, wenn mehr als drei Längsstäbe in einer Querschnittsecke liegen.

(2) Der Mindeststabdurchmesser beträgt für Einzelbügel, Bügelwendel und für Betonstahlmatten 5 mm, bei Längsstäben mit $d_{sl} > 20$ mm mindestens 8 mm.

(3) Bügel und Wendel mit dem Mindeststabdurchmesser von 8 mm dürfen jedoch durch eine größere Anzahl dünnerer Stäbe bis zu den vorgenannten Mindeststabdurchmessern mit gleichem Querschnitt ersetzt werden.

(4) Der Abstand $s_{bü}$ der Bügel und die Ganghöhe s_w der Bügelwendel dürfen höchstens gleich der kleinsten Dicke d des Druckgliedes oder dem 12fachen Durchmesser der Längsbewehrung sein. Der kleinere Wert ist maßgebend (siehe Bild 61).

(5) Mit Bügeln können in jeder Querschnittsecke bis zu fünf Längsstäbe gegen Knicken gesichert werden. Der größte Achsabstand des äußersten dieser Stäbe vom Eckstab darf höchstens gleich dem 15fachen Bügeldurchmesser sein (siehe Bild 62).

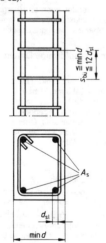

Bild 61. Bügelbewehrung

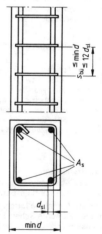

Bild 61. Bügelbewehrung

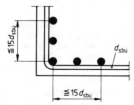

Bild 62. Verbügelung mehrerer Längsstäbe

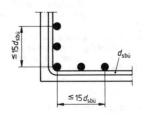

Bild 62. Verbügelung mehrerer Längsstäbe

Weitere Längsstäbe und solche in größerem Abstand vom Eckstab sind durch Zwischenbügel zu sichern. Sie dürfen im doppelten Abstand der Hauptbügel liegen.

25.3 Umschnürte Druckglieder
25.3.1 Allgemeine Grundlagen
Für umschnürte Druckglieder gelten die Bestimmungen für bügelbewehrte Druckglieder (siehe Abschnitt 25.2), sofern in den folgenden Abschnitten nichts anderes gesagt ist.
Wegen der Bemessung umschnürter Druckglieder siehe Abschnitt 17.3.2.

25.3.2 Mindestdicke und Betonfestigkeit
Der Durchmesser d_k des Kernquerschnittes muß bei Ortbeton mindestens 20 cm, bei werkmäßig hergestellten Druckgliedern mindestens 14 cm betragen. Wegen weiterer Angaben siehe Abschnitt 17.3.2.

25.3.3 Längsbewehrung
Die Längsbewehrung A_s muß mindestens 2 % von A_k betragen und darf auch im Bereich von Übergreifungsstößen 9 % von A_k nicht überschreiten. Es sind mindestens 6 Längsstäbe vorzusehen und gleichmäßig auf den Umfang zu verteilen.

25.3.4 Wendelbewehrung (Umschnürung)
Die Ganghöhe s_w der Wendel darf höchstens 8 cm oder $d_k/5$ sein. Der kleinere Wert ist maßgebend. Der Stabdurchmesser der Wendel muß mindestens 5 mm betragen. Wegen einer Begrenzung des Querschnitts der Wendel siehe Abschnitt 17.3.2.
Die Enden der Wendel, auch an Übergreifungsstößen, sind in Form eines Winkelhakens nach innen abzubiegen oder an die benachbarte Windung anzuschweißen.

25.4 Unbewehrte, stabförmige Druckglieder (Stützen)
Für die Bemessung gilt Abschnitt 17.9. Die Mindestmaße richten sich nach Tabelle 31 bzw. 33; die Wanddicke von Hohlquerschnitten darf jedoch die in Tabelle 31, Zeile 2, für aufgelöste Querschnitte angegebenen Werte nicht unterschreiten. Wenn bei aufgelösten Querschnitten die freie Flanschbreite größer ist als die kleinste Flanschdicke, gilt der Flansch als unbewehrte Wand.

25.5 Wände
25.5.1 Allgemeine Grundlagen
Wände im Sinne dieses Abschnitts sind überwiegend auf Druck beanspruchte, scheibenartige Bauteile, und zwar
a) tragende Wände zur Aufnahme lotrechter Lasten, z. B. Deckenlasten; auch lotrechte Scheiben zur Abtragung waagerechter Lasten (z. B. Windscheiben) gelten als tragende Wände;
b) aussteifende Wände zur Knickaussteifung tragender Wände, dazu können jedoch auch tragende Wände verwendet werden;
c) nichttragende Wände werden überwiegend nur durch ihre Eigenlast beansprucht, können aber auch auf ihre Fläche wirkende Windlasten auf tragende Bauteile, z. B. Wand- oder Deckenscheiben, abtragen.

Wände aus Fertigteilen sind in Abschnitt 19, insbesondere in Abschnitt 19.8, geregelt.

25.5.2 Aussteifung tragender Wände
Je nach Anzahl der rechtwinklig zur Wandebene unverschieblich gehaltenen Ränder werden zwei-, drei- und

---

(6) Weitere Längsstäbe und solche in größerem Abstand vom Eckstab sind durch Zwischenbügel zu sichern. Sie dürfen im doppelten Abstand der Hauptbügel liegen.

25.3 Umschnürte Druckglieder
25.3.1 Allgemeine Grundlagen
(1) Für umschnürte Druckglieder gelten die Bestimmungen für bügelbewehrte Druckglieder (siehe Abschnitt 25.2), sofern in den folgenden Abschnitten nichts anderes gesagt ist.

(2) Wegen der Bemessung umschnürter Druckglieder siehe Abschnitt 17.3.2.

25.3.2 Mindestdicke und Betonfestigkeit
Der Durchmesser d_k des Kernquerschnitts muß bei Ortbeton mindestens 20 cm, bei werkmäßig hergestellten Druckgliedern mindestens 14 cm betragen. Weitere Angaben siehe Abschnitt 17.3.2.

25.3.3 Längsbewehrung
Die Längsbewehrung A_s muß mindestens 2 % von A_k betragen und darf auch im Bereich von Übergreifungsstößen 9 % von A_k nicht überschreiten. Es sind mindestens 6 Längsstäbe vorzusehen und gleichmäßig auf den Umfang zu verteilen.

25.3.4 Wendelbewehrung (Umschnürung)
(1) Die Ganghöhe s_w der Wendel darf höchstens 8 cm oder $d_k/5$ sein. Der kleinere Wert ist maßgebend. Der Stabdurchmesser der Wendel muß mindestens 5 mm betragen. Wegen einer Begrenzung des Querschnitts der Wendel siehe Abschnitt 17.3.2.

(2) Die Enden der Wendel, auch an Übergreifungsstößen sind in Form eines Winkelhakens nach innen abzubiegen oder an die benachbarte Windung anzuschweißen.

25.4 Unbewehrte, stabförmige Druckglieder (Stützen)
Für die Bemessung gilt Abschnitt 17.9. Die Mindestmaße richten sich nach den Tabellen 31 bzw. 33; die Wanddicke von Hohlquerschnitten darf jedoch die in Tabelle 31, Zeile 2, für aufgelöste Querschnitte angegebenen Werte nicht unterschreiten. Wenn bei aufgelösten Querschnitten die freie Flanschbreite größer ist als die kleinste Flanschdicke, gilt der Flansch als unbewehrte Wand.

25.5 Wände
25.5.1 Allgemeine Grundlagen
(1) Wände im Sinne dieses Abschnitts sind überwiegend auf Druck beanspruchte, scheibenartige Bauteile, und zwar
a) tragende Wände zur Aufnahme lotrechter Lasten, z. B. Deckenlasten; auch lotrechte Scheiben zur Abtragung waagerechter Lasten (z. B. Windscheiben) gelten als tragende Wände;
b) aussteifende Wände werden zur Knickaussteifung tragender Wände, dazu können jedoch auch tragende Wände verwendet werden;
c) nichttragende Wände werden überwiegend nur durch ihre Eigenlast beansprucht, können aber auch auf ihre Fläche wirkende Windlasten auf tragende Bauteile, z. B. Wand- oder Deckenscheiben, abtragen.

(2) Wände aus Fertigteilen sind in Abschnitt 19, insbesondere in Abschnitt 19.8, geregelt.

25.5.2 Aussteifung tragender Wände
(1) Je nach Anzahl der rechtwinklig zur Wandebene unverschieblich gehaltenen Ränder werden zwei-, drei- und

Ausgabe Dezember 1978

vierseitig gehaltene Wände unterschieden. Als unverschiebliche Halterung können Deckenscheiben und aussteifende Wände und andere ausreichend steife Bauteile angesehen werden. Aussteifende Wände und Bauteile sind mit den tragenden Wänden gleichzeitig hochzuführen oder mit den tragenden Wänden kraftschlüssig zu verbinden (siehe Abschnitt 19.8.3). Aussteifende Wände müssen mindestens eine Länge von $1/5$ der Geschoßhöhe haben, sofern nicht für den zusammenwirkenden Querschnitt der ausgesteiften und der aussteifenden Wand ein besonderer Knicknachweis geführt wird.

Haben vierseitig gehaltene Wände Öffnungen, deren lichte Höhe größer als $1/3$ der Geschoßhöhe oder deren Gesamtfläche größer als $1/10$ der Wandfläche ist, so sind die Wandteile zwischen Öffnung und aussteifender Wand als dreiseitig gehalten und die Wandteile zwischen Öffnungen als zweiseitig gehalten anzusehen.

25.5.3 Mindestwanddicke
25.5.3.1 Allgemeine Anforderungen
Sofern nicht mit Rücksicht auf die Standsicherheit, den Wärme-, Schall- oder Brandschutz dickere Wände erforderlich sind, richtet sich die Wanddicke nach Abschnitt 25.5.3.2 und bei vorgefertigten Wänden nach Abschnitt 19.8.2.

Die Mindestdicken von Wänden mit Hohlräumen können in Anlehnung an Abschnitt 25.4 bzw. 25.2.1, Tabelle 31, festgelegt werden.

25.5.3.2 Wände mit vollem Rechteckquerschnitt
Für die Mindestdicke tragender Wände gilt Tabelle 33. Die Werte der Spalten 4 und 6 gelten auch bei nicht durchlaufenden Decken, wenn nachgewiesen wird, daß die Ausmitte der lotrechten Last kleiner als $1/6$ der Wanddicke ist.

Aussteifende Wände müssen mindestens 8 cm dick sein.

Die Mindestdicken der Tabelle 33 gelten auch für Wandteile mit $b < 5\,d$ zwischen oder neben Öffnungen oder für Wandteile mit Einzellasten, auch wenn sie wie bügelbewehrte, stabförmige Druckglieder nach Abschnitt 25.2 ausgebildet werden.

Bei untergeordneten Wänden, z. B. von vorgefertigten, eingeschossigen Einzelgaragen, sind geringere Wanddicken zulässig, soweit besondere Maßnahmen bei der Herstellung, z. B. liegende Fertigung, dieses rechtfertigen.

25.5.4 Annahmen für die Bemessung und den Nachweis der Knicksicherheit
25.5.4.1 Ausmittigkeit des Lastangriffs
Bei Innenwänden, die beidseitig durch Decken belastet werden, aber mit diesen nicht biegesteif verbunden sind, darf die Ausmitte von Deckenlasten bei der Bemessung in der Regel unberücksichtigt bleiben.

Bei Wänden, die einseitig durch Decken belastet werden, ist am Kopfende der Wand eine dreiecksförmige Spannungsverteilung unter der Auflagerfläche der Decke in Rechnung zu stellen, falls nicht durch geeignete Maßnahmen eine zentrische Lasteintragung gewährleistet ist; am Fußende der Wand darf ein Gelenk in der Mitte der Aufstandsflächen angenommen werden.

25.5.4.2 Knicklänge
Je nach Art der Aussteifung der Wände ist die Knicklänge h_K in Abhängigkeit von der Geschoßhöhe h_s nach Gleichung (43) in Rechnung zu stellen.

$$h_K = \beta \cdot h_s \qquad (43)$$

Für den Beiwert β ist einzusetzen bei:

Ausgabe Juli 1988

vierseitig gehaltene Wände unterschieden. Als unverschiebliche Halterung können Deckenscheiben und aussteifende Wände und andere ausreichend steife Bauteile angesehen werden. Aussteifende Wände und Bauteile sind mit den tragenden Wänden gleichzeitig hochzuführen oder mit den tragenden Wänden kraftschlüssig zu verbinden (siehe Abschnitt 19.8.3). Aussteifende Wände müssen mindestens eine Länge von $1/5$ der Geschoßhöhe haben, sofern nicht für den zusammenwirkenden Querschnitt der ausgesteiften und der aussteifenden Wand ein besonderer Knicknachweis geführt wird.

(2) Haben vierseitig gehaltene Wände Öffnungen, deren lichte Höhe größer als $1/3$ der Geschoßhöhe oder deren Gesamtfläche größer als $1/10$ der Wandfläche ist, so sind die Wandteile zwischen Öffnung und aussteifender Wand als dreiseitig gehalten und die Wandteile zwischen Öffnungen als zweiseitig gehalten anzusehen.

25.5.3 Mindestwanddicke
25.5.3.1 Allgemeine Anforderungen
(1) Sofern nicht mit Rücksicht auf die Standsicherheit, den Wärme-, Schall- oder Brandschutz dickere Wände erforderlich sind, richtet sich die Wanddicke nach Abschnitt 25.5.3.2 und bei vorgefertigten Wänden nach Abschnitt 19.8.2.

(2) Die Mindestdicken von Wänden mit Hohlräumen können in Anlehnung an die Abschnitte 25.4 bzw. 25.2.1, Tabelle 31, festgelegt werden.

25.5.3.2 Wände mit vollem Rechteckquerschnitt
(1) Für die Mindestwanddicke tragender Wände gilt Tabelle 33. Die Werte der Tabelle 33, Spalten 4 und 6, gelten auch bei nicht durchlaufenden Decken, wenn nachgewiesen wird, daß die Ausmitte der lotrechten Last kleiner als $1/6$ der Wanddicke ist oder wenn Decke und Wand biegesteif miteinander verbunden sind; hierbei muß die Decke unverschieblich gehalten sein.

(2) Aussteifende Wände müssen mindestens 8 cm dick sein.

(3) Die Mindestwanddicken der Tabelle 33 gelten auch für Wandteile mit $b < 5\,d$ zwischen oder neben Öffnungen oder für Wandteile mit Einzellasten, auch wenn sie wie bügelbewehrte, stabförmige Druckglieder nach Abschnitt 25.2 ausgebildet werden.

(4) Bei untergeordneten Wänden, z. B. von vorgefertigten, eingeschossigen Einzelgaragen, sind geringere Wanddicken zulässig, soweit besondere Maßnahmen bei der Herstellung, z. B. liegende Fertigung, dieses rechtfertigen.

25.5.4 Annahmen für die Bemessung und den Nachweis der Knicksicherheit
25.5.4.1 Ausmittigkeit des Lastangriffs
(1) Bei Innenwänden, die beidseitig durch Decken belastet werden, aber mit diesen nicht biegesteif verbunden sind, darf die Ausmitte von Deckenlasten bei der Bemessung in der Regel unberücksichtigt bleiben.

(2) Bei Wänden, die einseitig durch Decken belastet werden, ist am Kopfende der Wand eine dreiecksförmige Spannungsverteilung unter der Auflagerfläche der Decke in Rechnung zu stellen, falls nicht durch geeignete Maßnahmen eine zentrische Lasteintragung sichergestellt ist; am Fußende der Wand darf ein Gelenk in der Mitte der Aufstandsflächen angenommen werden.

25.5.4.2 Knicklänge
(1) Je nach Art der Aussteifung der Wände ist die Knicklänge h_K in Abhängigkeit von der Geschoßhöhe h_s nach Gleichung (43) in Rechnung zu stellen.

$$h_K = \beta \cdot h_s \qquad (43)$$

Für den Beiwert β ist einzusetzen bei:

Tabelle 33. **Mindestwanddicken für tragende Wände**

1	2	3	4	5	6
Festigkeitsklasse des Betons	Herstellung	Mindestwanddicken für Wände aus			
		unbewehrtem Beton		Stahlbeton	
		Decken über Wänden		Decken über Wänden	
		nicht durchlaufend cm	durchlaufend cm	nicht durchlaufend cm	durchlaufend cm
1	bis B 10 Ortbeton	20	14	–	–
2	ab B 15 Ortbeton	14	12	12	10
3	Fertigteil	12	10	10	8

Ausgabe Dezember 1978 — Ausgabe Juli 1988

a) zweiseitig gehaltenen Wänden

$\beta = 1{,}00$ \hfill (44)

b) dreiseitig gehaltenen Wänden

$$\beta = \frac{1}{1 + \left[\dfrac{h_s}{3b}\right]^2} \geq 0{,}3 \qquad (45)$$

c) vierseitig gehaltenen Wänden

für $h_s \leq b$:
$$\beta = \frac{1}{1 + \left[\dfrac{h_s}{b}\right]^2} \qquad (46)$$

für $h_s > b$:
$$\beta = \frac{b}{2\,h_s} \qquad (47)$$

Hierin ist:

b der Abstand des freien Randes von der Mitte der aussteifenden Wand bzw. Mittenabstand der aussteifenden Wände.

Für zweiseitig gehaltene Wände, die oben und unten mit den Decken durch Ortbeton und Bewehrung biegesteif so verbunden sind, daß die Eckmomente voll aufgenommen werden, braucht für $h_s \leq b$ nur die 0,85fache Knicklänge h_K angesetzt zu werden.

25.5.4.3 Nachweis der Knicksicherheit
Für den Nachweis der Knicksicherheit bewehrter und unbewehrter Wände gelten die Abschnitte 17.4 bzw. 17.9. Weitere Näherungsverfahren siehe Heft 220.
Bei Wanddicken < 10 cm ist Abschnitt 17.2.1 zu beachten.

25.5.5 Bauliche Ausbildung
25.5.5.1 Unbewehrte Wände
Die Ableitung der waagerechten Auflagerkräfte der Deckenscheiben in die Wände ist nachzuweisen.
Wegen der Vermeidung grober Schwindrisse siehe Abschnitt 14.4.1. In die Außen-, Haus- und Wohnungstrennwände sind außerdem etwa in Höhe jeder Geschoß- oder Kellerdecke zwei durchlaufende Rundstäbe von mindestens 12 mm Durchmesser (Ringanker) zu legen. Zwischen zwei Trennfugen des Gebäudes darf diese Bewehrung nicht unterbrochen werden, auch nicht durch Fenster der

---

a) zweiseitig gehaltenen Wänden

$\beta = 1{,}00$ \hfill (44)

b) dreiseitig gehaltenen Wänden

$$\beta = \frac{1}{1 + \left[\dfrac{h_s}{3b}\right]^{-2}} \geq 0{,}3 \qquad (45)$$

c) vierseitig gehaltenen Wänden

für $h_s \leq b$:
$$\beta = \frac{1}{1 + \left[\dfrac{h_s}{b}\right]^{-2}} \qquad (46)$$

für $h_s > b$:
$$\beta = \frac{b}{2\,h_s} \qquad (47)$$

Hierin ist:

b der Abstand des freien Randes von der Mitte der aussteifenden Wand bzw. Mittenabstand der aussteifenden Wände.

(2) Für zweiseitig gehaltene Wände, die oben und unten mit den Decken durch Ortbeton und Bewehrung biegesteif so verbunden sind, daß die Eckmomente voll aufgenommen werden, braucht nur die 0,85fache Knicklänge h_K angesetzt zu werden.

25.5.4.3 Nachweis der Knicksicherheit
(1) Für den Nachweis der Knicksicherheit bewehrter und unbewehrter Wände gelten die Abschnitte 17.4 bzw. 17.9. Weitere Näherungsverfahren siehe DAfSt-Heft 220.
(2) Bei Nutzhöhen $h < 7$ cm ist Abschnitt 17.2.1 zu beachten.

25.5.5 Bauliche Ausbildung
25.5.5.1 Unbewehrte Wände
(1) Die Ableitung der waagerechten Auflagerkräfte der Deckenscheiben in die Wände ist nachzuweisen.
(2) Wegen der Vermeidung grober Schwindrisse siehe Abschnitt 14.4.1. In die Außen-, Haus- und Wohnungstrennwände sind außerdem etwa in Höhe jeder Geschoß- oder Kellerdecke zwei durchlaufende Bewehrungsstäbe von mindestens 12 mm Durchmesser (Ringanker) zu legen. Zwischen zwei Trennfugen des Gebäudes darf diese Bewehrung nicht unterbrochen werden, auch nicht durch Fenster der Treppen-

Tabelle 33. **Mindestwanddicken für tragende Wände**

1	2	3	4	5	6
		\multicolumn{4}{c}{Mindestwanddicken für Wände aus}			
		unbewehrtem Beton		Stahlbeton	
Festigkeitsklasse des Betons	Herstellung	Decken über Wänden		Decken über Wänden	
		nicht durchlaufend cm	durchlaufend cm	nicht durchlaufend cm	durchlaufend cm
1	bis B 10	Ortbeton	20	14	–	–
2	ab B 15	Ortbeton	14	12	12	10
3		Fertigteil	12	10	10	8

Ausgabe Dezember 1978   DIN 1045   Ausgabe Juli 1988

Treppenhäuser. Stöße sind nach Abschnitt 18.6 auszubilden und möglichst gegeneinander zu versetzen.

Auf diese Ringanker dürfen dazu parallel liegende, durchlaufende Bewehrungen angerechnet werden:

a) mit vollem Querschnitt, wenn sie in Decken oder in Fensterstürzen im Abstand von höchstens 50 cm von der Mittelebene der Wand bzw. der Decke liegen;

b) mit halbem Querschnitt, wenn sie mehr als 50 cm, aber höchstens im Abstand von 1,0 m von der Mittelebene der Decke in der Wand liegen, z. B. unter Fensteröffnungen.

Aussparungen, Schlitze, Durchbrüche und Hohlräume sind bei der Bemessung der Wände zu berücksichtigen, mit Ausnahme von lotrechten Schlitzen bei Wandanschlüssen und von lotrechten Aussparungen und Schlitzen, die den nachstehenden Vorschriften für nachträgliches Einstemmen genügen.

Das nachträgliche Einstemmen ist nur bei lotrechten Schlitzen bis zu 3 cm Tiefe zulässig, wenn ihre Tiefe höchstens 1/6 der Wanddicke, ihre Breite höchstens gleich der Wanddicke, ihr gegenseitiger Abstand mindestens 2,0 m und die Wand mindestens 12 cm dick ist.

25.5.5.2 Bewehrte Wände

Soweit nachstehend nichts anderes gesagt, gilt für bewehrte Wände Abschnitt 25.5.5.1 und für die Längsbewehrung Abschnitt 25.2.2.1.

Belastete Wände mit einer geringeren Bewehrung als 0,5 % des statisch erforderlichen Querschnitts gelten nicht als bewehrt und sind daher wie unbewehrte Wände nach Abschnitt 17.9 zu bemessen. Die Bewehrung solcher Wände darf jedoch für die Aufnahme örtlich auftretender Biegemomente, bei vorgefertigten Wänden auch für die Lastfälle Transport und Montage, in Rechnung gestellt werden, ferner zur Aufnahme von Zwangbeanspruchungen, z. B. aus ungleichmäßiger Erwärmung, behinderter Dehnung, durch Schwinden und Kriechen unterstützender Bauteile.

In bewehrten Wänden müssen die Tragstäbe mindestens 8 mm, bei <u>geschweißten</u> Betonstahlmatten <u>aus BSt 500/550 (IV)</u> mindestens 5 mm <u>dick sein</u>. Der <u>Größt</u>abstand dieser Stäbe <u>beträgt</u> 20 cm.

häuser. Stöße sind nach Abschnitt 18.6 auszubilden und möglichst gegeneinander zu versetzen.

(3) Auf diese Ringanker dürfen dazu parallel liegende durchlaufende Bewehrungen angerechnet werden:

a) mit vollem Querschnitt, wenn sie in Decken oder in Fensterstürzen im Abstand von höchstens 50 cm von der Mittelebene der Wand bzw. der Decke liegen;

b) mit halbem Querschnitt, wenn sie mehr als 50 cm, aber höchstens im Abstand von 1,0 m von der Mittelebene der Decke in der Wand liegen, z. B. unter Fensteröffnungen.

(4) Aussparungen, Schlitze, Durchbrüche und Hohlräume sind bei der Bemessung der Wände zu berücksichtigen, mit Ausnahme von lotrechten Schlitzen bei Wandanschlüssen und von lotrechten Aussparungen und Schlitzen, die den nachstehenden Vorschriften für nachträgliches Einstemmen genügen.

(5) Das nachträgliche Einstemmen ist nur bei lotrechten Schlitzen bis zu 3 cm Tiefe zulässig, wenn ihre Tiefe höchstens 1/6 der Wanddicke, ihre Breite höchstens gleich der Wanddicke, ihr gegenseitiger Abstand mindestens 2,0 m und die Wand mindestens 12 cm dick ist.

25.5.5.2 Bewehrte Wände

(1) Soweit nachstehend nichts anderes gesagt, gilt für bewehrte Wände Abschnitt 25.5.5.1 und für die Längsbewehrung Abschnitt 25.2.2.1.

(2) Belastete Wände mit einer geringeren Bewehrung als 0,5 % des statisch erforderlichen Querschnitts gelten nicht als bewehrt und sind daher wie unbewehrte Wände nach Abschnitt 17.9 zu bemessen. Die Bewehrung solcher Wände darf jedoch für die Aufnahme örtlich auftretender Biegemomente, bei vorgefertigten Wänden auch für die Lastfälle Transport und Montage, in Rechnung gestellt werden, ferner zur Aufnahme von Zwangbeanspruchungen, z. B. aus ungleichmäßiger Erwärmung, behinderter Dehnung, durch Schwinden und Kriechen unterstützender Bauteile.

(3) In bewehrten Wänden müssen die <u>Durchmesser der</u> Tragstäbe mindestens 8 mm, bei Betonstahlmatten <u>IV M</u> mindestens 5 mm <u>betragen</u>. Der Abstand dieser Stäbe <u>darf höchstens</u> 20 cm <u>sein</u>.

Außerdem ist eine Querbewehrung anzuordnen, deren Querschnitt mindestens ⅕ des Querschnitts der Tragbewehrung betragen muß. Auf jeder Seite sind je Meter Wandhöhe mindestens anzuordnen bei BSt 220/340 (I) drei Stäbe mit Durchmesser $d_s = 7$ mm, bei BSt 420/500 (III) drei Stäbe mit Durchmesser $d_s = 6$ mm und bei BSt 500/550 (IV) drei Stäbe mit Durchmesser $d_s = 4,5$ mm je Meter oder eine größere Anzahl von dünneren Stäben mit gleichem Gesamtquerschnitt je Meter.

Die außenliegenden Bewehrungsstäbe beider Wandseiten sind je m² Wandfläche an mindestens vier versetzt angeordneten Stellen zu verbinden, z. B. durch S-Haken, oder bei dicken Wänden mit Steckbügeln im Innern der Wand zu verankern, wobei die freien Bügelenden die Verankerungslänge 0,5 l_0 haben müssen (wegen l_0 siehe Abschnitt 18.5.2.1).

(4) Außerdem ist eine Querbewehrung anzuordnen, deren Querschnitt mindestens ⅕ des Querschnitts der Tragbewehrung betragen muß. Auf jeder Seite sind je Meter Wandhöhe mindestens anzuordnen, bei Betonstabstahl III S und Betonstabstahl IV S drei Stäbe mit Durchmesser $d_s = 6$ mm und bei Betonstahlmatten IV M drei Stäbe mit Durchmesser $d_s = 4,5$ mm je Meter oder eine größere Anzahl von dünneren Stäben mit gleichem Gesamtquerschnitt je Meter.

(5) Die außenliegenden Bewehrungsstäbe beider Wandseiten sind je m² Wandfläche an mindestens vier versetzt angeordneten Stellen zu verbinden, z. B. durch S-Haken, oder bei dicken Wänden mit Steckbügeln im Innern der Wand zu verankern, wobei die freien Bügelenden die Verankerungslänge 0,5 l_0 haben müssen (l_0 siehe Abschnitt 18.5.2.1).

DIN 1045, Ausgabe Dezember 1978

Normen, Richtlinien und Merkblätter, auf die in dieser Norm Bezug genommen wird (siehe Abschnitt 1.3)

Mitgeltende Normen

DIN 488 Teil 1   Betonstahl; Begriffe, Eigenschaften, Werkkennzeichen
       Teil 2   Betonstahl; Betonstabstahl; Abmessungen
       Teil 3   Betonstahl; Betonstabstahl; Prüfungen
       Teil 4   Betonstahl; Betonstahlmatten; Aufbau
       Teil 5   Betonstahl; Betonstahlmatten; Prüfungen
       Teil 6   (Vornorm) Betonstahl; Überwachung (Güteüberwachung)

DIN 1048 Teil 1   Prüfverfahren für Beton; Frischbeton; Festbeton gesondert hergestellter Probekörper
       Teil 2   Prüfverfahren für Beton; Bestimmung der Druckfestigkeit von Festbeton in Bauwerken und Bauteilen; Allgemeines Verfahren
       Teil 4   Prüfverfahren für Beton; Bestimmung der Druckfestigkeit von Festbeton in Bauwerken und Bauteilen; Anwendung von Bezugsgeraden und Auswertung mit besonderen Verfahren

DIN 1053 Teil 1   Mauerwerk; Berechnung und Ausführung

DIN 1055 Teil 3   Lastannahmen für Bauten; Verkehrslasten
       Teil 5   Lastannahmen für Bauten; Verkehrslasten; Schneelast und Eislast

DIN 1084 Teil 1   Überwachung (Güteüberwachung) im Beton- und Stahlbetonbau; Beton B II auf Baustellen
       Teil 2   Überwachung (Güteüberwachung) im Beton- und Stahlbetonbau; Fertigteile
       Teil 3   Überwachung (Güteüberwachung) im Beton- und Stahlbetonbau; Transportbeton

DIN 1164 Teil 1   Portland-, Eisenportland-, Hochofen- und Traßzement; Begriffe, Bestandteile, Anforderungen, Lieferung
       Teil 2   Portland-, Eisenportland-, Hochofen- und Traßzement; Überwachung (Güteüberwachung)

| Ausgabe Dezember 1978 | DIN 1045 | Ausgabe Juli 1988 |

Die nach Abschnitt 13.2 erforderliche Betondeckung darf dabei über den S-Haken oder den Bügeln um 0,5 cm vermindert werden, jedoch 1,0 cm nicht unterschreiten.

S-Haken dürfen bei <u>höchstens 14 mm dicken</u> Tragstäben entfallen, wenn ihre Betondeckung mindestens <u>gleich der zweifachen Dicke dieser Stäbe ist</u>. In diesem Fall und stets bei <u>geschweißten</u> Betonstahlmatten dürfen die Stäbe in Druckrichtung außen liegen.

Eine statisch erforderliche Druckbewehrung von mehr als 1 % je Wandseite ist wie bei Stützen nach Abschnitt 25.2.2.2 zu verbügeln.

An freien Rändern sind die Eckstäbe durch Steckbügel zu sichern.

(6) S-Haken dürfen bei Tragstäben mit $d_s \leq 16$ mm entfallen, wenn deren Betondeckung mindestens $2\,d_s$ beträgt. In diesem Fall und stets bei Betonstahlmatten dürfen die <u>druckbeanspruchten</u> Stäbe außen liegen.

(7) Eine statisch erforderliche Druckbewehrung von mehr als 1% je Wandseite ist wie bei Stützen nach Abschnitt 25.2.2.2 zu verbügeln.

(8) An freien Rändern sind die Eckstäbe durch Steckbügel zu sichern.

DIN 1045, Ausgabe Juli 1988

Zitierte Normen und andere Unterlagen

DIN 267 Teil 11	Mechanische Verbindungselemente; Technische Lieferbedingungen mit Ergänzungen zu ISO 3506, Teile aus rost- und säurebeständigen Stählen

<u>Normen der Reihe</u>
<u>DIN 488</u>	<u>Betonstahl</u>
DIN 488 Teil 1	Betonstahl; <u>Sorten,</u> Eigenschaften, Kennzeichen
DIN 488 Teil 4	Betonstahl; Betonstahlmatten <u>und Bewehrungsdraht</u>; Aufbau, <u>Maße und Gewichte</u>

<u>DIN 1013 Teil 1</u>	<u>Stabstahl; Warmgewalzter Rundstahl für allgemeine Verwendung; Maße, zulässige Maß- und Formabweichungen</u>
DIN 1048 Teil 1	Prüfverfahren für Beton; Frischbeton, Festbeton gesondert hergestellter Probekörper
DIN 1048 Teil 2	Prüfverfahren für Beton; Bestimmung der Druckfestigkeit von Festbeton in Bauwerken und Bauteilen; Allgemeines Verfahren
DIN 1048 Teil 4	Prüfverfahren für Beton; Bestimmung der Druckfestigkeit von Festbeton in Bauwerken und Bauteilen, Anwendung von Bezugsgeraden und Auswertung mit besonderen Verfahren

DIN 1053 Teil 1	Mauerwerk; Berechnung und Ausführung
DIN 1055 Teil 3	Lastannahmen für Bauten; Verkehrslasten
DIN 1055 Teil 5	Lastannahmen für Bauten; Verkehrslasten; Schneelast und Eislast

DIN 1084 Teil 1	Überwachung (Güteüberwachung) im Beton- und Stahlbetonbau; Beton B II auf Baustellen
DIN 1084 Teil 2	Überwachung (Güteüberwachung) im Beton- und Stahlbetonbau; Fertigteile
DIN 1084 Teil 3	Überwachung (Güteüberwachung) im Beton- und Stahlbetonbau; Transportbeton

<u>Normen der Reihe</u>
DIN 1164	Portland-, Eisenportland-, Hochofen- und Traßzement
<u>DIN 1164 Teil 100</u>	<u>(z. Z. Entwurf)</u> Zemente; Portlandölschieferzement, Anforderungen, Prüfungen, Überwachung

DIN 1164 Teil 3	Portland-, Eisenportland-, Hochofen- und Traßzement; Bestimmung der Zusammensetzung
Teil 4	Portland-, Eisenportland-, Hochofen- und Traßzement; Bestimmung der Mahlfeinheit
Teil 5	Portland-, Eisenportland-, Hochofen- und Traßzement; Bestimmung der Erstarrungszeiten mit dem Nadelgerät
Teil 6	Portland-, Eisenportland-, Hochofen- und Traßzement; Bestimmung der Raumbeständigkeit mit dem Kochversuch
Teil 7	Portland-, Eisenportland-, Hochofen- und Traßzement; Bestimmung der Festigkeit
Teil 8	Portland-, Eisenportland-, Hochofen- und Traßzement; Bestimmung der Hydratationswärme mit dem Lösungskalorimeter
DIN 4030	Beurteilung betonangreifender Wässer, Böden und Gase
DIN 4099 Teil 1	Schweißen von Betonstahl; Anforderungen und Prüfungen
Teil 2	Schweißen von Betonstahl; Widerstands-Punktschweißungen an Betonstählen in Werken; Ausführung und Überwachung
DIN 4102 Teil 2	Brandverhalten von Baustoffen und Bauteilen; Bauteile, Begriffe, Anforderungen und Prüfungen
DIN 4103	Leichte Trennwände; Richtlinien für die Ausführung
DIN 4108	Wärmeschutz im Hochbau
DIN 4158	Zwischenbauteile aus Beton für Stahlbeton- und Spannbetondecken
DIN 4159	Ziegel für Decken und Wandtafeln, statisch mitwirkend
DIN 4160	Ziegel für Decken; statisch nicht mitwirkend
DIN 4187 Teil 2	Siebböden; Lochplatten für Prüfsiebe; Quadratlochung
DIN 4188 Teil 1	Siebböden; Drahtsiebböden für Analysensiebe, Maße
DIN 4207	Mischbinder
DIN 4226 Teil 1	Zuschlag für Beton; Zuschlag mit dichtem Gefüge; Begriffe, Bezeichnung, Anforderungen und Überwachung
Teil 2	Zuschlag für Beton; Zuschlag mit porigem Gefüge (Leichtzuschlag); Begriffe, Bezeichnung, Anforderungen und Überwachung
Teil 3	Zuschlag für Beton; Prüfung von Zuschlag mit dichtem oder porigem Gefüge
DIN 4117 [48]	Abdichtung von Bauwerken gegen Bodenfeuchtigkeit; Richtlinien für die Ausführung
DIN 4122 [48]	Abdichtung von Bauwerken gegen nichtdrückendes Oberflächenwasser und Sickerwasser mit bituminösen Stoffen, Metallbändern und Kunststoff-Folien; Richtlinien
DIN 4227 Teil 1	Spannbeton; Bauteile aus Normalbeton mit beschränkter oder voller Vorspannung

---

[48] Wird durch Folgeteile zu DIN 18 195 ersetzt.

DIN 4030	Beurteilung betonangreifender Wässer, Böden und Gase
DIN 4035	Stahlbetonrohre, Stahlbetondruckrohre und zugehörige Formstücke aus Stahlbeton; Maße, Technische Lieferbedingungen
DIN 4099	Schweißen von Betonstahl; Ausführung und Prüfung
DIN 4102 Teil 2	Brandverhalten von Baustoffen und Bauteilen; Bauteile, Begriffe, Anforderungen und Prüfungen
DIN 4102 Teil 4	Brandverhalten von Baustoffen und Bauteilen; Zusammenstellung und Anwendung klassifizierter Baustoffe, Bauteile und Sonderbauteile
Normen der Reihe DIN 4103	Nichttragende Trennwände
DIN 4108 Teil 2	Wärmeschutz im Hochbau; Wärmedämmung und Wärmespeicherung; Anforderungen und Hinweise für Planung und Ausführung
DIN 4158	Zwischenbauteile aus Beton für Stahlbeton- und Spannbetondecken
DIN 4159	Ziegel für Decken und Wandtafeln, statisch mitwirkend
DIN 4160	Ziegel für Decken, statisch nicht mitwirkend
DIN 4187 Teil 2	Siebböden; Lochplatten für Prüfsiebe; Quadratlochung
DIN 4188 Teil 1	Siebböden; Drahtsiebböden für Analysensiebe, Maße
DIN 4226 Teil 1	Zuschlag für Beton; Zuschlag mit dichtem Gefüge; Begriffe, Bezeichnung und Anforderungen
DIN 4226 Teil 2	Zuschlag für Beton; Zuschlag mit porigem Gefüge (Leichtzuschlag); Begriffe, Bezeichnung und Anforderungen
DIN 4226 Teil 3	Zuschlag für Beton; Prüfung von Zuschlag mit dichtem oder porigem Gefüge
DIN 4226 Teil 4	Zuschlag für Beton; Überwachung (Güteüberwachung)
DIN 4227 Teil 1	Spannbeton; Bauteile aus Normalbeton mit beschränkter oder voller Vorspannung
DIN 4228	(z.Z. Entwurf) Werkmäßig hergestellte Betonmaste

DIN 4235	Teil 1	Verdichten von Beton durch Rütteln; Rüttelgeräte und Rüttelmechanik
	Teil 2	Verdichten von Beton durch Rütteln; Verdichten mit Innenrüttlern
	Teil 3	Verdichten von Beton durch Rütteln; Verdichten bei der Herstellung von Fertigteilen mit Außenrüttlern
	Teil 4	Verdichten von Beton durch Rütteln; Verdichten von Ortbeton mit Schalungsrüttlern
	Teil 5	Verdichten von Beton durch Rütteln; Verdichten mit Oberflächenrüttlern
DIN 4243		Betongläser; Anforderungen, Prüfung
DIN 17 440		Nichtrostende Stähle; Gütevorschriften
DIN 51 043		Traß; Anforderungen und Prüfung
DIN 52 100		Prüfung von Naturstein; Richtlinien zur Prüfung und Auswahl von Naturstein
		Richtlinien für die Herstellung und Verarbeitung von Fließbeton, Fassung Mai 1974. (Veröffentlicht z. B. in „beton" Heft 9/1974)
		Vorläufige Richtlinie für vorbeugende Maßnahmen gegen schädliche Alkalireaktion im Beton, Fassung Februar 1974. (Veröffentlicht z. B. in „beton" Heft 5/1974)
Heft 220		„Bemessung von Beton- und Stahlbetonbauteilen nach DIN 1045"; Vertrieb durch Verlag Wilhelm Ernst und Sohn
Heft 240		„Hilfsmittel zur Berechnung der Schnittgrößen und Formänderungen von Stahlbetontragwerken"; Vertrieb durch Verlag Wilhelm Ernst und Sohn
		Merkblatt für Betonprüfstellen E, Fassung März 1972, und Merkblatt für Betonprüfstellen W, Fassung März 1972. (Veröffentlicht in den Mitteilungen des Instituts für Bautechnik in Berlin, Sonderheft Nr 1/1972)
		Trockenbeton; Richtlinie für die Herstellung und Verwendung, Fassung Januar 1972. (Veröffentlicht in den Amtsblättern der Länder)

DIN 4235 Teil 1	Verdichten von Beton durch Rütteln; Rüttelgeräte und Rüttelmechanik
DIN 4235 Teil 2	Verdichten von Beton durch Rütteln; Verdichten mit Innenrüttlern
DIN 4235 Teil 3	Verdichten von Beton durch Rütteln; Verdichten bei der Herstellung von Fertigteilen mit Außenrüttlern
DIN 4235 Teil 4	Verdichten von Beton durch Rütteln; Verdichten von Ortbeton mit Schalungsrüttlern
DIN 4235 Teil 5	Verdichten von Beton durch Rütteln; Verdichten mit Oberflächenrüttlern

DIN 4243	Betongläser; Anforderungen, Prüfung
DIN 4281	Beton für Entwässerungsgegenstände; Herstellung, Anforderungen und Prüfungen
DIN 17 100	Allgemeine Baustähle; Gütenorm
DIN 17 440	Nichtrostende Stähle; Technische Lieferbedingungen für Blech, Warmband, Walzdraht, gezogenen Draht, Stabstahl, Schmiedestücke und Halbzeug
Normen der Reihe DIN 18 195	Bauwerksabdichtungen
DIN 51 043	Traß; Anforderungen, Prüfung
DIN 52 100	Prüfung von Naturstein; Richtlinien zur Prüfung und Auswahl von Naturstein
DIN 53 237	Prüfung von Pigmenten; Pigmente zum Einfärben von zement- und kalkgebundenen Baustoffen
Normen der Reihe DIN EN 196	Prüfverfahren für Zement
Normen der Reihe DIN EN 197	Zement; Zusammensetzung, Anforderungen und Konformitätskriterien
DIN EN 197 Teil 1	(z.Z. Entwurf) Zement; Zusammensetzung, Anforderungen und Konformitätskriterien; Definitionen und Zusammensetzung, Deutsche Fassung pr EN 197 – 1: 1986

Vorläufige Richtlinie für Beton mit verlängerter Verarbeitbarkeitszeit (Verzögerter Beton); Eignungsprüfung, Herstellung, Verarbeitung und Nachbehandlung[40]) (Vertriebs-Nr 65 008)

Richtlinie zur Nachbehandlung von Beton[40]) (Vertriebs-Nr 65 009)

Richtlinie für Beton mit Fließmittel und für Fließbeton; Herstellung, Verarbeitung und Prüfung[40]) (Vertriebs-Nr 65 0011)

Richtlinie Alkalireaktion im Beton; Vorbeugende Maßnahmen gegen schädigende Alkalireaktion im Beton[40]) (Vertriebs-Nr 65 0012)

DAfStb-Heft 220	„Bemessung von Beton- und Stahlbetonbauteilen nach DIN 1045"[40])
DAfStb-Heft 240	„Hilfsmittel zur Berechnung der Schnittgrößen und Formänderungen von Stahlbetontragwerken"[40])
DAfStb-Heft 337	„Verhalten von Beton bei hohen Temperaturen"[40])
DAfStb-Heft 400	Erläuterungen zu DIN 1045 „Beton und Stahlbeton", Ausgabe 07.88

Merkblatt für Betonprüfstellen E[41])

Merkblatt für Betonprüfstellen W[41])

Richtlinien für die Zuteilung von Prüfzeichen für Betonzusatzmittel (Prüfrichtlinien)[41])

Merkblatt für die Ausstellung von Transportbeton-Fahrzeug-Bescheinigungen[41])

Richtlinie über Wärmebehandlung von Beton und Dampfmischen

Merkblatt Betondeckung
Herausgeber Deutscher Beton-Verein, e.V., Fachvereinigung Betonfertigteilbau im Bundesverband Deutsche Beton- und Fertigteilindustrie e.V. und Bundesfachabteilung Fertigteilbau im Hauptverband der Deutschen Bauindustrie e.V.

DBV-Merkblatt „Rückbiegen"

ACI Standard Recommended Practice of Hot Weather Concreting (ACI 305-72)

---

[40]) Herausgeber:
Deutscher Ausschuß für Stahlbeton, Berlin; zu beziehen über: Beuth Verlag GmbH, Burggrafenstraße 6, 1000 Berlin 30

[41]) Herausgeber:
Institut für Bautechnik, Berlin; zu beziehen über: Deutsches Informationszentrum für Technische Regeln (DITR) im DIN, Burggrafenstraße 6, 1000 Berlin 30

Weitere Normen, Richtlinien und Merkblätter

DIN 1055 Teil 1 Lastannahmen für Bauten; Lagerstoffe, Baustoffe und Bauteile; Eigenlasten und Reibungswinkel

Teil 2 Lastannahmen für Bauten; Bodenkenngrößen; Wichte, Reibungswinkel, Kohäsion, Wandreibungswinkel

Teil 4 Lastannahmen für Bauten; Verkehrslasten; Windlasten nicht schwingungsanfälliger Bauwerke

Teil 6 Lastannahmen für Bauten; Lasten in Silozellen

DIN 1080 Teil 1 Begriffe, Formelzeichen und Einheiten im Bauingenieurwesen; Grundlagen

Teil 3 (z. Z. noch Entwurf) Begriffe, Formelzeichen und Einheiten im Bauingenieurwesen; Beton und Stahlbetonbau, Mauerwerksbau

DIN 4031 [48]) Wasserdruckhaltende bituminöse Abdichtungen für Bauwerke; Richtlinien für Bemessung und Ausführung

Merkblatt für die Anwendung des Betonmischens mit Dampfzuführung.
(Veröffentlicht z. B. in „beton" Heft 9/1974)

Merkblatt für Schutzüberzüge auf Beton bei sehr starken Angriffen auf Beton nach DIN 4030.
(Veröffentlicht z. B. in „beton" Heft 9/1973)

Vorläufige Richtlinien für die Prüfung von Betonzusatzmitteln zur Erteilung von Prüfzeichen.
(Siehe Mitteilungen des Instituts für Bautechnik Heft 3/1973)

---

[48]) Wird durch Folgeteile zu DIN 18 195 ersetzt.

Weitere Normen und andere Unterlagen

DIN 1055 Teil 1	Lastannahmen für Bauten; Lagerstoffe, Baustoffe und Bauteile; Eigenlasten und Reibungswinkel
DIN 1055 Teil 2	Lastannahmen für Bauten; Bodenkenngrößen; Wichte, Reibungswinkel, Kohäsion, Wandreibungswinkel
DIN 1055 Teil 4	Lastannahmen für Bauten; Verkehrslasten; Windlasten bei nicht schwingungsanfälligen Bauwerken
DIN 1055 Teil 6	Lastannahmen für Bauten; Lasten in Silozellen

Merkblatt für die Anwendung des Betonmischens mit Dampfzuführung
Herausgeber Verein Deutscher Zementwerke e.V. (Veröffentlicht z.B. in „beton" Heft 9/1974)
Merkblatt für Schutzüberzüge auf Beton bei sehr starken Angriffen auf Beton nach DIN 4030
Herausgeber Verein Deutscher Zementwerke e.V. (Veröffentlicht z.B. in „beton" Heft 9/1973)
Vorläufige Richtlinien für die Prüfung von Betonzusatzmitteln zur Erteilung von Prüfzeichen[41])
Richtlinien für die Überwachung von Betonzusatzmitteln (Überwachungsrichtlinien)[41])

Frühere Ausgaben

DIN 1045: 09.25, 04.32, 05.37, 04.43xxx, 11.59, 01.72, 12.78

Änderungen

Gegenüber der Ausgabe Dezember 1978 wurden folgende Änderungen vorgenommen:

a) Umbenennung der Konsistenzbereiche
b) Einführung einer Regelkonsistenz
c) Erweiterung der Sieblinien für Betonzuschlag
d) Verbesserte Regelungen für Außenbauteile
e) Erweiterte Regelungen für Betonzusatzmittel
f) Feinstanteile von Betonzuschlägen
g) Wasserundurchlässiger Beton
h) Beton mit hohem Frost- und Tausalzwiderstand
i) Beton für hohe Gebrauchstemperaturen
k) Anpassung an die Normen der Reihe DIN 488 Betonstahl
l) Verarbeitung und Nachbehandlung von Beton
m) Erhöhung der Betondeckung
n) Bemessungskonzept bei Knicken nach zwei Richtungen
o) Verbesserung der Schubbemessung
p) Beschränkung der Rißbreite
q) Regelungen für Hin- und Zurückbiegen von Betonstahl
r) Schweißen von Betonstahl
s) Verbesserung konstruktiver Bewehrungsregeln
Allgemeine redaktionelle Anpassungen an die zwischenzeitlichen Normenfortschreibung

Erläuterungen

Formelzeichen und Kurzzeichen

Zeichen	Erläuterung	Abschnitt
A_b	Gesamtquerschnitt des Betons	17.2.3, 17.4.3, 18.6, 21.2, 25.2
A_{bZ}	Zugzone des Betons	17.6.2
A_s	Querschnitt der Längs-Zugbewehrung	17.2.3, 17.6.2, 18.5, 18.6, 18.7, 20.3, 22.4, 25.2, 25.3
A'_s	Querschnitt der Längs-Druckbewehrung	17.2.3, 25.2
KF	Konsistenz fließend	6.5.3, 9.4.2, 9.4.3, 21.2
KP	Konsistenz plastisch	2.1.2, 5.4.6, 6.5.3, 6.5.5, 9.4.2, 9.4.3, 10.2.2
KR	Konsistenz weich (Regelkonsistenz)	2.1.2, 5.4.6, 6.5.3, 6.5.5, 9.4.2, 9.4.3
KS	Konsistenz steif	5.4.6, 6.5.3, 6.5.5, 9.4.2, 9.4.3, 10.2.2
min c	Mindestmaß der Betondeckung	13.2.1
nom c	Nennmaß der Betondeckung	13.2.1
d_{br}	Biegerollendurchmesser	18.3, 18.5, 18.6, 18.8, 18.9
d_s	Nenndurchmesser Betonstahl	6.6.2, 6.6.3, 17.6.3, 17.8, 18, 20.1, 21.2, 25.5
d_{sV}	Vergleichsdurchmesser	17.6, 18.5, 18.6, 18.11
k_0	Beiwert	17.6.2
k_1	Beiwert	17.5.5, 20.1, 22.5
k_2	Beiwert	17.5.5, 20.1, 22.5
l_0	Grundmaß der Verankerungslänge	18.5, 18.6, 18.7, 18.9, 25.5
l_1	Verankerungslänge	18.5, 18.6, 18.7, 18.8, 18.10, 20.1
$l_{ü}$	Übergreifungslänge	18.6, 18.9, 18.11, 19.7
w/z	Wasserzementwert	4.3, 5.4.4, 6.5.2, 6.5.6, 6.5.7, 7.4.3, 9.1, 11.1
β_C	Zylinderfestigkeit $\varnothing$ 150 mm	7.4.3.5
β_R	Rechenwert der Betondruckfestigkeit	16.2.3, 17.2.1, 17.3.2, 17.3.3, 17.3.4, 23.2
β_{W7}	7-Tage-Würfeldruckfestigkeit	7.4.3.5
β_{W28}	28-Tage-Würfeldruckfestigkeit	6.2.2, 7.4.3.5
β_{W150}	Würfeldruckfestigkeit 150 mm Kantenlänge	7.4.3.5
β_{W200}	Würfeldruckfestigkeit 200 mm Kantenlängen	7.4.3.5
β_{WN}	Nennfestigkeit eines Würfels	6.2.2, 6.5.1, 6.5.2, 17.2.1, 17.6.2, 22.4, 25.5.2
β_{WS}	Serienfestigkeit einer Würfelserie	6.2.2, 7.4.2
β_{Wm}	mittlere Festigkeit einer Würfelserie	6.2.2
$\beta_S(R_e)$	Streckgrenze des Betonstahls	6.6.1, 6.6.3, 17.5.4, 17.6.2, 18.5, 18.6, 22.5, 23.2
$\beta_Z(R_m)$	Zugfestigkeit des Betonstahls	6.6.3, 18.6.5
$\beta_{0,2}(R_{p0,2})$	0,2%-Dehngrenze des Betonstahls	6.6.3
β_{bZ}	Biegezugfestigkeit des Betons	17.6.2
β_{bZw}	wirksame Biegezugfestigkeit des Betons	17.6.2
γ	Sicherheitsbeiwert	17.1, 17.2.2, 17.9, 18.5, 19.2
μ	Querdehnzahl	15.1.2, 16.2.2, 20.3, 21.2, 22.4
τ	Bemessungswert der Schubspannung	17.5.2, 17.5.5, 17.5.7, 18.8, 19.7
τ_0	Grundwert der Schubspannung	17.5.2, 17.5.3, 17.5.5, 17.5.7, 18.8, 19.4, 19.7, 20.1, 20.2, 20.3, 21.2
τ_{0a}	Schubspannung in Plattenanschnitt	18.8
τ_1	Grundwert der Verbundspannung	18.4, 18.5
τ_T	Grundwert der Torsionsspannung	17.5.6, 17.5.7
$\tau_{bü}$	Bemessungswert der Bügelschubspannung	18.8
τ_r	rechnerische Schubspannung in einem Rundschnitt	22.5, 22.6

Internationale Patentklassifikation

E 04 Gesamtkl.
B 28 B Gesamtkl.
B 28 C Gesamtkl.
C 04 B 28/00
G 01 L 5/00
G 01 N 3/00
G 01 N 33/38

Druckfehlerberichtigung

Bis zur Drucklegung dieses Buches sind folgende Druckfehler zu DIN 1045, Ausgabe Juli 1988, bekannt geworden, deren autorisierte Berichtigung in den DIN-Mitteilungen + elektronorm veröffentlicht wird.

Die abgedruckte Norm entspricht der Originalfassung Juli 1988 und wurde nicht korrigiert.

Zu Tabelle 4 S.48
Die Fußnote [15]) muß ebenfalls an die Bezeichnung KS gesetzt werden.

Zu Abschnitt 6.5.7.4. S.57
Absatz (1), Zeile 8: Hinter dem Wort „Frost" entfällt der Bindestrich
Absatz (4), Zeile 1, muß lauten: „Für Beton, der einen starken Frost- und Tausalzangriff, ..."

Zu Abschnitt 9.3.1 (3) S.63
Der relative Nebensatz muß lauten: „das in der Lage ist"

Zu Abschnitt 17.5.5.2 (4) S.97
Zeile 2 muß lauten: „... und der Querkraft ..."

Zu Abschnitt 17.6 S.98
Die Fußnote [25]) muß lauten: „Die Grundlagen und weitere Hinweise enthält das DAfStb-Heft 400."

Zu Abschnitt 17.8 S.103
Absatz (1), 2. Spiegelstrich: Die Eingrenzung des Biegerollendurchmessers muß lauten:
$25\, d_s > d_{br} > 10\, d_s$
Absatz (1), 3. Spiegelstrich: Die Begrenzung des Biegerollendurchmessers muß lauten:
$d_{br} \leq 10\, d_s$
Absatz (3): Hinter dem Wort „Verbindungen" ist einzufügen „nach Tabelle 24, Zeile 5 bis 7".
Absätze (5), (6) und (7): Die Absätze (5), (6) und (7) sind zu streichen und durch den folgenden neuen Absatz (5) zu ersetzen: „Ein vereinfachtes Verfahren für den Nachweis der Beschränkung der Stahlspannung unter Gebrauchslast bei nicht vorwiegend ruhender Belastung kann DAfStb-Heft 400 entnommen werden. Absätze (6) und (7) entfallen."

Zu Tabelle 18 S.107
In Fußnote [28]), Zeilen 1 und 2, muß „bei vorwiegend ruhender Beanspruchung" entfallen.

Zu Abschnitt 18.6.4.3 (1) S.116
„(siehe Abschnitt 17.6.1)" entfällt.

Zu Abschnitt 18.9.3 (2) S.132
Zeile 3: Hinter dem Wort „höher" muß „ausgeführt werden" eingefügt werden.

Zu Abschnitt 20.1.6.3 (5) S.156
In Zeile 10 muß es „Betonstabstahl IV S" lauten.

Zu Abschnitt 21.2.2.1 S.161
In Zeile 5 muß es „Betonstabstahl IV S" lauten.

Zu Abschnitt 24.5 (2) S.170
In Zeile 6 muß es „$d \leq 6$ cm" lauten.

DIN

Jedes Jahr neu!
Führer durch die Baunormung

handlich · übersichtlich · immer aktuell

Der Katalog aller gültigen DIN-Normen zu den Bereichen:

- Baustoffe
- Berechnung
- Ausführung
- Ausschreibung
- Bauvertrag

Beuth Verlag GmbH · Postfach 11 45
1000 Berlin 30 · Tel. 0 30 / 26 01 – 240

Beuth

Beton-Kalender 1989

Taschenbuch für Beton-, Stahlbeton- und Spannbetonbau sowie die verwandten Fächer
Schriftleitung: G. Franz

78. Jahrgang 1989. Teil I und II zusammen ca. 1450 Seiten mit zahlreichen Abbildungen und Tabellen.
DIN A 5. Kunststoff DM 168,–
ISBN 3-433-01106-0

Der Benutzer des Beton-Kalender-Jahrgangs 1989 findet im Beitrag „Bestimmungen" die Neuausgaben 1988 der beiden Grundnormen des Stahl- und Spannbetonbaues DIN 1045 und DIN 4227 Teil 1. Die Autoren der einschlägigen Beiträge, die vom veränderten kodifizierten Stand der Technik betroffen sind, haben deren Inhalte entsprechend aktualisiert. Dies gilt insbesondere für:
- **Bonzel,** Beton
- **Grasser/Kordina/Quast,** Bemessung der Stahlbetonbauteile
- **Kupfer,** Bemessung von Spannbetonbauteilen
- **Schlaich/Schäfer,** Kontrieren im Stahlbetonbau

Die Ergänzung der Bemessungsbeiträge durch die jeweils gültigen Fassungen der Grundnormen des Stahl- und Spannbetonbaues einschließlich der zugehörigen Merkblätter und Richtlinien im Beitrag „Bestimmungen" gehört seit jeher zum Prinzip Benutzerfreundlichkeit des BK. **Goffin** gibt in seinem Beitrag außerdem einen Überblick über Ziele und Bedeutung des in Vorbereitung befindlichen Eurocode 2, um den Leser auf die mit der Realisierung des Binnenmarktes in der EG verbundenen Änderungen im Bereich von Normen und Richtlinien aufmerksam zu machen.

Neuausgaben weiterer DIN-Normen machten die Überarbeitung weiterer wichtiger Standardbeiträge notwendig, die im Jahrgang 1989 aktualisiert vorgestellt werden:
- die mit vielen Teilen neu herausgekommene Lager-Norm DIN 4141 war Anlaß, den Beitrag von **Rahlwes,** Lager und Lagerung von Bauwerken, aktualisiert vorzustellen;
- schon 1986 erschien die Neufassung der Silolast-Norm DIN 1055 Teil 6, die Anlaß zur Überarbeitung von **Timm/Windels,** Silos, war;
- das Kapitel Bauphysik von **Gösele/Schüle,** das erstmalig seit 1983 wieder vorgestellt wird, enthält die physikalischen Grundgesetze der Bauphysik und die entsprechenden ingenieurmäßigen Berechnungsansätze auf dem aktuellen Stand;
- in „Stahl im Bauwesen" von **Bertram** werden die bauaufsichtlich zugelassenen Befestigungsmittel erläutert;
- der Beitrag Bauholz, Holzwerkstoffe und Holzbauteile für Schalungen von **Möhler** ist um Informationen über Systemschalungen ergänzt worden;
- weitere wichtige Normen-Neuausgaben enthält der Beitrag Bestimmungen von **Goffin,** so diejenigen von DIN 1048, DIN 4108 und DIN 4109.

Die Ausgabe 1989 des Beton-Kalenders ist also in jeder Hinsicht „auf der Höhe der Zeit" und ebenso wie ihre Vorläufer ein unverzichtbares Arbeitsmittel nicht nur für den Bauingenieur, sondern auch für den Architekten.

Ernst&Sohn

Verlag für Architektur und technische Wissenschaften
Hohenzollerndamm 170, 1000 Berlin 31
Telefon (030) 86 00 03-0